EUL VERLAG

Reihe: Marketing und Medien · Band 11

Herausgegeben von Prof. Dr. Thorsten Hennig-Thurau, Münster

Dr. Vincent Göttel

Brand Community Management in Social Media

Eine empirische Analyse zu Erfolgsfaktoren und -wirkung

Mit einem Geleitwort von Prof. Dr. Bernd W. Wirtz, Deutsche Universität für Verwaltungswissenschaften Speyer

EUL VERLAG

Bibliografische Information der Deutschen Nationalbibliothek

Die Deutsche Nationalbibliothek verzeichnet diese Publikation in der Deutschen Nationalbibliografie; detaillierte bibliografische Daten sind im Internet über <http://dnb.d-nb.de> abrufbar.

Dissertation, Deutsche Universität für Verwaltungswissenschaften Speyer, 2017

ISBN 978-3-8441-0545-2
1. Auflage März 2018

JOSEF EUL VERLAG GmbH
Zeithstr. 356
D-53721 Siegburg
Tel.: +49 (0) 22 05 / 90 10 6-80
Fax: +49 (0) 22 05 / 90 10 6-88
https://www.eul-verlag.de
info@eul-verlag.de

Bei der Herstellung unserer Bücher möchten wir die Umwelt schonen. Dieses Buch ist daher auf säurefreiem, 100% chlorfrei gebleichtem, alterungsbeständigem Papier nach DIN 6738 gedruckt.

Geleitwort

Das Marktumfeld für Unternehmen hat sich in den letzten Jahren merklich verändert. Aufgrund neuer Informations- und Kommunikationstechnologien vollzieht sich ein stetiger Wandel der Konsumentenanforderungen bzw. des Konsumentenverhaltens. In diesem Zusammenhang haben insbesondere Social Media in den vergangenen Jahren eine zunehmende Bedeutung in Wirtschaft und Gesellschaft erlangt. So nutzen Konsumenten Social Media auch verstärkt zur Interaktion mit Unternehmen.

Viele Unternehmen richten daher ihren Fokus auf die Ausgestaltung ihres Social Media- Auftrittes und nutzen unter anderem die verschiedenen Möglichkeiten des Social Media Marketings, um dem veränderten Konsumentenverhalten Rechnung zu tragen und dadurch Wettbewerbsvorteile zu generieren. Hierbei sind vor allem Social Media Brand Communities als Instrumente zur Markenkommunikation besonders in Erscheinung getreten. Dementsprechend ist die Identifikation der relevanten Erfolgsfaktoren und -größen des Social Media Brand Community- Managements zunehmend von Interesse für Unternehmen.

An dieser für Wissenschaft und Praxis gleichermaßen relevanten Problemstellung setzt die Dissertationsschrift von Herrn Vincent Göttel an. Zentrale Zielsetzung der Untersuchung ist die grundlegende Konzeptionalisierung und Operationalisierung der Erfolgsfaktoren und -größen des Social Media Brand Community- Managements. Hierzu nimmt der Verfasser zunächst eine strukturierte Bestandsaufnahme hinsichtlich des relevanten Schrifttums zu den Erfolgsfaktoren des Social Media Brand Community- Managements und deren Wirkungsbeziehungen zu den jeweiligen Erfolgsgrößen vor.

Im Anschluss daran kombiniert Herr Göttel die Erkenntnisse aus dem Schrifttum sowie der Uses & Gratifications Theory, der Durchführung von Nutzerinterviews und einer qualitativen Inhaltsanalyse innerhalb eines heuristischen Bezugsrahmens, auf dessen Basis die Erfolgsfaktoren und -größen des Social Media Brand Community- Managements abgeleitet werden.

Ferner werden theoriebasiert Hypothesen zur Wirkung der Erfolgsfaktoren auf den Erfolg im Social Media Brand Community- Management deduziert. Für die empirische Auswertung der Daten zieht Herr Göttel insbesondere das Verfahren der Strukturgleichungsmodellierung heran. Die Arbeit schließt mit einer Zusammenfassung der wesentlichen Ergebnisse und der Gewinnung von Implikationen für die Forschung sowie die Praxis.

Insgesamt ist es Herrn Göttel mit seiner Untersuchung in besonderem Maße gelungen, den wissenschaftlichen Erkenntnisfortschritt im Bereich der Social Media- Forschung wesentlich voranzutreiben und darüber hinaus wichtige Implikationen für die Praxis zu generieren. Durch die fundierte und strukturierte Aufbereitung des gewählten theoretischen Erklärungsansatzes, den Einbezug von wissenschaftlicher Literatur sowie von Nutzerinterviews und qualitativer Inhaltsanalyse wird eine stringente Ableitung von relevanten Erfolgsfaktoren und -größen sichergestellt.

Die durch den Einsatz anspruchsvoller multivariater Datenanalyseverfahren gewonnenen Ergebnisse sind sowohl für die Wissenschaft als auch für die Praxis von hohem Erkenntniswert. Abschließend wünsche ich Herrn Göttel, dass seine Arbeit gebührendes Interesse und angemessene Verbreitung erfährt.

München, den 14. Januar 2018 Univ.-Prof. Dr. Bernd W. Wirtz

Vorwort

Innovationen im Bereich neuer Informations- und Kommunikationstechnologien verändern kontinuierlich unseren Alltag. Insbesondere die Nutzung von Social Media ist ein Phänomen unserer Zeit und für viele Menschen sowohl aus dem privaten als auch beruflichen Umfeld nicht mehr wegzudenken.

Ungeachtet dessen ist es in der Praxis häufig noch unklar, wie Social Media durch Unternehmen und Organisationen erfolgreich eingesetzt werden können. Darüber hinaus sind zahlreiche Problemstellungen innerhalb des Social Media- Forschungsfeldes ebenfalls noch nicht hinreichend wissenschaftlich untersucht worden.

Diesbezüglich bildete sich während meiner Tätigkeit am Lehrstuhl für Informations- und Kommunikationsmanagement an der Deutschen Universität für Verwaltungswissenschaften Speyer ein besonderes Interesse an der Forschung im Bereich Social Media Marketing und insbesondere dem Management von Social Media Brand Communities heraus. Hier setzt diese Arbeit an und untersucht die Erfolgsfaktoren und -größen des Social Media Brand Community- Managements.

Innerhalb des Promotionsprozesses haben mich viele Personen begleitet und unterstützt, welchen ich an dieser Stelle sehr gerne meinen Dank aussprechen möchte: Zunächst bedanke ich mich ganz herzlich bei meinem Doktorvater Herrn Prof. Dr. Bernd W. Wirtz, der mich über den gesamten Promotionsprozess hinweg tatkräftig mit konstruktiver Kritik und wertvollen Hinweisen unterstützt hat. Darüber hinaus möchte ich mich auch ganz herzlich bei Herrn Prof. Dr. Michael W. Bauer für die Übernahme der Zweitgutachtertätigkeit und bei Frau Prof. Dr. Constanze Janda für die Bereitschaft, während der Disputation als Drittprüferin zu fungieren, bedanken.

Zudem bin ich auch meinen ehemaligen Lehrstuhlkollegen zu Dank für die inhaltlichen und methodischen Anmerkungen innerhalb des Promotionsprozesses, aber auch für die freundschaftliche Atmosphäre in der gemeinsamen Zeit am Lehrstuhl verpflichtet, an die ich mich immer gerne zurückerinnern werde. In alphabetischer Reihenfolge sind hier zu nennen: Frau Isabell Balzer, M.A., Herr Steven Birkmeyer, M.Sc., Herr Peter Daiser, MBE, Herr Dr. Marc Elsäßer, Herr Tuna Kurtz, M.Sc., Herr Paul Langer, M.Sc., Herr Daniel Schmitt, MPA, Herr Dipl.-Kfm. Marc-Julian Thomas und Herr Dipl.-SoWi. Jan Weyerer.

Vor allem möchte ich mich aber von ganzem Herzen bei meinen Eltern Christian und Patricia bedanken, die mich stets auf unermüdliche Art und Weise in meiner Ausbildung unterstützt haben und auch innerhalb des Promotionsprozesses immer für mich da waren. Weiterhin bedanke ich mich bei meinem Bruder Philipp, der mir – nicht nur durch das Korrekturlesen zahlreicher Seiten – in dieser Zeit eine weitere wichtige Stütze war. Ebenfalls möchte ich mich natürlich von ganzem Herzen bei meiner Freundin Leonie Pfeufer bedanken, die mich mit ihrer positiven Einstellung in der Zeit der Promotion immer wieder motiviert und unterstützt hat. Auch in schwierigen Phasen waren die zuletzt genannten Personen ein wertvoller Rückhalt. Ihnen ist daher diese Dissertation gewidmet. Zu guter Letzt sei noch meinen Großeltern Thekla, Inge und Karl sowie allen weiteren Verwandten und Freunden gedankt, die mich in den letzten Jahren ebenfalls unterstützt haben.

Düsseldorf, den 14. Januar 2018 Vincent Göttel

Inhaltsübersicht

Inhaltsverzeichnis

Abbildungsverzeichnis

Tabellenverzeichnis

Abkürzungsverzeichnis

α	Cronbachs Alpha
χ^2	Chi^2
ADF	Asymptotically Distribution Free
AGFI	Adjusted Goodness-of-Fit-Index
AJAX	Asynchronous Java Script and XML
Allg.	Allgemeine
AMA	American Marketing Association
AMOS	Analysis of Moment Structures
B2B	Business-to-Business
B2C	Business-to-Consumer
BASF	Badische Anilin- & Sodafabrik
BCG	Boston Consulting Group
BMW	Bayerische Motoren Werke
BSN	Brand's Social Network Website
ca.	circa
CE	Customer Engagement
CFI	Comparative-Fit-Index
Chi^2/df	Normierter Chi^2-Wert
CSR	Corporate Social Responsibility
csv	Substantive Validity Coefficient
DEV	Durchschnittlich erfasste Varianz
df	Degrees of Freedom
d.h.	das heißt
ED	Exploratorisch-Deskriptiv
EE	Exploratorisch-Explikativ
EI	Exploratorisch-Instrumentell
EQS	Structural Equation Modeling Software
et al.	et alii

etc.	et cetera
EU	Europäische Union
eWOM	electronic Word-of-Mouth
f.	folgende
ff.	fortfolgende
FMCG	Fast Moving Consumer Goods
FR	Faktorreliabilität
GFI	Goodness-of-Fit-Index
GLS	Generalized Least Squares
GO	Gratifications Perceived to be Obtained
GS	Gratifications Sought
H	Hypothese
Hrsg.	Herausgeber
IBM	International Business Machines Corporation
ICQ	I Seek You
ITK	Item-to-Total-Korrelation
Jg.	Jahrgang
KD	Konfirmatorisch-Deskriptiv
KE	Konfirmatorisch-Explikativ
KI	Konfirmatorisch-Instrumentell
KMO	Kaiser-Meyer-Olkin
LISREL	Linear Structural Relationship Model
MANOVA	Multivariate Analysis of Variance
MGC	Marketer-Generated Content
ML	Maximum Likelihood
MTV	Music Television

NFI	Normed-Fit-Index
Nr.	Nummer
PLS	Partial Least Square
psa	Proportion of Substantive Agreement
R^2	Bestimmtheitsmaß
RMSEA	Root-Mean-Squared-Error-of-Approximation
RoI	Return on Investment
RSS	Really Simple Syndication
s.	siehe
S.	Seite
SAP	Systemanalyse und Programmentwicklung
SEM	Structural Equation Model
SGM	Strukturgleichungsmodellierung
SMBC	Social Media Brand Community
SMBCs	Social Media Brand Communities
SNS	Social Networking Sites
SPSS	Statistical Package for the Social Sciences
SRMR	Standardized Root Mean Square Residual
TLI	Tucker-Lewis-Index
U&G	Uses & Gratifications
UGC	User Generated Content
UGT	Uses and Gratifications Theory
ULS	Unweighted Least Squares
USA	United States of America
u.v.m.	und vieles mehr
Vgl.	Vergleiche
VIF	Variance Inflation Factor
vs.	versus

WOM	Word-of-Mouth
XML	Extensible Markup Language
z.B.	zum Beispiel

1. Einleitung

In den vergangenen zwei Dekaden haben grundlegende informationstechnologische Innovationen zu einem Wandel von der Industrie- zur Informationsgesellschaft beigetragen. Die hiermit verbundene Digitalisierung hat erhebliche Auswirkungen auf die Art und Weise, wie Akteure in Wirtschaft und Gesellschaft miteinander interagieren. Insbesondere im Bereich des Konsumentenverhaltens haben sich hierzu deutliche Veränderungen eingestellt.[1] Die informationstechnologischen Innovationen sowie die damit verbundenen Veränderungen im Konsumentenverhalten haben deutliche Auswirkungen auf die Marketingkonzeption von Unternehmen und Organisationen.

Vor diesem Hintergrund entstehen im Rahmen des Marketings durch den technologieinduzierten Fortschritt, die damit verbundene Diffusion von Informations- und Kommunikationstechnologien sowie die stetige Weiterentwicklung des Internets sowohl Chancen als auch Risiken für Unternehmen.[2] Zum einen eröffnet die Digitalisierung Unternehmen eine Vielzahl neuer Möglichkeiten im Marketing- Bereich. Zum anderen sehen sich Unternehmen jedoch mit der Problematik konfrontiert, dass Konsumenten durch den unternehmensseitigen Einsatz digitaler Anwendungen mit einer kaum überschaubaren Informationsflut bedacht werden und dadurch entsprechenden Angeboten teilweise ablehnend gegenüberstehen.[3] Besondere Aufmerksamkeit wird daher einem entsprechenden Markenmanagement zuteil. Insbesondere immaterielle Vermögenswerte wie die Marke gewinnen innerhalb des durch die Digitalisierung verstärkten Wettbewerbs an Bedeutung und tragen somit essenziell zur Wertsteigerung von Unternehmen bei.[4]

Somit stellen das Markenmanagement und insbesondere die Markenkommunikation als spezifische Unterkategorie wichtige Bestandteile der Betriebswirtschaftslehre und gleichermaßen bedeutende Aufgaben für Unternehmen dar.[5] In der Vergangenheit war die Markenkommunikation innerhalb des Marketing- Mix durch Werbung, Verkaufsförderung, Öffentlichkeitsarbeit, persönlichen Verkauf und Direktmarketing im Offline- Bereich gekennzeichnet. Dabei waren hinsichtlich entsprechender Kommunikationskanäle vor allem Printmedien, Radio, Television sowie Messen und Events relevant.[6] Seit geraumer Zeit ist jedoch auch im Rahmen der Markenkommunikation ein in-

---

1 Vgl. Wirtz (2016a), S. 3 ff.
2 Vgl. Wirtz (2016a), S. 562.
3 Vgl. Levine et al. (2011), S. VII.
4 Vgl. Wirtz/Klein-Bölting (2007), S. 46 ff.
5 Vgl. Meffert/Burmann/Kirchgeorg (2015), S. 357 ff.
6 Vgl. Kotler et al. (2011), S. 791 ff.

formations- und kommunikationstechnologieinduzierter Wandel zu konstatieren. So haben das Internet und bestimmte darin integrierte elektronische Medien an Bedeutung gewonnen.[7]

Dabei wird in jüngerer Vergangenheit insbesondere sozialen Medien eine erhöhte Aufmerksamkeit im Rahmen der Markenkommunikation gewidmet. Neben den zahlreichen Möglichkeiten zur Schaltung von personalisierter Werbung[8], liegt dies nicht zuletzt auch in der zunehmenden Bedeutung sozialer Medien für die Entstehung und Entwicklung von Markengemeinschaften begründet. In Anbetracht dessen ist für die folgende Untersuchung speziell das Management von Markengemeinschaften in sozialen Medien von Interesse.[9] Zur genaueren Erläuterung und Begründung dieses Untersuchungsfokus werden im nachfolgenden Abschnitt 1.1 zunächst die spezifische Ausgangssituation und Relevanz der Untersuchung dargelegt. Daran anknüpfend werden in Abschnitt 1.2 eine genaue Abgrenzung der Untersuchung vorgenommen und die damit verbundene Problemstellung konkretisiert. Abschnitt 1.3 beschließt das Kapitel mit der Präsentation von Vorgehensweise und weiterem Aufbau der Untersuchung.

1.1 Ausgangssituation und Relevanz der Untersuchung

Das Zusammenspiel von sozialen Medien und Markengemeinschaften eröffnet Unternehmen und deren Markenkommunikation neue Möglichkeiten im Internet. Vor dem Hintergrund dieses Phänomens sollen im Folgenden Ausgangssituation und Relevanz der Untersuchung genauer erläutert werden.

Dazu werden zunächst die Entstehung und Entwicklung von Markengemeinschaften sowie die daraus resultierenden Möglichkeiten für Unternehmen komprimiert dargestellt. Nachfolgend wird die besondere Bedeutung von Markengemeinschaften in sozialen Medien erörtert. Im Einzelnen wird dabei aufgezeigt, welches Potenzial spezifische soziale Medien für die Gründung von Markengemeinschaften durch Unternehmen bergen. Schließlich wird hinsichtlich des Managements von Markengemeinschaften in sozialen Medien die wissenschaftliche und praktische Relevanz dieser Untersuchung durch Belege aus renommierten internationalen Fachzeitschriften beziehungsweise Beiträge aus der Praxis aufgezeigt.

Als erstes wesentliches Element der Ausgangsituation dieser Untersuchung kann die Entstehung und Entwicklung von Markengemeinschaften bestimmt werden. Dazu lässt sich zunächst konstatieren, dass Markengemeinschaften in der Vergangenheit schon ohne Fokus auf das Internet, durch

---

7 Vgl. Wirtz/Storm van's Gravesande (2004), S. 1049 ff.; Kotler et al. (2011), S. 962 ff.

8 Vgl. Wirtz/Nitzsche/Ullrich (2014), S. 71.

9 Vgl. Abschnitt 2.2 für eine umfassende Auseinandersetzung mit den terminologischen Grundlagen der Untersuchung.

Mitgliedertreffen auf sogenannten „brandfests“[10], begründet wurden. Jedoch bietet das Internet durch die Nutzung von Websites sowohl für Konsumenten als auch Unternehmen fortgeschrittene Möglichkeiten für eine entsprechende Gründung, Pflege und Aufrechterhaltung. Dabei ist insbesondere von Bedeutung, dass der Aspekt örtlicher Gebundenheit außer Acht gelassen werden kann. Somit können Konsumenten innerhalb einer bestimmten Markengemeinschaft trotz unterschiedlicher Standorte jederzeit miteinander in Verbindung treten. Dies entspricht auch dem Verständnis der Autoren Muñiz/O'Guinn (2001), welche als Begründer des Konzepts der „Brand Community“[11] im englischsprachigen Schrifttum gelten.[12]

Die auf diese Weise online existierenden Markengemeinschaften, welche interessierte oder gar begeisterte Konsumenten um eine spezielle Marke versammeln, werden ferner auch als „virtual brand communities“[13] oder „online brand communities“[14] bezeichnet. Während der Umgang mit solchen Online Brand Communities für Unternehmen generell mit Risiken wie einem gewissen Kontrollverlust behaftet sein kann, bieten sie nichtsdestoweniger auch vielversprechende Chancen.[15] In diesem Zusammenhang ist zunächst die Weiterentwicklung der traditionellen dyadischen Beziehung zwischen Konsument und Marke zu „Muniz and O’Guinn‘s (2001) Brand Community Triad“[16] zu nennen. Abbildung 1 verdeutlicht diese Entwicklung.

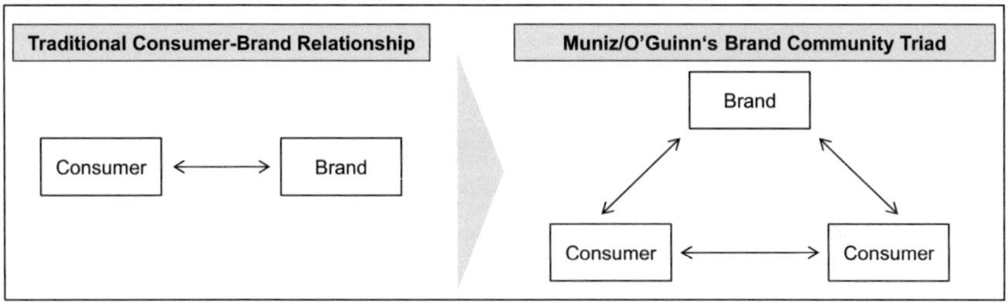

Abbildung 1: Entwicklung von Beziehungen durch Online Brand Communities[17]

Gegenüber dem traditionellen Modell bietet die Brand Community Triad Unternehmen zunächst den Vorteil, dass nicht pro Konsument ein separater Dialog geführt werden muss, sondern viele Konsumenten auf einmal erreicht werden können. Darüber hinaus können Unternehmen von den

---

10 Muñiz/O'Guinn (2001), S. 414; McAlexander/Schouten/Koenig (2002), S. 41.
11 Muñiz/O'Guinn (2001), S. 412.
12 Vgl. Abschnitt 2.2.1 für eine umfassende Auseinandersetzung mit dem Begriffsverständnis der ‚Brand Community‘.
13 Cova/Pace (2006), S. 1087.
14 Gummerus et al. (2012), S. 871.
15 Vgl. Cova/Pace (2006), S. 1090 f. In dieser Untersuchung wird nachfolgend für Markengemeinschaften im In ternet generell der Begriff ‚Online Brand Communities‘ verwendet.
16 McAlexander/Schouten/Koenig (2002), S. 39.
17 In Anlehnung an McAlexander/Schouten/Koenig (2002), S. 39.

Konversationen beziehungsweise Interaktionen zwischen den Konsumenten profitieren. Dabei kann allein deren Beobachtung schon von Vorteil für Unternehmen sein, da so Informationen über die Konsumenten gesammelt werden können, welche sonst eventuell verborgen blieben. Zudem können die Konsumenten innerhalb der Brand Community sowohl untereinander als auch mit den Vertretern des verantwortlichen Unternehmens im Sinne einer „value co-creation“[18] zur Wieterentwicklung der Marke beitragen. In der Vergangenheit haben dementsprechend viele Unternehmen aus unterschiedlichsten Industrien von der Möglichkeit Gebrauch gemacht, Online Brand Communities durch eigens dafür angelegte Websites zu gründen. Entsprechende Beispiele reichen von Marken wie Nutella über Apple bis hin zu Harley Davidson.[19]

Als zweites Element der Ausgangssituation dieser Untersuchung hat der anhaltende technologische Fortschritt seit Beginn des 21. Jahrhunderts unter anderem die Weiterentwicklung des Internets vom Web 1.0 zum Web 2.0 bewirkt. Im Hinblick auf diese Entwicklung kann im Wesentlichen zwischen den konzeptionellen und technologischen Grundlagen des Web 2.0 differenziert werden. So versteht man unter den konzeptionellen Grundlagen generell die Idee einer neuartigen interaktiven Nutzung des World Wide Web, sowohl für Entwickler als auch Endanwender. Speziell dient das Web 2.0 dabei als Plattform, auf welcher Inhalte und Anwendungen nicht länger nur durch Einzelne, sondern durch alle Nutzer kontinuierlich, auf eine partizipative und kollaborative Weise geschaffen und modifiziert werden können. Das Web 2.0 ermöglicht somit insbesondere eine grundlegend neue Form der Gestaltung von Inhalten durch die Endanwender. Diese Entwicklung hat unter anderem den für das Web 2.0 charakteristischen Begriff des User Generated Content (UGC) geprägt. Hinsichtlich der technologischen Grundlagen des Web 2.0 können vor allem die folgenden wesentlichen Basisfunktionen konstatiert werden: Erstens ist Adobe Flash zu nennen, ein System zur Wieterentwicklung von Websites durch die Programmierung und Darstellung von Animationen, interaktiven Elementen sowie Audio- oder Videostreams. Zweitens kann die Really Simple Syndication (RSS), in Form von Web Feed- Formaten zur standardisierten Veröffentlichung häufig aktualisierter Website-Inhalte, angeführt werden. Drittens ist schließlich Asynchronous Java Script and XML (AJAX) zu nennen, eine Technik zur asynchronen Datenübertragung zwischen Web Server und Browser, welche die Aktualisierung von Inhalten ermöglicht ohne Darstellung und Reaktion der Website zu beeinträchtigen.[20] Tabelle 1 stellt die konzeptionellen und technologischen Grundlagen des Web 2.0 noch einmal in aggregierter Form dar.

---

18 Pongsakornrungsilp/Schroeder (2011), S. 303.
19 Vgl. McAlexander/Schouten/Koenig (2002), S. 40; Cova/Pace (2006), S. 1087 ff.; Muñiz/Schau (2007), S. 35 ff.
20 Vgl. Kaplan/Haenlein (2010), S. 60 f.

Konzeptionelle und technologische Grundlagen des Web 2.0	
Konzeptionelle Grundlagen:	**Technologische Grundlagen:**
• Das Web 2.0 steht für die Idee einer neuartigen interaktiven Nutzung des World Wide Web, sowohl für Entwickler als auch Endanwender	• Adobe Flash: System zur Weiterentwicklung von Websites durch die Programmierung und Darstellung von Animationen, interaktiven Elementen sowie Audio- oder Videostreams
• Das Web 2.0 als Plattform auf der Inhalte und Anwendungen nicht länger nur durch Einzelne, sondern durch alle Nutzer kontinuierlich, partizipativ und kollaborativ geschaffen und modifiziert werden können	• Really Simple Syndication (RSS): Web Feed- Formate zur standardisierten Veröffentlichung häufig aktualisierter Website- Inhalte
• Das Web 2.0 ermöglicht somit insbesondere eine grundlegend neue Form der Gestaltung von Inhalten durch die Endanwender: User Generated Content (UGC)	• Asynchronous Java Script and XML (AJAX): Technik zur asynchronen Datenübertragung zwischen Web Server und Browser, welche die Aktualisierung von Inhalten ermöglicht ohne Darstellung und Reaktion der Website zu beeinträchtigen

Tabelle 1: Konzeptionelle und technologische Grundlagen des Web 2.0[21]

Basierend auf diesen konzeptionellen und technologischen Grundlagen des Web 2.0 hat sich ferner die Diffusion von sozialen Medien beziehungsweise verschiedenen Social Media- Anwendungen innerhalb des Internets etabliert.[22] Die entsprechende Entwicklung im Bereich Social Media ist sehr dynamischer Natur und umfasst verschiedenste Anwendungen und Plattformen. Während sich diesbezüglich die Praxis beständig weiter entwickelt, zählen zu den wesentlichsten Anwendungen im Zeitraum der Untersuchung: Social Networks wie Facebook, Blogs und Blogging-Platforms wie Tumblr, Microblogs wie Twitter, Filesharing Platforms wie Youtube und Instagram, Wikis wie Wikipedia, Instant Messenger wie WhatsApp und Snapchat, Recommendation & Review Platforms wie Yelp sowie Social Bookmarking Platforms wie Delicious.[23] Neben den genannten Anwendungen gibt es jedoch noch diverse sonstige Erscheinungsformen von Social Media.[24] Abbildung 2 gibt einen Überblick über die verschiedenen Social Media- Anwendungen.

---

[21] Darstellung in Anlehnung an Kaplan/Haenlein (2010), S. 60 f.

[22] Vgl. Kaplan/Haenlein (2010), S. 61. In dieser Untersuchung wird nachfolgend für soziale Medien im Internet generell der Begriff ‚Social Media' verwendet.

[23] In Anlehnung an Wirtz (2016a), S. 52 ff. Vgl. auch Delicious (2017); Facebook (2017a); Instagram (2017); Snapchat (2017); Tumblr (2017); Twitter (2017); WhatsApp (2017); Wikipedia (2017); Yelp (2017); Youtube (2017).

[24] Vgl. z.B. Wirtz (2016a), S. 57 f. Für eine umfassende Auseinandersetzung mit dem Begriffsverständnis von ‚Social Media' siehe Abschnitt 2.2.1.

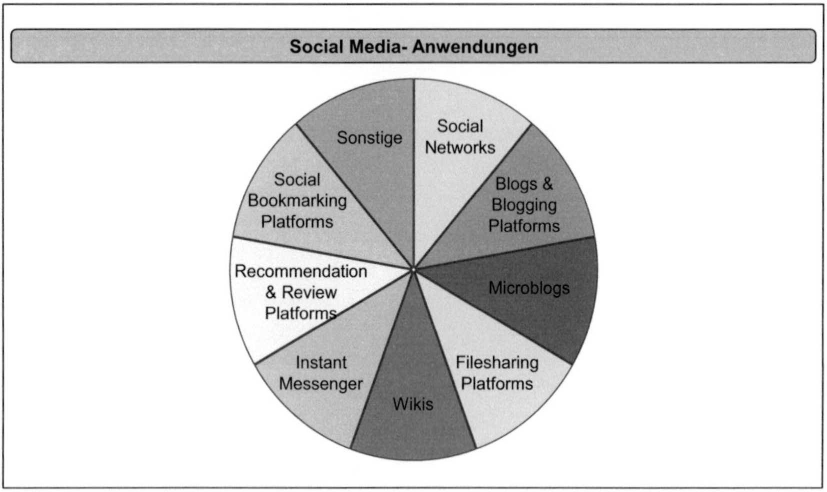

Abbildung 2: Social Media- Anwendungen[25]

In Anbetracht dieses reichhaltigen Angebotes an verschiedenen Social Media- Anwendungen bietet sich einerseits Privatpersonen eine Vielfalt von Nutzungsmöglichkeiten. Andererseits birgt diese Situation jedoch auch für Unternehmen großes Potenzial in Social Media aktiv zu werden und somit eine Vielzahl von Konsumenten aus verschiedensten Zielgruppen kostengünstig zu erreichen. Somit ergibt sich der eigenständige Geschäftsbereich des „Social Media Business“[26].

Entscheiden sich Unternehmen dafür in Social Media aufzutreten und somit am Social Media Business zu partizipieren, gilt es vorab diverse strategische Entscheidungen zu treffen. Einerseits muss entschieden werden, welche Social Media- Anwendungen passend für den Social Media- Auftritt der jeweiligen Unternehmen sind beziehungsweise welche davon letztendlich ausgewählt werden sollen. Andererseits muss festgelegt werden, welche Unternehmensfunktionen in den entsprechenden Social Media- Anwendungen ausgeübt werden sollen. Im Einzelnen haben sowohl Unternehmensfunktionen wie Marketing und Public Relations[27], aber auch Employer Branding und Recruiting ihre Berechtigung in Social Media.

Im Rahmen dieser Untersuchung sind jedoch speziell die Marketing- Aktivitäten von Unternehmen in Social Media von Bedeutung. Diesbezüglich erfreut sich das „Social Media Marketing“[28] zuneh-

---

25 Darstellung in Anlehnung an Enderle/Wirtz (2008), S. 37; Kaplan/Haenlein (2010), S. 60 ff.
26 Wirtz (2016a), S. 49.
27 Vgl. Wirtz (2016a), S. 64.
28 Evans (2010), S. 20; Hettler (2010), S. 38; Wirtz (2016a), S. 51.

mender Beliebtheit in der Praxis und kann grundlegend wiederum in Advertising und Branding unterteilt werden. Dazu ist zum einen die für Unternehmen mit Kosten verbundene Schaltung von Werbung, z.B. in Social Networks wie Facebook, zu nennen. Zum anderen bietet sich Unternehmen in verschiedenen Social Media- Anwendungen die Möglichkeit, kostenlos eigene Seiten oder Kanäle für ihre Marken, also Brand Communities in Social Media, zu betreiben.[29] Von größter Relevanz für die Gründung dieser „social media brand communities“[30] sind insbesondere Social Networks wie Facebook, Blogging Platforms wie Tumblr, Microblogs wie Twitter und Filesharing Platforms wie Youtube und Instagram.[31]

Während grundsätzlich beide Bereiche des Social Media Marketings ein erhebliches Potenzial für Unternehmen bergen, erscheinen Social Media Brand Communities aufgrund ihrer Innovativität, der zahlreichen Fans beziehungsweise Follower sowie der angesprochenen Kostenfreiheit als besonders interessant und attraktiv für Unternehmen. In diesem Zusammenhang vereinen sie die bereits erwähnten Möglichkeiten von Online Brand Communities und Social Media, stellen somit eine Weiterentwicklung konventioneller Online Brand Communities dar und eröffnen Unternehmen bisher nicht da gewesene Chancen.[32]

Somit kann auf Grundlage der zuvor erläuterten generellen Attraktivität von Online Brand Communities für Unternehmen das Zwischenfazit gezogen werden, dass Social Media Brand Communities im Rahmen des übergeordneten Brand Community- Managements eine besondere Bedeutung zukommt. Dementsprechend sind insbesondere Erkenntnisse bezüglich eines erfolgreichen Managements von Social Media Brand Communities einerseits für Unternehmen in der Praxis von Interesse. Andererseits sind diese gleichermaßen für den wissenschaftlichen Diskurs und die Weiterentwicklung des Forschungsfelds von Bedeutung.

Angesichts dessen steht im Folgenden das Untersuchungsobjekt der Social Media Brand Community (SMBC) im Fokus dieser Untersuchung. Während bereits eine rege Nutzung von Social Media Brand Communities durch unterschiedlichste Unternehmen zu beobachten ist, machen zudem auch öffentliche Institutionen wie z.B. die Europäische Kommission auf Facebook davon Gebrauch.[33]

---

[29] Vgl. z.B. Chi (2011), S. 44 ff.; Chu (2011), S. 30 ff.; Naylor/Lamberton/West (2012), S. 105 ff.; Goh/Heng/Lin (2013), S. 88 ff.; Facebook (2017b).

[30] Gummerus et al. (2012), S. 871.

[31] In dieser Untersuchung wird nachfolgend für Brand Communities in Social Media der Begriff ‚Social Media Brand Communities‘ (SMBCs) verwendet.

[32] Vgl. Abschnitt 1.2 für eine detaillierte Abgrenzung zwischen konventionellen Online Brand Communities und Social Media Brand Communities.

[33] Vgl. Europäische Kommission (2017).

Somit können sowohl Unternehmen der freien Wirtschaft als auch Organisationen der öffentlichen Verwaltung von Ergebnissen entsprechender Untersuchungen profitieren.

Vergleichbare empirische Untersuchungen zum Social Media Brand Community- Management haben jedoch bisher im wissenschaftlichen Schrifttum wenig Beachtung gefunden. Untersucht man das bestehende Schrifttum hinsichtlich einer entsprechenden wissenschaftlichen Relevanz der Thematik, so lassen sich zahlreiche Hinweise finden, welche den angesprochenen Forschungsbedarf hinsichtlich Social Media Brand Communities aufzeigen. Tabelle 2 bietet hierzu einen Überblick über ausgewählte Bewertungen aus wissenschaftlichen Beiträgen der jüngeren Vergangenheit:

Autor(en)	Zitat
Gummerus et al. (2012), S. 871 f.	"[...] the emergence of brand communities in social media raises several questions on customer behavior [...] future studies should look into relationship benefits [...] resulting from company versus community interactions, and the role of customer engagement in these interacttions."
Naylor/Lamberton/West (2012), S. 119.	"An exploration of consumers' goals when interacting with a brand through social media, the effect of [...] and the interaction between the two on the influence of downstream variables (e.g., consumer desire to stay affiliated with a brand over time) is an important avenue for further research."
Goh/Heng/Lin (2013), S. 89.	"Studies [...] are rare, and none have examined both UGC and MGC in the context of a social media brand community. The literature lacks a rigorous quantification of the value of recurring engagement by consumers and marketers in such a community [...]."
Rishika et al. (2013), S. 125.	"Next, future research could also extend the current findings by studying whether different types of message postings by firm (e.g., product or price related) will elicit a different response from customers."

Autor(en)	Zitat
Rapp et al. (2013), S. 547, 562.	"[...] online shoppers interact with a retailer on social networking sites such as Facebook, LinkedIn, and Twitter, and retailers and brands are capitalizing on this new promotional dimension [...] we encourage future researchers to undertake longitudinal and/or experimental research designs to investigate these questions further."
Le Roux/Maree (2016), S. 9.	"Whilst this study contributes to the knowledge of social media brand communities [...] Examining the influence of content type (entertainment, information [...]) would also be an informative study."
Solem (2016), S. 333.	"[...] empirical research on [...] the effects of customer brand engagement (CBE) in social media, is lacking."

Tabelle 2: Wissenschaftliche Relevanz der Untersuchung[34]

So stellen Gummerus et al. (2012) zunächst heraus, dass die Entstehung von Social Media Brand Communities generell einige Fragen zu dem damit verbundenen Konsumentenverhalten aufwirft. Insbesondere regen die genannten Autoren diesbezüglich an, im Rahmen zukünftiger Forschung den beziehungsorientierten Nutzen zu untersuchen, welcher für die Nutzer durch Interaktionen mit der Marke oder anderen Nutzern und somit durch das Engagement der Nutzer in Social Media Brand Communities entsteht.[35] Somit geben Gummerus et al. (2012) hinsichtlich der Nutzung von Social Media Brand Communities erste Hinweise auf die Relevanz bestimmter Nutzerbedürfnisse und -motivationen, welche mit einem Interesse der Nutzer an der Entwicklung von Beziehungen innerhalb der Communities verbunden sind.

Ferner erwähnen Naylor/Lamberton/West (2012) in ähnlicher Weise, dass die Untersuchung von Konsumentenzielen bezüglich der Interaktion mit Marken in Social Media von Bedeutung für die zukünftige Forschung ist. Zudem verweisen die Autoren speziell auf die Wichtigkeit solcher Interaktionen auf "social media brand pages"[36], sowie die damit verbundenen Effekte auf das Bedürfnis von Konsumenten, mit Marken verbunden zu bleiben.[37] So konstatieren Naylor/Lamberton/West

[34] Vgl. auch die Studien von Kim/Ko (2012); Vries/Gensler/Leeflang (2012); Laroche et al. (2012); Laroche/Habibi/Richard (2013); Xia (2013); Hutter et al. (2013); Blanchflower/Watchravesringkan (2014).
[35] Vgl. Gummerus et al. (2012), S. 871 f.
[36] Naylor/Lamberton/West (2012), S. 117.
[37] Vgl. Naylor/Lamberton/West (2012), S. 117 ff.

(2012) einerseits ebenfalls die Relevanz bestimmter Nutzerbedürfnisse und -motivationen für die Nutzung von Social Media Brand Communities. Andererseits betonen die genannten Autoren, dass vor allem die Bindung von Konsumenten an die Marke durch Social Media Brand Communities von Interesse für die zukünftige Forschung ist.

Darüber hinaus konstatieren Goh/Heng/Lin (2013) einen Mangel an wissenschaftlichen Studien zu Inhalten und Engagement von sowohl Nutzern als auch Unternehmen in Social Media Brand Communities. Ferner kritisieren die Autoren Goh/Heng/Lin (2013) die bisher im Schrifttum vernachlässigte Quantifizierung des aus einem entsprechenden Engagement resultierenden Mehrwerts für die betroffenen Unternehmen.[38] Rishika et al. (2013) fokussieren noch genauer auf die von Unternehmen in Social Media Brand Communities zur Verfügung gestellten Inhalte. Dabei nennen Rishika et al. (2013) die Untersuchung spezifischer Nutzerreaktionen auf verschiedene Inhaltsarten als wichtiges Element zukünftiger Forschung.[39]

Rapp et al. (2013) verweisen ferner auf das Potenzial von Social Media Brand Communities im Rahmen des Online Shoppings und rufen zu einer Untersuchung von damit verbundenen Problemstellungen auf.[40]

Le Roux/Maree (2016) erwähnen zudem ähnlich wie Rishika et al. (2013), dass es von Interesse ist, den Einfluss unterschiedlicher Inhaltsarten in Social Media Brand Communities zu untersuchen[41], während Solem (2016) schließlich vergleichbar mit Goh/Heng/Lin (2013) einen Mangel an empirischer Forschung zu den Effekten eines markenbezogenen Nutzerengagements in Social Media für die jeweiligen Unternehmen konstatiert.[42]

Zusammenfassend besteht die Quintessenz aus den ausgewählten wissenschaftlichen Beiträgen eindeutig darin, dass hinsichtlich der Untersuchung eines erfolgreichen Managements von Social Media Brand Communities ein großer Forschungsbedarf besteht. In diesem Zusammenhang sind Wissenschaftler des Forschungsbereichs einerseits daran interessiert, welche spezifischen Faktoren dabei von Bedeutung sind.

Im Rahmen der Social Media und Branding inhärenten Orientierung an den Nutzern beziehungsweise Konsumenten und ihren Bedürfnissen ist zur Betrachtung von relevanten Faktoren zunächst speziell ein Forschungsinteresse an beziehungsorientierten Faktoren zu erkennen. Zusätzlich ist ein

[38] Vgl. Goh/Heng/Lin (2013), S. 89.
[39] Vgl. Rishika et al. (2013), S. 125.
[40] Vgl. Rapp et al. (2013), S. 547, 562.
[41] Vgl. Le Roux/Maree (2016), S. 9.
[42] Vgl. Solem (2016), S. 333.

Fokus auf die spezifischen Inhalte der Communities festzustellen. Demgemäß soll im Rahmen dieser Arbeit eine integrierte Untersuchung sowohl beziehungs- als auch inhaltsorientierter Erfolgsfaktoren des Social Media Brand Community- Managements vorgenommen werden.[43]

Andererseits fokussiert das wissenschaftliche Schrifttum darauf, wie genau quantifizierbarer Mehrwert und somit Erfolg für Unternehmen in Zusammenhang mit dem Engagement der Nutzer in Social Media Brand Communities bestimmt werden können. Auch diesem Aspekt wird in dieser Arbeit durch die Untersuchung der Erfolgswirkung und der damit verbundenen abhängigen Variablen Rechnung getragen.[44]

Das zuvor erläuterte wissenschaftliche Forschungsinteresse spiegelt sich auch in einer entsprechenden praktischen Relevanz der Thematik wider. Diese geht unter anderem aus praxisbezogenen Studien von Unternehmen, Unternehmensberatungen und Social Media- Agenturen hervor. Im Einzelnen wird darin generell die steigende Bedeutung von Marketing und Branding in Social Media, sowie speziell von Social Media Brand Communities, deutlich. Tabelle 3 veranschaulicht dies mittels einer Auswahl an bisherigen Erkenntnissen und Ergebnissen aus der Praxis.

Autor(en)	**Zitat**
IBM (2011), S. 11 f.	"The power of the social community's endorsement and influence can be felt each time someone "likes" a company on Facebook or re-tweets a company's message on Twitter. [...] Organizations need to carefully consider how they can create a social media experience that is unique to their brand, offers customer value and exploits the power of the social community."
BCG (2012), S. 6.	"[...] – a person with the credibility to recommend brands, products, and services – has shifted from someone with professional or academic credentials to potentially anyone with firsthand experience, ideally a peer or close friend. [...] The reach and accessibility of social media have amplified the voice of individual consumers."

43 Vgl. Abschnitt 3.2.5.
44 Vgl. Abschnitt 3.2.5.

Autor(en)	Zitat
McKinsey (2012).	"Companies diligently establish Twitter feeds and branded Facebook pages, but few have a deep understanding of exactly how social media interacts with consumers to expand product and brand recognition, drive sales and profitability, and engender loyalty."
Social Media Examiner (2014), S. 5.	"Marketers place very high value on social media: A significant 92% of marketers indicate that social media is important for their business, up from 86% in 2013. […] Facebook and LinkedIn are the two most important social networks for marketers."
Bain & Company (2016).	"[…] social media offers useful platforms for distributing these new types of content to keep customers engaged with their activities. […] Companies that expand the depth and breadth of their digital footprint to make strong first impressions will be able to capitalize on the opportunities inherent in customers' new digital behavior. Those that wait won't recognize which opportunities they have missed."

Tabelle 3: Praktische Relevanz der Untersuchung

Innerhalb einer Social Media- Studie von IBM (2011) wird zunächst die generell ansteigende Macht der sozialen Gemeinschaft, und spezieller der Einfluss von Nutzern hinsichtlich Unternehmensseiten beziehungsweise Social Media Brand Communities auf Facebook und Twitter, herausgestellt. Zudem wird betont, dass Unternehmen sich dementsprechend damit beschäftigen müssen, wie sie Erfahrungen und Werte für Nutzer in Social Media schaffen können, die spezifisch für ihre Marken sind, um somit gegenüber der Konkurrenz herauszustechen und die erwähnte Macht der sozialen Gemeinschaft für sich zu nutzen.[45]

In diesem Zusammenhang verweist auch die Studie der BCG (2012) auf die durch Reichweite und Zugänglichkeit von Social Media gestärkte Rolle individueller Konsumenten und betont speziell, dass Nutzer sich dementsprechend für Empfehlungen bezüglich Marken, Produkten und Services, vermehrt an andere Nutzer wenden.[46] Diese Entwicklung spricht wiederum für die unternehmens-

45 Vgl. IBM (2011), S. 11 f.
46 Vgl. BCG (2012), S. 6.

seitige Bereitstellung von Brand Communities in Social Media, welche nicht nur den Austausch mit Unternehmen und Marke, sondern auch mit anderen Nutzern, ermöglichen.

McKinsey (2012) erläutert diesbezüglich basierend auf einer weiteren Studie die Bemühungen vieler Unternehmen auf Twitter und Facebook- Seiten für ihre Marken. Jedoch wird durch die Studie von McKinsey (2012) deutlich, dass Unternehmen es noch kaum verstehen, mit Konsumenten in Social Media so umzugehen, dass Wiedererkennungswert der Marke, Absatz, Profitabilität und Kundentreue gesteigert und somit greifbare Erfolge verbucht werden können.[47] Daraus kann wiederum gefolgert werden, dass noch ein beträchtlicher Verbesserungsbedarf sowie ein entsprechendes Potenzial hinsichtlich Branding- Aktivitäten in Social Media beziehungsweise des Managements von Social Media Brand Communities besteht.

Darauf verweist auch die Studie der Agentur Social Media Examiner (2014), welche durch ihre Ergebnisse ferner die anhaltende Wichtigkeit von Social Media für Unternehmen und ihre Marketingaktivitäten generell aufzeigt. Ferner resultiert Facebook in der erwähnten Studie, neben LinkedIn, als wichtigste Social Media- Plattform für Unternehmen, was wiederum für einen entsprechenden Fokus der folgenden Untersuchung spricht.[48]

Bain & Company (2016) verstehen Social Media schließlich als nützliche Plattformen, auf welchen durch neue Inhaltsarten ein Kunden- beziehungsweise Nutzerengagement erzeugt werden kann und verweisen zudem generell auf die damit verbundenen Möglichkeiten für Unternehmen sowie die Gefahr, diese zu verpassen, wenn zu lange gewartet und keine Präsenz in Social Media gezeigt wird.[49]

Nach Analyse der obigen praxisbezogenen Beiträge kann in Summe analog zur Bedeutung im wissenschaftlichen Schrifttum festgestellt werden, dass Marketing und speziell Branding in Social Media, also im Einzelnen das Management von Social Media Brand Communities, von hoher Relevanz für die Unternehmenspraxis sind. Gleichzeitig fehlen dazu jedoch eine umfassende Identifikation erfolgsrelevanter Faktoren, ein eindeutiges Verständnis hinsichtlich eines greifbaren Erfolgs sowie entsprechende detaillierte Handlungsempfehlungen.

Insgesamt kann basierend auf den vorherigen Ausführungen für Wissenschaft und Praxis gleichermaßen die Bedeutung des Social Media Brand Community- Managements konstatiert werden. Insbesondere zu Erfolgsfaktoren und -wirkung in diesem Kontext besteht ein erheblicher Erkenntnis-

47 Vgl. McKinsey (2012).
48 Vgl. Social Media Examiner (2014), S. 5; Abschnitt 1.2.
49 Vgl. Bain & Company (2016).

bedarf. Nichtsdestoweniger sollen auch kritische Stimmen des Schrifttums zur Thematik nicht ignoriert werden. So weisen z.B. Fournier/Avery (2011) darauf hin, dass Nutzer nicht notwendigerweise Unternehmen und Marken in Social Media willkommen heißen, und raten daher bezüglich eines entsprechenden Auftritts zu einem sehr vorsichtigen und wohlüberlegten Ansatz.[50] Jedoch sind es gerade diese gebotene Vorsicht sowie eine gewisse Kontroverse hinsichtlich der Social Media- Aktivitäten von Unternehmen, welche die Relevanz einer gezielten Untersuchung des Brand Community Managements in Social Media noch weiter steigern.

1.2 Abgrenzung und Problemstellung der Untersuchung

Sowohl in der Praxis als auch der wissenschaftlichen Forschung existiert eine klare Trennung zwischen dem Phänomen neuartiger Social Media Brand Communities und konventionellen Online Brand Communities. Die mit der entsprechenden Unterscheidung verbundenen Besonderheiten von Social Media Brand Communities nach Habibi/Laroche/Richard (2014a) sollen daher im Folgenden zum Zweck einer ersten Abgrenzung der Untersuchung genauer erläutert werden.[51] Wie bereits aus der spezifischen Bezeichnung des Mediums hervorgeht, spielt die soziale Komponente beziehungsweise der „Social context"[52] hierbei eine weitaus zentralere Rolle als in konventionellen Online Brand Communities. In Social Media Brand Communities wird zunächst eine selbstständige Kontaktherstellung zwischen Mitgliedern der Community ermöglicht, welche wiederum zur gegenseitigen Beeinflussung der individuellen Markenbewertung führen kann. Auch gibt es besondere Instrumente zur Planung von Offline- Events beziehungsweise Treffen der Mitglieder. Schließlich werden in sozialen Medien häufig echte Nutzeridentitäten verwendet, was einen persönlicheren Austausch für die Nutzer untereinander sowie den Zugriff auf persönliche Profilinformationen für Unternehmen ermöglicht.

Auch hinsichtlich „Content and storytelling"[53], also dem Konsumieren und Beitragen von Inhalten und Geschichten zur Marke, ist in Social Media Brand Communities ein neuer Trend erkennbar. Zunächst gibt es weitaus reichhaltigere Kommunikationsmöglichkeiten für die Mitglieder. Beispielsweise kann nicht nur mittels Text, sondern auch in fortgeschrittener Weise durch Fotos und Videos miteinander kommuniziert werden. Ferner gibt es insgesamt eine größere Vielfalt von bereitstehenden Instrumenten der Social Media- Plattformen. Diese ermöglichen Unternehmen nicht nur die Präsentation von Inhalten in der Community, sondern z.B. auch auf den eigenen Newsfeeds der Mitglieder.

---

50 Vgl. Fournier/Avery (2011), S. 193 ff.
51 Vgl. im Folgenden Habibi/Laroche/Richard (2014a), S. 128 f.
52 Habibi/Laroche/Richard (2014a), S. 128.
53 Habibi/Laroche/Richard (2014a), S. 129.

Auffällig ist im Vergleich zu konventionellen Online Brand Communities hinsichtlich der „Scale“[54] auch die veränderte Größenordnung beziehungsweise viel größere Reichweite der Unternehmen, welche kaum finanzielles Investment erfordert. In diesem Zusammenhang spricht man auch von „mega brand communities“[55], in welchen sich die Mitgliedergewinnung durch die Präsenz vieler verschiedener Zielgruppen auf den entsprechenden Social Media- Plattformen vergleichsweise einfach gestaltet.

Hinsichtlich „Structure“[56], also der Struktur von Social Media Brand Communities, sind im Vergleich zu konventionellen Online Brand Communities sehr flache Hierarchien festzustellen. Dies bedeutet, dass Mitglieder in der Community nicht für alle sichtbar nach Engagement, Erfahrung oder Länge der Mitgliedschaft unterteilt werden. Es haben also alle Mitglieder die gleichen Möglichkeiten, Rechte und Pflichten beziehungsweise müssen die gleichen Regeln befolgen.

Schließlich liegt die letzte zentrale Besonderheit von Social Media Brand Communities in „Myriads of affiliated brand communities“[57], also darin, dass zusätzlich angegliederte ‚Sub Brand Communities‘ durch bestehende Mitglieder auf der Social Media- Plattform begründet werden. Diese fokussieren z.B. auf spezielle Modelle einer Marke.

Basierend auf den obigen Besonderheiten von Social Media Brand Communities können diese also eindeutig von konventionellen Online Brand Communities abgegrenzt werden. Aufgrund der sich daraus ergebenden Novität und Innovativität sowie der im vorherigen Abschnitt erläuterten wissenschaftlichen und praktischen Relevanz wird dieser Abgrenzung auch für die vorliegende Untersuchung gefolgt und somit speziell auf Social Media Brand Communities fokussiert. Dazu stellt sich ferner die Frage, in welcher Social Media- Anwendung, die eine Gründung von Brand Communities ermöglicht, eine entsprechende Untersuchung durchgeführt werden soll.[58] Hierzu sind vor allem Social Networks als beliebte Anwendungen für Nutzer und somit auch als interessante Anwendungen für Unternehmen in Erscheinung getreten.[59]

Demnach empfiehlt sich eine weitere Abgrenzung hinsichtlich der spezifischen Untersuchung von Brand Communities in Social Networks. Betrachtet man speziell Facebook als eines der bekanntesten und meist genutzten Social Networks mit ungefähr 1,97 Milliarden aktiven Nutzern weltweit[60],

---

[54] Habibi/Laroche/Richard (2014a), S. 129.
[55] Ebenda.
[56] Ebenda.
[57] Ebenda.
[58] Vgl. Abschnitt 1.1.
[59] Vgl. Kaplan/Haenlein (2010), S. 63 f.
[60] Vgl. Statista (2017).

so bietet es Unternehmen generell eine Vielzahl von Möglichkeiten, Mitglieder des Social Networks zu erreichen. Auch speziell in Deutschland erfreut sich das soziale Netzwerk nach wie vor steigender Beliebtheit. Abbildung 3 verdeutlicht dies, indem sie die Entwicklung der Anzahl aktiver Facebook- Nutzer in Deutschland von 2008 bis 2016 aufzeigt.

Darüber hinaus wird Facebook auch in der Studie der Agentur Social Media Examiner als wichtigste Social Media- Plattform für Unternehmen und deren Marketingaktivitäten genannt.[61] Angesichts dieser Erkenntnisse, sowie des maßgeblich durch das Social Network bestimmten Social Media-Hypes seit seiner Gründung im Jahr 2004[62], wird in dieser Untersuchung als nächster Schritt der Abgrenzung auf das Social Network Facebook fokussiert.

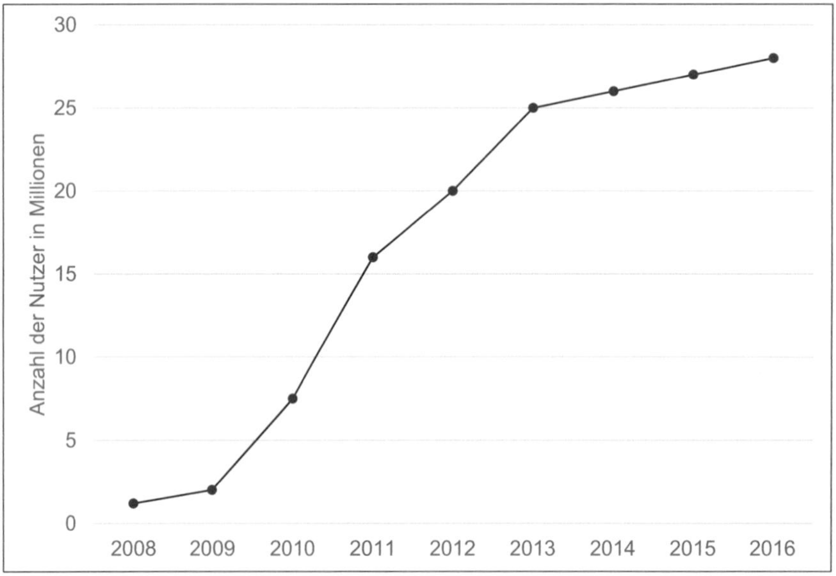

Abbildung 3: Entwicklung der Anzahl aktiver Facebook- Nutzer in Deutschland[63]

Zudem lassen sich im relevanten wissenschaftlichen Schrifttum Hinweise darauf finden, dass eine homogene Betrachtungsweise in Studien zu Social Media Brand Communities, d.h. die Betrachtung von Social Media Brand Communities einer bestimmten Industrie, empfehlenswert für die Generierung adäquater empirischer Resultate ist. So kennzeichnen Autoren heterogener Studien, welche Social Media Brand Communities verschiedener Industrien untersuchen, dies als Limitation ihrer

61 Vgl. Social Media Examiner (2015), S. 5.
62 Vgl. Focus Online (2012).
63 In Anlehnung an allfacebook.de (2016).

Arbeiten und empfehlen eine homogene Vorgehensweise für die zukünftige Forschung. Tabelle 4 gibt Beispiele für entsprechende Hinweise aus relevanten Studien zu Social Media Brand Communities.

Autor(en)	Zitat
Jahn/Kunz (2012), S. 354.	"Although our fan-page sample represents a wide area of different industries (i.e. over 40 different pages of goods, service, organization, or celebrity brands), they are not representative for all fan pages existing on social networking sites. More research is needed to understand the roles fan pages play in specific industries."
Habibi/Laroche/Richard (2014b), S. 159.	"Since the goal was to measure the effects of social media based brand communities, we asked respondents to name and think about the most important community in social media of which they are a member. [...] However, to be more precise, future research should focus on a few specific brand communities [...]. Our sample includes brand communities for a wide range of products. [...] the type and intensity of their consequences and benefits might be different. Therefore, we suggest conducting more specific studies across various product categories to provide deeper insights for brand managers."
Hsu et al. (2015), S. 492.	"[...] this research did not further classify the industry types of the Fan Pages (e.g., travel, electronics, and video games). Future research is encouraged to examine how industry types influence the observed effects."

Tabelle 4: Hinweise zur Homogenität/Heterogenität von SMBC- Studien

Vor dem Hintergrund dieser Hinweise bezüglich eines Fokus auf Social Media Brand Communities einzelner Industrien beziehungsweise Produktkategorien wird abschließend eine weitere Abgrenzung hinsichtlich der speziellen Industrie der in dieser Untersuchung zu betrachtenden Brand Communities auf Facebook vorgenommen.

Dazu soll als Abgrenzungskriterium zunächst eine regionale Beschränkung hinsichtlich der empirischen Erhebung dieser Untersuchung in Facebook Brand Communities vorgenommen werden[64], da eine globale Untersuchung angesichts kultureller Unterschiede und weltweit heterogener Nutzeranforderungen an Unternehmen und Marken zu einer Verzerrung der Ergebnisse führen könnte.[65] Dementsprechend soll im Rahmen der empirischen Erhebung ausschließlich auf deutschsprachige Nutzer der Facebook Brand Communities einer Industrie fokussiert werden. Auf diese Weise kann die Homogenität der Untersuchung weitestgehend sichergestellt werden.

Ferner soll hinsichtlich der zu untersuchenden Marken eine weitere Abgrenzung bezüglich Business to Consumer (B2C)- und Business to Business (B2B)- Marken vorgenommen werden. Da dem B2C- Bereich in Social Media bislang sowohl in Wissenschaft und Praxis die größere Aufmerksamkeit zuteil geworden ist[66], soll auch in dieser Untersuchung auf B2C- Marken fokussiert werden. Für diesen Fokus kann zudem argumentiert werden, da das zuvor gewählte Social Network Facebook verstärkt von B2C- Marken genutzt wird, und B2B- Marken stattdessen ihren Schwerpunkt bei LinkedIn als spezifischem Social Network zur beruflichen Vernetzung setzen.[67]

Basierend auf einem Ranking von Interbrand, einer der führenden Markenberatungen weltweit[68], bietet Tabelle 5 bezüglich der zuvor erläuterten Abgrenzungskriterien zunächst einen Überblick über die Top 10 der wertvollsten deutschen Marken aus verschiedenen Industrien, welche hinsichtlich ihrer Branding- Aktivitäten vornehmlich im B2C- Bereich aktiv sind.

Rang	Unternehmen	Wert in Euro
1	Mercedes-Benz	25,438 Milliarden
2	BMW	25,195 Milliarden
3	Deutsche Telekom	12,923 Milliarden
4	Volkswagen	10,161 Milliarden
5	Audi	7,283 Milliarden
6	Siemens	6,424 Milliarden

[64] In dieser Untersuchung wird nachfolgend für Brand Communities auf Facebook der Begriff ‚Facebook Brand Communities' verwendet.
[65] Vgl. Pistoia (2014), S. 10.
[66] Vgl. Michaelidou/Siamagka/Christodoulides (2011), S. 1153 f.
[67] Vgl. Social Media Examiner (2015), S. 29.
[68] Vgl. Spiegel Online (2014).

Rang	Unternehmen	Wert in Euro
7	Allianz	5,706 Milliarden
8	Adidas	5,466 Milliarden
9	Porsche	5,312 Milliarden
10	Hugo Boss	3,069 Milliarden

Tabelle 5: Ranking der wertvollsten deutschen Marken des Jahres 2015[69]

Basierend auf diesem Ranking kann nun weiterhin betrachtet werden, welche der aufgeführten Marken auf Facebook bislang die größten Erfolge verzeichnet und somit als Best Practice Case für andere Unternehmen dienen kann. Dazu kann Facebooks eigene Kennzahl der ‚Gefällt mir'- Angaben als Abgrenzungskriterium herangezogen werden. Betrachtet man diese Kennzahl bezüglich der zehn obigen Marken beziehungsweise ihrer Brand Communities auf Facebook, so wird deutlich, dass es Adidas bisher gelungen ist, die meisten ‚Gefällt mir'- Angaben zu generieren. Auch Konkurrenzmarken aus der Sportartikelindustrie wie beispielsweise Nike verzeichnen eine vergleichbar hohe Anzahl von ‚Gefällt mir'- Angaben beziehungsweise ‚Fans'.[70] Dementsprechend soll im Rahmen dieser Untersuchung speziell auf Brand Communities von Sportartikelherstellern beziehungsweise Sportmarken auf Facebook fokussiert werden.[71] Abbildung 4 fasst die sukzessive Abgrenzung dieser Untersuchung zusammen.

Im Hinblick auf die oben erläuterte Abgrenzung dieser Untersuchung ergibt sich im Falle der Brand Communities von Sportmarken auf Facebook schließlich die grundlegende Problemstellung, wie genau diese seitens des Unternehmens gemanagt werden müssen, um einen quantifizierbaren Unternehmenserfolg zu generieren. Dabei stellt sich im Schrifttum insbesondere die Frage, welche beziehungs- und inhaltsorientierten Erfolgsfaktoren und genauer welche beziehungsorientierten Ziele, Bedürfnisse und Motivationen der Nutzer, aber auch welche Inhalte in Social Media Brand Communities, als Einflussfaktoren der Nutzung von Bedeutung sind. Außerdem ist unklar, was genau unter einem erfolgreichen Social Media Brand Community- Management beziehungsweise dem damit zusammenhängenden Erfolg für die involvierten Unternehmen zu verstehen ist.[72] Die vorliegen-

---

[69] Darstellung in Anlehnung an Interbrand (2015). Die von Interbrand in das Ranking miteinbezogenen Marken SAP, Bayer und BASF werden hier aufgrund ihrer ausschließlichen beziehungsweise vornehmlichen B2B- Orientierung nicht berücksichtigt.

[70] Vgl. Fan Page List (2017).

[71] Vgl. Abschnitt 5.1.3 für weitere Ausführungen zu den betrachteten Brand Communities von Sportmarken auf Facebook.

[72] Vgl. Abschnitt 1.1.

de Untersuchung hat somit vornehmlich das Ziel, als empirische hypothesentestende Arbeit mit etablierter theoretischer Fundierung einen wissenschaftlichen Beitrag zur Identifikation von beziehungs- und inhaltsorientierten Erfolgsfaktoren des Brand Community Managements in Social Media zu leisten. Andererseits soll durch die Untersuchung erörtert werden, wie Erfolg im Management von Social Media Brand Communities für Unternehmen definiert werden kann beziehungsweise welche Variablen dabei von Bedeutung sind.

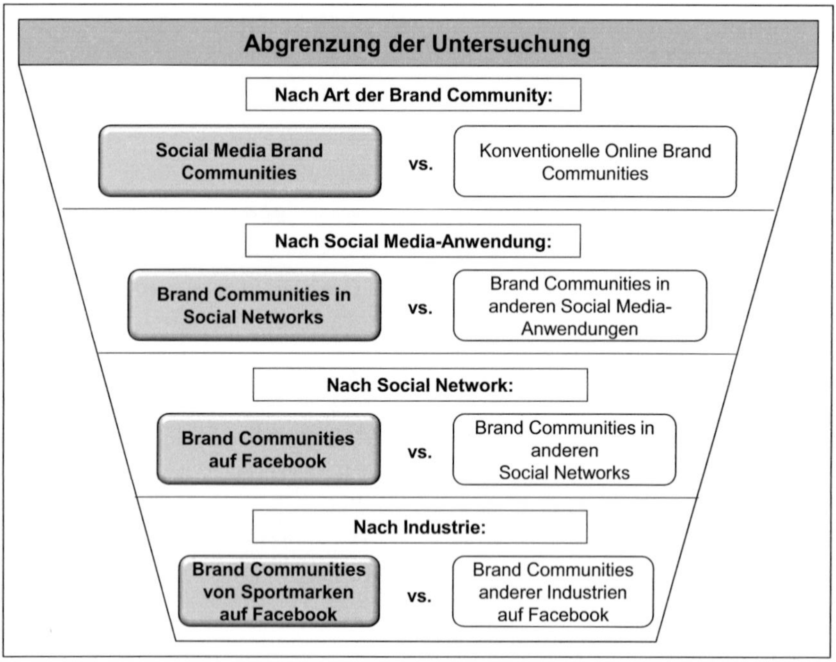

Abbildung 4: Abgrenzung der Untersuchung

Durch die entsprechenden Resultate soll zunächst das relevante wissenschaftliche Schrifttum um Erkenntnisse zu einer bisher unzureichend behandelten Problemstellung ergänzt werden. Gleichzeitig sollen speziell die zielgerichtete erfolgreiche Steuerung des Managements von Social Media Brand Communities durch Unternehmen in der Praxis ermöglicht sowie Optimierungspotenzial und Ansatzpunkte zur Verbesserung aufgezeigt werden. Schließlich sollen die erzielten Ergebnisse auch auf die öffentliche Verwaltung und Communities entsprechender Organisationen und Institutionen übertragen werden können.

Basierend auf dieser Zielsetzung der Untersuchung lassen sich im Detail die folgenden Forschungsfragen herleiten. Zunächst beschäftigt sich die erste Forschungsfrage mit dem zentralen Ziel der Untersuchung, nämlich der Identifikation relevanter beziehungs- und inhaltsorientierter Erfolgsfaktoren des Social Media Brand Community- Managements. Im Einzelnen ist hierbei von Interesse, wie diese Erfolgsfaktoren konzeptionalisiert und operationalisiert werden können. Dabei versteht man unter Konzeptionalisierung eine theoriegeleitete Deduktion, definitorische Auseinandersetzung und inhaltliche Spezifizierung relevanter Faktoren. Darauf aufbauend kann die Operationalisierung beziehungsweise Messbarmachung der einzelnen Variablen vorgenommen werden, welche die Entwicklung eines validen und reliablen Erhebungsinstruments zur empirischen Erfassung der zuvor konzeptionalisierten Erfolgsfaktoren beinhaltet.[73]

Forschungsfragen
1. Forschungsfrage: Wie können die einzelnen beziehungs- und inhaltsorientierten Erfolgsfaktoren des Social Media Brand Community- Managements konzeptionalisiert und operationalisiert werden?
2. Forschungsfrage: Wie kann Erfolg im Social Media Brand Community- Management konzeptionalisiert und operationalisiert werden und wie wirken die einzelnen Faktoren auf diesen Erfolg?

Tabelle 6: Forschungsfragen der Untersuchung

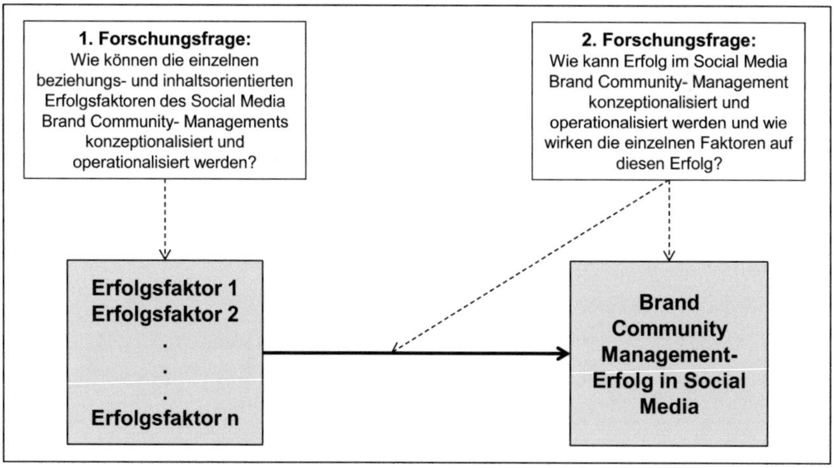

Abbildung 5: Grundlegendes Untersuchungsmodell

[73] Vgl. Bagozzi (1984), S. 14; Burmann (2002), S. 39.

Verbunden mit der ersten Frage befasst sich die zweite Forschungsfrage der Untersuchung zum einen mit der spezifischen Konzeptionalisierung und Operationalisierung von Erfolg im Management von Social Media Brand Communities. Dabei werden analog zur ersten Frage die Überlegungen angestellt, welche Variablen von Bedeutung sind und wie diese messbar gemacht werden können. Zum anderen wird genauer betrachtet, wie die einzelnen Erfolgsfaktoren auf diejenigen Variablen wirken, welche den Erfolg im Management von Social Media Brand Communities konstituieren. Tabelle 6 stellt die Forschungsfragen der Untersuchung noch einmal überblicksartig dar.

Die kausalen Zusammenhänge, welche sich aus den zuvor erläuterten Forschungsfragen ergeben, können nun in ein erstes grundlegendes Untersuchungsmodell übertragen werden. Dieses soll einer vereinfachten Veranschaulichung der zu untersuchenden Kernelemente dienen. Darüber hinaus soll darin eine Verortung der Forschungsfragen in der Untersuchung vorgenommen werden. Abbildung 5 stellt das grundlegende Untersuchungsmodell mit den zu analysierenden Kernelementen, den kausalen Zusammenhängen sowie den damit verbundenen Forschungsfragen der Untersuchung dar.

1.3 Vorgehensweise und Aufbau der Untersuchung

Auf Basis der vorangegangenen Abschnitte der Einleitung, in welchen bereits Ausgangssituation und Relevanz sowie Abgrenzung und Problemstellung der Untersuchung erläutert worden sind, sollen in diesem Abschnitt schließlich die weitere Vorgehensweise beziehungsweise der folgende Aufbau der Untersuchung aufgezeigt werden.

In diesem Sinne beschäftigt sich das folgende Kapitel 2 zunächst mit der Erörterung der Grundlagen der Untersuchung. Im Einzelnen werden darin in Abschnitt 2.1 wissenschaftstheoretische und in Abschnitt 2.2 terminologische Grundlagen der Untersuchung vermittelt. Abschnitt 2.3 widmet sich anschließend dem aktuellen Stand der Forschung zum Untersuchungsgegenstand.

Basierend auf diesen Grundlagen wird in Kapitel 3 das detaillierte Untersuchungsmodell konzeptionalisiert und entwickelt. Dazu wird in Abschnitt 3.1 zunächst die Wahl des theoretischen Ansatzes für die Untersuchung begründet und darauf basierend ein Bezugsrahmen zur Konzeptionalisierung und Modellentwicklung präsentiert. Im Anschluss daran werden in Abschnitt 3.2 die Erfolgsfaktoren und -wirkung des Social Media Brand Community- Managements konzeptionalisiert. In Abschnitt 3.3 werden dann noch einmal zusammenfassend die Untersuchungshypothesen des Gesamtmodells darstellt.

Im Hinblick auf die empirische Überprüfung dieses Untersuchungsmodells wird in Kapitel 4 wieterhin die dafür angewendete spezifische Methodik und Vorgehensweise vorgestellt. Während hierzu in Abschnitt 4.1 die Grundlagen der Strukturgleichungsmodellierung vermittelt werden, befasst sich Abschnitt 4.2 konkret mit der Beurteilung von Strukturgleichungsmodellen. Abschnitt 4.3 beschließt das Kapitel mit einer Zusammenfassung der Vorgehensweise der empirischen Untersuchung.

Darauf aufbauend fokussiert Kapitel 5 auf die erbrachten Ergebnisse der empirischen Untersuchung. Während dazu in Abschnitt 5.1 zunächst die Datengrundlage und -erhebung der Untersuchung erläutert werden, erfolgt in Abschnitt 5.2 die Operationalisierung der Konstrukte. In Abschnitt 5.3 werden dann die einzelnen Wirkungsbeziehungen des Untersuchungsmodells analysiert.

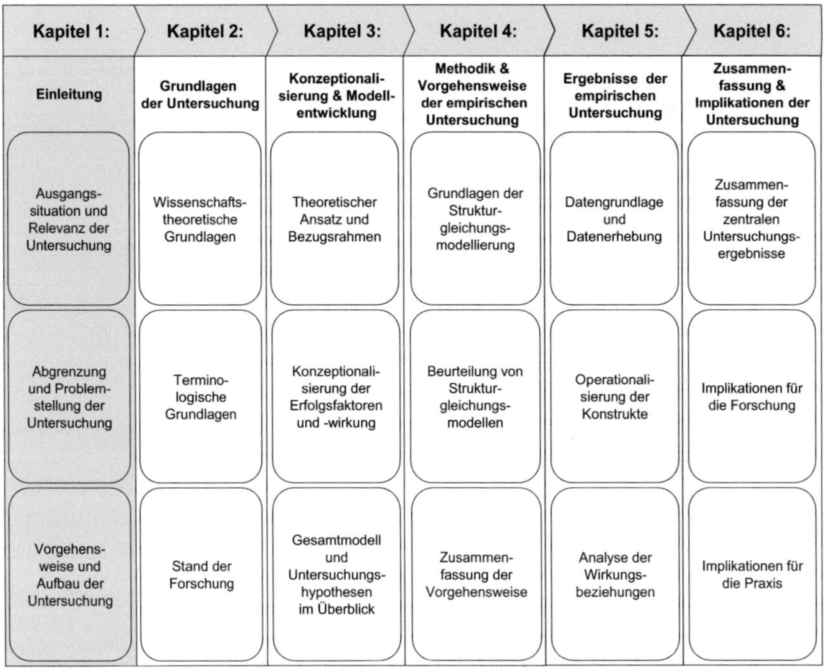

Abbildung 6: Einordnung von Kapitel 1 in die Gesamtuntersuchung

Das finale Kapitel dieser Arbeit beinhaltet letztendlich eine Zusammenfassung sowie Implikationen der Untersuchung. Im Einzelnen werden darin in Abschnitt 6.1 zunächst die zentralen Untersuchungsergebnisse zusammengefasst. Außerdem werden daraus in den Abschnitten 6.2 und 6.3 sowohl Implikationen für die Forschung als auch die Praxis abgeleitet. Abschließend visualisiert

Abbildung 6 noch einmal die beschriebene Vorgehensweise und ordnet das aktuelle einleitende Kapitel 1 in den Aufbau der Gesamtuntersuchung ein.[74]

[74] Diese Art der Abbildung wird auch zu Beginn jedes folgenden Kapitels präsentiert, um eine problemlose Einordung des jeweiligen Teils in die Gesamtuntersuchung zu gewährleisten.

2. Grundlagen der Untersuchung

Das folgende Kapitel 2 beschäftigt sich mit den verschiedenen Grundlagen dieser Arbeit. Hierbei soll der wissenschaftliche Rahmen für die weitere Vorgehensweise der Untersuchung festgelegt werden. Zu diesem Zweck werden in Abschnitt 2.1 zunächst die wissenschaftstheoretischen Grundlagen dieser Arbeit vermittelt. Abschnitt 2.2 behandelt die terminologischen Grundlagen, d.h. die definitorische Abgrenzung der elementaren Begriffe der Untersuchung. Darüber hinaus wird hinsichtlich des relevanten wissenschaftlichen Schrifttums in Abschnitt 2.3 ein umfassender Überblick über den aktuellen Forschungsstand zu Erfolgsfaktoren und -wirkung des Social Media Brand Community- Managements erstellt. Abbildung 7 ordnet Kapitel 2 in die Gesamtuntersuchung ein.

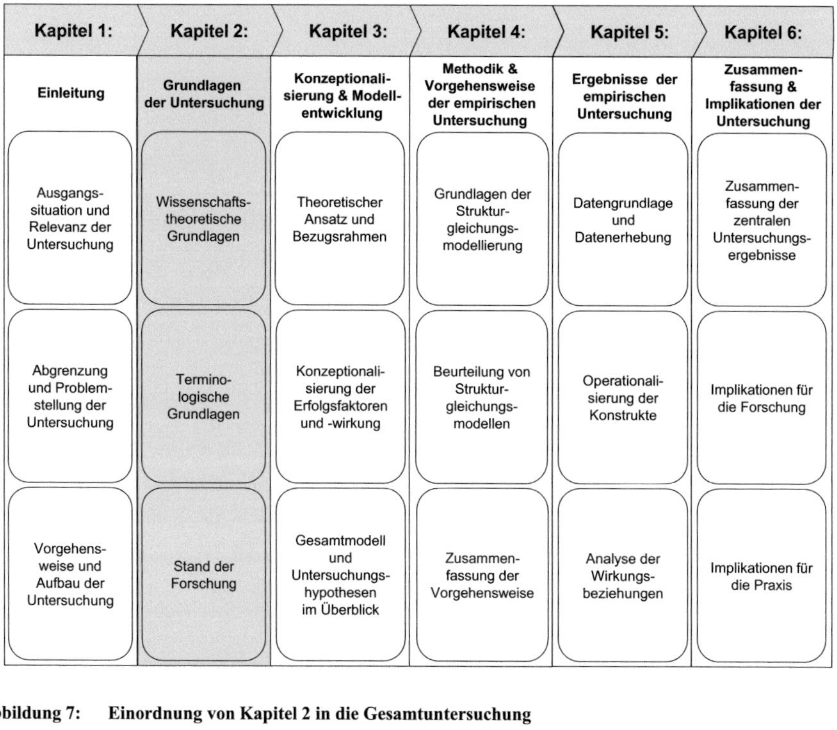

Abbildung 7: Einordnung von Kapitel 2 in die Gesamtuntersuchung

2.1 Wissenschaftstheoretische Grundlagen

Um nachfolgend eine wissenschaftstheoretische Einordnung dieser Arbeit vorzunehmen, werden in Abschnitt 2.1.1 zunächst die methodologischen Leitideen der Untersuchung vorgestellt. Zunächst werden dabei sowohl der kritische Rationalismus als auch der wissenschaftliche Realismus sowie die entsprechende Orientierung für diese Arbeit erläutert. Zudem wird auf Vor- und Nachteile von

Theorienpluralismus und monotheoretischer Vorgehensweise eingegangen und die damit verbundene Entscheidung für diese Studie begründet. Ferner beschäftigt sich Abschnitt 2.1.2 mit der Erläuterung des grundlegenden Forschungsdesigns dieser Untersuchung. Wie in diesem Abschnitt noch genauer herausgearbeitet wird, vereint das gewählte Forschungsdesign konfirmatorische und exploratorische sowie deskriptive, explikative und instrumentelle Elemente. In Abschnitt 2.1.3 werden anschließend die Grundlagen der Erfolgsfaktorenforschung dargelegt. Dabei wird im Einzelnen auf die Bedeutung der Erfolgsfaktorenforschung innerhalb der Wirtschaftswissenschaften, ihre Kritikpunkte sowie deren Bewältigung im Rahmen dieser Arbeit eingegangen.

2.1.1 Methodologische Leitideen

Die wissenschaftstheoretische Verortung dieser Arbeit manifestiert sich zunächst in den zu Grunde liegenden methodologischen Leitideen.[75] Diese sind innerhalb der Wissenschaftstheorie von zentraler Bedeutung für die Erstellung einer adäquaten Forschungsprogrammatik.[76] Im Einzelnen werden dabei Prinzipien zur Generierung der Erkenntnisse aus dem entsprechenden Forschungsbereich festgelegt, indem die Legitimität gewisser Verfahren zur Lösung der Problemstellung diskutiert wird.[77]

Da die aktuelle Untersuchung darauf abzielt, empirische Erkenntnisse über reale Sachverhalte und ihre Beziehungen zu sammeln, ist diese innerhalb der Wissenschaftstheorie zunächst in der Realwissenschaft beheimatet. Diese Wissenschaft bezeichnet „[…] eine Gruppe wissenschaftlicher Disziplinen, deren Gegenstand in der Realität existierende Objekte bilden."[78]

Dabei ist, zusätzlich zur Überprüfung der logischen Wahrheit, vor allem die Kontrolle der faktischen Wahrheit durch die Erforschung von Tatsachen von Bedeutung.[79] Somit ist hinsichtlich der methodologischen Leitideen für diese Untersuchung die Idee der Erklärung als wesentliche Zielsetzung innerhalb der Realwissenschaft zu nennen. Im Hinblick auf diese Idee konstatiert Karl Popper (1973): „Ich nehme an, daß es das Ziel der empirischen Wissenschaft ist, *befriedigende Erklärungen* zu finden für alles, was uns einer Erklärung zu bedürfen scheint."[80]

Vor diesem Hintergrund ist ferner die methodologische Leitidee des kritischen Rationalismus wegweisend für diese Untersuchung. Der kritische Rationalismus wurde zum Großteil durch Karl Popper geprägt:[81] „The proper answer to my question 'How can we hope to detect and eliminate error?'

---

[75] Vgl. Fritz (1995), S. 20 ff.
[76] Vgl. Albert (1974), S. 229.
[77] Vgl. Bohnen (1975), S. 4; Fritz (1984), S. 72 f.
[78] Thommen/Woll (2017).
[79] Vgl. Thommen/Woll (2017).
[80] Vgl. Popper (1973), S. 213.
[81] Vgl. hierzu Popper (1962), S. 26 ff.

is, I believe, 'By *criticizing* the theories or guesses of others and – if we can train ourselves to do so – by criticizing our own theories or guesses.' […] This answer sums up a position which I propose to call 'critical rationalism'."[82]

Innerhalb des kritischen Rationalismus wird zunächst angenommen, dass theoretisch deduzierte Hypothesen nur durch das Falsifikationsprinzip empirisch überprüft werden können. Da der kritische Rationalismus also nicht die Verifizierung von Theorien zum Ziel hat, sondern daraus abgeleitete Hypothesen stattdessen in empirischen Untersuchungen falsifiziert werden sollen, hat eine Theorie darin solange ihre Berechtigung bis sie widerlegt wird. Damit verbunden ist ein vornehmlich deduktiver Ansatz kennzeichnend für die Generierung von Erkenntnissen im kritischen Rationalismus.[83] Dabei kann mittels Deduktion aus der Theorie eine Annahme zu Einzelfällen der Empirie getroffen, also vom Allgemeinen auf das Besondere geschlossen, werden.[84]

Angesichts der erläuterten einseitigen Ausrichtung hinsichtlich Falsifikation und Deduktion ist jedoch insbesondere die noch striktere Auslegung des kritischen Rationalismus nach Schanz (1977)[85] in der Betriebswirtschaftslehre häufig als zu realitätsfern charakterisiert worden. Dies liegt zum einen darin begründet, dass für eine definitive Theoriefalsifikation alle möglichen Einflussfaktoren in der jeweiligen Untersuchung Berücksichtigung finden müssten.[86] Während dies in der Betriebswirtschaftslehre generell kaum zu leisten ist, erscheint zum anderen eine messfehlerfreie empirische Untersuchung, und somit die unumstößliche Falsifikation einer Theorie, als nicht realistisch.[87] Darüber hinaus sind viele Phänomene der Wirtschaftswissenschaften, zum Teil auch aufgrund ihrer Novität zum Zeitpunkt entsprechender Untersuchungen, theoretisch noch nicht hinreichend durchdrungen, weswegen sich ein ausschließlich deduktiver Ansatz nicht empfiehlt. Aus den genannten Gründen wird in dieser Untersuchung somit nicht weiter dem kritischen Rationalismus gefolgt, sondern stattdessen auf die methodologische Leitidee des wissenschaftlichen Realismus rekurriert.[88] Der wissenschaftliche Realismus ist in der Vergangenheit von diversen Autoren verschiedenartig charakterisiert und definiert worden. In diesem Zusammenhang konstatiert Chakravartty (2015) beispielsweise in der Stanford Encyclopedia of Philosophy: "It is perhaps only a slight exaggeration to

[82] Popper (1962), S. 26.
[83] Vgl. Anderson (1983), S. 20 f.; Homburg (1998), S. 60.
[84] Vgl. Karmasin/Ribing (2010), S. 89.
[85] Vgl. Schanz (1977), S. 67.
[86] Vgl. Homburg (1998), S. 60 f.
[87] Vgl. Churchill (1979), S. 65 f.; Anderson (1983), S. 20; Homburg (1998), S. 62.
[88] Vgl. Homburg (1998), S. 60 ff.

say that scientific realism is characterized differently by every author who discusses it, and this presents a challenge to anyone hoping to learn what it is."[89]

Dennoch kann im Rahmen dieser Arbeit auf eine der prägnantesten Definitionen von Sankey (2004) abgestellt werden, welche betont, dass es nach Auffassung des wissenschaftlichen Realismus, das Ziel der Wissenschaft darstellen muss, sich der Wahrheit über beobachtbare aber auch nicht beobachtbare Sachverhalte durch die Generierung von Wissen anzunähern. Dabei wird von der Existenz einer vom menschlichen Geist unabhängigen objektiven Realität ausgegangen: "Simply put, scientific realism is the view that the aim of science is knowledge of the truth about observable and unobservable aspects of a mind-independent, objective reality."[90]

Hierbei ist für diese Untersuchung zunächst insbesondere der Miteinbezug von nicht direkt beobachtbaren beziehungsweise messbaren Sachverhalten im Rahmen des wissenschaftlichen Realismus von Bedeutung. Dies ist der Fall, da in dieser Arbeit und der darin Anwendung findenden Methodik der Strukturgleichungsmodellierung ebenfalls die Untersuchung latenter, nicht direkt messbarer Variablen im Vordergrund steht und diese Arbeit wissenschaftstheoretisch entsprechend im wissenschaftlichen Realismus verortet werden kann.[91] Zudem wird der wissenschaftliche Realismus, im Gegensatz zum kritischen Rationalismus, einer gewissen, nicht zu leugnenden Unsicherheit bei wissenschaftlichen Studien – speziell bei komplexen Untersuchungen und Konstrukten der Sozial- und Wirtschaftswissenschaften – durch die Berücksichtigung von Messfehlern gerecht.[92] Dies steht ebenfalls im Einklang mit der Methodik der Strukturgleichungsmodellierung, welche gleichermaßen Fehler bei der Messung latenter Variablen miteinbezieht.[93] Darüber hinaus sind sich verschiedene Autoren des methodologischen Schrifttums generell einig, dass eine Vielzahl von Argumenten für die wissenschaftstheoretische Position des wissenschaftlichen Realismus spricht.[94] So hält Sankey (2004) beispielsweise weiterhin fest: "The main point I wish to make is that there are a number of different arguments which work together to support scientific realism."[95] Als das Argument schlechthin wird dabei das ‚No Miracles'- Argument angesehen, welches hinsichtlich des wissen-

[89] Chakravartty (2015).
[90] Sankey (2004), S. 55.
[91] Vgl. Abschnitt 4.1.
[92] Vgl. Hunt (1990), S. 9; Homburg (1998), S. 64 f.
[93] Vgl. Stock (2003), S. 15.
[94] Vgl. z.B. Tschepke (2003), S. 121 ff.; Sankey (2004), S. 55 ff.; Chakravartty (2015).
[95] Sankey (2004), S. 55.

schaftlichen Realismus zusammenfassend besagt[96]: „[…] it is the only philosophy that doesn't make the success of science a miracle.“[97]

Im Einzelnen wird mit dieser Aussage zunächst Bezug darauf genommen, dass etablierte ‚best theories' verschiedener wissenschaftlicher Forschungsbereiche sich bislang als überaus erfolgreich darin erwiesen haben, empirische Prognosen, Retrodiktionen und Erklärungen bezüglich wissenschaftlicher Untersuchungsgegenstände zu ermöglichen, und zwar trotz komplexer kausaler Zusammenhänge der jeweiligen Phänomene häufig mit bemerkenswerter Genauigkeit.[98]

Diesbezüglich stellen Anhänger des wissenschaftlichen Realismus nun ferner die Frage, wie der bisherige Erfolg der Wissenschaft beziehungsweise der jeweiligen ‚best theories' zu erklären sei, wenn nicht dadurch, dass diese als wahr beziehungsweise zumindest als ungefähr wahr angesehen werden können[99]: „What explains this success? One explanation, favoured by realists, is that our best theories are true (or approximately true, or correctly describe a mind-independent world of entities, properties, laws, structures, or what have you).“[100] Wären diese Theorien im Gegensatz dazu weit von der tatsächlichen Wahrheit entfernt, so die weitere Argumentation der Vertreter des wissenschaftlichen Realismus, dann wäre ihr Erfolg ‚miraculous', also schlichtweg nicht wissenschaftlich zu erklären. Betrachtet man also diese beiden Alternativen bezüglich der Erklärung des Erfolgs der erwähnten ‚best theories', so liegt es nahe, sich gemäß des ‚No Miracles'- Arguments im Sinne einer „inference to the best explanation“[101] für erstere Erklärung, und somit die Position des wissenschaftlichen Realismus, zu entscheiden.[102]

Folgt man nun weiterhin der Argumentation, dass etablierte Theorien, welche sich im Zeitverlauf im Rahmen der Forschung bewährt haben, als wahr beziehungsweise ungefähr wahr angesehen werden können, impliziert dies, dass innerhalb des wissenschaftlichen Realismus, konträr zum Falsifikationsprinzip, Theorien auch sukzessive zunehmend bestätigt werden können.[103] Hunt (2010) stellt dazu beispielsweise fest, dass „[…] contrary to Popperian falsificationism, the positive results

---

96 Vgl. Sankey (2004), S. 55.
97 Putnam (1975), S. 3; vgl. auch Chakravartty (2015).
98 Vgl. Chakravartty (2015).
99 Vgl. Chakravartty (2015).
100 Chakravartty (2015).
101 Tschepke (2003), S. 167.
102 Vgl. Chakravartty (2015). Für kritische Diskussionen des 'No Miracles'- Arguments vgl. z.B. Lyons (2003), S. 891 ff.; Busch (2008), S. 102 ff.; Frost□Arnold (2010), S. 35 ff.
103 Vgl. Homburg (1998), S. 64.

of empirical tests – not just falsification – provide evidence as to the truth content of the theories tested"[104].

Ferner wird innerhalb des wissenschaftlichen Realismus zusätzlich zum deduktiven Ansatz auch dezidiert eine induktive Vorgehensweise anerkannt[105], welche im kritischen Rationalismus hinsichtlich der Formulierung von theoretischen Satzgefügen grundsätzlich abgelehnt wird.[106] Durch die Induktion kann anhand von Beobachtungen aus der Empirie auf allgemeine Gesetzmäßigkeiten beziehungsweise eine Theorie geschlossen werden.[107]

Dabei können speziell in theoretisch noch wenig erschlossenen Forschungsfeldern diverse induktive Methoden wie zum Beispiel Interviews, qualitative Inhaltsanalysen oder Beobachtungen beziehungsweise ethnographische Ansätze genutzt werden.[108] Somit wird auch für diese Untersuchung, dem wissenschaftlichen Realismus folgend, sowohl deduktiv als auch induktiv gearbeitet. Während hierbei die theoriegeleitete Deduktion im Rahmen der Strukturgleichungsmodellierung Anwendung findet, haben die für diese Arbeit durchgeführten Nutzerinterviews sowie die qualitative Inhaltsanalyse einen induktiven Charakter.[109] Abbildung 8 fasst die Zusammenhänge zwischen Theorie, Deduktion, Empirie und Induktion noch einmal zusammen.

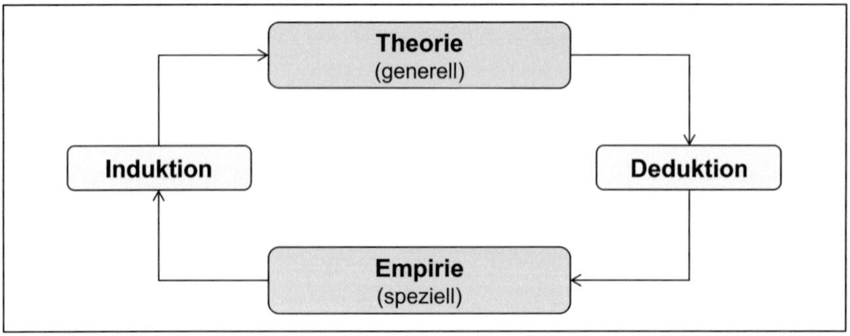

Abbildung 8: Theorie, Deduktion, Empirie und Induktion[110]

Angesichts der erläuterten Unterschiede zwischen kritischem Rationalismus und wissenschaftlichem Realismus wird letzterem innerhalb der modernen Wissenschaftstheorie eine dominante Be-

104 Hunt (2010), S. 233.
105 Vgl. Hunt (1990), S. 9; Homburg (1998), S. 63 ff.
106 Vgl. Homburg (1998), S. 60.
107 Vgl. Karmasin/Ribing (2010), S. 88.
108 Vgl. Homburg (1998), S. 65.
109 Vgl. hierzu die Abschnitte 3.1, 3.2 und 3.3.
110 Darstellung in Anlehnung an Rost (2002), S. 29.

deutung attestiert.[111] Während dies bereits für die Wahl des wissenschaftlichen Realismus im Rahmen der methodologischen Leitideen dieser Untersuchung spricht, kann die Entscheidung ferner dadurch gerechtfertigt werden, dass der wissenschaftliche Realismus „[...] das ausgewogene Resultat einer wissenschaftstheoretischen Diskussion [...]“[112] darstellt und zusätzlich von einer vorteilhaften Realitätsnähe hinsichtlich sozial- beziehungsweise wirtschaftswissenschaftlicher Zusammenhänge geprägt ist.[113] Somit erscheint der wissenschaftliche Realismus aufgrund der vorherigen Ausführungen am besten als wissenschaftstheoretische Position für diese Untersuchung geeignet.

Neben dem wissenschaftlichen Realismus sollen hinsichtlich einer weiteren methodologischen Leitidee für diese Arbeit die verschiedenen Ansätze des theoretischen Pluralismus diskutiert werden. Im Rahmen des theoretischen Pluralismus soll generell die Möglichkeit mehrerer eventuell relevanter Theorien zur Bearbeitung einer Problemstellung in Betracht gezogen werden. Zum einen kann so entweder diejenige Theorie ausgewählt werden, welche „[...] über die größte Erklärungskraft und über den größten Bewährungsgrad verfügt, jene Theorie also, die sich im Wettbewerb alternativer Theorien am besten behauptet.“[114]

Zum anderen wird in einer breiter gefassten Interpretation des theoretischen Pluralismus angenommen, dass verschiedene Theorien zusammen komplementär und konkurrenzfrei verwendet werden können. Folgt man dem theoretischen Pluralismus, stellt sich also zunächst die Frage, ob bei einer entsprechenden wissenschaftlichen Untersuchung entweder auf mehrere Theorien gleichzeitig rekurriert werden sollte (eklektische Vorgehensweise[115]), oder aber durch einen entsprechenden Vergleich die am besten auf den spezifischen Untersuchungsgegenstand zugeschnittene Theorie aus mehreren Theorien ausgewählt werden soll (monotheoretische Vorgehensweise[116]).[117] Diese Frage wird in der Wissenschaft kontrovers diskutiert.[118]

So wird auf der einen Seite die Betrachtung von Problemstellungen mittels mehrerer theoretischer Perspektiven gefordert.[119] Während diese Theorien nicht zwingend miteinander im Zusammenhang stehen oder ineinander überführbar sein müssen[120], stellt es sich dabei bisweilen jedoch durchaus schwierig dar, für einen bestimmten Untersuchungsgegenstand mehrere Theorien zu identifizieren,

---

111 Vgl. Causey (1979), S. 192; Homburg (1998), S. 63.
112 Homburg (1998), S. 65.
113 Vgl. Homburg (1998), S. 65.
114 Fritz (1995), S. 26.
115 Vgl. z.B. Dunning (1980), S. 9 ff.
116 Vgl. z.B. Becker (2005), S. 38 f.
117 Vgl. Fritz (1995), S. 26 f.; Becker (2005), S. 38.
118 Vgl. auch im Folgenden Becker (2005), S. 38 f.
119 Vgl. Dunning (1980), S. 9 ff.
120 Vgl. Fritz (1995), S. 27.

welche miteinander kombinierbar sind oder sich zumindest nicht explizit widersprechen. Dies liegt im Einzelnen darin begründet, dass verschiedene theoretische Ansätze auch von unterschiedlichen Prämissen ausgehen. Eine Integration nicht miteinander harmonierender Theorien zur Lösung einer Problemstellung kann durchaus in zweifelhaften Ergebnissen resultieren.[121]

In diesem Falle spricht man von einem Theorieneklektizismus, „[…] welcher vorliegt, wenn verschiedene Theorien in unreflektierter Weise und ohne vorhergehende Prüfung der Kompatibilität für eine Untersuchung übernommen werden."[122]

Auf der anderen Seite der Diskussion steht dementsprechend eine in sich schlüssige monotheoretische Vorgehensweise. Dabei sollen die jeweiligen Forschungsfragen nur basierend auf derjenigen Theorie untersucht und beantwortet werden, welche sich bislang hinsichtlich ihres Erklärungsgehalts als am zuverlässigsten für den Untersuchungsgegenstand erwiesen hat. Diese Theorie ist zuvor jedoch durch eine intensive Gegenüberstellung mit tendenziell in Frage kommenden alternativen Theorien zu identifizieren. Von Vorteil ist bei diesem monotheoretischen Vorgehen, dass eine konsistentere und tiefergehende Betrachtung der Problemstellung ermöglicht wird, welche im Gegensatz zu einer breiter angelegten und somit punktuell oberflächlicheren Herangehensweise im Falle des Theorieneklektizismus steht. Dies ist speziell bei empirischen Untersuchungen von Bedeutung, da diese unter Miteinbezug verschiedener Theorien eine Fülle von Faktoren zur Diskussion stellen würden, deren Wirkungsbeziehungen innerhalb eines einzigen Untersuchungsmodells kaum mehr nachvollziehbar zu überprüfen wären.[123]

Aus den erläuterten Gründen wird für diese Untersuchung ein monotheoretisches Vorgehen gewählt.[124] Insbesondere aufgrund der Vielzahl möglicher Erfolgsfaktoren in den Bereichen Branding, Online Brand Communities und Social Media empfiehlt sich dieser explizite Fokus auf eine Theorie. Zudem spiegelt sich der monotheoretische Ansatz auch im Gros der bisherigen wissenschaftlichen Studien zum Untersuchungsgegenstand wider.[125]

2.1.2 Grundlegendes Forschungsdesign

Im Hinblick auf das grundlegende Forschungsdesign einer wissenschaftlichen Untersuchung kann nach Fritz (1995) zunächst eine Differenzierung nach dem Untersuchungsziel vorgenommen werden. Diesbezüglich kann zur Erreichung eines Untersuchungsziels zwischen exploratorischen und

---

[121] Vgl. Freiling (2001), S. 16 ff.; Becker (2005), S. 39.
[122] Maloney (2007), S. 37.
[123] Vgl. Becker (2005), S. 39.
[124] Vgl. Abschnitt 3.1 zur Auswahl des entsprechenden theoretischen Ansatzes.
[125] Vgl. Abschnitt 2.3.

konfirmatorischen Ansätzen unterschieden werden. Während exploratorische Untersuchungen darauf abzielen, neuartige Zusammenhänge und Strukturen zu erkunden beziehungsweise entdecken, so wird bei konfirmatorischen Untersuchungen die Überprüfung vorab deduzierter Hypothesen angestrebt.[126] Angesichts dieser verschiedenen Möglichkeiten zur Gestaltung wissenschaftlicher Studien sowie der Novität der in Abschnitt 1.2 dargelegten Problemstellung dieser Untersuchung wird im Folgenden ein Mixed Methods- Ansatz verfolgt, um das Spektrum zur Verfügung stehender methodischer Ansätze bestmöglich abzudecken.[127] Während dieser Ansatz aufgrund seiner Leistungsfähigkeit im Schrifttum zunehmend an Anerkennung gewinnt[128], sind die damit verbundenen Nachteile der ansteigende Komplexitätsgrad der Untersuchung, die zusätzlich notwendigen Methodenkenntnisse sowie der zeitbezogene Mehraufwand. Zur Erzielung eines möglichst hohen Erkenntnisgewinns lohnt es sich jedoch dies hinzunehmen und somit die Vorteile der Kombination verschiedener Methoden zu nutzen. Im Einzelnen ist hierbei zunächst zu nennen, dass bei einem Einsatz mehrerer Untersuchungsmethoden in der Tendenz auch von umfassenderen Ergebnissen auszugehen ist. Zudem ist es möglich den Schwächen eines bestimmten Verfahrens durch die Stärken eines anderen entgegenzuwirken. Schließlich manifestiert sich in einem Mixed Methods- Ansatz die Chance ein verstehendes mit einem erklärenden Wissenschaftsverständnis zu vereinen.[129]

Somit wird in dieser Untersuchung auch gemäß der im vorigen Abschnitt erläuterten methodologischen Leitidee des wissenschaftlichen Realismus, welcher neben der Deduktion ferner die Induktion zulässt[130], sowohl konfirmatorisch als auch exploratorisch gearbeitet. Im Einzelnen manifestiert sich der vornehmlich konfirmatorische Charakter dieser Untersuchung dabei in der empirischen Überprüfung der theoretisch deduzierten Hypothesen. Zudem ist die aktuelle Untersuchung auch zumindest teilweise exploratorischer Natur, berücksichtigt man die Zuhilfenahme der Nutzerinterviews sowie der qualitativen Inhaltsanalyse zur Identifikation relevanter Konstrukte des Untersuchungsmodells.

Im Zusammenhang mit dem erläuterten Vorgehen und der Vereinbarkeit der verschiedenen Vorgehensweisen, wird im Schrifttum häufig auch eine Darstellung quantitativer und qualitativer Untersuchungsmethoden aufgegriffen. Homburg (1998) konstatiert dazu beispielsweise: „Aus der Akzeptanz der induktiven Schlußweise ergibt sich zwingend die Benutzung quantitativer und qualitativer empirischer Methoden. […] In der Tat verfügen qualitative Methoden wie z.B. un- oder halbstruk-

---

126 Vgl. Fritz (1995), S. 59 ff.
127 Vgl. Foscht/Angerer/Swoboda (2009), S. 247 ff. und Creswell/Plano Clark (2011), S. 1 ff. für eine detaillierte Darstellung des Mixed Methods- Ansatzes.
128 Vgl. Davis/Golicic/Boerstler (2011), S. 467 ff.
129 Vgl. Creswell/Plano Clark (2011), S. 12 ff.; Pistoia (2014), S. 25 f.; Lauth/Pickel/Pickel (2015), S. 213 ff.
130 Vgl. Abschnitt 2.1.1.

turierte Interviews, Fallstudien, Fokusgruppen, Beobachtungen und Inhaltsanalysen im Rahmen induktiver (exploratorischer) Untersuchungen über eine größere Aussagekraft als quantitative statistische Methoden, die sich zumeist auf mit Fragebögen gewonnene Daten stützen. Qualitativen Methoden kommt u. E. die Rolle zu, in einer frühen Phase der Untersuchung ein grundlegendes Verständnis des Untersuchungsobjekts zu vermitteln und so letztlich erst die Grundlagen für die Gestaltung eines Fragebogens zu legen. Wir sind also der Auffassung, daß qualitative und quantitative Untersuchungsmethoden einander eher ergänzen als zueinander in Konkurrenz stehen."[131] In Übereinstimmung mit dieser Auffassung kommen im Rahmen dieser Arbeit sowohl qualitative Methoden in Form von Nutzerinterviews und Inhaltsanalyse als auch die quantitative Überprüfung theoretisch hergeleiteter Hypothesen zum Einsatz.

Darüber hinaus können sowohl exploratorische als auch konfirmatorische Untersuchungen laut Fritz (1995) nach den getroffenen deskriptiven (beschreibenden), explikativen (erklärenden) und instrumentellen (gestaltungsorientierten) Aussagen differenziert werden.[132] Wie im Folgenden dargelegt wird, umfasst diese Untersuchung alle drei Aussagearten.

Zunächst basiert die Konzeptionalisierung und Operationalisierung der Konstrukte des Untersuchungs-modells auf Aussagen deskriptiver Natur. Diese werden sowohl durch exploratorische Ansätze wie die zuvor erwähnten Nutzerinterviews und die qualitative Inhaltsanalyse (Exploratorisch-Deskriptives (ED)- Design) als auch ein konfirmatorisches Vorgehen im Rahmen der Überprüfung der Messmodelle durch eine entsprechende Faktorenanalyse generiert (Konfirmatorisch-Deskriptives (KD)- Design). Aussagen zur Überprüfung der Erfolgswirkung im kausalen Untersuchungsmodell sind wiederum explikativer Art und werden durch die Durchführung der Strukturgleichungsmodellierung ermöglicht (Konfirmatorisch-Explikatives (KE)- Design). Schließlich lassen sowohl die Überprüfung der Leistungsfähigkeit der Messinstrumente – und somit Implikationen für die Forschung – als auch die Ableitung von praktischen Implikationen aus den Ergebnissen der Untersuchung bestimmte instrumentelle Aussagen erkennen (Konfirmatorisch-Instrumentelles (KI)- Design).[133]

Abbildung 9 fasst die zuvor geschilderten Möglichkeiten zur Gestaltung wissenschaftlicher Studien anhand verschiedener Beispiele zusammen und stellt die für diese Studie getroffene Auswahl sowie die Zusammenhänge innerhalb des Forschungsdesigns dieser Untersuchung dar.

---

131 Homburg (1998), S. 65 f. Aus Gründen der Übersichtlichkeit wurde auf die im Original vorhandenen Quellenverweise verzichtet.
132 Vgl. Fritz (1995), S. 59 ff.
133 Vgl. hierzu Mory (2014), S. 33.

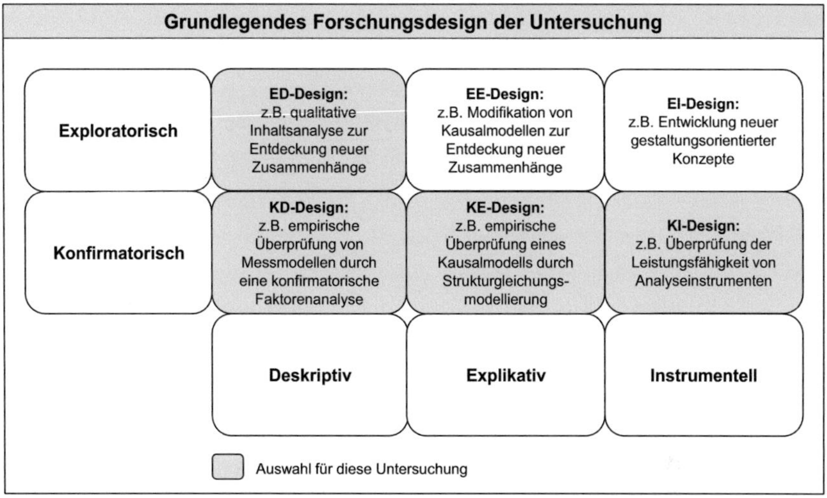

Abbildung 9: Auswahl des grundlegenden Forschungsdesigns[134]

2.1.3 Grundlagen der Erfolgsfaktorenforschung

Da die Untersuchung von Erfolgsfaktoren des Social Media Brand Community- Managements einen wesentlichen Teil dieser Arbeit darstellt, soll im Folgenden auch auf die Grundlagen dieser Forschungsrichtung eingegangen werden.[135] Im wissenschaftlichen Schrifttum erwähnte zunächst Rockart (1979) das Konzept der ‚Critical Success Factors',[136] welches daraufhin auch von der Managementwissenschaft aufgegriffen wurde.

Die Erfolgsfaktorenforschung hat sich mittlerweile in der Managementliteratur etabliert und wird auch im Rahmen der Untersuchung einzelner Funktionsbereiche, wie z.B. in dem für diese Arbeit relevanten Bereich des Marketings, angewendet.[137]

Dies kann dadurch erklärt werden, dass unternehmerisches Handeln heute mehr denn je unter der Zielsetzung des Erfolges beziehungsweise unter einem Erfolgsdruck steht. Aufgrund dieser Entwicklung wächst auch das Interesse an den konkreten Ursachen für den Erfolg. Die Kenntnis solcher Faktoren kann Managern in der Praxis als wichtige Informationsgrundlage für zukünftige Entscheidungen dienen.[138] Daher besteht das zentrale Erkenntnisinteresse der Erfolgsfaktorenforschung

---

134 In Anlehnung an Fritz (1995), S. 60; Töpfer (2009), S. 124; Pistoia (2014), S. 24.

135 Vgl. auch im Folgenden Defren (2009), S. 52 ff.; vertiefend Schröder (1994), S. 89 ff.; Göttgens (1996), S. 29 ff.

136 Vgl. Rockart (1979).

137 Vgl. Nicolai/Kieser (2002), S. 580.

138 Vgl. Schmalen/Kunert/Weindlmaier (2006), S. 351.

in den Wirtschaftswissenschaften darin, diejenigen Einflussgrößen zu identifizieren und zu analysieren, welche wesentlich für den jeweiligen Unternehmenserfolg sind.[139]

Erfolgsfaktoren können sowohl auf Basis von Theorien, sachlogischen Überlegungen, Expertenwissen als auch empirischen Untersuchungen abgeleitet werden, was demnach in einer unterschiedlichen Güte der jeweiligen Ergebnisse resultieren kann. Dementsprechend werden hinsichtlich der Erfolgsfaktorenforschung auch bestimmte Kritikpunkte angeführt. So wird wissenschaftlichen Studien zu Erfolgsfaktoren häufig eine mangelnde theoretische Fundierung attestiert, da in den jewieligen Untersuchungen oftmals auch rein exploratorisch oder induktiv vorgegangen wird. Dabei werden die Erfolgsfaktoren und Wirkungsbeziehungen innerhalb des Forschungsprozesses ermittelt, ohne dass zuvor eine theoretische Herleitung von Hypothesen erfolgt.[140] Ferner besteht die Kritik im Falle der Verwendung von Theorien darin, dass es sich um stark vereinfachte oder gar unpassende theoretische Ansätze handelt.[141] Dies hat zur Folge, dass im Falle einer Signifikanz der untersuchten Wirkungsbeziehungen hierdurch nicht bedenkenlos das Vorliegen eines Erfolgsfaktors konstatiert werden kann. Zudem wird kritisiert, dass die theoretische Fundierung der Erforschung von Erfolgsfaktoren zum Teil mit großen Problemen behaftet ist, da in den Wirtschaftswissenschaften kein umfassendes etabliertes theoretisches Modell zur Erklärung des Unternehmenserfolgs existiert.[142]

Dieser Kritik kann in dieser Untersuchung jedoch dadurch begegnet werden, dass das Untersuchungsmodell dieser Arbeit theoretisch fundiert auf Basis der Uses & Gratifcations Theory hergeleitet wurde, welche sowohl speziell hinsichtlich der Nutzung von Social Media Brand Communities als auch hinsichtlich der Mediennutzung im Allgemeinen einen etablierten theoretischen Ansatz darstellt.[143] Somit kann durch diese theoretische Fundierung zumindest der für diese Arbeit relevante SMBC Management- Erfolg durch die jeweils hergeleiteten Erfolgsfaktoren angemessen erklärt werden.[144]

Zudem werden seitens der Kritiker der Erfolgsfaktorenforschung auch methodische Mängel wie nicht repräsentative Stichproben oder nicht valide beziehungsweise zuverlässige Operationalisierungen angeführt.[145] Auch diesen Kritikpunkten wird diese Arbeit jedoch gerecht, da durch entsprechende methodische Tests die Repräsentativität des Samples nachgewiesen werden kann und die

---

139 Vgl. Göttgens (1996), S. 34.
140 Vgl. Göttgens (1996), S. 40 ff.; Ortmann (1999), S. 34 ff.
141 Vgl. Nicolai/Kieser (2002), S. 586.
142 Vgl. Lehner (1995), S. 387; Gruber (2000), S. 3 ff.
143 Vgl. hierzu Abschnitt 3.1.2.
144 Vgl. hierzu Abschnitt 3.1.1.
145 Vgl. Nicolai/Kieser (2002), S. 584.

Operationalisierung gemäß eines im methodischen Schrifttum etablierten iterativen Prozesses erfolgt.[146] Ferner besteht im Schrifttum generell Skepsis hinsichtlich der Frage, ob die von wissenschaftlichen Forschern nachgewiesenen Erfolgsfaktoren überhaupt von Interesse für Praktiker sind.[147]

Den zuvor erläuterten Kritikpunkten wird seitens der Proponenten der Erfolgsfaktorenforschung im Schrifttum entschieden entgegengetreten. So verweist Fritz (2004) darauf, dass im Rahmen der Erfolgsfaktorenforschung trotz teilweise methodisch sehr unterschiedlicher Studien weltweit konsistente Ergebnisse erzielt werden konnten, wie beispielsweise der positive Effekt der Marktorientierung auf den Erfolg von Unternehmen.[148] Ferner weist der genannte Autor bezüglich der methodischen Kritikpunke darauf hin, dass bestimmte Kontrollinstanzen den Prozess der empirischen Forschung begleiten, welche somit Transparenz und Prüfbarkeit ermöglichen. Beispielsweise bezieht er sich dabei auf bestimmte Gütekriterien, die im Rahmen der Entwicklung von Messinstrumenten beziehungsweise -modellen einzuhalten sind.[149]

Ferner wird von Bauer/Sauer (2004) angeführt, dass die Interessen von Wissenschaft und Praxis zwar teilweise divergieren, sich hieraus aufgrund des rein wissenschafts- und wirtschaftssoziologischen Charakters dieses Aspektes jedoch kein Argument bezüglich der Tauglichkeit beziehungsweise Berechtigung einer Forschungsrichtung ableiten lässt.[150] Auch Homburg/Krohmer (2004) lehnen die Kritik bezüglich des mangelnden Interesses der Praxis an wissenschaftlichen Erfolgsfaktorenuntersuchungen ab und stellen im Gegensatz dazu heraus, dass diesbezüglich durchaus ein Austausch zwischen Wissenschaft und Praxis besteht.[151] Zudem führen die genannten Autoren an, dass es das primäre Ziel der Erfolgsfaktorenforschung ist, einen konzeptionellen statt instrumentellen Beitrag zu leisten. Die daraus resultierenden Erkenntnisse sollen Praktikern vornehmlich helfen, die jeweiligen Sachverhalte besser nachvollziehen zu können. Jedoch wird auch auf die Notwendigkeit des korrekten wissenschaftlichen Arbeitens hingewiesen, um einen bedeutenden Erkenntnisbeitrag leisten zu können. Dies bezieht sich speziell auf die theoretische Fundierung der jeweiligen Untersuchungsmodelle, Datenerhebungen und Datenanalysen, welche im Falle dieser Arbeit gegeben ist.[152] Dementsprechend wird für diese Untersuchung auch trotz der erläuterten Kritik weiterhin der Erfolgsfaktorenforschung gefolgt, da aufgrund der genannten positiven Aspekte erwartet werden

---

[146] Vgl. hierzu die Abschnitte 5.1 und 5.2.
[147] Vgl. Nicolai/Kieser (2002), S. 589 f.
[148] Vgl. auch im Folgenden Fritz (2004), S. 624 f.
[149] Vgl. hierzu auch Abschnitt 4.2.1.
[150] Vgl. Bauer/Sauer (2004), S. 6.
[151] Vgl. auch im Folgenden Homburg/Krohmer (2004), S. 626 ff.
[152] Vgl. hierzu Abschnitt 3.1.

kann, dass sie wichtige Erkenntnisse für das Forschungsfeld des Social Media Brand Community-Managements generiert.

2.2 Terminologische Grundlagen

Innerhalb dieses Abschnitts sollen nun die terminologischen Grundlagen dieser Untersuchung vermittelt werden. Im Einzelnen werden dazu Definitionen zu den wesentlichen Begrifflichkeiten beziehungsweise Konzepten vorgestellt und als Grundlage für den weiteren Verlauf dieser Arbeit festgelegt. Somit können die einzelnen Bereiche des Untersuchungsgegenstands verdeutlicht, voneinander abgegrenzt und zueinander in Beziehung gesetzt werden.

So wird in Abschnitt 2.2.1 zunächst der Terminus Social Media behandelt, während Abschnitt 2.2.2 sich nachfolgend mit dem Begriff der Brand Community auseinandersetzt. Abschnitt 2.2.3 beschäftigt sich schließlich mit der Zusammenführung der bisher genannten Konzepte innerhalb des neuartigen Begriffs der Social Media Brand Community. Abbildung 10 stellt die beiden Bereiche des Untersuchungsgegenstands noch einmal im Zusammenhang dar.

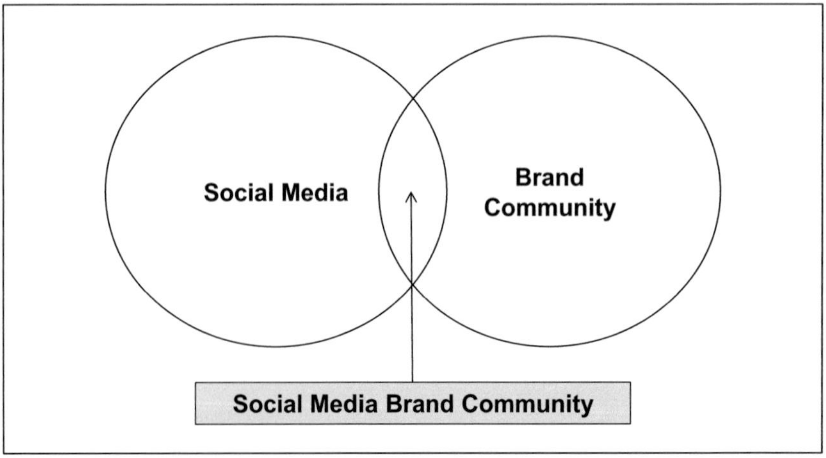

Abbildung 10: Bereiche des Untersuchungsgegenstands im Zusammenhang

2.2.1 Social Media

Analog zu einer Vielzahl relativ neuer Begrifflichkeiten existiert auch hinsichtlich des Terminus Social Media bislang nur ein begrenztes definitorisches Verständnis.[153] Um eine missverständliche Handhabung in dieser Untersuchung zu vermeiden, wird der Begriff daher zunächst in seine

[153] Vgl. Kaplan/Haenlein (2010), S. 59.

Bestandteile zerlegt und deren genaue Bedeutung erörtert. Im Anschluss daran wird eine Social Media- Definition vorgestellt und dadurch das Verständnis des Begriffes für die weitere Untersuchung erläutert. Der Social Media- Begriff konstituiert sich zunächst aus den beiden Einzelbegriffen ‚Social' und ‚Media'.

Zum ersten bedeutet das Attribut ‚Social' beziehungsweise das deutsche ‚sozial' generell „das (geregelte) Zusammenleben der Menschen in Staat und Gesellschaft betreffend"[154], kann aber auch als „die menschlichen Beziehungen in der Gemeinschaft regelnd und fördernd [...]"[155] verstanden werden. Insbesondere letztere Formulierung kann auch übertragen auf den Social Media- Kontext Anwendung finden, da Social Media – wie im Folgenden noch genauer erläutert wird – speziell dafür prädestiniert sind, Nutzer miteinander zu verbinden, sowie deren Austausch, Interaktionen und somit auch deren Beziehungen untereinander zu fördern. Zum zweiten findet der Medienbegriff (‚Media') generell eine breite Verwendung in verschiedenen wissenschaftlichen Disziplinen, welche sich von der Physik und Chemie über die Psychologie, Soziologie und Pädagogik bis hin zu den Kommunikations- und Medienwissenschaften erstreckt. Als Grundlage für die jeweilig adaptierten Medienfachbegriffe dieser Disziplinen dient zunächst das wesentliche Verständnis des Mediums als ‚Mittel' beziehungsweise ‚etwas Vermittelndes'. In den Kommunikations- und Medienwissenschaften wird darüber hinaus ein technischer Medienbegriff propagiert.[156]

Danach werden Medien als die „[...] technischen Mittel oder Instrumente, die der Verbreitung von Aussagen dienen"[157] definiert. Hierbei ist in der Vergangenheit anhand von technologieinduzierten Sende- beziehungsweise Empfangsqualitäten zwischen unterschiedlichen Medien differenziert worden. Im Einzelnen unterscheidet Pross (1972) dabei zunächst zwischen dem Körper als primärem Medium, welcher ohne jeglichen Technikeinsatz, nämlich nur durch Sprache, Mimik oder Gestik kommuniziert und den sekundären Medien, welche technische Voraussetzungen seitens der Produktion, jedoch nicht auf Seite der Rezeption erfüllen müssen (z.B. Printmedien). Zusätzlich können davon noch die tertiären Medien abgegrenzt werden (z.B. Rundfunk, Fernsehen), welche auf beiden Seiten die Existenz technischer Apparaturen voraussetzen.[158]

Hinsichtlich sekundärer und tertiärer Medien findet ferner der Begriff der Massenmedien Anwendung, da z.B. sowohl Printmedien als auch Rundfunk und Fernsehen die folgenden Kriterien erfüllen: „Massenmedien sind Kommunikationsmittel, die durch technische Vervielfältigung und Ver-

---

154 Bibliographisches Institut GmbH (2017).
155 Bibliographisches Institut GmbH (2017).
156 Vgl. Pürer (2003), S. 208; Wirtz (2016b), S. 14.
157 Maletzke (1998), S. 51.
158 Vgl. Pross (1972), S. 128 ff.; Böhn/Seidler (2008), S. 17 f.; Dittmar (2011), S. 41.

breitung mittels Schrift, Bild oder Ton Inhalte an eine unbestimmte […] Zahl von Menschen vermitteln und somit öffentlich an ein anonymes, räumlich verstreutes Publikum weitergeben."[159]

Um der zunehmenden Digitalisierung in der Gesellschaft Rechnung zu tragen, kann die Kategorisierung von Pross (1972) zudem um die quartiären Medien ergänzt werden, „[…] die auf beiden Seiten Geräte voraussetzen, nicht aber ausschließlich massenmedialer Kommunikation oder Mitteilungsverbreitung dienen"[160]. Das Internet per se kann dementsprechend als quartiäres Medium angesehen werden, da es nicht ausschließlich als Massenmedium fungiert, sondern auch gewisse Formen der Individualkommunikation ermöglicht (z.B. E-Mail). Man spricht diesbezüglich auch von einem möglichen „[…] schnellen Wechsel zwischen individueller und Gruppenansprache"[161]. Dementsprechend werden quartiäre Medien im Schrifttum auch als Integration der ersten drei Medienkategorien in einer vierten Kategorie verstanden.[162] Weitere Beispiele für quartiäre Medien finden sich in diversen anderen digitalen Medien. So ordnet Faßler (1997) allgemein die „[…] computerbasierten und -verstärkten Medienbereiche netztechnischer und elektronisch-räumlicher Konsumtion, Information und Kommunikation"[163] den quartiären Medien zu. Als solche können somit auch Social Media verstanden werden, da sowohl die zuvor erläuterten technischen Voraussetzungen als auch die Möglichkeit eines Wechsels zwischen Individual- und Gruppenkommunikation darin gegeben sind.

Widmet man sich nun der Etablierung eines eindeutigen Verständnisses des Social Media- Begriffes, so stellen Kaplan/Haenlein (2010) die bislang bekannteste Definition im relevanten wissenschaftlichen Schrifttum zur Verfügung: „Social Media is a group of Internet-based applications that build on the ideological and technological foundations of Web 2.0, and that allow the creation and exchange of User Generated Content."[164]

Betrachtet man diese Definition genauer, so wird zunächst deutlich, dass das Attribut ‚Social' auch hier – ähnlich seiner zuvor erläuterten generellen Bedeutung – auf den durch das Medium ermöglichten Austausch und somit das Miteinander der Nutzer abzielt. Zudem wird in der Definition von Kaplan/Haenlein (2010) im Sinne des zuvor erläuterten technischen quartiären Medienbegriffes auf internetbasierte Anwendungen beziehungsweise Instrumente zur Ermöglichung dieses Miteinanders abgestellt. Zu guter Letzt geht aus der Definition hervor, dass Social Media auf den konzeptionellen

159 Burkart (2002), S. 169.
160 Dittmar (2011), S. 41.
161 Dittmar (2011), S. 42.
162 Vgl. Dittmar (2011), S. 41 f.
163 Faßler (1997), S. 117.
164 Kaplan/Haenlein (2010), S. 61.

und technologischen Grundlagen des Web 2.0 basieren. Somit kann der Terminus Social Media auch zufriedenstellend von dem im Schrifttum bisweilen synonym verwendeten Begriff des Web 2.0 abgegrenzt werden.[165]

Vor dem Hintergrund dieser Ausführungen sowie ihrer Prominenz im relevanten wissenschaftlichen Schrifttum soll die Social Media- Definition von Kaplan/Haenlein (2010) für den weiteren Verlauf dieser Untersuchung Geltung erfahren.

2.2.2 Brand Community

Der Begriff der Brand Community konstituiert sich aus den beiden Bestandteilen ‚Brand' und ‚Community'. Diese sollen im Folgenden näher erläutert werden. Im Hinblick auf die Definition der Brand beziehungsweise Marke kann vorab festgehalten werden, dass sich innerhalb des Schrifttums bisher keine einheitliche Definition durchgesetzt hat. Gemein ist vielen unterschiedlichen Definitionen dennoch die Bezugnahme auf die Hauptfunktion einer Brand. Diese Funktion liegt in der Differenzierung von Konkurrenten beziehungsweise deren Produkten und Dienstleistungen in der Wahrnehmung der Konsumenten.[166]

So definiert die American Marketing Association (AMA) die Brand bereits Mitte des 20. Jahrhunderts als: „A name, term, sign, symbol, or design, or a combination of them which is intended to identify the goods or services of one seller or a group of sellers and to differentiate them from those of competitors."[167] Vergleicht man diese frühe Definition nun zunächst mit der heutigen Auffassung der AMA, so wird deutlich, dass sich ihr Markenverständnis im Verlauf der Zeit kaum verändert hat und vor allem die Differenzierungsfunktion weiter von zentraler Bedeutung ist: „A brand is a name, term, design, symbol, or any other feature that identifies one seller's good or service as distinct from those of other sellers."[168]

Auch im deutschsprachigen Schrifttum wird verstärkt auf die Bedeutung der Unverwechselbarkeit und Differenzierung einer Marke hingewiesen. So verstehen Meffert/Burmann/Koers (2002) „ […] die Marke als ein in der Psyche des Konsumenten und sonstiger Bezugsgruppen der Marke fest verankertes, unverwechselbares Vorstellungsbild von einem Produkt oder einer Dienstleistung"[169], während Kotler/Keller/Bliemel (2007) folgende Definition offerieren: „Die Marke ist ein Name, Begriff, Zeichen, Symbol, eine Gestaltungsform oder eine Kombination aus diesen Bestandteilen

[165] Vgl. Abschnitt 1.1 für eine entsprechende Abgrenzung sowie den Zusammenhang zwischen Web 2.0 und Social Media.
[166] Vgl. Heding/Knudtzen/Bjerre (2009), S. 9; Meffert/Burmann/Kirchgeorg (2015), S. 328.
[167] Heding/Knudtzen/Bjerre (2009), S. 9.
[168] American Marketing Association (2016).
[169] Meffert/Burmann/Koers (2002), S. 6.

zum Zwecke der Kennzeichnung der Produkte oder Dienstleistungen eines Anbieters oder einer Anbietergruppe und der Differenzierung gegenüber Konkurrenzangeboten.“[170] Basierend auf diesem Verständnis der Marke beziehungsweise Brand kann nun auf die Definition des weiterführenden Branding- Begriffs eingegangen werden, welcher wiederum zur letztlich angestrebten Erläuterung des Terminus der Brand Community in diesem Abschnitt von Bedeutung ist. So wird das Branding im Schrifttum zum einen generell als das „Markieren von Produkten“[171] beziehungsweise Services verstanden. Zum anderen wird der Begriff des Brandings synonym für die Termini der Markenführung, der Markenpolitik, des Markenaufbaus und des Markenmanagements verwendet.[172]

Esch/Langner (2005) definieren das Branding analog zum vorab etablierten Markenverständnis als „alle Maßnahmen […], die dazu geeignet sind, ein Produkt aus der Masse gleichartiger Produkte herauszuheben und die eine eindeutige Zuordnung von Produkten zu einer bestimmten Marke ermöglichen.“[173] Hinsichtlich dieser Maßnahmen ist als eine spezifische Unterkategorie des Brandings beziehungsweise Markenmanagements die Markenkommunikation besonders in Erscheinung getreten[174], welche im Folgenden auch im Zentrum des Interesses dieser Untersuchung steht.

Während die Markenkommunikation von Unternehmen auf den Aufbau einer Marke in der Wahrnehmung der Kunden sowie die Verbesserung des Markenimages abzielt[175], setzt hier auch das Konzept der Brand Community an, welche innerhalb der Markenkommunikation als Kommunikationskanal beziehungsweise -instrument zur Interaktion mit und zwischen Konsumenten dienen kann.

Dabei ist das Konzept der Community beziehungsweise Gemeinschaft aus den Sozialwissenschaften entlehnt und hat eine lange Tradition im entsprechenden wissenschaftlichen Schrifttum. So hat die Gemeinschaft als Konzept ihre historische Verankerung in der Kritik der Moderne und genauer der modernen Gesellschaft. Ferdinand Tonnies (1887) unterscheidet dazu in seinem theoretischen Grundlagenwerk „*Gemeinschaft und Gesellschaft*“[176] zwischen der herkömmlichen, familiären, emotionalen und ländlichen Gemeinschaft und der mechanischen, vertragsrechtlichen, individualistischen, rationalen und städtischen Gesellschaft. Im Einzelnen sieht Tonnies dabei die Gemeinschaft

170 Kotler/Keller/Bliemel (2007), S. 509.
171 Esch/Langner (2005), S. 575.
172 Vgl. Backhaus/Voeth (2010), S. 177 ff.; Baumgarth (2010), S. 41 f.; Meffert/Burmann/Kirchgeorg (2015), S. 326 ff.
173 Esch/Langner (2005), S. 577.
174 Vgl. Kotler et al. (2011), S. 790 ff.
175 Vgl. Engelkenmeier (2012), S. 393.
176 Muñiz/O'Guinn (2001), S. 412.

in Opposition zur Gesellschaft beziehungsweise das Ideal der Gemeinschaft von der modernen Gesellschaft bedroht.[177]

Diese Ansicht spiegelt sich auch zum Teil in der heutigen Bevölkerung wider, welche zwar die Vorteile der modernen Gesellschaft genießt, sich aber gleichzeitig nach der Geborgenheit einer Gemeinschaft im klassischen Sinne und deren Eckpfeilern zurücksehnt (gemeinsames Bewusstsein, Rituale und Traditionen, Sinn für moralische Verantwortung[178]). Hier setzt das Konzept der Markengemeinschaft beziehungsweise Brand Community an, bei welcher zwar die Marke im Mittelpunkt steht, jedoch die oben erwähnten Eckpfeiler ebenfalls Bestand haben und somit soziale Beziehungen zwischen den Mitgliedern gefördert werden.[179]

Vor diesem Hintergrund definieren Muñiz/O'Guinn (2001) den Begriff der Brand Community basierend auf dem zuvor erläuterten Konzept der Gemeinschaft wie folgt: „We introduce the idea of brand community. A brand community is a specialized, non-geographically bound community, based on a structured set of social relationships among admirers of a brand. It is specialized because at its center is a branded good or service. Like other communities, it is marked by a shared consciousness, rituals and traditions, and a sense of moral responsibility.“[180] Diese im relevanten wissenschaftlichen Schrifttum häufig verwendete Definition von Muñiz/O'Guinn (2001) soll auch für den weiteren Verlauf dieser Untersuchung Geltung erfahren. Besonders zu beachten ist dabei im Vergleich zur klassischen Gemeinschaft der Aspekt der geographischen Ungebundenheit einer Brand Community, welcher besagt, dass Mitglieder trotz unterschiedlicher Standorte aufgrund ihres gemeinsamen Markenbewusstseins konstant miteinander verbunden sind. Da das Internet in diesem Zusammenhang eine ausgezeichnete Grundlage für die Gründung, Aufrechterhaltung und Pflege solcher Markengemeinschaften darstellt, haben in jüngerer Vergangenheit Online Brand Communities und speziell Social Media Brand Communities eine vermehrte Verbreitung erfahren.[181]

2.2.3 Social Media Brand Community

Nachdem in den vorherigen Abschnitten nunmehr die elementaren Termini Social Media und Brand Community spezifiziert worden sind, kann sich im Folgenden dem Begriff der Social Media Brand Community zugewandt werden. Aufgrund der Novität des Begriffes sind im wissenschaftlichen Schrifttum bisher jedoch nur wenige Definitionen der Social Media Brand Community zu identifizieren. Vielmehr wird eine Vielzahl von verschiedenen Begriffen synonym verwendet, und zwar

---

177 Vgl. Muñiz/O'Guinn (2001), S. 412 f.
178 Vgl. Muñiz/O'Guinn (2001), S. 413; Heding/Knudtzen/Bjerre (2009), S. 191.
179 Vgl. Muñiz/O'Guinn (2001), S. 412.
180 Muñiz/O'Guinn (2001) , S. 412.
181 Vgl. Heding/Knudtzen/Bjerre (2009), S. 188; Abschnitt 1.1.

oftmals ohne diese eindeutig zu definieren. In Anbetracht dessen wird im Folgenden durch eine klare Begriffsabgrenzung und Definition eine Basis für die weiteren Ausführungen im Rahmen dieser Arbeit etabliert.

So differenziert Chu (2011) zunächst bezüglich des sozialen Netzwerks Facebook zwischen den Möglichkeiten zur Erstellung von Gruppen und Seiten für Unternehmen und Organisationen: "Despite their overlapping features, the nature and functionality of Facebook groups differ from those of Facebook pages (e.g., brand profile pages) […]."[182] Hierbei stellt Chu (2011) vor allem heraus, dass ‚Brand Profile Pages' sich durch ihren offiziellen und authentischen Charakter hinsichtlich der Vertretung von Unternehmen beziehungsweise deren Marken, ihre uneingeschränkte Sichtbar- und Zugänglichkeit sowie ihre Kommunikationsmöglichkeiten von Gruppen auf Facebook unterscheiden.[183] Somit versteht Chu (2011) die für diese Arbeit relevanten Social Media Brand Communities als ‚Brand Profile Pages'.[184]

Die Entstehung dieser Möglichkeit für Unternehmen, Seiten oder Profile für sich zu erstellen, also die kommerzielle Nutzung von Social Media, verankern Pronschinske/Groza/Walker (2012) ebenfalls in Bezugnahme auf Facebook: "After its launch in 2004 as a site designed to connect students on college campuses, Facebook extended its reach by allowing commercial organizations to create pages. By 2006, nearly 22,000 organizations created Facebook profiles […]."[185] Hinsichtlich dieser Entwicklung werden im Schrifttum speziell bezüglich Facebook weitere Begrifflichkeiten wie "Facebook fan pages"[186] oder "Facebook pages"[187] verwendet. Auch werden die Begriffe „fanpages"[188] und „brand pages"[189] synonym innerhalb einzelner Studien verwendet[190], sowie zum Begriff der „Brand Fan Pages"[191] zusammengeführt. Diese heterogene Begriffsverwendung mag jedoch zum Teil darin begründet liegen, dass Facebook selbst im Jahr 2010 sein System zur Benennung von Seiten für Unternehmen und deren Marken umgestellt hat. So wurde von ‚Become a Fan' auf den ‚Like-Button' umgestellt und der Begriff der ‚Fan Page' seitens des sozialen Netzwerks nicht weiter verwendet.[192]

---

182 Chu (2011), S. 31; vgl. hierzu auch Tsai/Men (2013), S. 77.
183 Vgl. Chu (2011), S. 31.
184 Durch Unternehmen gegründete Facebook- Gruppen sind jedoch nicht Gegenstand dieser Untersuchung.
185 Pronschinske/Groza/Walker (2012), S. 221.
186 Lin/Lu (2011), S. 565; Jahn/Kunz (2012), S. 348; Wilcox/Kim (2012), S. 90; Bunker/Rajendran/Corbin (2013), S. 28.
187 Pronschinske/Groza/Walker (2012), S. 221; Turri/Smith/Kemp (2013), S. 203.
188 Hutter et al. (2013), S. 344.
189 Hutter et al. (2013), S. 348.
190 Vgl. z.B. Hutter et al. (2013), S. 344; Blanchflower/Watchravesringkan (2014), S. 20.
191 Vries/Gensler/Leeflang (2012), S. 84.
192 Vgl. Naylor/Lamberton/West (2012), S. 108; O'Connor (2013), S. 235.

Erst mit fortschreitender Entwicklung des Schrifttums ist daher der Trend festzustellen, dass sich relativ einheitliche Begriffe wie die der "Facebook brand page"[193], "SNS brand page"[194] oder „social media brand pages"[195] durchsetzen. Leider mangelt es im relevanten wissenschaftlichen Schrifttum bisher jedoch an eindeutigen Definitionen der zuvor genannten Begriffe. Nichtsdestotrotz können die beschriebene Begriffsentwicklung sowie die Funktionalität und Merkmale der Pages durch verschiedene ausgewählte Beiträge aus dem Schrifttum verdeutlicht werden. Tabelle 7 gibt einen Überblick über entsprechende Beiträge.

Autor(en)	Zitat
Airs/Ang (2012), S. 1.	"FMCG marketers are creating brand pages which users can 'like' to connect with and to receive information about their favourite brands. Most brand pages have some level of user-generated content (e.g. videos, images, comments) with the creator's name and image appearing beside their uploaded post/comment."
Jahn/Kunz (2012), S. 346.	"In practice, users become fans of a Facebook fan page by pressing the "like-button," which indicates to their social network that they like this brand; [...] The new content of this fan page is automatically posted to their personal Facebook news feed, and they can post comments on the fan page, get in contact with the company, forward offers from this page as well as interact with other fans."
Vries/Gensler/Leeflang (2012), S. 84.	"Members of social networking sites [...] share their enthusiasm about the brand on these dedicated pages and be united by their common interest in the brand [...]. Brand fan pages [...] broaden the brand–customer relationship [...], and provide a source of information and social benefits to the members [...] companies can create brand posts [...] fans can then interact with these brand posts by liking or commenting on them."
Naylor/Lamberton/West (2012), S. 105.	"Before the advent of social networking, consumers could only guess at the identities of other brand supporters on the basis of advertising or the identity of spokespeople. In contrast, in the social media world, consumers viewing a brand page are likely to see pictorial information about other people who have voluntarily affiliated with the brand."

193 Airs/Ang (2012), S. 1; Cvijikj/Michahelles (2013), S. 1; O'Connor (2013), S. 229.
194 Blanchflower/Watchravesringkan (2014), S. 20.
195 Naylor/Lamberton/West (2012), S. 117.

Autor(en)	Zitat
Turri/Smith/Kemp (2013), S. 203.	"A Facebook page becomes an entity's or brand's personal profile and serves as an information hub. Facebook pages are also public-facing, meaning they can appear in search engines and give an entity or brand even more exposure."
Cvijikj/Michahelles (2013), S. 4.	"The content shared on brand pages is referred to as posts and appears on the central part of the page, known as the wall or timeline. Each page might have one or more administrators responsible for creation and deletion of content [...] A brand page can have any number of members [...] Within a Facebook brand page, fans can engage with a company [...]"
Blanchflower/ Watchravesringkan (2014), S. 20.	"A brand page, also known as a fan page, provides SNS subscribers with information about a brand as well as they serve as a tool for fostering interaction between a brand and its consumers."

Tabelle 7: Beiträge zu den Begriffen der Fan/Brand Pages in Social Media

So erläutern Airs/Ang (2012) beispielsweise die Funktionalität des ‚Like'- Buttons zur Nutzung der Pages und betonen die Bedeutung nutzergenerierter Inhalte sowie die Sichtbarkeit von Informationen zu den einzelnen Nutzern.[196] Jahn/Kunz (2012) fokussieren speziell die Funktionalität von Facebook Pages, indem sie ebenfalls den offiziellen Beitritt der Nutzer durch den 'Like'-Button, die verschiedenen Möglichkeiten des Postings, Kommentierens und Teilens sowie die daraus resultierende Interaktion zwischen Nutzern, sowie Unternehmen und Nutzern, erläutern.[197]

Vries/Gensler/Leeflang (2012) stellen in diesem Zusammenhang zunächst die mögliche Vertiefung der Beziehung zwischen Nutzer und Marke durch die Pages heraus, welche durch Brand Posts verschiedener Inhalte gleichermaßen als Quelle für Information und sozialen Nutzen dienen. Zudem betonen Vries/Gensler/Leeflang (2012) wie Nutzer auf den Pages ihren Enthusiasmus bezüglich der Marke teilen, mit den Brand Posts der Unternehmen interagieren und dort somit im gemeinsamen Interesse an der Marke vereint sind.[198] Damit verbunden stellen Naylor/Lamberton/West (2012) darauf ab, dass für die Nutzer der Pages, z.B. durch Profilbilder, die genaue Identifikation anderer

[196] Vgl. Airs/Ang (2012), S. 1.
[197] Vgl. Jahn/Kunz (2012), S. 346.
[198] Vgl. Vries/Gensler/Leeflang (2012), S. 84.

Konsumenten möglich ist, welche durch die Page freiwillig mit der Marke in Kontakt getreten sind und nicht wie im Rahmen konventioneller Werbung als Zielgruppe vorgegeben werden.[199]

Darüber hinaus verstehen Turri/Smith/Kemp (2013) Facebook Pages speziell als das persönliche Profil einer Marke und verweisen erneut auf dessen Funktion als Informationsquelle, sowie ferner auf deren hohe Sichtbarkeit im Internet.[200] Cvijikj/Michahelles (2013) erwähnen in diesem Zusammenhang die uneingeschränkte Nutzeranzahl von Facebook Brand Pages und erläutern ebenfalls die Funktionalität des Postings von Inhalten, die damit verbundene Möglichkeit des Nutzerengagements mit den verantwortlichen Unternehmen beziehungsweise deren Administratoren oder Social Media- Managern.[201] Blanchflower/Watchravesringkan (2014) rekurrieren erneut auf die Bereitstellung von Informationen zur Marke sowie die Förderung der Interaktion zwischen Marke und Konsumenten als wesentliche Funktionen einer Brand Page.[202]

Nimmt man nunmehr eine aggregierte Betrachtung der zuvor erläuterten Beiträge zu den Begriffen der Fan beziehungsweise Brand Pages in Social Media vor, so treten die folgenden Gesichtspunkte vermehrt auf. Erstens wird im Schrifttum einhellig der Informationscharakter der Pages konstatiert, sei es im Hinblick auf Informationen zur Marke oder zu anderen Nutzern. Zweitens steht die Interaktionsmöglichkeit innerhalb der Pages im Vordergrund, wobei hierbei erneut sowohl die Interaktion zwischen Marke und Nutzern als auch den Nutzern untereinander gemeint ist.

Während diesbezüglich weiterhin das Potenzial entsprechender gestärkter Beziehungen betont wird, sind im Rahmen der Interaktion vor allem die Funktionalität des Postings sowie die Inhalte der Posts von Interesse. Hierbei wird wiederum Wert darauf gelegt, dass neben den Inhalten der Vertreter der Marke beziehungsweise Unternehmen, den nutzergenerierten Inhalten beziehungsweise dem User-Generated Content eine besondere Bedeutung zukommt. Die Nutzer der Pages wiederum werden als begeisterte Konsumenten verstanden, welche in ihrem gemeinsamen Markeninteresse durch die Page miteinander verbunden werden. Demnach steht die Marke zwar im Fokus der Page, der damit verbundene soziale Nutzen für die Mitglieder ist laut Schrifttum jedoch nicht zu vernachlässigen. So wird beispielsweise die genaue Identifikation beziehungsweise Einordnung anderer Konsumenten möglich, welche einerseits die Kontaktaufnahme und andererseits das eigene Selbstverständnis vereinfacht.

---

[199] Vgl. Naylor/Lamberton/West (2012), S. 105.
[200] Vgl. Turri/Smith/Kemp (2013), S. 203.
[201] Vgl. Cvijikj/Michahelles (2013), S. 4.
[202] Vgl. Blanchflower/Watchravesringkan (2014), S. 20.

Letztlich werden die Besonderheiten der Pages in Social Media wie z.B. die freie Zugänglichkeit durch den Beitritt per Like-Button sowie die uneingeschränkte Sichtbarkeit und Nutzeranzahl der Pages angeführt. Trotz dieser Besonderheiten werden aufgrund der vorangegangenen Erläuterungen auch die Ähnlichkeiten zum Konzept der Brand Community deutlich. Speziell in Bezug auf die Brand Triad, nach welcher die Konsumenten innerhalb der Brand Community sowohl mit den Vertretern des verantwortlichen Unternehmens als auch untereinander interagieren können[203], erfüllen die beschriebenen Pages in Social Media das Hauptkriterium einer Brand Community. Auch sind die Brand Community Marker im Sinne des gemeinsamen Bewusstseins beziehungsweise Interesses der Nutzer hinsichtlich einer bestimmten Marke erfüllt.[204]

Zudem ist festzuhalten, dass die Beiträge aus Tabelle 7 entweder explizit oder implizit auf das spezifische soziale Netzwerk Facebook abstellen und somit hinsichtlich der Begrifflichkeiten der Fan beziehungsweise Brand Pages in Social Media ein einseitiger Fokus auf eine Social Media- Anwendung vorherrscht. Dieser Fokus wird im Rahmen der Begriffsentwicklung jedoch durch weitere Beiträge um andere Social Media- Anwendungen erweitert. So betrachten Pentina/Zhang/Basmanova (2013) z.B. Twitter hinsichtlich "[...] brands that are followed on the social media site [...]"[205]. Zudem konstatieren Wilcox/Kim (2012): "Seventy-nine of the top 100 companies in the Fortune Global 500 index are using at least one social media platform to interact with their consumers. Of the Fortune Global 100 companies, 65% have active Twitter accounts, 54% have Facebook fan pages, 50% have YouTube video channels and 33% have corporate blogs [...]."[206]

In Anbetracht dessen wird generell die Notwendigkeit eines umfassenderen Begriffes für Markenauftritte von Unternehmen in verschiedenen Social Media- Anwendungen deutlich.[207] Demgemäß ist der Trend im Schrifttum zu beobachten, welcher die besagten Fan beziehungsweise Brand Pages in Social Media in Verbindung mit dem Konzept der Brand Community bringt und letztendlich zum Terminus der Social Media Brand Community führt. Tabelle 8 stellt diesbezüglich zunächst Beiträge dar, welche Brand Pages in Social Media in Zusammenhang mit dem Konzept der Brand Community stellen.

---

203 Vgl. Abschnitt 1.1.
204 Vgl. Abschnitt 2.2.2.
205 Pentina/Zhang/Basmanova (2013), S. 1548.
206 Wilcox/Kim (2012), S. 90.
207 Vgl. hierzu auch Abschnitt 1.1.

Autor(en)	Zitat
Chi (2011), S. 44.	"In this setting, brand managers often seek two types of marketing communication: interactive digital advertising and virtual brand communities. The former exposes social media users to brand-related messages […]; the latter encourage them to engage in brand-centered social relations […]."
Lee/Kim/Kim (2011), S. 59.	"The rapidly growing popularity of online social networking Web sites (e.g., Facebook, MySpace, Twitter, etc.) has enabled both marketers and consumers to build and promote consumer–brand relationships through online brand communities."
Lin/Lu (2011), S. 565.	"Many businesses have created Facebook fan pages to build online social communities and establish closer ties with their customers. […]"
Vries/Gensler/Leeflang (2012), S. 83.	"Managers invest in social media to foster relationships and interact with customers […]. One way to realize this aim is to create brand communities in the form of brand fan pages on social networking sites where customers can interact with a company by liking or commenting on brand posts […]."
Gummerus et al. (2012), S. 857 f.	"Although originally, an online brand community referred to a community on the World Wide Web, recently social media has been added to companies' marketing and brand building activities […]. Attracted by the large number of users, companies have created brand communities in social media, such as Facebook […]."
Tsai/Men (2013), S. 76 f., 79.	"The social, communal, and participatory environment of brand SNS pages constitutes virtual brand communities where advertisers can engage consumers at a more intimate and interactive manner, rather than a mere advertising platform. […] Specifically, brand SNS pages are important brand communities where consumers socialize with not only the brand representatives but also other users who share similar brand preferences."

Tabelle 8: Beiträge zur Verbindung von Fan/Brand Pages und Brand Community

So grenzt Chi (2011) in Bezug auf Fan beziehungsweise Brand Pages zunächst innerhalb des Social Media Marketings den Begriff der ‚Virtual Brand Community' von Werbeanzeigen in Social Media ab und erklärt den Mehrwert der Community durch das Nutzerengagement in markenbezogenen sozialen Beziehungen im Vergleich zu herkömmlicher Werbung.[208] Lee/Kim/Kim (2011) hingegen

[208] Vgl. Chi (2011), S. 44.

verwenden bereits den spezifischen Terminus der “Brand Community in Online Social-Networking Web Sites”[209] und verweisen auf den Ursprung und einzelne Plattformen für eine Gründung dieser Communities.[210] Bei einer spezifischeren Betrachtung benutzen Lin/Lu (2011) im Zusammenhang mit der Verstärkung von Kundenbeziehungen durch Facebook Fan Pages den Terminus der ‚Online Social Communities‘.[211] Ähnlich verhält es sich auch mit der Darstellung der Autoren Vries/Gensler/Leeflang (2012), welche diese Brand Communities als eine Möglichkeit zur Interaktion mit Kunden und der damit verbundenen Stärkung entsprechender Beziehungen in Social Media verstehen.[212]

Gummerus et al. (2012) beschreiben die Weiterentwicklung von konventionellen Online Brand Communities zu Brand Communities in Social Media und nennen dabei wiederum das Beispiel Facebook.[213] Nach diesem Verständnis verwenden Gummerus et al. (2012) zudem explizit den Begriff der “Facebook brand community”[214], welcher in weiteren Arbeiten gleichermaßen unreflektiert und erneut synonym mit Facebook beziehungsweise Brand Pages verwendet wird.[215] Tsai/Men (2013) zeigen schließlich vergleichbar mit Chi (2011) ebenfalls die Vorteile von Brand Pages beziehungsweise Brand Communities in Social Media gegenüber Werbung auf, indem sie die persönlichere und interaktivere Art und Weise dieser Communities betonen. Im Einzelnen stellen Tsai/Men (2013) dabei erneut die Möglichkeit für Nutzer heraus, sowohl mit Vertretern der Marke als auch mit anderen Nutzern zu interagieren.[216]

Zusammenfassend erscheint das zuvor erläuterte einhellige Verständnis der Pages als Brand Communities in Social Media plausibel, da das Modell der Brand Triad sowie das gemeinsame Nutzerinteresse an einer Marke hinreichend veranschaulicht worden sind und dies somit im Einklang mit der zuvor erläuterten Definition der konventionellen Brand Community steht.[217] Basierend auf dieser Verbindung der Pages mit dem Konzept der Brand Community gibt es schließlich auch Autoren, die den Begriff der „Social media based brand community“[218] beziehungsweise „Social media

209 Lee/Kim/Kim (2011), S. 59.
210 Vgl. Lee/Kim/Kim (2011), S. 59.
211 Vgl. Lin/Lu (2011), S. 565.
212 Vgl. Vries/Gensler/Leeflang (2012), S. 83.
213 Vgl. Gummerus et al. (2012), S. 857 f.
214 Gummerus et al. (2012), S. 857.
215 Vgl. Plangger (2012), S. 148; Cvijikj/Michahelles (2013), S. 4.
216 Vgl. Tsai/Men (2013), S. 76 ff.
217 Vgl. hierzu auch die Abschnitte 1.1 und 2.2.2.
218 Laroche et al. (2012), S. 1757.

brand community“[219] definieren und prägen. Tabelle 9 stellt die entsprechenden Definitionen überblicksartig dar.

Autor(en)	Definition
Laroche et al. (2012), S. 1755.	"Social media based brand communities are communities initiated on the platform of social media."
Laroche/Habibi/Richard (2013), S. 77.	"A social media based brand community is composed of two concepts; social media and brand community [...] So, a social media based brand community includes entities such as brand, product, customer, company, and social media, which is the platform for that community to exist."
Chen et al. (2013), S. 2 f.	"[...] social media based brand communities offer brand owners the ability to enhance value, brand trust, brand loyalty and feelings of community among members. Facebook pages are an example of a social network-based online brand community [...]."
Habibi/Laroche/Richard (2014a), S. 125.	"[...] at the intersection of brands and social media are groups or communities of brand admirers, which we label social media based brand communities [...]."

Tabelle 9: Bisherige Definitionen

So prägen Laroche et al. (2012) schließlich den Begriff der „social media based brand community“[220] im Schrifttum und betonen dabei im Vergleich zu konventionellen Online Brand Communities generell die Social Media- Plattform als Alleinstellungsmerkmal.[221] Laroche et al. (2012) führen dazu weiter aus: “The combination of both brand community and social media leads to a concept that we call social media based brand community which is a subset of the broader concept of ‘‘virtual communities’’ or online brand communities; but the main differentiator is their platforms.”[222]

Basierend auf diesem Verständnis integrieren Laroche et al. (2012) gleichzeitig auch das Konstrukt der „Social media brand community“[223] in ihre Untersuchung, welches die Erfahrungen der Nutzer mit der entsprechenden Community repräsentiert. Problematisch bei der Definition von Laroche et

219 Laroche et al. (2012), S. 1762.
220 Laroche et al. (2012), S. 1757.
221 Vgl. hierzu auch Abschnitt 1.1.
222 Laroche et al. (2012), S. 1757.
223 Laroche et al. (2012), S. 1762.

al. (2012) ist jedoch ihr tautologischer Charakter, aufgrund dessen kein inhaltlicher Erkenntnisgewinn in Bezug auf den Begriff der Social Media Brand Community erzielt werden kann.

Dennoch findet das Begriffsverständnis von Laroche et al. (2012) innerhalb der fortschreitenden Entwicklung des Schrifttums auch Anwendung in weiteren Arbeiten.[224] So übernehmen auch Goh/Heng/Lin (2013) in ihrer Publikation innerhalb des renommierten Journals ‚Information Systems Research' zwar den spezifischen Terminus der „Social Media Brand Community"[225], präsentieren hierbei jedoch leider keine weiterführende Definition des Begriffes. Basierend auf Laroche et al. (2012), entwickeln Laroche/Habibi/Richard (2013) jedoch ihre Definition weiter, indem sie sowohl die Marke selbst, das damit verbundene Produkt, das verantwortliche Unternehmen, die Kunden beziehungsweise Nutzer als auch die Social Media- Plattform als wesentliche Entitäten der Community konstatieren.[226]

Chen et al. (2013) fokussieren in ihrer Definition hingegen auf das Potenzial der Communities für Unternehmen, Markenvertrauen und -loyalität zu steigern und nennen Facebook Pages als ein spezifisches Beispiel einer Social Media Brand Community.[227]

Habibi/Laroche/Richard (2014a) präsentieren schließlich eine weitere definitorische Auseinandersetzung mit dem von Laroche et al. (2012) geprägten Begriff, innerhalb welcher sie, in Übereinstimmung mit dem traditionellen Brand Community- Konzept, hauptsächlich die Nutzer der Communities als begeisterte Konsumenten der Marke herausstellen.[228]

Betrachtet man diese Definitionen nun in aggregierter Form, so stehen die Social Media- Plattform als Alleinstellungsmerkmal sowie die damit verbundene Abgrenzung gegenüber konventionellen Online Brand Communities, die wesentlichen Entitäten der Communities und deren Beziehungen, das Potenzial der Communities hinsichtlich Markenvertrauen und -loyalität sowie das Verständnis der Nutzer als begeisterte Konsumenten der Marke im Zentrum des Interesses.

Während also sowohl Gemeinsamkeiten als auch Unterschiede bezüglich der Definition der konventionellen Brand Community von Muñiz/O'Guinn (2001) festzustellen sind[229], kann dem noch der ebenfalls für Social Media Brand Communities zutreffende Aspekt der geographischen Ungebundenheit aus der genannten Definition hinzugefügt werden. Außerdem können aus den zuvor

224 Vgl. Chen et al. (2013), S. 2 f.; Goh/Heng/Lin (2013), S. 88 ff.; Laroche/Habibi/Richard (2013), S.76 ff.; Mosavi/Kenarehfard (2013), S. 45 ff.; Habibi/Laroche/Richard (2014b), S. 152 ff.; Habibi/Laroche/Richard (2014a), S. 125.
225 Goh/Heng/Lin (2013), S. 88.
226 Vgl. Laroche/Habibi/Richard (2013), S. 77.
227 Vgl. Chen et al. (2013), S. 2 f.
228 Vgl. Habibi/Laroche/Richard (2014a), S. 125.
229 Vgl. Abschnitt 2.2.2.

analysierten Beiträgen zu den Begriffen der Fan beziehungsweise Brand Pages die Social Media-eigenen Besonderheiten der uneingeschränkten Zugänglichkeit, Sichtbarkeit und Nutzerzahl, der speziellen Interaktion durch die Funktionalität des Postings von Inhalten, und insbesondere des User-Generated Content, sowie die damit verbundene Entwicklung von Beziehungen ergänzt werden.

Insgesamt kann konstatiert werden, dass zwar bereits spezifische Definitionsansätze zum Begriff der Social Media Brand Community existieren, es jedoch bisher aufgrund der Novität des Begriffes an einer zufriedenstellenden, umfassenden und einheitlichen Definition mangelt. Angesichts dieses Umstands soll der Begriff der Social Media Brand Community in Tabelle 10 basierend auf den bisherigen Ausführungen dieser Arbeit wie folgt definiert werden:

Definition
Unter einer Social Media Brand Community wird der Auftritt einer Marke auf einer Social Media- Plattform verstanden, welcher mit uneingeschränkter Zugänglichkeit, Sichtbarkeit und Nutzerzahl betrieben wird und begeisterte Konsumenten (Fans/Follower), unabhängig vom geographischen Standort, auf Basis des gemeinsamen Markeninteresses in einer Gemeinschaft vereint. Dabei stehen die Interaktion und der Austausch von markenbezogenen Inhalten durch Posts und damit verbunden die Entwicklung von Beziehungen zwischen Nutzern, sowie zwischen Nutzern und Vertretern der Marke, im Vordergrund. Somit bietet eine Social Media Brand Community die Möglichkeit zur Steigerung von Markenvertrauen und -treue der Nutzer.

Tabelle 10: Definition der Social Media Brand Community

2.3 Stand der Forschung

Nachfolgend wird der für diese Arbeit relevante wissenschaftliche Forschungsstand strukturiert dargestellt. Wie bereits im vorherigen Abschnitt 2.2 erläutert wurde, bildet die Schnittmenge zwischen Social Media und Brand Community den Untersuchungsgegenstand dieser Arbeit. In Anbetracht der großen Anzahl und Heterogenität wissenschaftlicher Publikationen in den jeweiligen Forschungsbereichen ist es jedoch nicht zielführend, all diese im Rahmen dieser Untersuchung aufzuzeigen. Stattdessen sollen diejenigen Beiträge fokussiert werden, welche hinsichtlich der spezifischen Problemstellung dieser Untersuchung von besonderer Relevanz sind.

Demgemäß soll zunächst eine Einschränkung hinsichtlich der Arbeiten vorgenommen werden, welche Social Media Brand Communities behandeln und einen Input zur Erforschung von Erfolgsfaktoren und -wirkung des Social Media Brand Community- Managements liefern können. Insbesondere geeignet dazu erscheinen quantitativ-empirische Arbeiten, da sich speziell aus diesen Arbeiten erste Erkenntnisse zu relevanten Konstrukten sowie zur Modellierung und Überprüfung der Wirkungsbeziehungen dieser Untersuchung gewinnen lassen. Demzufolge erfolgt eine weitere Einschränkung der folgenden Recherche und Analyse auf das relevante quantitativ-empirische Schrifttum.

Darüber hinaus wurde innerhalb der Abgrenzung dieser Untersuchung in Abschnitt 1.2 bereits der Fokus auf Facebook Brand Communities von Sportartikelherstellern beziehungsweise Sportmarken erläutert. Dementsprechend werden im Folgenden auch nur Studien in den Forschungsüberblick mit aufgenommen, welche ebenfalls Marken beziehungsweise Brand Communities von Unternehmen fokussieren, da z.B. weitere Untersuchungen zu Social Media Brand Communities von Non-Profit Organisationen, Künstlern, Prominenten, Music Festivals etc. als zu verschieden vom spezifischen Objekt dieser Untersuchung erscheinen.[230]

Anhand der entsprechenden Beiträge des Schrifttums soll einerseits die Forschungslücke präzisiert werden, deren Schließung diese Arbeit zum Ziel hat. Andererseits sollen Ansätze identifiziert werden, welche zur Beantwortung der Forschungsfragen dieser Untersuchung beitragen können. Abschnitt 2.3.1 beschäftigt sich im Folgenden also zunächst mit den bisher existierenden relevanten quantitativ-empirischen Arbeiten zum Thema Erfolgsfaktoren und -wirkung des Social Media Brand Community- Managements. Im Anschluss daran werden in Abschnitt 2.3.2 eine Wertung des Forschungsstands vorgenommen und sich daraus ergebende Implikationen für diese Untersuchung aufgezeigt.

2.3.1 Quantitativ-empirisches Schrifttum zu Erfolgsfaktoren und -wirkung des Social Media Brand Community- Managements

Im Folgenden sollen ausgewählte Arbeiten aus dem quantitativ-empirischen Schrifttum, welche einen Beitrag zu Erfolgsfaktoren und -wirkung des Social Media Brand Community- Managements leisten können, eine genauere Betrachtung erfahren. Dabei soll der Stand der Forschung anhand von zwei Komponenten erläutert werden, welche die Forschungslücke verdeutlichen und gleichzeitig erste Hinweise zur Beantwortung der Forschungsfragen dieser Untersuchung liefern können. Wie bereits in Abschnitt 1.2 im Rahmen der Erläuterung der Problemstellung erklärt wurde, hat diese Untersuchung einerseits zum Ziel, einen wissenschaftlichen Beitrag zur Identifikation von sowohl beziehungs- als auch inhaltsorientierten Erfolgsfaktoren des Social Media Brand Community- Managements zu leisten.[231] Demgemäß liegt auch ein erster Schwerpunkt der Schrifttumsanalyse auf

---

[230] Siehe z.B. die Studien von Wilcox/Kim (2012), Turri/Smith/Kemp (2013), Hudson et al. (2015) und Um (2016).

[231] Vgl. Abschnitt 1.2.

den bisherigen Beiträgen zur Identifikation von beziehungs- und inhaltsorientierten Erfolgsfaktoren des Social Media Brand Community- Managements.

Zum anderen verfolgt diese Untersuchung das Ziel, Wirkungsbeziehungen dieser Faktoren zu Variablen zu identifizieren, welche den Erfolg im Social Media Brand Community- Management konstituieren. Daher sollen die im Folgenden zu analysierenden Beiträge zweitens ebenfalls Wirkungsbeziehungen zu entsprechenden Erfolgsgrößen miteinbeziehen. Abbildung 11 stellt die Vorgehensweise bei der Recherche und Analyse des quantitativ-empirischen Schrifttums überblicksartig dar.

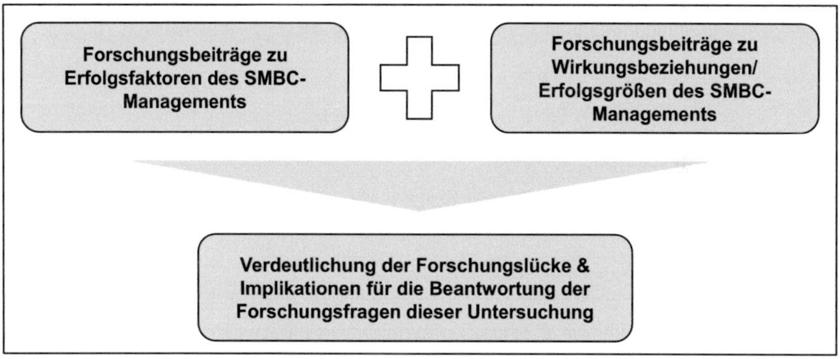

Abbildung 11: Vorgehensweise bei der Recherche und Analyse des quantitativ-empirischen Schrifttums

Darüber hinaus soll für die folgende Schrifttumsanalyse beachtet werden, dass eine homogene Betrachtungsweise hinsichtlich einer bestimmten Industrie der zu untersuchenden Social Media Brand Communities als empfehlenswert für die Erzielung adäquater empirischer Ergebnisse angesehen und dementsprechend auch in dieser Arbeit verfolgt wird.[232] Daher weisen auch die bisher im quantitativ-empirischen Schrifttum existierenden Beiträge, welche im Sinne einer homogenen Betrachtungsweise bestimmte einzelne Industrien oder gar Marken auf Facebook fokussieren, die größte Relevanz für diese Untersuchung auf. Somit sollen diese Beiträge im Folgenden zuerst Beachtung finden.

Angesichts der begrenzten Anzahl von Beiträgen, welche solch eine homogene Betrachtungsweise verfolgen, sollen jedoch auch diejenigen Beiträge zu Erfolgsfaktoren und -wirkung des Social Media Brand Community- Managements herangezogen werden, welche eine heterogene Betrachtung vornehmen. In diesen heterogenen Studien werden gleichzeitig Marken beziehungsweise Brand

[232] Vgl. Abschnitt 1.2.

Communities verschiedener Industrien auf Facebook oder über verschiedene Social Media- Plattformen und -Anwendungen hinweg betrachtet.

Ferner soll für die im Folgenden zu betrachtenden Studien jedoch aufgrund der bereits in Abschnitt 1.2 getroffenen Abgrenzung dieser Untersuchung gelten, dass Facebook zumindest eine der untersuchten Social Media- Plattformen darstellen soll, da sonst der Bezug zu dieser Untersuchung als zu gering erscheint. Dies ist der Fall, da sich Social Media- Anwendungen und -Plattformen generell bezüglich ihrer Funktionalität unterscheiden und somit auch hinsichtlich des Betriebs von Social Media Brand Communities verschiedene Möglichkeiten und Ausprägungen existieren. Somit liegt die Vermutung nahe, dass auch insbesondere im Rahmen von Erfolgsfaktorenuntersuchungen unterschiedliche Ergebnisse zu erwarten sind. So weisen z.B. Laroche et al. (2012) darauf hin, in der weiteren Untersuchung von Einflussfaktoren und Variablen zur Nutzung von Social Media Brand Communities, Unterschiede hinsichtlich der Funktionalität und Eigenschaften der jeweiligen Social Media- Plattformen zu beachten: "However, in the future researchers may consider more variables and factors to produce deeper insights. For example, [...] the differences in social media platforms functionality and features [...] could be investigated."[233]

In diesem Zusammenhang liegt z.B. bei einer Filesharing Platform wie YouTube mit einem Fokus auf Videos die Lebhaftigkeit der Inhalte als ein spezifischer Erfolgsfaktor nahe, wohingegen bei Twitter eher Textinhalte im Vordergrund des Microblogs stehen. Somit trägt auf Twitter das „business engagement in online word-of-mouth communication"[234] durch entsprechende Tweets der Unternehmen (‚eWOM messages') maßgeblich zum Erfolg dortiger Social Media Brand Communities bei.[235] Hinweise bezüglich einer mangelnden Vergleichbarkeit zwischen Untersuchungen zu Social Media Brand Communities auf verschiedenen Social Media- Plattformen beziehungsweise der Übertragbarkeit von Ergebnissen finden sich auch weiterhin im relevanten Schrifttum. So werfen beispielsweise Gummerus et al. (2012) folgende Fragen auf: "What are the differences, from customers' point of view between Facebook brand communities and other online brand communities? [...] Do customers engage in different behaviors in these communities and what are their expectations on the communities?"[236] Als Antwort darauf betonen die genannten Autoren dann die Kontextabhängigkeit der Erklärung des Nutzerengagements in Social Media Brand Communities: „[...]

233 Laroche et al. (2012), S. 1764.
234 Zhang/Jansen/Chowdhury (2011), S. 161.
235 Vgl. Zhang/Jansen/Chowdhury (2011), S. 170; Kim/Sung/Kang (2014), S. 18 ff.
236 Gummerus et al. (2012), S. 871.

customer engagement can only be understood through customer experiences, which are context-dependent."[237]

Homogene Studien	Heterogene Studien
• Lee/Kim/Kim (2011) • Airs/Ang (2012) • Gummerus et al. (2012) • Kim/Ko (2012) • Naylor/Lamberton/West (2012) • Cvijikj/Michahelles (2013) • Goh/Heng/Lin (2013) • Hutter et al. (2013) • Pöyry/Parvinen/Malmivaara (2013) • Blanchflower/Watchravesringkan (2014) • Demiray/Burnaz (2014) • Gamboa/Gonçalves (2014) • Kang/Tang/Fiore (2015) • Munnukka/Karjaluoto/Tikkanen (2015) • Steinmann/Mau/Schramm-Klein (2015) • Xie/Lee (2015) • Kim/Johnson (2016) • Le Roux/Maree (2016) • Solem (2016)	• Chi (2011) • Lin/Lu (2011) • Jahn/Kunz (2012) • Laroche et al. (2012) • Lyu (2012) • Plangger (2012) • Bunker/Rajendran/Corbin (2013) • Chen et al. (2013) • Laroche/Habibi/Richard (2013) • O'Connor (2013) • Tsai/Men (2013) • Chan et al. (2014) • Habibi/Laroche/Richard (2014b) • Jahn (2014) • Kishiya (2014) • Labrecque (2014) • Park/Kim (2014) • Ruiz-Mafe/Martí-Parreño/Sanz-Blas (2014) • Schivinski/Dabrowski (2014) • Ho (2015) • Hsu et al. (2015) • Vernuccio et al. (2015) • Zheng et al. (2015) • Habibi/Laroche/Richard (2016) • Kleine-Kalmer (2016) • Nisar/Whitehead (2016) • Simon/Brexendorf/Fassnacht (2016)

Tabelle 11: Beiträge zu Erfolgsfaktoren und -wirkung des Social Media Brand Community- Managements

Noch deutlicher verweist Lyu (2012) auf den engen Fokus ihrer Studie auf nur eine Social Media-Plattform. Dabei stellt die genannte Autorin die Besonderheiten verschiedener Social Media und speziell die durch deren dynamische Weiterentwicklung bedingte problematische Vergleichbarkeit von verschiedenen Social Media- Plattformen im Zeitverlauf heraus. Dementsprechend warnt die genannte Autorin vor der Anwendung ihres Forschungsdesigns zu dem spezifischen Social Network Facebook auf andere Social Media- Plattformen: "In particular, this study adopts a specific social media platform […]. However, trends and technological specifics of social media change at a rapid pace, so individuals' behavior in social medial settings changes accordingly. Therefore, future research is encouraged to pay careful attention in applying the design of this study that focuses on a

[237] Gummerus et al. (2012), S. 871.

specific online social networking site."[238] Der vorangegangenen Argumentation und den damit verbundenen Zitaten aus dem wissenschaftlichen Schrifttum entsprechend werden separate Studien zu Brand Communities auf anderen Social Media- Plattformen wie Twitter, YouTube etc. also nicht in den Stand der Forschung mit aufgenommen.[239] Zudem werden auch diejenigen Studien nicht in den Forschungsüberblick miteinbezogen, welche Brand Communities in Social Networks untersuchen, letztere jedoch nicht genauer spezifizieren und somit eine direkte Relevanz für diese Untersuchung nicht garantiert werden kann.[240] Tabelle 11 stellt die nachfolgend erläuterten Beiträge differenziert nach homogener und heterogener Betrachtungsweise dar. Abschnitt 2.3.1.1 beschäftigt sich zunächst mit der Darstellung der homogenen Studien, während in Abschnitt 2.3.1.2 diejenigen Studien abgebildet werden, welche einen heterogenen Untersuchungsansatz verfolgen.

2.3.1.1 Homogene Studien des quantitativ-empirischen Schrifttums zu Erfolgsfaktoren und -wirkung

Eine der ersten homogenen Studien von Lee/Kim/Kim (2011) behandelt die eigens für die Untersuchung geschaffene Facebook Brand Community für eine fiktive Kameramarke (Carleton 5D Mark 2 Camera). Dazu werden 120 Universitätsstudenten in den USA hinsichtlich eines Untersuchungsmodells befragt, welches auf der Attribution Theory und der Social Identity Theory basiert. Im Ergebnis können Lee/Kim/Kim (2011) erstens den Einfluss der Art der Facebook Brand Community (‚Online Brand Community Type') auf die Nutzerwahrnehmung der altruistischen Motivation der Community- Manager (‚Intrinsic Motives of Altruism') nachweisen. Im Einzelnen kann dabei gezeigt werden, dass diese Wahrnehmung eher bei durch Nutzer geschaffenen Communities als bei durch Unternehmen geschaffenen Communites erzeugt wird. Zweitens mediiert diese Nutzerwahrnehmung die Effekte der Art der Community auf die Nutzeridentifikation mit der Community (‚Social Identification Motivations') sowie das darin stattfindende Nutzerengagement (‚Community Engagement Behavior'). Drittens kann auch die direkte Wirkungsbeziehung zwischen der Nutzeridentifikation mit der Community und dem dortigen Nutzerengagement nachgewiesen werden.[241]

Eine weitere Arbeit, die im quantitativ-empirischen Schrifttum eine homogene Betrachtungsweise verfolgt, stammt von Airs/Ang (2012). Dabei untersuchen die genannten Autoren ebenfalls eine eigens für die Studie geschaffene Facebook Brand Community für eine fiktive Marke, nämlich für die

---

238 Lyu (2012), S. 114.

239 Siehe für separate Studien zu SMBCs auf Twitter z.B. Zhang/Jansen/Chowdhury (2011), Li/Berens/Maertelaere (2013), Pentina/Zhang/Basmanova (2013), Kim/Sung/Kang (2014), Kwon et al. (2015); auf YouTube z.B. Xia (2013); auf Sina Weibo z.B. Shi (2014), Chow/Shi (2015), Luo/Zhang/Liu (2015), Zhang/Benyoucef/Zhao (2015) sowie auf Cyworld, Naver und Daum z.B. Sung et al. (2010).

240 Siehe z.B. die Studien von Vries/Gensler/Leeflang (2012), Mosavi/Kenarehfard (2013), Muk (2013), Muk/Chung/Kim (2014), Zhang/Shabbir/Chatchai Pitsaphol (2015).

241 Vgl. Lee/Kim/Kim (2011), S. 59 ff.

Schokoladenmarke Sail Brothers Chocolate. Basierend auf 132 verwertbaren Rückläufern einer Nutzerbefragung, jedoch ohne erkennbare theoretische Fundierung, können Airs/Ang (2012) dabei positive Wirkungsbeziehungen zwischen einem hohen Maß an informativen, unterhaltsamen und interaktiven Inhalten (‚Informative, Entertaining and Interactive Content‘) der Community und der Nutzereinstellung zu Community (‚Attitude toward the Brand Page‘) und Marke (‚Attitude toward the Brand‘) sowie einer entsprechenden Kaufintention (‚Purchase Intention‘) festhalten.[242]

Eine weitere Studie stammt von den Autoren Gummerus et al. (2012), welche die Facebook Brand Community eines anonym bleibenden Online Gaming Providers untersuchen. Dabei erhalten sie im Rahmen ihrer Befragung 277 verwertbare Rückläufer von Nutzern dieser Community. Während die genannten Autoren keine konkrete Theorie zur Fundierung ihres Untersuchungsmodells verwenden, können Gummerus et al. (2012) dennoch positive Effekte des erwarteten Unterhaltungswerts (‚Entertainment Benefits‘) in der Community auf die Zufriedenheit der Nutzer (‚Satisfaction‘) sowie deren Markentreue (‚Loyalty‘) nachweisen. Zudem kann ein direkter Effekt des Nutzerengagements in der Community (‚Community Engagement Behaviors‘) auf die Zufriedenheit festgestellt werden.[243]

Kim/Ko (2012) geben für ihre Studie zu Brand Communities der Marke Louis Vuitton auf Facebook und Twitter keinen konkreten theoretischen Hintergrund an. Dennoch können positive Effekte der wahrgenommenen Unterhaltsamkeit (‚Entertainment‘) und Interaktivität (‚Interaction‘) der Community- Aktivitäten (‚Social Media Marketing Activities‘) sowie der damit verbundenen Wiederempfehlungsintention (‚Word of Mouth‘) auf den objektiven Nutzwert der Marke für den Kunden (‚Value Equity‘), den Wert der Beziehung zwischen Kunde und Marke (‚Relationship Equity‘) und den subjektiven Wert der Marke für den Kunden (‘Brand Equity‘) nachgewiesen werden. Zudem können positive Einflüsse von objektivem Nutzwert und subjektivem Markenwert auf die Kaufintention (‚Purchase Intention‘) festgestellt werden. Letztere wirkt wiederum positiv auf den Kundenwert für die Marke beziehungsweise das Unternehmen (‚Customer Equity‘). Das Sample zur Befragung von Kim/Ko (2012) konstituiert sich aus 362 verwertbaren Rückläufern von Community- Nutzern aus Korea.[244]

Naylor/Lamberton/West (2012) können in einer weiteren Studie nachweisen, dass die Präsenz ähnlicher Nutzer in der Facebook Brand Community der Bekleidungsmarke Roots – hierbei dargestellt durch ein ähnliches Nutzeralter (‚Age‘) – den Gefallen anderer Nutzer an der Marke (‚Brand Liking‘) stärker positiv beeinflussen als die Präsenz unähnlicher Nutzer. Damit widersprechen Naylor/

---

242 Vgl. Airs/Ang (2012), S. 1 ff.
243 Vgl. Gummerus et al. (2012), S. 857 ff.
244 Vgl. Kim/Ko (2012), S. 1480 ff.

Lamberton/West (2012) den Voraussetzungen der Social Influence Theory in diesem Kontext, wonach eine bloße virtuelle Präsenz (‚Mere Virtual Presence‘) anderer als nicht ausreichend zur Ausübung eines sozialen Einflusses erachtet wird. Das Sample von Naylor/Lamberton/West (2012) besteht dabei aus 111 final verwendbaren Rückläufern einer Befragung von Studenten.[245]

Anstelle einer Nutzerbefragung untersuchen Cvijikj/Michahelles (2013) anhand eines Samples aus 100 verschiedenen Facebook Brand Communities der Lebensmittelindustrie (z.B. von Coca Cola, Nutella, Nestlé) die dortigen Brand Posts der Community- Manager. Dabei können Cvijikj/Michahelles (2013) basierend auf der Uses & Gratifications Theory zunächst positive Wirkungsbeziehungen zwischen Unterhaltungswert (‚Entertainment‘), Informationsgehalt (‚Information‘), materiellen beziehungsweise finanziellen Anreizen (‚Remuneration‘), Lebhaftigkeit (‚Vividness‘), Interaktivität (‚Interactivity‘) sowie Wochentag und Tageszeit der Brand Posts (‚Posting Time‘) und dem Nutzerengagement in den Communities (‚Engagement‘) nachweisen. Dieses Engagement wird dabei in Form von Gefällt mir-Angaben (‚Likes‘), Kommentaren (‚Comments‘), dem weiteren Teilen der Brand Posts (‚Shares‘) sowie der Dauer der Interaktion zu den Brand Posts (‚Interaction Duration‘) abgebildet.[246]

Eine weitere Studie, die im quantitativ-empirischen Schrifttum eine homogene Betrachtungsweise verfolgt, ist die von Goh/Heng/Lin (2013). Dabei fokussieren die genannten Autoren ausschließlich eine Brand Community auf Facebook, nämlich die eines anonymen asiatischen Bekleidungseinzelhändlers, und generieren dabei ein Sample von 398 Nutzern dieser Community. Ohne Miteinbezug eines theoretischen Hintergrunds werden dabei die durch die Community- Manager und Nutzer generierten Inhalte miteinander verglichen (‚Marketer-Generated Content‘ und ‚User-Generated Content‘) und deren Beziehungen zum Kaufverhalten der Nutzer (‚Purchase Behavior‘) untersucht. Im Einzelnen kann dabei hinsichtlich dieser Inhalte festgestellt werden, dass Informationen (‚Information Richness‘) innerhalb des User-Generated Content das Kaufverhalten stärker beeinflussen als im Rahmen des Marketer-Generated Content. Zudem können Goh/Heng/Lin (2013) nachweisen, dass Wertungen zur Marke (‚Valence‘) innerhalb der Nutzerinhalte einen stärkeren Einfluss auf das Kaufverhalten ausüben als innerhalb der Inhalte der Community- Manager. Schließlich kann noch festgestellt werden, dass sich der gezielte Einsatz von Inhalten der Community- Manager (‚Directed

---

245 Vgl. Naylor/Lamberton/West (2012), S. 105 ff.

246 Vgl. Cvijikj/Michahelles (2013), S. 1 ff. Für ein erweitertes Untersuchungsmodell zu dieser Studie vgl. auch die Dissertation von Cvijikj (2012), S. 163 ff.

Communication‘) stärker auf das Kaufverhalten auswirkt als nicht gezielt eingesetzte Kommunikation (‚Undirected Communication‘).[247]

Hutter et al. (2013) untersuchen in ihrer Arbeit die Facebook Brand Community der Automarke MINI. Basierend auf der Hierarchy of Effects Theory weisen die genannten Autoren dabei nach, dass die Nutzerbindung an die Community (‚Brand Page Commitment‘) ihr Markenbewusstsein (‚Brand Awareness‘), ihre Kaufintention (‚Purchase Intention‘) sowie ihr Weiterempfehlungsverhalten hinsichtlich der Marke (‚Word-of-Mouth‘) positiv beeinflusst. Hierbei konstituiert sich das Sample der Erhebung aus 311 verwertbaren Rückläufern einer Nutzerbefragung.[248] In der Arbeit von Pöyry/Parvinen/Malmivaara (2013) wird die Facebook Brand Community einer anonym bleibenden europäischen Reiseagentur betrachtet. Diesbezüglich werden basierend auf der Theory of Web Usage zunächst hedonistische und utilitaristische Nutzermotivationen (‚Hedonic/Utilitarian Motivations‘) als Treiber des eigentlichen Besuchs der Community (‘Browsing’) nachgewiesen. Zudem wird eine positive Wirkungsbeziehung zwischen der hedonistischen Motivation und einer aktiven Teilnahme der Nutzer in der Community festgestellt (‚Participation‘). Darüber hinaus können positive Effekte des Besuchs der Community auf die Kauf- und Weiterempfehlungsintention bezüglich der Marke (‘Purchase Intention’, ‘Referral Intention’) sowie die Weiternutzungsintention bezüglich der Community (‘Membership Continuance Intention’) festgehalten werden. Schließlich ist noch der separate Einfluss der Teilnahme auf die Weiternutzungsintention nachweisbar. Insgesamt gelingt es Pöyry/Parvinen/Malmivaara (2013) im Rahmen ihrer Befragung 1162 verwertbare Rückläufer von Nutzern der Community zu generieren.[249]

Das Sample der Studie von Blanchflower/Watchravesringkan (2014) besteht aus 172 amerikanischen Studenten, welche Brand Communities von Unternehmen aus der Bekleidungsindustrie (z.B. American Apparel, Express) auf jeglichen Social Networking Sites (z.B. Facebook, Twitter[250]) nutzen. Dabei können erstens verschiedene Nutzermotivationen, nämlich Unterhaltung, Information, und soziale Integration/Interaktion (‘SNS Consumers’ Motivations’) als einflussreich hinsichtlich der Einstellung zu den spezifischen Social Media- Plattformen (‚Attitude toward SNS‘) bestimmt werden. Zweitens können auch Effekte dieser Einstellung auf die Einstellung zu den jeweiligen Social Media Brand Communities (‚Attitude toward Brand Page’) nachgewiesen werden. Drittens wird die Wirkung dieser Einstellung auf den vom Nutzer wahrgenommenen Wert der jeweiligen

---

247 Vgl. Goh/Heng/Lin (2013), S. 88 ff.
248 Vgl. Hutter et al. (2013), S. 342 ff.
249 Vgl. Pöyry/Parvinen/Malmivaara (2013), S. 224 ff.
250 Während Blanchflower/Watchravesringkan (2014) Twitter unter Social Networking Sites subsumieren, wird Twitter in dieser Arbeit jedoch wie bereits in Abschnitt 1.1 dargelegt als Microblog klassifiziert.

Marken (‚Perceived Brand Equity') nachgewiesen. Die Studie von Blanchflower/Watchravesringkan (2014) basiert auf der Uses & Gratifications Theory und dem Brand Equity Framework.[251]

Die Studie von Demiray/Burnaz (2014) behandelt die Facebook Brand Community einer Marke aus der Elektronikindustrie. Das durch eine Befragung generierte Sample dazu setzt sich aus 409 Nutzern dieser Community zusammen. Dabei dient die Social Identity Theory als Basis des Untersuchungsmodells, innerhalb welchen zum einen Einflüsse der Meinungsführerschaft der Nutzer (‚Opinion Leadership') auf die Identifikation der Nutzer mit der Community ('Community Identification') sowie die Teilnahme der Nutzer innerhalb der Community (‚Community Participation') nachgewiesen werden können. Zum anderen stellen Demiray/Burnaz (2014) positive Effekte der Suche nach dem Rat anderer Nutzer (‚Opinion Seeking') auf Identifikation und Teilnahme hinsichtlich der Community fest. Schließlich zeigt sich im Rahmen der genannten Studie, dass die Identifikation mit der Community auch das Vertrauen in selbige beeinflusst (‚Community Trust'), und letzteres wiederum positiv auf die Nutzerbindung an die Community (‚Brand Community Commitment') wirkt.[252]

In einer weiteren Untersuchung befragen Gamboa/Gonçalves (2014) gänzlich ohne theoretische Fundierung Nutzer (N=102) und Nicht-Nutzer (N=299) (‚Fans/Non-Fans') der Brand Community des Bekleidungsherstellers Zara auf Facebook. Gamboa/Gonçalves (2014) weisen dabei zunächst nach, dass sich das Markenvertrauen (‚Trust') und die Zufriedenheit der Community- Nutzer mit der Marke (‚Customer Satisfaction'), im Gegensatz zur Untersuchung bei Nicht-Nutzern, positiv auf die Nutzerbindung an die Marke (‚Commitment') auswirken. Zudem kommen die genannten Autoren zu dem Ergebnis, dass Markenvertrauen und -zufriedenheit der Nutzer einen stärkeren Einfluss auf deren Markenloyalität (‚Loyalty') ausüben als bei Nicht-Nutzern. Letztlich können Gamboa/Gonçalves (2014) noch festhalten, dass auch der Effekt der Markenbindung auf die Markenloyalität bei Nutzern höher ausfällt als bei Nicht-Nutzern.[253]

Basierend auf der Commitment-Trust Theory führen Kang/Tang/Fiore (2015) eine Befragung zu Facebook Brand Communities verschiedener amerikanischer Restaurant- Ketten durch (Outback Steakhouse, Chili's, Red Lobster, Cheesecake Factory). Dabei können auf Basis von 331 verwertbaren Rückläufern von Nutzern dieser Communities positive Wirkungsbeziehungen zwischen einer

251 Vgl. Blanchflower/Watchravesringkan (2014), S. 20 ff.
252 Vgl. Demiray/Burnaz (2014), S. 35 ff.
253 Vgl. Gamboa/Gonçalves (2014), S. 709 ff.

aktiven Teilnahme in der Community (‚Active Participation‘) und dem Markenvertrauen der Nutzer (‚Brand Trust‘) sowie ihrer Bindung an die Marke (‚Brand Commitment‘) nachgewiesen werden.[254]

Ebenfalls ohne erkennbare theoretische Fundierung führen Munnukka/Karjaluoto/Tikkanen (2015) zwei Studien mit unterschiedlichen Samples durch, die jedoch in sich als homogen zu betrachten sind. Dabei wird in der ersten Studie die Facebook Brand Community einer unbenannten Home Decor- Marke untersucht (N=1936), während sich in der zweiten Studie auf die Facebook Brand Community einer ebenfalls unerwähnt bleibenden Schuhmarke (N=1369) konzentriert wird. Durch beide Befragungen können zunächst positive Einflüsse der Nutzerbindung an die Community (‚Brand Community Commitment‘) auf ein entsprechendes Weiterempfehlungsverhalten bezüglich der Communities (‚Community Promotion Behavior‘) festgehalten werden. Zudem kommen Munnukka/Karjaluoto/Tikkanen (2015) in beiden Studien zu dem Ergebnis, dass eine positive Wirkungsbeziehung zwischen der Nutzerbindung an die Community und der Markenloyalität (‚Brand Loyalty‘) besteht. Hinsichtlich einer differenzierteren Betrachtung dieser Markenloyalität können im Rahmen der Studie zur Home Decor- Marke zusätzlich Effekte des Weiterempfehlungsverhaltens bezüglich der Community auf die einstellungsbasierte Loyalität (‚Attitudinal Loyalty‘), die wiederholte Kaufintention (‚Repurchase Intention‘) sowie das Weiterempfehlungsverhalten bezüglich des Unternehmens beziehungsweise der Marke (‚Word-of-Mouth‘) nachgewiesen werden. In der Studie zur Schuhmarke jedoch wirkt nur das Weiterempfehlungsverhalten bezüglich der Community positiv auf die einstellungsbasierte Loyalität der Nutzer.[255]

Steinmann/Mau/Schramm-Klein (2015) verwenden schließlich ebenfalls keine explizite Theorie zur Fundierung ihres Untersuchungsmodells. Basierend auf 108 Rückläufern von Nutzern einer Facebook Brand Community der Marke Maggi kommen die genannten Autoren im Rahmen ihrer Befragung zu dem Ergebnis, dass die grafische Darstellung in Form eines Avatars für die Marke (‚Brand Pictorial Representation‘) sowohl die Zufriedenheit mit der Community (‚Satisfaction with the Community‘) als auch die Weiterempfehlungsintention der Nutzer bezüglich der Marke (‚Intentional Brand Recommendation‘) positiv beeinflusst.[256]

Xie/Lee (2015) ziehen für ihre Studie die Theory of Planned Behavior heran und weisen darauf basierend bezüglich Facebook Brand Communities sechs verschiedener Marken aus der Lebensmittelindustrie (z.B. von Pepsi, M&Ms) nach, dass sowohl Inhalte von Nutzern (‚Earned Social Media

---

254 Vgl. Kang/Tang/Fiore (2015), S. 1662 ff. Für ein erweitertes Untersuchungsmodell zu dieser Studie vgl. auch die Dissertation von Kang (2011), S. 44 ff.

255 Vgl. Munnukka/Karjaluoto/Tikkanen (2015), S. 429 ff.

256 Vgl. Steinmann/Mau/Schramm-Klein (2015), S. 356 ff.

Activities‘) als auch Inhalte der Community- Manager (‚Owned Social Media Activities‘) die Kaufwahrscheinlichkeit der Nutzer bezüglich der Marke (‚Likelihood to Purchase‘) positiv beeinflussen. Das Sample der Untersuchung setzt sich aus 1588 Teilnehmern zusammen, welche mit Inhalten der Facebook Brand Communities konfrontiert werden.[257]

Die Studie von Kim/Johnson (2016) behandelt wiederum zwei eigens für die Untersuchung geschaffene Facebook Brand Communities für die beiden Schuhmarken Sperry Top-Sider und Sebago Docksides. Dazu werden 533 Facebook- Nutzer hinsichtlich eines Untersuchungsmodells befragt, welches auf dem Stimulus-Organism-Response Framework basiert. Im Ergebnis können Kim/ Johnson (2016) zunächst nachweisen, dass sich markenbezogene Nutzerinhalte (‚Brand-Related UGC‘) in den Communities positiv auf das Vergnügen (‚Pleasure‘) und die wahrgenommene Informationsqualität (‚Perceived Information Quality‘) der Nutzer auswirken. Zudem beeinflussen sowohl das Vergnügen, die wahrgenommene Informationsqualität als auch die Anregung der Nutzer (‘Arousal‘) deren Weitergabe von Informationen (‚Information Pass-Along‘), Impulskäufe (‚Impulse Buying‘), zukünftige Kaufintention (‚Future Purchase Intention‘) und emotionale Bindung an die Marke (‚Brand Engagement‘).[258]

Eine weitere Studie stammt von den Autoren Le Roux/Maree (2016), welche Facebook Brand Communities der Bekleidungsindustrie untersuchen (z.B. von Woolworths, Zando und Mr Price). Dabei generieren sie im Rahmen ihrer Befragung 333 verwertbare Rückläufer von weiblichen Nutzern dieser Communities aus Südafrika. Basierend auf der Self-Determination Theory können die genannten Autoren zum einen positive Effekte hedonistischer Motivationen (‚Hedonic Motives‘) auf die Einstellung der Nutzer zur Marke (‚Brand Attitude‘) nachweisen. Zum anderen kommen Le Roux/Maree (2016) auf Basis der Theory of Planned Behavior zu dem Ergebnis, dass die Einstellung zur Marke die Kaufintention der Nutzer (‚Buying Intention‘) positiv beeinflusst.[259]

Solem (2016) zieht schließlich für ihre Untersuchung die Disconfirmation of Expectation Theory heran und weist darauf basierend hinsichtlich Facebook Brand Communities der Versicherungsindustrie zunächst einen positiven Effekt der Nutzerbindung an die Marke (‚Customer Brand Engagement‘) auf die Teilnahme der Nutzer in der Community (‚Customer Participation‘) nach. Ferner beeinflusst die Teilnahme der Nutzer ihre Zufriedenheit mit der Marke (‚Brand Satisfaction‘), während letztere sich zusätzlich positiv auf ihre Markenloyalität (‚Brand Loyalty‘) auswirkt. Das Sample der Studie von Solem (2016) setzt sich aus 145 Nutzern der Facebook Brand Communities aus

---

[257] Vgl. Xie/Lee (2015), S. 204 ff.
[258] Vgl. Kim/Johnson (2016), S. 98 ff.
[259] Vgl. Le Roux/Maree (2016), S. 1 ff.

Norwegen zusammen.[260] Tabelle 12 stellt die zuvor erläuterten homogenen Studien zu Erfolgsfaktoren und deren Wirkungsbeziehungen zu relevanten Erfolgsgrößen des Social Media Brand Community- Managements noch einmal überblicksartig dar und fasst die zentralen Befunde zusammen.

Autor/ Jahr	Titel/ Fokus	Theoretische Fundierung/ Untersuchungs-charakteristika	Zentrale Befunde
Lee/Kim/ Kim (2011)	The Impact of Online Brand Community Type on Consumer's Community Engagement Behaviors: Consumer-Created vs. Marketer-Created Online Brand Community in Online Social-Networking Web Sites	• Attribution Theory, Social Identity Theory • N=120 • Social Media-Plattform: Facebook • Strukturgleichungsmodellierung	• **Befunde zu Erfolgsfaktoren:** o Art der Community (betrieben durch Unternehmen oder Nutzer) o Nutzerwahrnehmung der altruistischen Motivation der Community- Manager o Identifikation der Nutzer mit der Community • **Befunde zu Erfolgsgrößen:** o Nutzerengagement in der Community
Airs/Ang (2012)	Avoiding Ads On Facebook Brand Pages: An Empirical Study Into Brand Page Content And Homophily	• Keine erkennbare theoretische Fundierung • N=132 • Social Media-Plattform: Facebook • Kovarianzanalyse	• **Befunde zu Erfolgsfaktoren:** o Informative Inhalte o Unterhaltsame Inhalte o Interaktive Inhalte • **Befunde zu Erfolgsgrößen:** o Einstellung der Nutzer zur Community o Einstellung der Nutzer zur Marke o Kaufintention der Nutzer
Gummerus et al. (2012)	Customer engagement in a Facebook brand community	• Keine erkennbare theoretische Fundierung • N=277 • Social Media-Plattform: Facebook • Strukturgleichungsmodellierung	• **Befunde zu Erfolgsfaktoren:** o Nutzerengagement in der Community o Erwarteter Unterhaltungswert • **Befunde zu Erfolgsgrößen:** o Zufriedenheit der Nutzer mit der Community/Marke o Markenloyalität der Nutzer

[260] Vgl. Solem (2016), S. 332 ff.

Autor/ Jahr	Titel/ Fokus	Theoretische Fundierung/ Untersuchungs-charakteristika	Zentrale Befunde
Kim/Ko (2012)	Do social media marketing activities enhance customer equity? An empirical study of luxury fashion brand	• Keine erkennbare theoretische Fundierung • N=362 • Social Media-Plattformen: Facebook & Twitter • Strukturgleichungs modellierung	• **Befunde zu Erfolgsfaktoren:** o Wahrgenommene Unterhaltsamkeit der Community- Aktivitäten o Wahrgenommene Interaktivität der Community- Aktivitäten o Weiterempfehlungsintention bezüglich der Community • **Befunde zu Erfolgsgrößen:** o Objektiver Nutzwert der Marke für den Kunden o Wert der Beziehung zwischen Kunde und Marke o Subjektiver Wert der Marke für den Kunden o Kundenwert für die Marke/das Unternehmen o Kaufintention
Naylor/ Lamberton/ West (2012)	Beyond the 'Like' Button: The Impact of Mere Virtual Presence on Brand Evaluations and Purchase Intentions in Social Media Settings	• Social Influence Theory • N=111 • Social Media-Plattform: Facebook • Multivariate Varianzanalyse (MANOVA)/Orthogonale Kontraste	• **Befunde zu Erfolgsfaktoren:** o Preisgebung der demographischen Charakteristika der Nutzer/virtuelle Präsenz • **Befunde zu Erfolgsgrößen:** o Gefallen anderer Nutzer an der Marke
Cvijikj/ Michahelles (2013)	Online engagement factors on Facebook brand pages	• Uses & Gratifications Theory • N=100 • Social Media-Plattform: Facebook • Netnographie, Regressionsanalyse/Negative Binomialverteilung	• **Befunde zu Erfolgsfaktoren:** o Unterhaltungswert der Brand Posts o Informationsgehalt der Brand Posts o Materielle/finanzielle Anreize der Brand Posts o Lebhaftigkeit der Brand Posts o Interaktivität der Brand Posts o Wochentag der Brand Posts o Tageszeit der Brand Posts • **Befunde zu Erfolgsgrößen:** o Anzahl der Likes zu den Brand Posts o Anzahl der Kommentare zu den Brand Posts o Anzahl der Shares der Brand Posts o Dauer der Interaktion zu den Brand Posts

Autor/ Jahr	Titel/ Fokus	Theoretische Fundierung/ Untersuchungs-charakteristika	Zentrale Befunde
Goh/Heng/ Lin (2013)	Social Media Brand Community and Consumer Behavior: Quantifying the Relative Impact of User- and Marketer-Generated Content	• Keine erkennbare theoretische Fundierung • N=398 • Social Media-Plattform: Facebook • Qualitative Content Analysis/ Econometric Model	• **Befunde zu Erfolgsfaktoren:** o Informationen in den durch Nutzer generierten Inhalten o Wertungen in den durch Nutzer generierten Inhalten o Gezielte Inhalte der Community- Manager • **Befunde zu Erfolgsgrößen:** o Kaufverhalten der Nutzer
Hutter et al. (2013)	The impact of user interactions in social media on brand awareness and purchase intention: the case of MINI on Facebook	• Hierarchy of Effects Theory • N=311 • Social Media-Plattform: Facebook • Strukturglei-chungsmodellie-rung	• **Befunde zu Erfolgsfaktoren:** o Nutzerbindung an die Community • **Befunde zu Erfolgsgrößen:** o Markenbewusstsein der Nutzer o Kaufintention der Nutzer o Weiterempfehlungsverhalten der Nutzer hinsichtlich der Marke
Pöyry/ Parvinen/ Malmi-vaara (2013)	Can we get from liking to buying? Behavioral differences in hedonic and utilitarian Facebook usage	• Theory of Web Usage • N=1162 • Social Media-Plattform: Facebook • Strukturglei-chungsmodellie-rung	• **Befunde zu Erfolgsfaktoren:** o Hedonistische Motivationen der Nutzer o Utilitaristische Motivationen der Nutzer • **Befunde zu Erfolgsgrößen:** o Besuch der Community o Aktive Teilnahme der Nutzer in der Community o Kaufintention der Nutzer o Weiterempfehlungsintention der Nutzer bezüglich der Marke o Weiternutzungsintention der Nutzer bezüglich der Community
Blanch-flower/ Watchra-vesringkan (2014)	Exploring the Impact of Social Networking Sites on Brand Equity	• Uses & Gratifications Theory, Brand Equity Framework • N=172 • Social Media-Plattformen: Facebook & Twitter • Strukturglei-chungsmodellie-rung	• **Befunde zu Erfolgsfaktoren:** o Nutzermotivationen (Unterhaltung, Information, Soziale Integration/Interaktion) o Nutzereinstellung gegenüber der Social Media- Plattform o Nutzereinstellung gegenüber der Community • **Befunde zu Erfolgsgrößen:** o Wahrgenommener Markenwert

Autor/ Jahr	Titel/ Fokus	Theoretische Fundierung/ Untersuchungs-charakteristika	Zentrale Befunde
Demiray/ Burnaz (2014)	The Role of Peer Influence on Brand Community Commitment: A SEM Model for Brand Communities in a Social Networking Site	• Social Identity Theory • N=409 • Social Media-Plattform: Facebook • Strukturglei-chungsmodellie-rung	• **Befunde zu Erfolgsfaktoren:** o Meinungsführerschaft der Nutzer o Suche nach dem Rat anderer Nutzer • **Befunde zu Erfolgsgrößen:** o Identifikation der Nutzer mit der Community o Teilnahme der Nutzer innerhalb der Community o Vertrauen der Nutzer in die Community o Nutzerbindung an die Community
Gamboa/ Gonçalves (2014)	Customer loyalty through social networks: Lessons from Zara on Facebook	• Keine erkennbare theoretische Fundierung • N=102/299 • Social Media-Plattform: Facebook • Regressionsanaly-se	• **Befunde zu Erfolgsfaktoren:** o Markenvertrauen der Nutzer o Zufriedenheit der Nutzer mit der Marke • **Befunde zu Erfolgsgrößen:** o Bindung der Nutzer an die Marke o Markenloyalität der Nutzer
Kang/ Tang/Fiore (2015)	Restaurant brand pages on Facebook: Do active member participation and monetary sales promotions matter?	• Commitment-Trust Theory of Relationship Marketing • N=331 • Social Media-Plattform: Facebook • Strukturglei-chungsmodellie-rung	• **Befunde zu Erfolgsfaktoren:** o Aktive Teilnahme der Nutzer in der Community • **Befunde zu Erfolgsgrößen:** o Markenvertrauen o Nutzerbindung an die Marke
Munnukka/ Karjaluoto/ Tikkanen (2015)	Are Facebook brand community members truly loyal to the brand?	• Keine erkennbare theoretische Fundierung • N=1936/1369 • Social Media-Plattform: Facebook • Strukturglei-chungsmodellie-rung	• **Befunde zu Erfolgsfaktoren:** o Bindung der Nutzer an die Community o Weiterempfehlungsverhalten der Nutzer bezüglich der Community • **Befunde zu Erfolgsgrößen:** o Markenloyalität der Nutzer (Einstellungsbasierte Loyalität, Wiederholte Kaufintention, Weiterempfehlungsverhalten bezüglich des Unternehmens/der Marke)

Autor/ Jahr	Titel/ Fokus	Theoretische Fundierung/ Untersuchungs-charakteristika	Zentrale Befunde
Steinmann/ Mau/ Schramm-Klein (2015)	Brand communication success in online consumption communities: an experimental analysis of the effects of communication style and brand pictorial representation	• Keine erkennbare theoretische Fundierung • N=108 • Social Media-Plattform: Facebook • Varianzanalyse	• **Befunde zu Erfolgsfaktoren:** o Grafische Darstellung/Avatar der Marke • **Befunde zu Erfolgsgrößen:** o Zufriedenheit mit der Community o Weiterempfehlungsintention der Nutzer bezüglich der Marke
Xie/Lee (2015)	Social Media and Brand Purchase: Quantifying the Effects of Exposures to Earned and Owned Social Media Activities in a Two-Stage Decision Making Model	• Theory of Planned Behavior • N=1588 • Social Media-Plattform: Facebook • Regressionsanaly-se	• **Befunde zu Erfolgsfaktoren:** o Inhalte von Nutzern o Inhalte der Community- Manager • **Befunde zu Erfolgsgrößen:** o Kaufwahrscheinlichkeit der Nutzer bezüglich der Marke
Kim/ Johnson (2016)	Power of consumers using social media: Examining the influences of brand-related user-generated content on Facebook	• Stimulus-Organism-Response Framework • N=533 • Social Media-Plattform: Facebook • Strukturglei-chungsmodellie-rung	• **Befunde zu Erfolgsfaktoren:** o Markenbezogene Nutzerinhalte o Vergnügen der Nutzer o Wahrgenommene Informationsqualität • **Befunde zu Erfolgsgrößen:** o Weitergabe von Informationen o Impulskäufe o Zukünftige Kaufintention o Emotionale Bindung der Nutzer an die Marke
Le Roux/ Maree (2016)	Motivation, engagement, attitudes and buying intent of female Facebook users	• Self-Determination Theory, Theory of Planned Behavior • N=333 • Social Media-Plattform: Facebook • Strukturglei-chungsmodellie-rung	• **Befunde zu Erfolgsfaktoren:** o Hedonistische Motivation der Nutzer • **Befunde zu Erfolgsgrößen:** o Einstellung der Nutzer zur Marke o Kaufintention

Autor/ Jahr	Titel/ Fokus	Theoretische Fundierung/ Untersuchungs-charakteristika	Zentrale Befunde
Solem (2016)	Influences of customer participation and customer brand engagement on brand loyalty	• Disconfirmation of Expectation Theory • N=145 • Social Media-Plattform: Facebook • Strukturglei-chungsmodellie-rung	• **Befunde zu Erfolgsfaktoren:** o Nutzerbindung an die Marke • **Befunde zu Erfolgsgrößen:** o Teilnahme der Nutzer in der Community o Zufriedenheit der Nutzer mit der Marke o Markenloyalität der Nutzer

Tabelle 12: Übersicht über homogene Studien zu Erfolgsfaktoren und -wirkung

Auch wenn die bislang erläuterten quantitativ-empirischen Beiträge aus Tabelle 12 in sich homogene Studien beinhalten, geht aus den resultierenden Befunden bereits die generelle Heterogenität des Forschungsbereiches hervor. Dabei erscheinen die eindeutige Bestimmung relevanter Erfolgsfaktoren und -größen komplex. Selbst bei gleichem Industriefokus bezüglich der untersuchten Social Media Brand Communities in verschiedenen Studien, wie im Falle von Goh/Heng/Lin (2013) und Gamboa/Gonçalves (2014), können unterschiedliche Konstrukte und Wirkungsbeziehungen identifiziert werden.

Auch können gleiche beziehungsweise ähnliche Konstrukte in einer Studie als Erfolgsfaktoren und in einer anderen Studie als Erfolgsgrößen verstanden werden. Beispiele hierfür liefern die Studien von Gummerus et al. (2012) und Gamboa/Gonçalves (2014) hinsichtlich des Konstrukts der Zufriedenheit sowie Hutter et al. (2013) und Demiray/Burnaz (2014) hinsichtlich des Konstrukts der Nutzerbindung an die Community.

Trotz der erläuterten Diskrepanzen innerhalb des Forschungsbereichs lassen sich auf Grundlage der zuvor analysierten Beiträge bereits wichtige Erkenntnisse für diese Untersuchung und die zu schließende Forschungslücke generieren. Wie bereits in Abschnitt 1.2 zur Problemstellung dieser Arbeit ausgeführt wurde, wird diesbezüglich im relevanten wissenschaftlichen Schrifttum ein Forschungsbedarf zu der Frage konstatiert, welche beziehungs- und inhaltsorientierten Erfolgsfaktoren, im Einzelnen welche beziehungsorientierten Ziele beziehungsweise Bedürfnisse und Motivationen der Nutzer, aber auch welche Inhalte in Social Media Brand Communities, als Einflussfaktoren der Nutzung von Bedeutung sind. Dementsprechend ist ein Hauptziel dieser Untersuchung, einen wissenschaftlichen Beitrag zur Identifikation von sowohl beziehungs- als auch inhaltsorientierten Erfolgsfaktoren des Social Media Brand Community- Managements zu leisten.[261] Im Hinblick auf den im Schrifttum herausgestellten Forschungsbedarf beziehungsweise das damit verbundene Forschungsziel dieser Arbeit kann nach Betrachtung der zuvor erläuterten homogenen Studien das Zwischenfazit gezogen werden, dass in keiner der Arbeiten explizit zwischen beziehungs- und inhaltsorientierten Erfolgsfaktoren differenziert wird. Auch werden nur in zwei der betrachteten Studien Faktoren beider Kategorien zusammen betrachtet.[262]

Während der Großteil der Studien inhaltsorientierte Erfolgsfaktoren fokussiert, betrachten z.B. Demiray/Burnaz (2014) und Munnukka/Karjaluoto/Tikkanen (2015) nur bestimmte beziehungsorientierte Erfolgsfaktoren. Während dabei auch bisweilen die jeweiligen Forschungsfragen der Untersuchungen nicht deutlich formuliert werden, kann im Folgenden exemplarisch an bestimmten homogenen Studien zu entweder beziehungs- oder inhaltsorientierten Erfolgsfaktoren die Einseitigkeit beziehungsweise mangelnde integrierte Betrachtung von Faktoren gezeigt werden.

So formulieren beispielsweise Gummerus et al. (2012) die Forschungsfrage beziehungsweise den Forschungszweck ihrer Social Media Brand Community- Studie zu ausschließlich beziehungsorientierten Erfolgsfaktoren wie folgt: „The purpose of this paper is to study the effect of customer engagement behaviors on perceived relationship benefits and relationship outcomes."[263]

Auch der von Demiray/Burnaz (2014) formulierte Forschungszweck zeigt den engen Fokus ihrer Studie auf beziehungsorientierte Erfolgsfaktoren: „The purpose of this study is to understand the effects of social identities on brand community commitment through community trust in social networking sites."[264]

Die Studie von Goh/Heng/Lin (2013) zu inhaltsorientierten Erfolgsfaktoren hingegen basiert lediglich auf folgender Forschungsfrage: „Our research question is thus: How is consumer purchase behavior influenced by user-generated content and marketer-generated content in social media brand communities, and whether and how do the communication modes matter?"[265]

In ähnlicher Weise beschreiben auch Cvijikj/Michahelles (2013) den inhaltsorientierten Erfolgsfaktorenfokus ihrer Social Media Brand Community- Studie beziehungsweise die damit verbundenen Forschungsfragen: “We focus on two basic elements of the company’s engagement plan: (1) which

[261] Vgl. Abschnitt 1.2.
[262] Vgl. Kim/Ko (2012), S. 1484 f.; Blanchflower/Watchravesringkan (2014), S. 20 f.
[263] Gummerus et al. (2012), S. 857.
[264] Demiray/Burnaz (2014), S. 35.
[265] Goh/Heng/Lin (2013), S. 89.

content should be posted to trigger higher level of online engagement and (2) when the content should be posted."[266]

Zudem kann der geringe Umfang der betrachteten homogenen Studien generell bemängelt werden. Während die jeweiligen Autoren durchweg eine relativ geringe Anzahl von Faktoren in ihre Untersuchungen miteinbeziehen, so können innerhalb der Studien im Durchschnitt nur ca. zwei Faktoren empirisch nachgewiesen werden. Dies kann höchstwahrscheinlich dadurch erklärt werden, dass in international gerankten Fachzeitschriften eher Untersuchungsmodelle mit geringem Umfang veröffentlicht werden und daher seitens der Autoren ein negativer Trade-off zu Gunsten der Veröffentlichung, jedoch zum Nachteil des Umfangs der wissenschaftlichen Untersuchung, eingegangen wird.

Somit kann nach der bisherigen Schrifttumsanalyse als Implikation für diesen Forschungsbeitrag festgehalten werden, dass die erste Forschungsfrage dieser Untersuchung nach der Konzeptionalisierung und Operationalisierung von sowohl beziehungs- als auch inhaltsorientierten Erfolgsfaktoren des Social Media Brand Community- Managements bislang in den betrachteten homogenen Studien nicht hinlänglich beantwortet worden ist.[267] Ferner findet sich zur zweiten Forschungsfrage dieser Untersuchung nach der Konzeptionalisierung und Operationalisierung des Erfolgs im Social Media Brand Community- Management in den betrachteten homogenen Studien auch keine umfassende Bestimmung relevanter Erfolgsgrößen.[268] So liegt auch hierbei der Durchschnitt empirisch nachgewiesener Variablen bei nur ca. zwei Erfolgsgrößen. Somit kann auch die zweite Forschungsfrage dieser Untersuchung im Rahmen der betrachteten homogenen Studien als nicht abschließend beantwortet angesehen werden.

Darüber hinaus empfiehlt sich als weitere Implikation der bisher durchgeführten Schrifttumsanalyse im Rahmen der Konzeptionalisierung eine monotheoretische Vorgehensweise zur Bearbeitung der Problemstellung dieser Untersuchung. Während sieben der betrachteten Beiträge keine theoretische Fundierung erkennen lassen, wählen neun Studien nämlich je eine bestimmte Theorie als Grundlage ihrer Untersuchung. Auch hierbei zeichnet sich jedoch ein uneinheitliches Bild, da jede Arbeit eine andere Theorie verwendet. Nur Lee/Kim/Kim (2011), Blanchflower/Watchravesringkan (2014) und Le Roux/Maree (2016) wählen ein multitheoretisches Vorgehen, ohne jedoch die Vereinbarkeit der jeweiligen theoretischen Ansätze miteinander zu erörtern und somit zweifelhafte Ergebnisse auszuschließen.

---

[266] Cvijikj/Michahelles (2013), S. 2.
[267] Vgl. Abschnitt 1.2.
[268] Vgl. Abschnitt 1.2.

Vor dem Hintergrund der vorangegangenen Ausführungen lässt sich zusammenfassend konstatieren, dass die bisherige Analyse der homogenen Studien des quantitativ-empirischen Schrifttums einen Mangel an Arbeiten erkennen lässt, welche eine umfassende integrierte Betrachtung von verschiedenen beziehungs- und inhaltsorientierten Erfolgsfaktoren sowie relevanten Erfolgsgrößen vornehmen und entsprechende Untersuchungsmodelle theoretisch fundiert herleiten.

2.3.1.2 Heterogene Studien des quantitativ-empirischen Schrifttums zu Erfolgsfaktoren und -wirkung

Eine der ersten heterogenen Studien zum Untersuchungskontext basiert auf der Uses & Gratifications Theory. Dabei berücksichtigt Chi (2011) im Rahmen des Social Media Marketings neben der Schaltung von Werbeanzeigen auch das Management von Social Media Brand Communities und untersucht die Reaktion von Facebook- Nutzern auf diese Communities (‚User Responses‘). Als Ergebnisse einer Befragung von 502 Universitätsstudenten in Taiwan umfassen die empirisch nachgewiesenen Nutzerwahrnehmungen (‚Perceptions‘), dass die Communities im Vergleich zu Werbung auf Facebook als vertrauenswürdiger (‚Trustworthy‘), unterhaltsamer (‚Entertaining‘), informativer (‚Informative‘) und weniger aufdringlich (‚Irritating‘) eingestuft werden. Zudem ist die Einstellung der Nutzer zu den Communities (‚Attitude toward Virtual Community‘) positiver als zur Werbung, und die Teilnahmeintention (‚Participation Intention‘) dementsprechend stärker. Der entscheidende Erfolgsfaktor liegt in diesem Zusammenhang in der Nutzermotivation zum Social Networking (‚User Motivation for Online Social Networking‘), welche sich aus dem Bedürfnis nach zwischenmenschlichen Beziehungen (‚Need for Online Social Capital‘) und dem damit verbundenen psychologischen Wohlbefinden der Nutzer (‚User Psychological Well-Being‘) konstituiert. In der Untersuchung von Chi (2011) werden die Teilnehmer zu Brand Communities auf Facebook generell befragt, ohne Fokus auf eine spezielle Industrie. Es erfolgt keine genaue Benennung der jeweiligen Marken der verschiedenen Communities.[269]

Ferner ist die Untersuchung von Lin/Lu (2011) zu nennen, innerhalb welcher basierend auf der Social Capital Theory positive Effekte von sozialen Interaktionen in Facebook Brand Communities (‚Social Interaction Ties‘), gemeinsamen Werten (‚Shared Values‘) und dem Vertrauen der Nutzer in die jeweiligen Communities (‚Trust‘) auf eine entsprechende Weiternutzungsintention (‚Continued Intention to Use‘) nachgewiesen werden können. Hierbei konstituiert sich das Sample der Umfrage aus 327 verwendbaren Rückläufern der Nutzer von Facebook Brand Communities verschiedener Industrien in Taiwan. Bis auf die Nennung einer der Industrien dieser Communities, nämlich

[269] Vgl. Chi (2011), S. 44 ff.

die der Spiele und Apps, bleibt jedoch unerwähnt, welche weiteren Industrien und Marken dabei im Einzelnen betrachtet werden.[270]

Jahn/Kunz (2012) differenzieren erstmalig zwischen inhaltsorientierten (‚Content-Oriented'), beziehungsorientierten (‚Relationship-Oriented') und selbstorientierten (‚Self-Oriented') Faktoren. Dabei können die Autoren in der Untersuchung von Facebook Brand Communities verschiedener Industrien (z.B. von Coca Cola, BMW, Abercrombie & Fitch, Lufthansa) auf Basis der Uses & Gratifications Theory und der Involvement Theory positive Effekte funktionaler (‚Functional Value') und hedonistischer Werte (‚Hedonic Value') der Community- Inhalte auf die Nutzungsintensität (‚Fan Page Usage Intensity') nachweisen. Zudem wirken auch Nutzerinteraktionen mit der Marke (‚Brand Interaction Value') in der Community auf diese Nutzungsintensität. Ferner ergibt die Studie von Jahn/Kunz (2012) nicht nur den Einfluss der Interaktionen mit der Marke, sondern auch der Interaktionen mit anderen Nutzern (‚Social Interaction Value') auf das Nutzerengagement in der Community (‚Fan Page Engagement'). Zusätzlich wirken noch der Wert der Communities für die Nutzer hinsichtlich der Erstellung ihres Selbstkonzepts (‚Self-Concept Value') und die zuvor genannte Nutzungsintensität auf das Nutzerengagement. Nutzungsintensität und -engagement beeinflussen ferner die Markenloyalität der Nutzer (‚Brand Loyalty'), welche sich aus der Nutzerbindung an die Marke (‚Brand Commitment'), der Weiterempfehlung der Marke (‚Word-of-Mouth') sowie dem Markenkauf (‚Brand Purchase') konstituiert. Auch wird noch die Einstellung zur Marke (‚Brand Attitude') als Kontrollvariable bezüglich Nutzungsintensität, Nutzerengagement und Markenloyalität miteinbezogen. Dabei bleiben die bisherigen Effekte des Untersuchungsmodells jedoch alle signifikant und positiv. Die Ergebnisse der Untersuchung von Jahn/Kunz (2012) resultieren aus einer Umfrage mit einem verwertbaren Sample von 523 Brand Community- Nutzern.[271]

Laroche et al. (2012) befassen sich in ihrer Studie mit der theoretischen Grundlage charakteristischer Merkmale von Brand Communities (‚Brand Community Marker'). Darauf basierend weisen die genannten Autoren das gemeinsame Bewusstsein der Nutzer ('Shared Consciousness'), ihre gemeinsamen Rituale und Traditionen ('Shared Rituals and Traditions') sowie ihre wahrgenommene Verpflichtung gegenüber der Gesellschaft ('Obligation to Society') als relevante Einflussfaktoren hinsichtlich ihres Netzwerkens (‚Social Networking'), ihrem Engagement in der Community (‚Community Engagement'), ihrem Management des Markenimages (‚Impression Management') sowie ihrer tatsächlichen Markennutzung (‚Brand Use') nach. Schließlich können positive Effekte des Managements des Markenimages sowie der Markennutzung auf das Markenvertrauen (‚Brand

[270] Vgl. Lin/Lu (2011), S. 565 ff.
[271] Vgl. Jahn/Kunz (2012), S. 344 ff.

Trust‘) sowie des Markenvertrauens auf die Markenloyalität (‚Brand Loyalty‘) festgestellt werden. Im Rahmen ihrer Untersuchung konstituiert sich das Sample der Befragung von Laroche et al. (2012) aus 441 Nutzern nicht genau benannter Brand Communities aus verschiedenen Industrien. Als Beispiele für die diversen involvierten Social Media- Plattformen werden hierbei Facebook, MySpace und Twitter genannt.[272]

In der Dissertation von Lyu (2012) bilden Social Identity Theory und Social Capital Theory zusammen die theoretische Basis des Untersuchungsmodells. Basierend auf 466 verwertbaren Rückläufern von Nutzern der Facebook Brand Communities verschiedener Industrien (keine genaue Angabe) können dabei positive Wirkungsbeziehungen zwischen der sozialen Unterstützung durch andere Nutzer (‚Perceived Social Support‘) sowie der Nutzerbeziehung zur Marke (‚Consumer-Brand Relationship‘) und dem Gemeinschaftsgefühl der Nutzer (‚Sense of Online Brand Community‘) festgestellt werden. Dieses Gemeinschaftsgefühl sowie die Nutzerbeziehung zur Marke wirken ferner positiv auf die Nutzerbindung an die Marke (‚Brand Commitment‘). Die Nutzerbindung beeinflusst schließlich noch die Fürsprache der Nutzer für die Marke (‚Brand Advocacy‘), ihre Präferenz der Marke gegenüber anderen Marken (‚Brand Preference‘) sowie ihre verhaltensbasierte Treue bezüglich der Marke (‚Behavioral Loyalty‘).[273]

Plangger (2012) zieht für seine Untersuchung das Relationship Marketing Framework, die Brand Community Triad und das Customer-Centric Model of Brand Community heran und untersucht basierend darauf die Wirkungsbeziehung zwischen der Beliebtheit von 91 Facebook Brand Communities aus verschiedenen Industrien (z.B. von Wells Fargo, Coca Cola) auf Grundlage der ‚Fans/ Likes‘ (‚Popularity‘) und des Werts des verantwortlichen Unternehmens (‚Firm Value‘). Diesbezüglich kann die Hypothese hinsichtlich eines gesteigerten Unternehmenswerts durch die Beliebtheit der Facebook Brand Communities nachgewiesen werden.[274]

Ohne Angabe eines theoretischen Hintergrunds untersuchen Bunker/Rajendran/Corbin (2013) speziell Brand Communities auf Facebook, hier jedoch wiederum mit Hilfe einer Nutzerbefragung. Dabei setzt sich das Sample ohne Fokus auf eine bestimmte Industrie der Communities aus 401 Facebook- Nutzern zusammen, welche dort verschiedene Marken gelikt haben. Es werden jedoch keine weiteren Angaben zu den jeweiligen Marken gemacht. Im Ergebnis können Bunker/Rajendran/Corbin (2013) zunächst Einflüsse der Übereinstimmung der Markenidentität mit der Identität der Community- Nutzer (‚Identity‘) sowie deren Beziehung zu den Unternehmen hinter der Marke (‚Rela-

[272] Vgl. Laroche et al. (2012), S. 1755 ff.
[273] Vgl. Lyu (2012), S. IV ff.
[274] Vgl. Plangger (2012), S. 145 ff.

tionship‘) auf die Verbundenheit der Nutzer mit dem Unternehmen (‚Involvement‘) nachweisen. Zudem können Effekte dieser Verbundenheit auf die Zufriedenheit der Nutzer mit der Marke (‚Satisfaction‘) sowie deren Weiterempfehlungsverhalten bezüglich der Marke (‚Word-of-Mouth‘) festgestellt werden. Schließlich wirkt die Zufriedenheit zusätzlich positiv auf das Weiterempfehlungsverhalten.[275]

Chen et al. (2013) wählen für ihre Studie einen multitheoretischen Ansatz, indem sie sowohl die Uses & Gratifications Theory, das Social Psychological Model of Goal-Directed Behavior als auch die Social Identity Theory berücksichtigen. Basierend auf 594 verwendbaren Rückläufern einer nicht auf eine spezielle Industrie festgelegten Befragung von Nutzern verschiedener Facebook Brand Communities in Taiwan weisen Chen et al. (2013) einerseits positive Effekte der Nutzerliebe zur Marke (‚Brand Love‘), des Unterhaltungswerts der Community (‚Entertainment Value‘), des Einflusses sozialer Normen (‚Social Norm‘) und des wahrgenommenen sozialen Nutzens der Community (‚Group Referent‘) auf die Weiternutzungsintention zwecks Interaktion mit anderen Nutzern (‚We Intention‘) nach. Andererseits können die genannten Autoren auch positive Wirkungsbeziehungen der zuvor genannten Einflussfaktoren auf die wahrgenommenen Erfahrungen der Nutzer mit der Brand Community (‚Brand Experience on Facebook Page‘) festhalten. Auch wirkt sich die Weiternutzungsintention positiv auf die wahrgenommenen Nutzererfahrungen aus. In der Studie von Chen et al. (2013) lassen sich keine Hinweise darauf finden, welche Brand Communities im Einzelnen Gegenstand der Untersuchung sind.[276]

Ein weiterer Beitrag von Laroche/Habibi/Richard (2013) basiert jedoch wiederum auf einer Nutzerbefragung, und zwar hinsichtlich 441 Nutzern verschiedener Brand Communities (kein Fokus auf eine bestimmte Industrie) auf unterschiedlichen Social Media- Plattformen (z.B. Facebook, MySpace und Twitter). Dabei können Laroche/Habibi/Richard (2013) basierend auf dem Customer-Centric Model of Brand Community Effekte der Nutzerbeziehung zum Produkt (‘Customer/Product Relationship’), der Nutzerbeziehung zur Marke (‚Customer/Brand Relationship‘), der Nutzerbeziehung zum Unternehmen (‚Customer/Company Relationship‘) sowie der Nutzerbeziehung zu anderen Nutzern (‚Customer/Other Customers Relationship‘) auf das Markenvertrauen der Nutzer (‚Brand Trust‘) nachweisen. Dieses Markenvertrauen wirkt wiederum positiv auf die Markenloyalität der Nutzer (‚Brand Loyalty‘).[277]

---

275 Vgl. Bunker/Rajendran/Corbin (2013), S. 21 ff.
276 Vgl. Chen et al. (2013), S. 1 ff.
277 Vgl. Laroche/Habibi/Richard (2013), S. 76 ff.

O'Connor (2013) bezeichnet seine Untersuchung zu 30 verschiedenen Facebook Brand Communities verschiedener Industrien (z.B. von Coca Cola, McDonald's, BMW, Sony) selbst als „nontheoretical study“[278] und zieht demgemäß keine spezifische Theorie für ihre Fundierung heran. Dabei kann der genannte Autor je nach Anzahl sowohl positive als auch negative Effekte der ‚Fans/Likes‘ der Brand Communities (‚Fan Counts‘) auf den Aktienkurs der jeweiligen Unternehmen (‚Brand Company Stock Prices‘) nachweisen.[279]

Tsai/Men (2013) führen basierend auf einem Framework aus Uses & Gratifications Theory und Social Media Engagement ohne Fokus auf eine bestimmte Industrie eine Befragung von 280 Nutzern verschiedener Facebook Brand Communities (keine genaue Angabe) in den USA durch. Dabei findet die Untersuchung von Wirkungsbeziehungen zweigeteilt statt. Zum einen werden als Motivationen zum Besuch (‚Visiting‘) beziehungsweise dem ‚Liking‘ von Facebook Brand Communities Unterhaltung (‚Entertainment‘), Information (‚Information‘) und materielle beziehungsweise finanzielle Anreize (‚Remuneration‘) nachgewiesen. Zum anderen können positive Effekte des Nutzeralters (‘Age’), der täglichen Nutzungszeit (‘Daily Use Time’), der Anzahl gelikter Communities (‘Number of Pages Followed/Liked’), der Abhängigkeit von sozialen Medien (‚Social Media Dependency‘), der Interaktionen mit Vertretern der Marke (‚Parasocial Interaction‘) sowie der Identifikation mit den jeweiligen Communities (‚Community Identification‘) auf das dortige Nutzerengagement (‘Consuming/Contributing’) nachgewiesen werden.[280]

In der Arbeit von Chan et al. (2014) bilden die Reciprocal Action Theory und die Social Identity Theory zusammen die theoretische Grundlage der Untersuchung. Das Sample der Befragung konstituiert sich dabei aus 276 verwertbaren Rückläufern von Nutzern verschiedener Facebook Brand Communities (keine Festlegung auf eine spezielle Industrie). Die Marken der einzelnen Communities werden nicht genauer spezifiziert. Im Ergebnis können Chan et al. (2014) Effekte der technischen Voraussetzungen der Community (‚System Support‘), des wahrgenommenen Nutzens der Community (‚Community Value‘), der Möglichkeit zur freien Meinungsäußerung der Nutzer (‚Freedom of Expression‘), sowie der Belohnung und Anerkennung der Nutzer durch die Community- Manager (‘Rewards and Recognition’) auf das Nutzerengagement (‘Customer Engagement’) nachweisen. Dieses Engagement wirkt zudem positiv auf die wiederholte Kaufintention (‘Repur-

---

[278] O'Connor (2013), S. 230.
[279] Vgl. O'Connor (2013), S. 229 ff.
[280] Vgl. Tsai/Men (2013), S. 76 ff.

chase Intention') sowie die Weiterempfehlungsintention der Nutzer ('Word-of-Mouth Intention') bezüglich der Marke.[281]

Habibi/Laroche/Richard (2014b) rekurrieren für die Konzeptionalisierung ihres Untersuchungsmodells wie in der Studie von Laroche/Habibi/Richard (2013) ebenfalls auf das Customer-Centric Model of Brand Community. Dabei können positive Effekte der Nutzerbeziehungen zum Produkt ('Customer/Product Relationship'), zur Marke (‚Customer/Brand Relationship') sowie zum Unternehmen (‚Customer/Company Relationship') auf das Markenvertrauen der Nutzer (‚Brand Trust') nachgewiesen werden. Diese Befunde resultieren aus einer Befragung von 569 Nutzern aus Brand Communities verschiedener Industrien (z.B. von Apple, Microsoft, Nike, Coca Cola, Samsung, Nokia, Starbucks) auf verschiedenen Social Media- Plattformen (z.B. Facebook, Twitter, Pinterest, Google+). Jedoch wirkt die Nutzerbeziehung zu anderen Nutzern (‚Customer/Other Customers Relationships') entgegen der Formulierung der damit verbundenen Hypothese hier negativ auf das Markenvertrauen.[282]

In der Dissertation von Jahn (2014) wird unter anderem eine Erfolgsfaktorenuntersuchung zu Facebook Brand Communities durchgeführt. Dazu dienen die Rational Choice Theory sowie die Uses & Gratifications Theory als theoretisches Fundament. Zum einen können dabei basierend auf 933 verwertbaren Rückläufern einer Befragung von Nutzern der Facebook Brand Communities verschiedener Industrien (z.B. von BMW, Coca Cola, GameStar, Limango) sowohl positive Effekte eines funktionalen als auch hedonistischen Nutzens der Community- Inhalte auf die jeweils passive und aktive Partizipation der Community- Nutzer nachgewiesen werden. Zusätzlich wirkt die Nutzereinstellung zur Marke noch positiv auf den funktionalen und hedonistischen Nutzen sowie die passive Partizipation. Zum anderen werden auf Grundlage einer weiteren Befragung mit 390 verwertbaren Rückläufern die positive Auswirkung von sowohl der Interaktivität des Unternehmens als auch der Nutzer auf die Nutzereinstellung zur Marke sowie deren passive und aktive Partizipation festgestellt. Während hierbei die Interaktivität des Unternehmens auch die Interaktivität der Nutzer positiv beeinflusst, hat die Nutzereinstellung zur Marke ebenfalls positive Auswirkungen auf die passive Partizipation. Die betrachteten Facebook Brand Communities dieses Teils der Arbeit von Jahn (2014) entstammen ebenfalls aus unterschiedlichen Industrien und sind hierbei beispielsweise von Segafredo, Thomas Cook, webguerillas und Zalando.[283]

---

[281] Vgl. Chan et al. (2014), S. 81 ff.
[282] Vgl. Habibi/Laroche/Richard (2014b), S. 152 ff.
[283] Vgl. Jahn (2014), S. 63 ff.

In der Arbeit von Kishiya (2014) wird wiederum keine konkrete Theorie als Grundlage der Untersuchung genannt. Befragt werden dabei Nutzer verschiedener Facebook Brand Communities, welche jedoch unbenannt bleiben (kein Fokus auf eine spezielle Industrie). Basierend auf 130 verwertbaren Rückläufern kann dabei zunächst der Einfluss der Unabhängigkeit der Nutzer von anderen Personen (‚Independent Self') auf die Nutzerinteraktionen mit der Marke in der Community ('Brand Interaction') nachgewiesen werden. Gleichzeitig kann aber auch ein Effekt der Abhängigkeit der Nutzer von anderen Personen (‚Interdependent Self') auf die Nutzerinteraktionen mit anderen Nutzern in der Community ('Social Interaction') festgestellt werden. Während die Nutzerinteraktionen mit anderen Nutzern zusätzlich auf die Nutzerinteraktionen mit der Marke wirken, beeinflussen letztere zusätzlich noch die Nutzereinstellung gegenüber der Brand Community (‚Attitude toward Brand Community Site') positiv.[284]

Labrecque (2014) wählt ebenfalls einen sehr heterogenen Untersuchungsansatz, indem sie sowohl diverse Social Media- Plattformen wie Facebook, Blogs, Twitter, YouTube, Pinterest, Foursquare und Google+ als auch verschiedenste Industrien durch die dort untersuchten Social Media Brand Communities in ihre Untersuchung miteinbezieht. Die jeweiligen Marken reichen dabei von Victoria's Secret über Urban Outfitters zu Coca-Cola und Garnier. Basierend auf der Parasocial Interaction Theory und einem Sample von 185 Community- Nutzern kann Labrecque (2014) zunächst den Einfluss der wahrgenommenen Offenheit der Marke (‚Openness') auf die parasoziale Interaktion zwischen Nutzer und Marke (‚Parasocial Interaction') nachweisen. Diese parasoziale Interaktion wirkt ferner positiv auf die Markenloyalität (‚Loyalty') sowie die Bereitschaft der Nutzer, Informationen über sich selbst preiszugeben (‚Willingness to Provide Information'). Ähnlich verhält es sich mit der wahrgenommenen Interaktivität der Marke (‚Interactivity'). Diese hat ebenfalls einen Effekt auf die parasoziale Interaktion, welche wiederum auf die beiden zuvor genannten abhängigen Variablen wirkt. Zusätzlich kann noch eine direkte positive Wirkungsbeziehung zwischen der wahrgenommenen Interaktivität und der Markenloyalität der Nutzer festgestellt werden.[285]

In dem Beitrag von Park/Kim (2014) untersuchen die Autoren erneut ausschließlich Facebook Brand Communities, jedoch von Marken aus zwei sehr unterschiedlichen Industrien, nämlich die der Bekleidung und Restaurants/Kaffeehäuser (keine genaue Angabe). Basierend auf einem multitheoretischen Ansatz, bestehend aus der Social Response Theory, der Social Penetration Theory und der Reciprocal Action Theory, können Park/Kim (2014) zunächst Effekte des wahrgenommenen erlebnisorientierten Nutzens (‚Experiential Benefit') auf die wahrgenommene Qualität der Beziehung

[284] Vgl. Kishiya (2014), S. 44 ff.
[285] Vgl. Labrecque (2014), S. 134 ff.

zwischen Nutzer und Community (‚BSN Relationship Quality‘) sowie das wahrgenommene Investment der Community- Manager in diese Beziehung (‚Perceived Relationship Investment‘) feststellen. Diese Wahrnehmung des Investments wird zudem positiv durch den wahrgenommenen funktionalen Nutzen (‚Functional Benefit‘) beeinflusst. Zudem können Effekte der wahrgenommenen Qualität der Beziehung zwischen Nutzer und Community und des damit verbundenen Investments auf die wahrgenommene Qualität der Beziehung zwischen Nutzer und Marke (‚Brand Relationship Quality‘) nachgewiesen werden. Letztere wirkt wiederum positiv auf das Weiterempfehlungsverhalten der Nutzer bezüglich der Community (‚BSN Word-of-Mouth (WOM)‘) und deren Bereitschaft der Zahlung eines Preispremiums (‚Willingness to Pay Price Premium‘). Schließlich beeinflusst die wahrgenommene Qualität der Beziehung zwischen Nutzer und Community auch noch das zuvor genannte Weiterempfehlungsverhalten. Das Sample der Studie von Park/Kim (2014) konstituiert sich aus 389 verwertbaren Rückläufern der jeweiligen Community- Nutzer.[286]

Ruiz-Mafe/Martí-Parreño/Sanz-Blas (2014) stützen ihre Befragung mit einem verwertbaren Sample von 691 Rückläufern von spanischen Facebook Brand Community- Nutzern auf die Media Dependency Theory und das Technology Acceptance Model. Dabei inkludiert die Studie eine breite Basis an Industrien beziehungsweise Communities wie z.B. die von Coca-Cola, Santander und Red Cross. Im Ergebnis können dabei zunächst positive Effekte des Vertrauens der Nutzer in die Community (‚Trust‘), der Abhängigkeit der Nutzer von der Community (‚Dependency‘) sowie der wahrgenommenen Nützlichkeit der Community auf die Nutzereinstellung zur Community (‚Attitude towards the Fan Page‘) und die Treue der Nutzer zur Community (‚Loyalty‘) festgestellt werden. Zudem werden positive Wirkungsbeziehungen zwischen der wahrgenommenen Benutzerfreundlichkeit der Community (‚Perceived Ease of Use‘) und ihrer Nützlichkeit (‚Perceived Usefulness‘) sowie der Nutzereinstellung zur Community nachgewiesen. Schließlich kann noch festgehalten werden, dass diese Nutzereinstellung ebenfalls die Treue der Nutzer zur Community positiv beeinflusst.[287]

Basierend auf dem Brand Equity Framework und der Schema Theory untersuchen Schivinski/Dabrowski (2014) in einer ebenfalls sehr heterogenen Studie verschiedene Facebook Brand Communities der Industrien alkoholfreie Getränke, Kleidung und Mobilfunk (keine genaue Angabe). Die damit verbundene Befragung resultiert in 504 verwertbaren Rückläufern von Nutzern aus 60 verschiedenen Brand Communities. Dabei können Schivinski/Dabrowski (2014) zunächst den Einfluss der Kommunikation beziehungsweise Inhalte der Community- Manager (‚Firm-created Communication‘) auf die Nutzereinstellung zur Marke (‘Brand Attitude’) nachweisen. Zudem können Effekte

---

[286] Vgl. Park/Kim (2014), S. 460 ff. Für ein erweitertes Untersuchungsmodell zu dieser Studie vgl. auch die Dissertation von Park (2011), S. 130 ff.

[287] Vgl. Ruiz-Mafe/Martí-Parreño/Sanz-Blas (2014), S. 362 ff.

der Kommunikation beziehungsweise Inhalte der Nutzer (‚User-Generated Communication') auf Markeneinstellung und Markenwert ('Brand Equity') festgestellt werden. Während die Markeneinstellung zusätzlich noch den Markenwert beeinflusst, wirken beide Konstrukte positiv auf die Kaufintention ('Purchase Intention').[288]

In einem späteren Beitrag von Ho (2015) wird wiederum Bezug auf die Social Exchange Theory genommen. Dabei können im Rahmen einer Befragung in Taiwan 206 verwertbare Rückläufer von Nutzern diverser Facebook Brand Communities generiert werden. Bis auf die Nennung einer der Marken dieser Communities, nämlich Starbucks, bleibt jedoch unerwähnt, welche verschiedenen Industrien beziehungsweise Marken dabei im Einzelnen betrachtet werden. Im Ergebnis hält Ho (2015) zunächst fest, dass sich bereits die Gründung einer Facebook Brand Community per se (‚Company's Community on Facebook') positiv auf die Identifikation der Nutzer mit dieser Community (‚Consumer-Community Identification') auswirkt. Zudem können Effekte der Community sowie der Nutzeridentifikation mit der Community auf die Identifikation mit dem jeweiligen Unternehmen (‚Consumer-Company Identification') nachgewiesen werden. Ferner wirken die Identifikation der Nutzer mit der Community und dem Unternehmen auch auf die Kauf- und Weiterempfehlungsintention (‚In-Role Behavior/Ex-Role Behavior') der Nutzer.[289]

Hsu et al. (2015) verwenden in ihrer Studie wiederum die Uses & Gratifications Theory und untersuchen ebenfalls verschiedene nicht genauer benannte Facebook Brand Communities aus unterschiedlichen Industrien. Basierend auf einer Umfrage mit einem verwendbaren Sample von 599 Community- Nutzern aus Taiwan können Hsu et al. (2015) dabei nachweisen, dass sowohl die Unterhaltsamkeit als auch der Informationsgehalt der Community- Inhalte (‚Perceived News Entertainment/Informativeness') auf eine bestimmte Dimension der Nutzereinstellung zu den Community-Inhalten wirken (‚Interestingness Dimension of Attitude toward the News'). Diese Dimension hat in der Studie von Hsu et al. (2015) zusätzlich sowohl Effekte auf die hedonistische als auch die utilitaristische Dimension der Einstellung zur Community (‚Hedonic/Utilitarian Dimension of Attitude toward the Fan Page'). Die hedonistische Dimension beeinflusst zudem die Nutzerintentionen zum Teilen von Informationen (‚Intention to Give Information'), zur Weiterleitung von Informationen (‚Intention to Pass Information') sowie zum Erhalt von Informationen (‚Intention to Obtain Information') positiv, wohingegen sich die utilitaristische Dimension nur auf die Nutzerintentionen zur Weiterleitung und zum Erhalt von Informationen auswirkt.[290]

---

[288] Vgl. Schivinski/Dabrowski (2014), S. 1 ff.
[289] Vgl. Ho (2015), S. 930 ff.
[290] Vgl. Hsu et al. (2015), S. 483 ff.

Vernuccio et al. (2015) stützen ihre Befragung mit einem verwertbaren Sample aus 387 Rückläufern von Nutzern aus Facebook Brand Communities verschiedener Industrien (z.B. von Coca-Cola, MTV, Disney, Starbucks, Converse, Red Bull, Intel, Levi's, Dove, Harley Davidson, Lego, Tiffany) auf die Social Identity Theory. Im Ergebnis kann dabei zunächst ein positiver Effekt des sozialen beziehungsweise interaktiven Nutzerengagements (‚Social-Interactive Engagement') in der Community auf die seitens der Nutzer wahrgenommene soziale Identität (‚Social Identity') bezüglich der Community nachgewiesen werden. Ebenfalls können die genannten Autoren einen positiven Einfluss der sozialen Identität auf die Nutzerliebe zur Marke (‚Brand Love') feststellen. Dabei agiert die soziale Identität gleichzeitig als Mediator in der Beziehung zwischen Nutzerengagement und Nutzerliebe zur Marke.[291]

Basierend auf der Social Exchange Theory untersuchen Zheng et al. (2015) ebenfalls speziell Facebook Brand Communities und generieren diesbezüglich im Rahmen ihrer Befragung 185 verwertbare Rückläufer von Nutzern in Hong Kong. Die speziellen Marken der Communities bleiben hier jedoch ebenfalls unerwähnt (kein Fokus auf eine bestimmte Industrie). Im Ergebnis kann zunächst ein positiver Effekt des wahrgenommenen Nutzens der Community (‚Perceived Benefits') auf die aktive Teilnahme (‚Participation') sowie das Weiterempfehlungsverhalten bezüglich der Community (‚Promotion') nachgewiesen werden. Die beiden zuletzt genannten Konstrukte wirken ferner auf die Bindung der Nutzer an die Community (‚Online Community Commitment'), welche zudem deren Markenloyalität (‚Brand Loyalty') positiv beeinflusst.[292]

Habibi/Laroche/Richard (2016) verwenden die Brand Community Marker und das Customer-Centric Model of Brand Community zur Fundierung ihres Modells und können darauf basierend positive Effekte der Nutzeridentifikation mit der Community (‚Brand Community Identification') auf das gemeinsame Bewusstsein der Nutzer (‚Shared Consciousness), ihre Rituale und Traditionen (‚Rituals and Traditions'), ihre Verpflichtung gegenüber der Gesellschaft (‚Obligations to Society'), ihre Beziehung zum Produkt (‚Consumer-Product Relationship'), zur Marke (‚Consumer-Brand Relationship'), zum Unternehmen (‚Consumer-Company Relationship') sowie zu anderen Nutzern (‚Consumer-Other Consumers Relationship') nachweisen. Zudem beeinflussen das gemeinsame Bewusstsein der Nutzer sowie ihre Rituale und Traditionen ihr Social Networking positiv, während die Rituale und Traditionen sowie die Verpflichtung gegenüber der Gesellschaft ferner auf das Nutzerengagement in der Community (‚Community Engagement'), das Management des Markenimages durch die Nutzer (‚Impression Management') sowie ihre Markennutzung (‚Brand Use') wirken.

291 Vgl. Vernuccio et al. (2015), S. 706 ff.
292 Vgl. Zheng et al. (2015), S. 90 ff.

Ferner können noch positive Effekte der Nutzerbeziehungen zu Produkt, Marke und anderen Nutzern sowie des Markenimage- Managements und der Markennutzung auf die Qualität der Nutzerbeziehung zur Marke (‚Brand Relationship Quality') nachgewiesen werden, während letztere schließlich noch die Markenloyalität (‚Brand Loyalty') der Nutzer positiv beeinflusst. Das Sample der Studie von Habibi/Laroche/Richard (2016) konstituiert sich aus 608 verwertbaren Rückläufern von Nutzern aus Brand Communities verschiedener Industrien (z.B. von Apple, Coca Cola, Samsung, Starbucks, Nike, Sony, Pepsi) auf verschiedenen Social Media- Plattformen (zu über 95% auf Facebook).[293]

Basierend auf dem Identity-Based Brand Management Model und 590 verwertbaren Rückläufern untersucht Kleine-Kalmer (2016) Facebook Brand Communities von Automobilherstellern, Fast Moving Consumer Goods (FMCG) und Restaurantketten und kann dabei zunächst den positiven Einfluss des Infotainments, des sozialen Nutzens (‚Social Value') sowie materieller beziehungsweise finanzieller Anreize (‚Economic Incentives') auf die Nutzerbindung an die Community (‚Brand Page Attachment') feststellen. Letztere wirkt sich zudem positiv auf die Teilnahme der Nutzer in der Community (‚Brand Page Participation'), ihre Weiternutzungsintention (‚Intention to Maintain Connection') sowie ihre Bereitschaft zur Bereitstellung persönlicher Daten aus (‚Willingness to Share Personal Data').[294]

In der Studie von Nisar/Whitehead (2016) ziehen die Autoren das Brand Equity Framework heran und stellen basierend auf 322 verwertbaren Rückläufern von Nutzern diverser Brand Communities (kein bestimmter Industriefokus) auf unterschiedlichen Social Media-Plattformen (z.B. Facebook, Twitter, Google+) fest, dass die Nutzer Informationen aus der Community vertrauen (‚Trust'), wenn sie von den Community-Managern der Marke (‚Brand's Official Profile') stammen. Zudem kann nachgewiesen werden, dass die Präsenz der jeweiligen Marke in Social Media per se einen positiven Einfluss auf die verhaltens- und einstellungsbasierte Markenloyalität der Nutzer besitzt. Ferner wirkt ebenfalls die Kundenzufriedenheit positiv auf die verhaltensbasierte Markenloyalität.[295]

Schließlich untersuchen Simon/Brexendorf/Fassnacht (2016) basierend auf der Social Impact Theory, der Social Identity Theory und der Social Exchange Theory ohne Fokus auf eine bestimmte Industrie verschiedene Facebook Brand Communities (keine genaue Anagabe) und kommen zu dem Ergebnis, dass sich die Anzahl der Fans/Likes positiv auf die soziale Darstellung der Nutzer durch die Marke (‚Social Demonstrance of Brand') auswirkt, während letztere sowohl die Nutzeridentifi-

293 Vgl. Habibi/Laroche/Richard (2016), S. 292 ff.
294 Vgl. Kleine-Kalmer (2016), S. 43 ff.
295 Vgl. Nisar/Whitehead (2016), S. 743 ff.

kation mit der Marke (‚Consumer-Brand Identification‘) als auch die Verbesserung des Nutzerimages durch die Marke (‚Self-Image Enhancement Value‘) positiv beeinflusst. Ferner wirkt die Verbesserung des Nutzerimages noch positiv auf die Nutzeridentifikation mit der Marke, während beide zusätzlich positive Effekte auf das Nutzerengagement in der Community (‚Brand Community Engagement‘) aufweisen. Das Sample der Studie von Simon/Brexendorf/Fassnacht (2016) konstituiert sich dabei aus 460 verwertbaren Rückläufern.[296] Tabelle 13 fasst die zuvor erläuterten heterogenen Studien zu Erfolgsfaktoren und deren Wirkungsbeziehungen zu relevanten Erfolgsgrößen des Social Media Brand Community- Managements sowie die resultierenden Befunde noch einmal zusammen.

Autor/ Jahr	Titel/ Fokus	Theoretische Fundierung/ Untersuchungs-charakteristika	Zentrale Befunde
Chi (2011)	Interactive Digital Advertising vs. Virtual Brand Community: Exploratory Study of User Motivation and Social Media Marketing Responses in Taiwan	• Uses & Gratifications Theory • N= 502 • Social Media-Plattform: Facebook • Faktorenanalyse, Regressionsanalyse, Mittelwertvergleiche	• **Befunde zu Erfolgsfaktoren:** o Nutzermotivation zum Social Networking (Bedürfnis der Nutzer nach zwischenmenschlichen Beziehungen/ psychologischem Wohlbefinden) • **Befunde zu Erfolgsgrößen:** o Wahrgenommene Vertrauenswürdigkeit, Unterhaltsamkeit, Informativität, Unaufdringlichkeit der Community o Einstellung der Nutzer zur Community o Teilnahmeintention der Nutzer bzgl. der Community
Lin/Lu (2011)	Intention to Continue Using Facebook Fan Pages from the Perspective of Social Capital Theory	• Social Capital Theory • N=327 • Social Media-Plattform: Facebook • Strukturgleichungs-modellierung	• **Befunde zu Erfolgsfaktoren:** o Soziale Interaktionen in der Community o Gemeinsame Werte der Community-Nutzer o Vertrauen der Nutzer in die Community • **Befunde zu Erfolgsgrößen:** o Weiternutzungsintention bezüglich der Community

[296] Vgl. Simon/Brexendorf/Fassnacht (2016), S. 409 ff.

Autor/ Jahr	Titel/ Fokus	Theoretische Fundierung/ Untersuchungs-charakteristika	Zentrale Befunde
Jahn/ Kunz (2012)	How to transform consumers into fans of your brand	• Uses & Gratifications Theory, Involvement Theory • N=523 • Social Media-Plattform: Facebook • Netnographie, Fokusgruppen, Strukturgleichungs-modellierung	• **Befunde zu Erfolgsfaktoren:** o Funktionaler Wert o Hedonistischer Wert o Wert der Interaktionen zwischen Nutzern o Wert der Interaktionen zwischen Nutzern und Marke o Wert hinsichtlich der Erstellung des Selbstkonzepts/der Selbstdarstellung • **Befunde zu Erfolgsgrößen:** o Nutzungsintensität o Nutzerengagement o Markenloyalität der Nutzer (Nutzerbindung an die Marke, Weiterempfehlung der Nutzer bezüglich der Marke, Markenkauf der Nutzer)
Laroche et al. (2012)	The effects of social media based brand communities on brand community markers, value creation practices, brand trust and brand loyalty	• Brand Community Marker • N=441 • Diverse Social Media-Plattformen: Facebook, MySpace, Twitter etc. • Strukturgleichungs-modellierung	• **Befunde zu Erfolgsfaktoren:** o Gemeinsames Bewusstsein der Nutzer o Gemeinsame Rituale/Traditionen der Nutzer o Verpflichtung der Nutzer gegenüber der Gesellschaft • **Befunde zu Erfolgsgrößen:** o Netzwerken der Nutzer untereinander o Management des Markenimages durch die Nutzer o Nutzerengagement in der Community o Markennutzung o Markenvertrauen o Markenloyalität
Lyu (2012)	The Role of Sense of Community in Online Brand Social Networking Sites	• Social Identity Theory, Social Capital Theory • N=466 • Social Media-Plattform: Facebook • Strukturgleichungs-modellierung	• **Befunde zu Erfolgsfaktoren:** o Wahrgenommene soziale Unterstützung durch andere Nutzer o Nutzerbeziehung zur Marke • **Befunde zu Erfolgsgrößen:** o Gemeinschaftsgefühl der Nutzer o Nutzerbindung an die Marke o Fürsprache der Nutzer für die Marke o Bevorzugung der Marke gegenüber anderen Marken o Verhaltensbasierte Loyalität der Nutzer bezüglich der Marke

Autor/ Jahr	Titel/ Fokus	Theoretische Fundierung/ Untersuchungs-charakteristika	Zentrale Befunde
Plangger (2012)	The power of popularity: How the size of a virtual community adds to firm value	• Relationship Marketing Framework, Brand Community Triad, Customer-Centric Model of Brand Community • N=91 • Social Media-Plattform: Facebook • Regressionsanaly-se	• **Befunde zu Erfolgsfaktoren:** o Beliebtheit der Communities (Anzahl der ‚Fans/Likes‘) • **Befunde zu Erfolgsgrößen:** o Unternehmenswert
Bunker/ Rajendran/ Corbin (2013)	The Antecedents of Satisfaction for Facebook „Likers“ and their Effect on Word-of-Mouth	• Keine erkennbare theoretische Fundierung • N= 401 • Social Media-Plattform: Facebook • Strukturgleichungs-modellierung	• **Befunde zu Erfolgsfaktoren:** o Übereinstimmung der Markenidentität mit der Identität der Nutzer o Beziehung der Nutzer zu dem Unternehmen hinter der Marke • **Befunde zu Erfolgsgrößen:** o Verbundenheit der Nutzer mit der Marke o Zufriedenheit der Nutzer mit der Marke o Weiterempfehlungsverhalten der Nutzer bezüglich der Marke
Chen et al. (2013)	The Antecedents And Outcomes Of Brand Experience On The Social Networking Site	• Uses & Gratifications Theory, Social Psychological Model of Goal-Directed Behavior, Social Identity Theory • N= 594 • Social Media-Plattform: Facebook • Strukturgleichungs-modellierung	• **Befunde zu Erfolgsfaktoren:** o Nutzerliebe zur Marke o Unterhaltungswert der Community o Soziale Normen o Sozialer Nutzen der Community • **Befunde zu Erfolgsgrößen:** o Wahrgenommene Erfahrungen mit der Community/der Marke o Weiternutzungsintention zwecks Interaktion mit anderen Nutzern
Laroche/ Habibi/ Richard (2013)	To be or not to be in social media: How brand loyalty is affected by social media?	• Customer-Centric Model of Brand Community • N= 441 • Diverse Social Media-Plattformen: Facebook, MySpace, Twitter etc. • Strukturgleichungs-modellierung	• **Befunde zu Erfolgsfaktoren:** o Nutzerbeziehung zum Produkt o Nutzerbeziehung zur Marke o Nutzerbeziehung zum Unternehmen o Nutzerbeziehung zu anderen Nutzern • **Befunde zu Erfolgsgrößen:** o Markenvertrauen o Markenloyalität

Autor/ Jahr	Titel/ Fokus	Theoretische Fundierung/ Untersuchungs-charakteristika	Zentrale Befunde
O'Connor (2013)	The Power of Popularity: An Empirical Study of the Relationship Between Social Media Fan Counts and Brand Company Stock Prices	• Keine erkennbare theoretische Fundierung • N= 30 • Social Media-Plattform: Facebook • Regressionsanaly-se	• **Befunde zu Erfolgsfaktoren:** o Anzahl der ‚Fans/Likes' • **Befunde zu Erfolgsgrößen:** o Aktienkurs der Unternehmen der Marken
Tsai/Men (2013)	Motivations and Antecedents of Consumer Engagement With Brand Pages on Social Networking Sites	• Uses & Gratifications Theory, So-cial Media Engagement • N=280 • Social Media-Plattform: Facebook • Faktorenanalyse, Regressionsanaly-se	• **Befunde zu Erfolgsfaktoren:** o Unterhaltung o Information o Materielle/finanzielle Anreize o Alter o Tägliche Nutzungszeit o Anzahl gelikter Communities o Abhängigkeit von sozialen Medien o Interaktionen mit Vertretern der Marke o Identifikation mit der Community • **Befunde zu Erfolgsgrößen:** o Besuch/'Liking' der Community o Nutzerengagement in der Community
Chan et al. (2014)	Antecedents and consequences of customer engagement in online brand communities	• Reciprocal Action Theory, Social Identity Theory • N=276 • Social Media-Plattform: Facebook • Strukturgleichungs-modellierung	• **Befunde zu Erfolgsfaktoren:** o Technische Voraussetzungen der Community o Wahrgenommener Nutzen der Community o Möglichkeit zur freien Meinungsäußerung der Nutzer in der Community o Belohnung und Anerkennung der Nutzer durch die Community- Manager • **Befunde zu Erfolgsgrößen:** o Nutzerengagement in der Community o Wiederholte Kaufintention bezüglich der Marke o Weiterempfehlungsintention bezüglich der Marke
Habibi/ Laroche/ Richard (2014b)	The roles of brand community and community engagement in building brand trust on social media	• Customer-Centric Model of Brand Community • N=569 • Diverse Social Media-Plattformen: Facebook, Twitter, Pinterest, Google+ etc. • Strukturgleichungs-modellierung	• **Befunde zu Erfolgsfaktoren:** o Nutzerbeziehung zum Produkt o Nutzerbeziehung zur Marke o Nutzerbeziehung zum Unternehmen • **Befunde zu Erfolgsgrößen:** o Markenvertrauen

Autor/ Jahr	Titel/ Fokus	Theoretische Fundierung/ Untersuchungs-charakteristika	Zentrale Befunde
Jahn (2014)	Kunden-Engagement auf Marken-Fanpages: Chancen, Erfolgsfaktoren und Herausforderungen für das Kundenbeziehungs management	• Rational Choice Theory, Uses & Gratifications Theory • N=933/390 • Social Media-Plattform: Facebook • Strukturgleichungs-modellierung	• **Befunde zu Erfolgsfaktoren:** o Funktionaler Nutzen der Community-Inhalte o Hedonischer Nutzen der Community-Inhalte o Interaktivität des Unternehmens o Interaktivität der Nutzer • **Befunde zu Erfolgsgrößen:** o Passive Partizipation der Nutzer o Aktive Partizipation der Nutzer
Kishiya (2014)	Brand Communities in Social Networking Services: Two Types of Interaction and Self-Construals	• Keine erkennbare theoretische Fundierung • N=130 • Social Media-Plattform: Facebook • Strukturgleichungs-modellierung	• **Befunde zu Erfolgsfaktoren:** o Unabhängigkeit von anderen Personen o Abhängigkeit von anderen Personen • **Befunde zu Erfolgsgrößen:** o Nutzerinteraktionen mit der Marke in der Community o Nutzerinteraktionen mit anderen Nutzern in der Community o Nutzereinstellung gegenüber der Community
Labrecque (2014)	Fostering Consumer-Brand Rela-tionships in Social Media Environments: The Role of Parasocial Interaction	• Parasocial Interaction Theory • N=185 • Social Media-Plattformen: Facebook, Blogs, Twitter, YouTube, Pinterest, Foursquare, Google+ • Strukturgleichungs-modellierung	• **Befunde zu Erfolgsfaktoren:** o Wahrgenommene Offenheit der Marke o Wahrgenommene Interaktivität der Marke o Parasoziale Interaktion zwischen Nutzer und Marke • **Befunde zu Erfolgsgrößen:** o Markenloyalität o Bereitschaft der Nutzer, Informationen über sich selbst preiszugeben
Park/Kim (2014)	The role of social network websites in the consumer–brand relationship	• Social Response Theory, Social Penetration Theory, Reciprocal Action Theory • N=389 • Social Media-Plattform: Facebook • Netnographie, Strukturgleichungs-modellierung	• **Befunde zu Erfolgsfaktoren:** o Erlebnisorientierter Nutzen o Funktionaler Nutzen o Wahrgenommene Qualität der Beziehung zwischen Nutzer und Community o Wahrgenommenes Investment in die Beziehung zwischen Nutzer und Community • **Befunde zu Erfolgsgrößen:** o Wahrgenommene Qualität der Beziehung zwischen Nutzer und Marke o Weiterempfehlungsverhalten bezüglich der Community o Bereitschaft der Zahlung eines Preis-premiums

Autor/ Jahr	Titel/ Fokus	Theoretische Fundierung/ Untersuchungs-charakteristika	Zentrale Befunde
Ruiz-Mafe/ Martí-Parreño/ Sanz-Blas (2014)	Key drivers of consumer loyalty to Facebook fan pages	• Media Dependency Theory, Technology Acceptance Model • N=691 • Social Media-Plattform: Facebook • Strukturgleichungs-modellierung	• **Befunde zu Erfolgsfaktoren:** o Vertrauen der Nutzer in die Community o Abhängigkeit der Nutzer von der Community (Verständnis, Unterhaltung, Spielerei) o Wahrgenommene Benutzerfreundlichkeit der Community o Wahrgenommene Nützlichkeit der Community • **Befunde zu Erfolgsgrößen:** o Nutzereinstellung zur Community o Loyalität der Nutzer zur Community
Schivinski/ Dabrowski (2014)	The effect of social media communication on consumer perceptions of brands	• Brand Equity Framework, Schema Theory • N=504 • Social Media-Plattform: Facebook • Strukturgleichungs-modellierung	• **Befunde zu Erfolgsfaktoren:** o Kommunikation/Inhalte der Community-Manager o Kommunikation/Inhalte der Community-Nutzer • **Befunde zu Erfolgsgrößen:** o Markenwert o Nutzereinstellung zur Marke o Kaufintention der Nutzer
Ho (2015)	Identify with community or company? An investigation on the consumer behavior in Facebook brand community	• Social Exchange Theory • N=206 • Social Media-Plattform: Facebook • Strukturgleichungs-modellierung	• **Befunde zu Erfolgsfaktoren:** o Facebook Brand Community per se o Identifikation der Nutzer mit der Community o Identifikation der Nutzer mit dem Unternehmen • **Befunde zu Erfolgsgrößen:** o Kaufintention der Nutzer o Weiterempfehlungsintention der Nutzer
Hsu et al. (2015)	Investigating the ripple effect in virtual communities: An example of Facebook Fan Pages	• Uses & Gratifications Theory • N=599 • Social Media-Plattform: Facebook • Strukturgleichungs-modellierung	• **Befunde zu Erfolgsfaktoren:** o Unterhaltsamkeit der Community- Inhalte o Informationsgehalt der Community- Inhalte o Interessantheitsdimension der Einstellung zu den Community- Inhalten o Hedonistische/Utilitaristische Dimension der Einstellung zur Community • **Befunde zu Erfolgsgrößen:** o Nutzerintention zum Teilen/zur Weiterleitung/zum Erhalt von Informationen

Autor/ Jahr	Titel/ Fokus	Theoretische Fundierung/ Untersuchungs-charakteristika	Zentrale Befunde
Vernuccio et al. (2015)	Antecedents of brand love in online networkbased communities. A social identity perspective	• Social Identity Theory • N=387 • Social Media-Plattform: Facebook • Strukturgleichungs-modellierung	• **Befunde zu Erfolgsfaktoren:** o Soziales/Interaktives Nutzerengagement in der Community • **Befunde zu Erfolgsgrößen:** o Soziale Identität bezüglich der Community o Nutzerliebe zur Marke
Zheng et al. (2015)	Building brand loyalty through user engagement in online brand communities in social networking sites	• Social Exchange Theory • N=185 • Social Media-Plattform: Facebook • Strukturgleichungs-modellierung	• **Befunde zu Erfolgsfaktoren:** o Wahrgenommener Nutzen der Community • **Befunde zu Erfolgsgrößen:** o Aktive Teilnahme in der Community o Weiterempfehlungsverhalten bezüglich der Community o Bindung der Nutzer an die Community o Markenloyalität der Nutzer
Habibi/ Laroche/ Richard (2016)	Testing an extended model of consumer behavior in the context of social media-based brand communities	• Brand Community Marker, Customer-Centric Model of Brand Community • N=608 • Diverse Social Media-Plattformen: Facebook etc. • Strukturgleichungs-modellierung	• **Befunde zu Erfolgsfaktoren:** o Nutzeridentifikation mit der Community o Nutzerbeziehung zum Produkt o Nutzerbeziehung zur Marke o Nutzerbeziehung zu anderen Nutzern o Gemeinsames Bewusstsein der Nutzer o Gemeinsame Rituale/Traditionen der Nutzer o Verpflichtung der Nutzer gegenüber der Gesellschaft • **Befunde zu Erfolgsgrößen:** o Social Networking o Nutzerengagement in der Community o Management des Markenimages durch die Nutzer o Markennutzung o Qualität der Nutzerbeziehung zur Marke o Markenloyalität der Nutzer
Kleine-Kalmer (2016)	Brand Page Attachment: An Empirical Study on Facebook Users' Attachment to Brand Pages	• Identity-Based Brand Management Model • N=590 • Social Media-Plattform: Facebook • Strukturgleichungs-modellierung	• **Befunde zu Erfolgsfaktoren:** o Infotainment o Sozialer Nutzen o Materielle/Finanzielle Anreize • **Befunde zu Erfolgsgrößen:** o Nutzerbindung an die Community o Teilnahme in der Community o Weiternutzungsintention o Bereitschaft zur Bereitstellung persönlicher Daten

Autor/ Jahr	Titel/ Fokus	Theoretische Fundierung/ Untersuchungs-charakteristika	Zentrale Befunde
Nisar/ Whitehead (2016)	Brand interactions and social media: Enhancing user loyalty through social networking sites	• Brand Equity Framework • N=322 • Diverse Social Media-Plattformen: Facebook, Twitter, Google+ etc. • Faktoren-/Regressionsanalyse	• **Befunde zu Erfolgsfaktoren:** o Informationen der Community- Manager o Markenpräsenz in Social Media o Kundenzufriedenheit • **Befunde zu Erfolgsgrößen:** o Vertrauen der Nutzer in die Informationen der Community- Manager o Verhaltensbasierte Markenloyalität der Nutzer o Einstellungsbasierte Markenloyalität der Nutzer
Simon/ Brexendorf /Fassnacht (2016)	The impact of external social and internal personal forces on consumers' brand community engagement on Facebook	• Social Impact Theory, Social Identity Theory, Social Exchange Theory • N=460 • Social Media-Plattform: Facebook • Strukturgleichungs-modellierung	• **Befunde zu Erfolgsfaktoren:** o Anzahl der Fans/Likes o Soziale Darstellung durch die Marke • **Befunde zu Erfolgsgrößen:** o Nutzeridentifikation mit der Marke o Verbesserung des Nutzerimages durch die Marke o Nutzerengagement in der Community

Tabelle 13: Übersicht über heterogene Studien zu Erfolgsfaktoren und -wirkung

Zusammenfassend kann verglichen mit der vorangegangenen Analyse der relevanten homogenen Studien konstatiert werden, dass in den in Tabelle 13 dargestellten heterogenen Arbeiten eine noch größere Diversität von untersuchten Erfolgsfaktoren und -größen existiert. Auch ist aufgrund der Heterogenität der Studien bezüglich der untersuchten Industrien und/oder Social Media- Plattformen zumeist unklar, in welchem speziellen Kontext den Erfolgsfaktoren und -größen eine besondere Relevanz beizumessen ist.

So ist eine geringere Übertragbarkeit der heterogenen Studien auf diese Untersuchung als bei den zuvor betrachteten homogenen Studien gegeben, da hier immer Marken verschiedener Industrien in die Ermittlung von Ergebnissen miteinbezogen werden. Da die homogenen Studien aus Abschnitt 2.3.1.1 hingegen immer nur Marken einer bestimmten Industrie fokussieren, unterscheiden sich diese nur in der Untersuchung der spezifischen Industrie der jeweiligen Social Media Brand Communities von dieser Arbeit.

Ferner sind die resultierenden empirischen Ergebnisse zu gleichen oder ähnlichen Wirkungsbeziehungen zwischen Erfolgsfaktoren und -größen in unterschiedlichen heterogenen Studien nicht immer übereinstimmend. So können insbesondere hinsichtlich der Untersuchung von Brand Communities auf verschiedenen Social Media- Plattformen wesentliche Unterschiede bezüglich des Nachweises von Effekten festgestellt werden. Als Beispiel hierfür kann genannt werden, dass zwar Laroche/Habibi/Richard (2013) einen positiven Effekt der Nutzerbeziehung zu anderen Nutzern (‚Customer/Other Customers Relationships‘) in Social Media Brand Communities (z.B. Facebook, MySpace, Twitter) auf das Markenvertrauen der Nutzer (‚Brand Trust‘) nachweisen können.[297] Habibi/ Laroche/Richard (2014b) stellen jedoch unter Hinzunahme von Brand Communities auf weiteren Social Media- Plattformen (Pinterest, Google+) einen gegensätzliche Wirkungsbeziehung, nämlich den negativen Effekt der Nutzerbeziehung zu anderen Nutzern auf das Markenvertrauen, fest.[298]

Ferner können ähnlich wie bei den zuvor erläuterten homogenen Studien, auch bei den heterogenen Arbeiten gleiche beziehungsweise ähnliche Konstrukte in einer Studie als Erfolgsfaktoren und in einer anderen Studie als Erfolgsgröße verstanden werden. Hierzu kann als Beispiel das Konstrukt des Nutzerengagements in der Community genannt werden, welches in der Studie von Vernuccio et al. (2015) als Erfolgsfaktor beziehungsweise unabhängige Variable konzeptionalisiert[299], jedoch in einigen anderen Untersuchungen wie z.B. denen von Laroche et al. (2012), Tsai/Men (2013) und Chan et al. (2014) als Erfolgsgröße beziehungsweise abhängige Variable betrachtet wird.[300]

Während der Großteil der analysierten heterogenen Studien darüber hinaus nur entweder beziehungsorientierte oder inhaltsorientierte Faktoren betrachtet, untersuchen nur vergleichsweise wenige Autoren sowohl beziehungs- als auch inhaltsorientierte Erfolgsfaktoren im Rahmen einer Studie.[301] So kann, wie zuvor bei den homogenen Studien, exemplarisch an Forschungsfragen bestimmter heterogener Arbeiten zu entweder beziehungs- oder inhaltsorientierten Erfolgsfaktoren die Einseitigkeit beziehungsweise mangelnde integrierte Betrachtung dieser Studien gezeigt werden. In diesem Zusammenhang formuliert beispielsweise Chi (2011) ihre beziehungsorientierte Forschungsfrage bezüglich der untersuchten Social Media Brand Communities wie folgt: “Does user motivation for online social networking affect the user's responses to a virtual brand community in social media?“[302]

Schivinski/Dabrowski (2014) hingegen beschreiben den inhaltsorientierten Erfolgsfaktorenfokus ihrer Social Media Brand Community- Studie beziehungsweise die damit verbundenen Forschungs-

297 Vgl. Laroche/Habibi/Richard (2013), S. 80.
298 Vgl. Habibi/Laroche/Richard (2014b), S. 158.
299 Vgl. Vernuccio et al. (2015), S. 710.
300 Vgl. Laroche et al. (2012), S. 1760; Tsai/Men (2013), S. 83; Chan et al. (2014), S. 93.
301 Vgl. Jahn/Kunz (2012), S. 349; Chen et al. (2013), S. 5; Tsai/Men (2013), S. 82 f.; Jahn (2014), S. 89 ff.; Labrecque (2014), S. 138 f.; Park/Kim (2014), S. 462; Hsu et al. (2015), S. 486; Kleine-Kalmer (2016), S. 195; Nisar/Whitehead (2016), S. 749 f.
302 Chi (2011), S. 47.

frage so: "How do firm-created and user-generated social media communication influence consumers' perceptions and behavior [...]?"[303]

Während bisweilen die jeweiligen Forschungsfragen der betrachteten heterogenen Untersuchungen auch gar nicht eindeutig formuliert werden, differenzieren von den wenigen Arbeiten, in welchen sowohl beziehungs- als auch inhaltsorientierte Faktoren betrachtet werden, nur Jahn/Kunz (2012) explizit zwischen vergleichbaren Kategorien. Dabei unterscheiden die genannten Autoren innerhalb ihres Untersuchungsmodells zwischen Faktoren, welche als ‚Content-Oriented', ‚Relationship-Oriented' und ‚Self-Oriented' benannt werden[304], wobei der Faktor der letzteren Kategorie im Sinne einer Selbstdarstellung gegenüber anderen Nutzern (‚Self-Concept Value') auch den beziehungsorientierten Faktoren zugeordnet werden kann. Bezüglich dieser integrierten Betrachtung von Faktoren erscheint die Formulierung der Forschungsfragen in der Untersuchung von Jahn/Kunz (2012) jedoch nicht genau auf die Betrachtung der Faktoren zugeschnitten und nicht trennscharf. So erscheinen insbesondere Forschungsfrage zwei und drei der genannten Autoren auf den gleichen Erkenntnisgewinn abzuzielen: „In particular, we consider the following research questions: RQ1. What effects has fan page participation on customer loyalty? RQ2. Which constructs are central for the management of fan pages? RQ3. What are the drivers of successful brand fan pages?"[305]

Darüber hinaus muss festgehalten werden, dass die Zahl der jeweils betrachteten Faktoren mit zwei inhaltsorientierten und drei beziehungsorientierten Erfolgsfaktoren in der Studie von Jahn/Kunz (2012) als eher gering einzustufen ist. Diesbezüglich kann weiterhin, wie zuvor bei den homogenen Studien, der generell geringe Umfang der betrachteten heterogenen Studien bemängelt werden. So können in den Arbeiten durchschnittlich nur ca. drei Erfolgsfaktoren und drei Erfolgsgrößen empirisch nachgewiesen werden. Auch hierzu kann wiederum die Vermutung angestellt werden, dass dies in der höheren Wahrscheinlichkeit der Veröffentlichung kleinerer beziehungsweise weniger komplexer Untersuchungsmodelle in international gerankten Fachzeitschriften begründet liegt.

Somit kann auch nach der Analyse der heterogenen Studien als Implikation für diesen Forschungsbeitrag festgehalten werden, dass die Forschungsfragen dieser Untersuchung bislang im relevanten Schrifttum noch nicht abschließend beantwortet worden sind. So werden weder die erste Forschungsfrage dieser Untersuchung nach der Konzeptionalisierung und Operationalisierung von sowohl beziehungs- als auch inhaltsorientierten Erfolgsfaktoren des Social Media Brand Community-Managements noch die zweite Forschungsfrage dieser Untersuchung nach der Konzeptionalisierung

303 Schivinski/Dabrowski (2014), S. 2.
304 Vgl. Jahn/Kunz (2012), S. 349. Vgl. hierzu auch Jahn (2014), S. 78.
305 Jahn/Kunz (2012), S. 345.

und Operationalisierung des Erfolgs im Social Media Brand Community- Management in den betrachteten heterogenen Studien hinlänglich beantwortet.[306] So lässt sich auf dieser Basis insgesamt feststellen, dass die Analyse der heterogenen Studien, analog zur Analyse homogener Untersuchungen, einen Mangel an Arbeiten erkennen lässt, welche eine umfassende und integrierte Betrachtung von verschiedenen beziehungs- und inhaltsorientierten Erfolgsfaktoren sowie relevanten Erfolgsgrößen vornehmen und entsprechende Untersuchungsmodelle theoretisch fundiert herleiten. Dabei ist mit einer umfassenden Betrachtung zunächst die Berücksichtigung einer ausreichend hohen Anzahl von Erfolgsfaktoren und -größen gemeint. Zudem bezieht sich der Begriff der integrierten Betrachtung speziell auf die Berücksichtigung der beiden Perspektiven auf beziehungs- und inhaltsorientierte Erfolgsfaktoren des Social Media Brand Community- Managements, um so ein möglichst breites Spektrum an relevanten Faktoren abdecken zu können.

Darüber hinaus lassen sich jedoch trotz der erläuterten Limitationen sowie der Heterogenität der dargestellten Studien hinsichtlich Untersuchungsfokus und resultierender Befunde bereits wesentliche Erkenntnisse für diese Arbeit erlangen. So ist zunächst festzustellen, dass – neben einigen Arbeiten ohne erkennbare theoretische Fundierung (3x) – die Mehrheit der heterogenen Studien (12x), analog zu den homogenen Studien, monotheoretisch vorgeht. Ferner kann im Hinblick auf die theoretische Fundierung der betrachteten Untersuchungen konstatiert werden, dass insbesondere die Uses & Gratifications Theory (6x) am häufigsten als theoretische Grundlage der Untersuchungen herangezogen wird. Zudem lassen sich innerhalb der betrachteten Beiträge einige wesentliche Erfolgsfaktoren und -größen identifizieren, welche auch als Ansatzpunkte für die Modellentwicklung dieser Untersuchung Anwendung finden können. Im Hinblick auf diese wesentlichen Konstrukte muss jedoch wiederum konstatiert werden, dass bislang eine integrierte Betrachtung nur selten stattgefunden hat.

2.3.2 Wertung des Forschungsstands und Implikationen für die Untersuchung

Im Ergebnis können hinsichtlich des aktuellen Forschungsstands zu Erfolgsfaktoren und -wirkung des Social Media Brand Community- Managements die folgenden Implikationen abgeleitet werden. So kann zunächst konstatiert werden, dass bislang nur der geringere Anteil der Studien die zur Generierung adäquater empirischer Resultate empfehlenswertere homogene Vorgehensweise hinsichtlich einer spezifischen Industrie der zu untersuchenden Social Media Brand Communities wählt.[307]

[306] Vgl. Abschnitt 1.2.
[307] Vgl. hierzu die entsprechenden Ausführungen in den Abschnitten 1.2. und 2.3.1.

Darüber hinaus kann festgestellt werden, dass sowohl in den homogenen als auch heterogenen Studien insbesondere die Kombination von mehreren beziehungs- und inhaltsorientierten Erfolgsfaktoren innerhalb eines umfassenden integrierten Untersuchungsmodells nicht ausreichend empirisch untersucht worden ist. Dabei mangelt es an der Berücksichtigung einer ausreichend hohen Anzahl von Faktoren sowie beider beziehungs- und inhaltsorientierter Perspektiven zur Abdeckung eines möglichst breiten Spektrums von relevanten Erfolgsfaktoren innerhalb einzelner Untersuchungen. Stattdessen werden diese Faktoren im quantitativ-empirischen Schrifttum bisher zumeist getrennt voneinander betrachtet. Somit kann ein hoher Forschungsbedarf hinsichtlich der ersten Forschungsfrage dieser Untersuchung zur Konzeptionalisierung und Operationalisierung der beziehungs- und inhaltsorientierten Erfolgsfaktoren des Social Media Brand Community- Managements aufgezeigt werden.[308] Außerdem kann damit verbunden festgehalten werden, dass auch der integrierten Erforschung der Wirkungsbeziehungen von sowohl beziehungs- als auch inhaltsorientierten Erfolgsfaktoren zu relevanten Erfolgsgrößen sowie deren Konzeptionalisierung und Operationalisierung im Schrifttum bisher noch nicht hinreichend Rechnung getragen worden ist. Somit kann auch ein hoher Forschungsbedarf hinsichtlich der zweiten Forschungsfrage dieser Untersuchung konstatiert werden.[309]

Insgesamt verdeutlicht die vorangegangene Aufbereitung des aktuellen Forschungsstands also die bestehende Forschungslücke, welche durch diese Untersuchung geschlossen werden soll. Zudem liefern die erläuterten Forschungsbeiträge spezielle Implikationen und Ansatzpunkte für den weiteren Untersuchungsverlauf. So ist aus dem Forschungsüberblick zunächst ersichtlich, dass sich das Gros der relevanten Beiträge für eine monotheoretische Vorgehensweise zur Bearbeitung der jeweiligen Problemstellungen entscheidet. Dies unterstützt die bereits im Rahmen der Erläuterung der methodologischen Leitideen begründete Entscheidung für eine ebenfalls monotheoretische Fundierung des Untersuchungsmodells dieser Arbeit.[310] Ferner wird der Uses & Gratifications Theory als theoretische Grundlage der Untersuchungsmodelle große Aufmerksamkeit zuteil. Im Einklang mit dieser Entwicklung des Schrifttums wird auch für diese Untersuchung der Ansatz der Uses & Gratifications Theory gewählt. Eine detaillierte Begründung und Erläuterung dazu folgt im nächsten Kapitel dieser Arbeit.[311]

Schließlich bieten die erläuterten Arbeiten insgesamt auch eine nicht zu vernachlässigende Anzahl von potenziell in Frage kommenden beziehungs- oder inhaltsorientierten Erfolgsfaktoren und Er-

308 Vgl. Abschnitt 1.2.
309 Vgl. Abschnitt 1.2.
310 Vgl. Abschnitt 2.1.1.
311 Vgl. Abschnitt 3.1.

folgsgrößen, von welchen die relevantesten für die aktuelle Untersuchung einer weiteren Prüfung unterzogen werden sollen. Diesbezüglich wird in den nachfolgenden Abbildungen 12 bis 18 ein Vergleich der bislang im Schrifttum untersuchten Konstrukte mit der umfassenden integrierten Betrachtung dieser Arbeit dargestellt, welche direkt im Anschluss in Kapitel 3 im Einzelnen erläutert wird. Dabei werden die Konstrukte aus den relevanten empirischen Arbeiten den Konstrukten dieser Arbeit zugeordnet, um graphisch darzustellen, dass eine vergleichbare Kombination bisher noch nicht in diesem Umfang untersucht worden ist. Da eine eindeutige Zuordnung hierbei nicht immer möglich ist, werden eine breitere Auslegung zuordenbarer Konstrukte verfolgt und gegebenenfalls die Bezeichnungen der originären Konstrukte in Klammern ergänzt. So werden auch semantisch ähnliche Konstrukte wie z.B. ‚Purchase Intention‘ und ‚Repurchase Intention‘ als Übereinstimmung dargestellt. Auch bleibt hierbei festzuhalten, dass Konstrukte, welche in dieser Arbeit als unabhängige Variable beziehungsweise Erfolgsfaktoren konzeptionalisiert werden, in den bereits existierenden Studien mitunter als abhängige Variable beziehungsweise Erfolgsgrößen modelliert worden sind und vice versa. Ein Beispiel hierfür bietet das in dieser Arbeit als Erfolgsfaktor konzeptionalisierte Konstrukt des Social Networkings der Nutzer[312], welches in der Studie von Habibi/Laroche/Richard (2016) als Erfolgsgröße beziehungsweise abhängige Variable abgebildet wird.[313] Auf eine Kennzeichnung dieser Fälle in den Abbildungen 12 bis 18 wird jedoch aus Gründen der Übersichtlichkeit verzichtet, da aufgrund mehrteiliger Kausalketten in bestimmten Studien einige Konstrukte auch gleichzeitig als unabhängige und abhängige Variable agieren.[314]

[312] Vgl. Abschnitt 3.2.5.1.

[313] Vgl. Habibi/Laroche/Richard (2016), S. 295.

[314] Vgl. hierzu z.B. die Behandlung des Konstrukts ‚Participation‘ in der Studie von Demiray/Burnaz (2014), S. 37.

Konstrukte dieser Arbeit / Studie	Erfolgsfaktoren							
	Beziehungsorientierte Faktoren			Inhaltsorientierte Faktoren				
	Social Networking	Soziale Normen	Meinungsführerschaft	Unterhaltsame Inhalte	Lebhafte Inhalte	Informative Inhalte	Interaktive Inhalte	Glaubwürdige Inhalte
Lee/ Kim/Kim (2011)	✓ (Social Identification Motivation)							
Airs/Ang (2012)				✓		✓	✓	
Gummerus et al. (2012)				✓ (Entertainment Benefits)				
Kim/Ko (2012)				✓ (Entertainment)			✓ (Interaction)	
Cvijiki/Michahelles (2013)				✓ (Entertainment)	✓ (Vividness)	✓ (Information)	✓ (Interactivity)	
Goh/Heng/ Lin (2013)						✓ (Information Richness)		

Abbildung 12: Vergleich der Konstrukte dieser Arbeit mit den identifizierten homogenen Studien (1)

Konstrukte dieser Arbeit / Studie	Erfolgsfaktoren							
	Beziehungsorientierte Faktoren			Inhaltsorientierte Faktoren				
	Social Networking	Soziale Normen	Meinungsführerschaft	Unterhaltsame Inhalte	Lebhafte Inhalte	Informative Inhalte	Interaktive Inhalte	Glaubwürdige Inhalte
Pöyry/Parvinen/Malmivaara (2013)				✓ (Hedonic Motivations)		✓ (Utilitarian Motivations)		
Blanchflower/Watchravesringkan (2014)				✓ (Entertainment Motivation)		✓ (Information Motivation)	✓ (Social Integration/ Interaction Motivation)	
Demiray/Burnaz (2014)			✓ (Opinion Leadership)					
Kim/Johnson (2016)						✓ (Perceived Information Quality)		
Le Roux/Maree (2016)				✓ (Hedonic Motivations)				

Abbildung 13: Vergleich der Konstrukte dieser Arbeit mit den identifizierten homogenen Studien (2)

Konstrukte dieser Arbeit / Studie	Erfolgsgrößen		
	Nutzerengagement in der SMBC	Markenvertrauen	Kaufintention
Lee/Kim/Kim (2011)	✓		
Airs/Ang (2012)			✓
Gummerus et al. (2012)	✓		
Kim/Ko (2012)			✓
Cvijiki/Michahelles (2013)	✓		
Goh/Heng/ Lin (2013)			✓ (Purchase Behavior)
Hutter et al. (2013)			✓
Pöyry/Parvinen/ Malmivaara (2013)	✓ (Participation)		✓
Demiray/ Burnaz (2014)	✓ (Community Participation)		
Gamboa/ Gonçalves (2014)		✓	
Kang/Tang/ Fiore (2015)	✓ (Active Participation)	✓	
Munnukka/Karjaluoto/Tikkanen (2015)			✓ (Repurchase Intention)
Xie/Lee (2015)			✓ (Likelihood to Purchase)
Kim/Johnson (2016)			✓ (Future Purchase Intention)
Le Roux/Maree (2016)			✓ (Buying Intention)
Solem (2016)	✓ (Customer Participation)		

Abbildung 14: Vergleich der Konstrukte dieser Arbeit mit den identifizierten homogenen Studien (3)

Konstrukte dieser Arbeit / Studie	Erfolgsfaktoren							
	Beziehungsorientierte Faktoren			Inhaltsorientierte Faktoren				
	Social Networking	Soziale Normen	Meinungs-führerschaft	Unterhalt-same Inhalte	Lebhafte Inhalte	Informative Inhalte	Interaktive Inhalte	Glaubwürdige Inhalte
Chi (2011)	✓ (Need for Online Social Capital)			✓		✓		✓ (Trustworthy)
Lin/Lu (2011)	✓ (Social Interaction Ties)							
Jahn/Kunz (2012)	✓ (Social Interaction Value)			✓ (Hedonic Value of Contents)		✓ (Functional Value of Contents)	✓ (Brand Interaction Value)	
Laroche et al. (2012)	✓							
Lyu (2012)	✓ (Perceived Social Support)							
Chen et al. (2013)	✓ (Group Referent)	✓		✓ (Enter-tainment Value)				

Abbildung 15: Vergleich der Konstrukte dieser Arbeit mit den identifizierten heterogenen Studien (1)

Konstrukte dieser Arbeit / Studie	Erfolgsfaktoren: Beziehungsorientierte Faktoren			Inhaltsorientierte Faktoren				
	Social Networking	Soziale Normen	Meinungs-führerschaft	Unterhalt-same Inhalte	Lebhafte Inhalte	Informative Inhalte	Interaktive Inhalte	Glaubwürdige Inhalte
Laroche/ Habibi/ Richard (2013)	✓ (Customer/ Other Customers Relationship)							
Tsai/Men (2013)				✓ (Entertain-ment Motivation)		✓ (Information Motivation)		
Jahn (2014)	✓ (Interaktivität der Nutzer)			✓ (Hedo-nischer Nutzen der Inhalte)		✓ (Funktio-naler Nutzen der Inhalte)	✓ (Interaktivität des Unterneh-mens)	
Kishiya (2014)	✓ (Social Interaction)						✓ (Brand Interaction)	
Labrecque (2014)							✓ (Perceived Interactivity of Brand)	

Abbildung 16: Vergleich der Konstrukte dieser Arbeit mit den identifizierten heterogenen Studien (2)

Konstrukte dieser Arbeit / Studie	Erfolgsfaktoren							
	Beziehungsorientierte Faktoren			Inhaltsorientierte Faktoren				
	Social Networking	Soziale Normen	Meinungsführerschaft	Unterhaltsame Inhalte	Lebhafte Inhalte	Informative Inhalte	Interaktive Inhalte	Glaubwürdige Inhalte
Park/Kim (2014)				✓ (Experiential Benefit)		✓ (Functional Benefit)		
Hsu et al. (2015)			✓ (Intention to Give Information)	✓ (Perceived News Entertainment)		✓ (Perceived News Informativeness)		
Habibi/Laroche/Richard (2016)	✓							
Kleine-Kalmer (2016)	✓ (Social Value)			✓ (Entertainment)		✓ (Information)		
Nisar/Whitehead (2016)						✓ (Information)		

Abbildung 17: Vergleich der Konstrukte dieser Arbeit mit den identifizierten heterogenen Studien (3)

Konstrukte dieser Arbeit / Studie	Erfolgsgrößen		
	Nutzerengagement in der SMBC	Markenvertrauen	Kaufintention
Chi (2011)	✓ (Participation Intention)		
Jahn/Kunz (2012)	✓ (Fan Page Engagement)		✓ (Brand Purchase)
Laroche et al. (2012)	✓	✓	✓ (Brand Use)
Laroche/Habibi/Richard (2013)		✓	
Tsai/Men (2013)	✓ (Engagement: Consuming/Contributing)		
Chan et al. (2014)	✓ (Customer Engagement)		✓ (Repurchase Intention)
Habibi/Laroche/Richard (2014b)		✓	
Jahn (2014)	✓ (Passive/Aktive Partizipation)		
Labrecque (2014)	✓ (Willingness to Provide Information)		
Park/Kim (2014)			✓ (Willingness to Pay Price Premium)
Schivinski/Dabrowski (2014)			✓
Ho (2015)			✓ (In-Role Behavior/ Purchase Intention)
Hsu (2015)	✓ (Intention to Give/Pass/Obtain Information)		
Vernuccio et al. (2015)	✓ (Social-Interactive Engagement)		
Zheng et al. (2015)	✓ (Participation)		
Habibi/Laroche/Richard (2016)	✓ (Community Engagement)		✓ (Brand Use)
Kleine-Kalmer (2016)	✓ (Brand Page Participation)		
Nisar/ Whitehead (2016)			✓ (Behavioral Loyalty)
Simon/ Brexendorf/ Fassnacht (2016)	✓ (Brand Community Engagement)		

Abbildung 18: Vergleich der Konstrukte dieser Arbeit mit den identifizierten heterogenen Studien (4)

3. Konzeptionalisierung und Modellentwicklung

Basierend auf den zuvor definierten Forschungsfragen und Grundlagen werden im Folgenden die Konzeptionalisierung und Entwicklung des Untersuchungsmodells dieser Arbeit dargelegt. Gemäß dieser Modellentwicklung teilt sich das dritte Kapitel der Untersuchung in die folgenden Abschnitte. Zunächst wird in Abschnitt 3.1 die Wahl des theoretischen Ansatzes für diese Untersuchung begründet und darauf basierend ein heuristischer Bezugsrahmen zur Konzeptionalisierung und Modellentwicklung erarbeitet. Im Anschluss wird in Abschnitt 3.2 die Konzeptionalisierung der Erfolgsfaktoren und -wirkung des Social Media Brand Community- Managements vorgenommen. Abschnitt 3.3 fasst die Untersuchungshypothesen des Gesamtmodells zusammen und bildet somit den Abschluss dieses Kapitels. Abbildung 19 ordnet das dritte Kapitel dieser Arbeit in die Struktur der Gesamtuntersuchung ein.

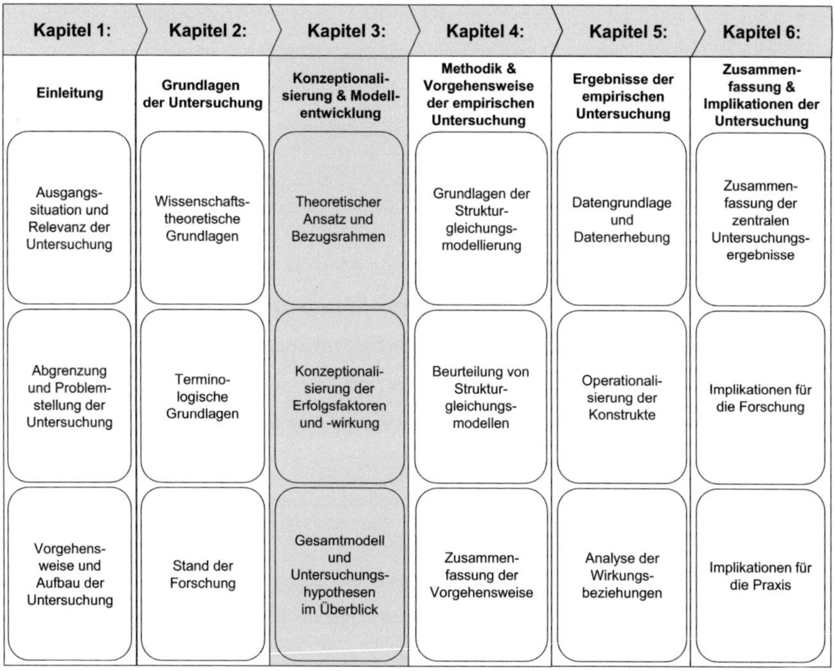

Abbildung 19: Einordnung von Kapitel 3 in die Gesamtuntersuchung

3.1 Theoretischer Ansatz und Bezugsrahmen

Als Basis der Entwicklung des empirisch zu überprüfenden Untersuchungsmodells dieser Arbeit bedarf es zunächst einer soliden theoretischen Fundierung. Diesbezüglich muss die Problemstellung der Untersuchung im Zentrum der Überlegungen stehen. Folglich muss bei der Wahl des theoretischen Ansatzes berücksichtigt werden, dass darauf basierend relevante Erfolgsfaktoren des Social Media Brand Community- Managements deduziert werden können.[315] Wie bereits zu Beginn dieser Arbeit dargelegt, herrscht im bestehenden Schrifttum diesbezüglich insbesondere Unklarheit darüber, welche beziehungsorientierten Bedürfnisse und Motivationen der Nutzer, aber auch welche Inhalte in Social Media Brand Communities, als Einflussfaktoren der Nutzung von Bedeutung sind.[316] Dementsprechend muss der theoretische Ansatz dieser Arbeit dazu geeignet sein, einen wissenschaftlichen Beitrag zur Identifikation entsprechender Faktoren zu leisten.[317]

Vor diesem Hintergrund ist in Abschnitt 2.1.1 bereits die Entscheidung für eine monotheoretische Vorgehensweise begründet worden. Überdies findet sich ein monotheoretisches Vorgehen auch in der Mehrzahl relevanter empirischer Studien zum Untersuchungsgegenstand wieder.[318] Um im Folgenden nun eine fundierte Entscheidung zur Wahl des theoretischen Ansatzes für diese Untersuchung treffen zu können, sollen zuerst die im Schrifttum mehrfach vertretenen Theorieansätze erläutert werden, welche die Thematik des Social Media Brand Community- Managements bisher beleuchtet haben. Basierend darauf kann anschließend die am besten für diese Untersuchung geeignete Theorie identifiziert werden.

Diesbezüglich ist jedoch zunächst zu konstatieren, dass Thematik und Untersuchungsgegenstand aufgrund der Novität von Social Media Brand Communities bislang noch nicht eindeutig theoretisch durchdrungen wurden. Vielmehr verdeutlicht der Forschungsüberblick des vorherigen Kapitels, dass im Schrifttum bisher viele unterschiedliche theoretische Ansätze zur Erklärung von Sachverhalten in Social Media Brand Communities herangezogen wurden. Darüber hinaus lassen einige Arbeiten sogar jegliche theoretische Fundierung vermissen.[319] Dennoch lässt sich innerhalb der wissenschaftlichen Forschung erkennen, dass es sich bei den für die Untersuchung besonders relevanten theoretischen Ansätzen um die Social Identity Theory, die Social Capital Theory, die Social Exchange beziehungsweise Reciprocal Action Theory, das Relationship Marketing Framework, das Brand Equity Framework, die Brand Community Marker, das Customer-Centric Model of Brand Community sowie die Uses & Gratifications Theory handelt.[320] Demzufolge sollen diese theoretischen Ansätze im Folgenden auf ihre Eignung für die theoretische Fundierung dieser Untersuchung überprüft werden.

---

[315] Vgl. Abschnitt 1.2.
[316] Vgl. Abschnitt 1.1.
[317] Vgl. Abschnitt 1.2.
[318] Vgl. Abschnitt 2.3.
[319] Vgl. Abschnitt 2.3.
[320] Vgl. Abschnitt 2.3.

Die Grundidee der Social Identity Theory ist es, dass individuelle Personen sich generell als Mitglieder sozialer Gruppen beziehungsweise Kategorien verstehen.[321] Dabei wird die soziale Identität eines Individuums definiert als "[...] part of an individual's self-concept that is derived from his knowledge of his membership of a social group together with the emotional significance attached to that membership."[322] Basierend auf diesem Verständnis ist die Social Identity Theory auch in wissenschaftlichen Studien zur Erklärung der Nutzung von Social Media Brand Communities herangezogen worden. Im Einzelnen wird dabei postuliert, dass diese Nutzung aufgrund der Identifikation der Mitglieder mit den einzelnen Communities erfolgt, d.h. also aufgrund eines gewissen Zugehörigkeitsgefühls zur Community als soziale Gruppe.[323] Während dieser theoretische Bezugspunkt somit zwar dem in Social Media essenziellen sowie für die Problemstellung dieser Untersuchung relevanten sozialen oder beziehungsorientierten Aspekt gerecht wird, steht hierbei jedoch nur eine einzelne Motivation zur Nutzung von Social Media Brand Communities im Vordergrund. Demzufolge kann die Social Identity Theory in ihrer Anwendung auf Social Media Brand Communities wegen ihres eingeschränkten Erklärungsgehalts kritisiert werden, welcher weitere Aspekte beziehungsweise Einflussfaktoren der Nutzung vernachlässigt.

Ähnlich verhält es sich auch mit der Social Capital Theory. Bezeichnet soziales Kapital nach Bourdieu (1983) zwar umfassender die Gesamtheit der Ressourcen, welche innerhalb eines Netzes sozialer Beziehungen entstehen können[324], so wird in Anwendung auf die Nutzung von Social Media Brand Communities wiederum nur eine einzelne Motivation berücksichtigt, welche auf zwischenmenschliche Beziehungen und den daraus resultierenden Nutzen abstellt. Darüber hinaus spielen zusätzliche Einflussfaktoren jedoch erneut keine Rolle.[325] Gemein ist den Ansätzen der Social Identity und Social Capital Theory also der Kritikpunkt eines zu einseitigen Fokus zur Erklärung der Nutzung von Social Media Brand Communities.

Die Kernaussage der Social Exchange Theory besteht darin, dass Beziehungen sozialen Austauschprozessen unterliegen, welche sowohl materielle als auch immaterielle Ressourcen miteinschließen können. Alle resultierenden Interaktionen sind dabei für die jeweiligen Akteure mit einer Kosten-Nutzen-Rechnung verbunden.[326] Übertragen auf den Kontext der Social Media Brand Communities gehen bestimmte Autoren nun basierend auf der Social Exchange Theory davon aus, dass Social

---

321 Vgl. Tajfel (1978), S. 61 ff.; Tajfel/Turner (1986), S. 7 ff.; Ashforth/Mael (1989), S. 20 ff.; van Dick (2004), S. 13 ff.

322 Tajfel (1974), S. 69; Lee/Kim/Kim (2011), S. 60.

323 Vgl. Lee/Kim/Kim (2011), S. 60; Tsai/Men (2013), S. 79.

324 Vgl. Bourdieu (1983), S. 191.

325 Vgl. Chi (2011), S. 45 f.; Lin/Lu (2011), S. 565 ff.

326 Vgl. Wulf/Odekerken-Schroder (2001), S. 85; Cropanzano/Mitchell (2005), S. 874 f.

Media- Nutzer motiviert sind, in Social Media Brand Communities zu partizipieren beziehungsweise diese weiterzuempfehlen, wenn sie einen entsprechend hohen Nutzen wie z.B. informative Inhalte zur Marke als Gegenleistung erwarten können.[327]

Jedoch kann als Kritik an der Anwendung der Social Exchange Theory zur Erklärung der Nutzung von Social Media Brand Communities geäußert werden, dass dabei vornehmlich die Austauschprozesse zwischen Nutzer und Marke beziehungsweise dem verantwortlichen Unternehmen fokussiert werden und entsprechende Beziehungen und Prozesse zwischen Nutzern untereinander kaum Berücksichtigung finden. Dies erscheint problematisch, da die Unternehmen zwar ihrerseits dafür sorgen können, dass die Nutzer mit ausreichend Benefits versorgt werden, um eine kontinuierliche Nutzung der Communities zu sichern. Jedoch haben die Unternehmen nur einen begrenzten Einfluss darauf, inwiefern die Nutzer miteinander interagieren und dabei entweder weiteren Nutzen füreinander schaffen oder aber weitere ‚Kosten' verursachen, wie z.B. durch unerwünschte Spam-Posts in den Communities. Diese Überlegungen entsprechen auch der früher geäußerten generellen Kritik an der Social Exchange Theory, welche besagt, dass sie nicht hinreichend imstande ist zu erklären, durch welche Prozesse genau bestehende Beziehungen wieder aufgelöst werden können.[328]

In ähnlicher Weise erwähnen weitere Studien zu Social Media Brand Communities auch die Reciprocal Action Theory als Grundlage ihrer Untersuchungsmodelle.[329] Da die Reciprocal Action Theory im Prinzip die gleichen Annahmen vertritt wie die Social Exchange Theory, gelten bei der Erklärung der Nutzung von Social Media Brand Communities ebenfalls die gleichen Überlegungen: "The interactions between organizations and customers within a brand community on a social networking site are viewed as an exchange. If community members perceive that their community is providing useful information and a valuable service, and seeking to build a strong relationship with them, they will reciprocate by showing positive attitudes and behaviors toward the community."[330] Dementsprechend gilt auch die gleiche Kritik wie bei der Social Exchange Theory hinsichtlich eines zu einseitigen Fokus auf die Interaktionen und Austauschprozesse zwischen Nutzer und Marke beziehungsweise Unternehmen.

Zudem steht der Theorieansatz des Relationship Marketing Frameworks zur Diskussion, innerhalb welchem das sogenannte Beziehungsmarketing nach Morgan/Hunt (1994) definiert wird als „[…] all marketing activities directed toward establishing, developing, and maintaining successful rela-

---

327 Vgl. Ho (2015), S. 933.
328 Vgl. Wulf/Odekerken-Schroder (2001), S. 86.
329 Vgl. Chan et al. (2014), S. 85 ff.; Park/Kim (2014), S. 462.
330 Chan et al. (2014), S. 85, 88.

tional exchanges"[331] zwischen Unternehmen und ihren Stakeholdern.[332] Vor diesem Hintergrund stellen Brand Communities allgemein und Social Media Brand Communities speziell zunächst adäquate Instrumente für das Relationship Marketing dar.[333] Angesichts dessen untersuchen wissenschaftliche Studien basierend auf diesem theoretischen Ansatz Aspekte, welche innerhalb des Relationship Marketings von Bedeutung für die Mitgliedernutzung von Social Media Brand Communities sind.[334]

Somit stehen beim Ansatz des Relationship Marketing Frameworks zur Untersuchung der Nutzung von Social Media Brand Communities ebenfalls ausschließlich unternehmensbezogene Aspekte, und im Einzelnen die Beziehung zwischen Nutzern und den entsprechenden verantwortlichen Unternehmen, im Vordergrund. Folglich kann dieser theoretische Ansatz auch dahingehend kritisiert werden, dass der in Social Media essenzielle soziale Aspekt und speziell die Beziehungen zwischen Nutzern vollends vernachlässigt wird.

Somit kann also grundsätzlich auch der Social Exchange beziehungsweise Reciprocal Action Theory und dem Relationship Marketing Framework ein zu enger Fokus zur Erklärung der Nutzung von Social Media Brand Communities unterstellt werden.

Anders verhält es sich wiederum mit dem Brand Equity Framework nach Aaker (1991) als Basis der Untersuchung von Social Media Brand Communities, innerhalb welchem Brand Equity wie folgt verstanden wird: „Brand equity is a set of brand assets and liabilities linked to a brand, its name and symbol, that add to or subtract from the value provided by a product or service to a firm and/or to that firm's customers."[335] Während Brand Equity also den ganzheitlichen Wert einer Marke für Unternehmen beziehungsweise deren Kunden repräsentiert, so ist dieser Markenwert im Rahmen des theoretischen Ansatzes gleichzeitig abhängig von den jeweiligen Marketingaktivitäten und -instrumenten der entsprechenden Unternehmen.[336]

Übertragen auf den Kontext des Social Media Brand Community- Managements wird schließlich auf Basis des Brand Equity Frameworks auch die Abhängigkeit des Markenwerts von Social Media Brand Communities als spezifischen Marketinginstrumenten unterstellt.[337] Während innerhalb dieses theoretischen Ansatzes also die durch Unternehmen generierte Markenkommunikation und so-

---

331 Morgan/Hunt (1994), S. 22.
332 Vgl. Pronschinske/Groza/Walker (2012), S. 222.
333 Vgl. Plangger (2012), S. 146.
334 Vgl. z.B. Pronschinske/Groza/Walker (2012), S. 223.
335 Aaker (1991), S. 15.
336 Vgl. Blanchflower/Watchravesringkan (2014), S. 21.
337 Vgl. Schivinski/Dabrowski (2014), S. 5 f.; Blanchflower/Watchravesringkan (2014), S. 21.

mit der inhaltsorientierte Aspekt innerhalb von Social Media Brand Communities im Zentrum des Interesses steht, wird auch die zwischen Nutzern generierte Kommunikation in einer entsprechenden Untersuchung miteinbezogen.[338] Allerdings liefert das Brand Equity Framework zur Integration solch eines sozialen Aspekts keinen zufriedenstellenden theoretischen Erklärungsgehalt. Ferner kann dabei kritisiert werden, dass jegliche Einflussfaktoren, welche diese „User-generated social media communication“[339] beziehungsweise allgemeiner die Nutzung von Social Media Brand Communities überhaupt erst determinieren, vollends vernachlässigt werden.[340]

Innerhalb des theoretischen Ansatzes der Brand Community Marker von Muñiz/O'Guinn (2001) rekurrieren die Autoren zunächst auf die drei traditionellen Kennzeichen einer Gemeinschaft im sozialwissenschaftlichen Sinne, nämlich auf “[...] shared consciousness, rituals and traditions, and a sense of moral responsibility [...]”[341], und übertragen diese Kennzeichen auf den Kontext von Brand Communities. In Analogie dazu werden diese Elemente schließlich auch in Untersuchungsmodelle zu Social Media Brand Communities integriert. Während soziale Beziehungen zwischen Nutzern sowie ein Markenbezug innerhalb dieses theoretischen Ansatzes also in einem gegeben sind, erschöpft sich die damit verbundene theoretische Herleitung jedoch in nur den drei genannten Kennzeichen beziehungsweise den drei daraus entwickelten Einflussfaktoren der Nutzung von Social Media Brand Communities.[342]

Darüber hinaus beschäftigt sich das wissenschaftliche Schrifttum zu Social Media Brand Communities auch häufiger mit dem Customer-Centric Model of Brand Community nach McAlexander/ Schouten/Koenig (2002)[343]. Dieses entwickelte sich aus der in Abschnitt 1.1 bereits dargestellten Brand Community Triad nach Muñiz/O'Guinn (2001) und beinhaltet Kunden- beziehungsweise Nutzerbeziehungen zur Marke, dem Produkt, den Marketern und anderen Kunden beziehungsweise Nutzern.[344] Auf Grundlage dieses Modells von McAlexander/Schouten/Koenig (2002) und den genannten Beziehungen deduzieren bestimmte Autoren nun auch Konstrukte für empirische Untersuchungen zu Social Media Brand Communities. Während dabei zwar soziale Beziehungen zwischen Nutzern sowie ein Markenbezug berücksichtigt werden, kann hier jedoch ebenfalls kritisiert werden, dass sich die theoretische Herleitung von Konstrukten in nur diesen vier Beziehungen des Modells erschöpft, und somit das Spektrum an potenziellen Einflussfaktoren der Nutzung von Social

---

338 Vgl. Schivinski/Dabrowski (2014), S. 6 ff.
339 Schivinski/Dabrowski (2014), S. 6.
340 Vgl. Schivinski/Dabrowski (2014), S. 9.
341 Muñiz/O'Guinn (2001), S. 412.
342 Vgl. Laroche et al. (2012), S. 1760.
343 Vgl. McAlexander/Schouten/Koenig (2002), S. 39.
344 Vgl. McAlexander/Schouten/Koenig (2002), S. 39.

Media Brand Communities nicht hinreichend abgedeckt wird.[345] Dieser theoretische Ansatz erscheint somit ebenfalls als nicht umfassend und detailliert genug.

Bei der Uses & Gratifications Theory handelt es sich um den bisher am häufigsten herangezogenen theoretischen Ansatz zur Analyse von Social Media Brand Communities.[346] Diese zum Untersuchungsgegenstand besonders intensiv überprüfte Theorie bietet zunächst einen sehr umfassenden Ansatz zur Erklärung der Nutzung von Social Media Brand Communities. Im Einzelnen vereint die Uses & Gratifications Theory dabei sowohl beziehungsorientierte Bedürfnisse und Motivationen der Nutzer als auch einen Markenbezug in Form der Markeninhalte der Social Media Brand Communities als Einflussfaktoren der Nutzung, welche auf den Erwartungen der Community- Mitglieder hinsichtlich resultierendem Nutzen und angestrebter Belohnung beruht. Somit wird die Theorie sowohl den Besonderheiten von Social Media als auch Brand Communities gerecht und bewältigt die Kritikpunkte der zuvor erläuterten theoretischen Ansätze.

Warum die Uses & Gratifications Theory somit als besonders geeignet für die Fundierung dieser Untersuchung erscheint und daher den theoretischen Ansatz dieser Arbeit darstellt, soll im Folgenden im Detail begründet werden. Dazu werden in Abschnitt 3.1.1 zunächst die Uses & Gratifications Theory sowie ihre Bezugspunkte zur Untersuchung im Detail erläutert. Abschnitt 3.1.2 beschäftigt sich nachfolgend mit der bisherigen wissenschaftlichen Entwicklung und Verwendung der Uses & Gratifications Theory und bekräftigt somit die Wahl des theoretischen Ansatzes sowie seine Relevanz für diese Untersuchung. Abschließend wird basierend auf den identifizierten theoretischen Bezugspunkten zur Untersuchung in Abschnitt 3.1.3 ein weiterführender heuristischer Bezugsrahmen entwickelt, welcher auf der Uses & Gratifications Theory basiert und in der Folge der sukzessiven Entwicklung des Untersuchungsmodells sowie der Konzeptionalisierung der relevanten Konstrukte dient.

3.1.1 Die Uses & Gratifications Theory und ihre Bezugspunkte zur Untersuchung

Die Uses & Gratifications Theory fokussiert speziell die Rolle von Rezipienten innerhalb der Massenmedienkommunikation.[347] Dementsprechend stellt sich innerhalb der Uses & Gratifications Theory die Kernfrage: „What do people do with media?“[348]

Es wird somit generell auf Basis der Theorie diskutiert, warum und zu welchem Zweck Rezipienten bestimmte Medien nutzen. Im Einzelnen konstituiert sich die Uses & Gratifications Theory dabei

---

345 Vgl. Laroche/Habibi/Richard (2013), S. 77 ff.; Habibi/Laroche/Richard (2014b), S. 156 ff.
346 Vgl. Abschnitt 2.3.
347 Vgl. West/Turner (2014), S. 417.
348 West/Turner (2014), S. 408.

aus den folgenden grundlegenden Annahmen. Zunächst postuliert die Uses & Gratifications Theory, dass Rezipienten Medien zielorientiert zur Befriedigung existierender Bedürfnisse auswählen, also z.B. zur Wissenserweiterung, Entspannung, Ablenkung und Realitätsflucht, oder auch zur Begründung sozialer Interaktionen und eines damit zusammenhängenden Gemeinschaftsgefühls.[349]

Folglich werden Rezipienten nicht als passive Medienkonsumenten wahrgenommen. Vielmehr integrieren sie ausgewählte Medien aktiv in ihr Leben. Während Rezipienten demnach also selbst die passenden Medien zur Befriedigung ihrer Bedürfnisse auszuwählen, impliziert die Theorie gleichzeitig, dass die entsprechenden Medien mit anderen Anbietern um die Gunst der Rezipienten konkurrieren.[350] Dies ist wiederum verbunden mit der Annahme, dass Rezipienten bestimmte Werturteile zu den Inhalten zuvor ausgewählter Medien treffen[351], welche eine erneute Nutzung dieser Medien beziehungsweise einen Wechsel zur Konkurrenz determinieren können. Schließlich besagt die letzte Annahme der Uses & Gratifications Theory, dass Rezipienten sich ihrer zielorientierten Mediennutzung bewusst und somit in der Lage sind, Wissenschaftlern des Forschungsgebiets mit einer entsprechenden Darstellung ihrer Mediennutzung zu dienen. Somit liefert die Uses & Gratifications Theory eine vielversprechende Perspektive zur wissenschaftlichen Untersuchung von Medienauswahl, -nutzung und -wirkung.[352] Tabelle 14 stellt die Annahmen der Uses & Gratifications Theory noch einmal im Überblick dar:[353]

Grundlegende Annahmen der Uses & Gratifications Theory
1. Rezipienten sind in ihrer Mediennutzung aktiv und zielorientiert.
2. Die Initiative zur Verknüpfung von Bedürfnisbefriedigung und spezifischer Medienauswahl liegt bei den Rezipienten selbst.
3. Die Medien konkurrieren mit anderen Anbietern um die Bedürfnisbefriedigung der Rezipienten.
4. Nur die Rezipienten selbst können Werturteile zu den Inhalten ausgewählter Medien treffen.
5. Rezipienten sind sich ihrer zielorientierten Mediennutzung bewusst und somit in der Lage, Wissenschaftlern mit einer entsprechenden Darstellung ihrer Mediennutzung zu dienen.

Tabelle 14: Grundlegende Annahmen der Uses & Gratifications Theory[354]

349 Vgl. McQuail (2010), S. 424 ff.
350 Vgl. Katz/Blumler/Gurevitch (1973), S. 510 f.
351 Vgl. West/Turner (2014), S. 406.
352 Vgl. Baran/Davis (2012), S. 299, 325.
353 Vgl. im Folgenden West/Turner (2014), S. 406.
354 In Anlehnung an West/Turner (2014), S. 406.

Basierend auf diesen grundlegenden Annahmen der Uses & Gratifications Theory können hinsichtlich einer Erfolgsfaktorenuntersuchung des Social Media Brand Community- Managements nun die folgenden theoretischen Bezugspunkte zur Konzeptionalisierung und Modellentwicklung identifiziert werden. Zunächst besteht eine Kernaussage der Uses & Gratifications Theory wie zuvor dargelegt darin, dass die Mediennutzung einzelner Rezipienten durch die angestrebte Befriedigung beziehungsweise „gratifications sought“[355] (GS), sowie die damit verbundenen Nutzerbedürfnisse und -motivationen, bestimmt wird.

Demzufolge liegt die Vermutung nahe, dass sich auch die Nutzung des spezifischen Mediums der Social Media Brand Community auf Grundlage dieser theoretischen Überlegungen erklären lässt. Im Einzelnen kann die Uses & Gratifications Theory in Bezug auf die erste Forschungsfrage dieser Untersuchung also zunächst dazu verwendet werden, speziell beziehungsorientierte Nutzerbedürfnisse und -motivationen als Erfolgsfaktoren zu deduzieren.

Zudem setzt hier noch eine spezifische Weiterentwicklung der Uses & Gratifications Theory an: “[…] media scholars […] stressed the need to distinguish between the motives for media consumption or gratifications sought (GS) and the gratifications perceived to be obtained (GO) from this experience […]”[356]. Dabei ist die Aussage der Uses & Gratifications Theory zu „gratifications perceived to be obtained (GO)“[357] entscheidend, wonach Nutzer abhängig von ihrer Wahrnehmung der erhaltenen Befriedigung beziehungsweise ihren Werturteilen zu den Medieninhalten und den daraus resultierenden Überzeugungen und Bewertungen („Beliefs“[358] und „Evaluations“[359]), entweder wiederholt Gebrauch von diesem Medium machen, oder aber zu konkurrierenden Anbietern wechseln.[360] Abbildung 20 visualisiert diese Überlegungen mittels des sogenannten GS/GO-Modells.

Übertragen auf den Kontext der Social Media Brand Communities impliziert dieses Modell also, dass eine wiederholte Nutzung dieser Communities davon abhängt, inwiefern ihre Inhalte die Bedürfnisse der Nutzer befriedigen und somit deren Überzeugungen und Bewertungen hinsichtlich des Mediums beeinflussen. Demgemäß können auf Basis der Uses & Gratifications Theory hinsichtlich der ersten Forschungsfrage dieser Untersuchung also auch speziell inhaltsorientierte Erfolgsfaktoren deduziert werden. Dabei kann im Einzelnen angenommen werden, dass Überzeugungen und Bewertungen bezüglich der Inhalte einer speziellen Community nach jeder Nutzung neu kombiniert

[355] Palmgreen/Wenner/Rosengren (1985), S. 27.
[356] Ebenda.
[357] Ebenda.
[358] McQuail (2010), S. 426.
[359] Ebenda.
[360] Vgl. McQuail (2010), S. 426 f.

werden und somit bei der Entscheidung helfen, ob die entsprechende Community erneut genutzt werden soll. Diese Überlegungen sind wiederum mit der zuvor bereits erläuterten Annahme der Uses & Gratifications Theory verbunden, nach welcher existierende Medien grundsätzlich mit anderen Anbietern konkurrieren und diese nach Bewertung der Nutzer sowohl schlechter als auch besser zur Befriedigung ihrer Bedürfnisse geeignet sein können.[361]

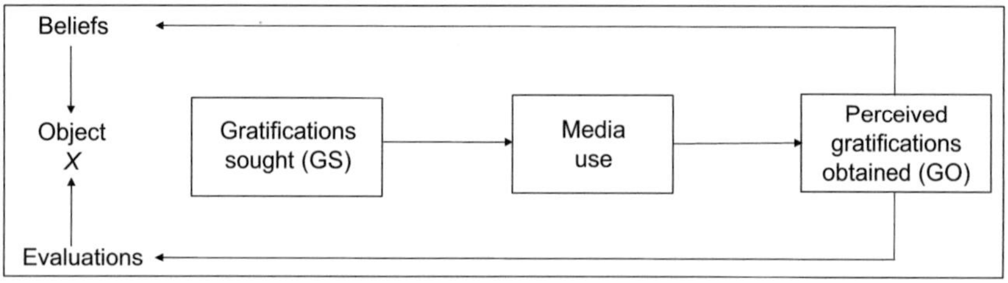

Abbildung 20: GS/GO-Modell[362]

Angesichts dieser Konkurrenzsituation kann seitens der anbietenden Unternehmen nur durch das Erreichen einer entsprechend geeigneten Bedürfnisbefriedigung die Sicherung einer kontinuierlichen Mediennutzung der Rezipienten beziehungsweise der kontinuierlichen Nutzung von Social Media Brand Communities im Kontext dieser Untersuchung erreicht werden. Dass dies das Ziel der anbietenden Unternehmen darstellen sollte, entspricht weiterhin der generellen Erkenntnis zur Kundenbindung, welche besagt, „[…] dass es um ein Vielfaches schwieriger und teurer ist, Neukunden zu gewinnen als Bestandskunden zu halten."[363] Da eine langfristige Kundenbindung dementsprechend eine wesentliche strategische Rolle für viele Unternehmen einnimmt[364], kann auch die Bindung der Nutzer an das Medium der Social Media Brand Community im Kontext dieser Untersuchung als essenziell erachtet werden. Zur Erreichung dieses Ziels ist daher für Unternehmen die Überlegung von Bedeutung, welche Faktoren eine kontinuierliche Nutzung von Social Media Brand Communities beeinflussen.

Diesbezüglich lassen sich basierend auf den vorherigen Ausführungen zur Uses & Gratifications Theory zusammenfassend relevante beziehungsorientierte Nutzerbedürfnisse und -motivationen sowie Inhalte der Social Media Brand Communities als Erfolgsfaktoren herleiten. Entsprechend der Aufforderung des relevanten Schrifttums und der damit verbundenen Zielsetzung dieser Untersuchung können in dieser Arbeit somit auf Basis der Uses & Gratifications Theory einerseits bezie-

361 Vgl. Katz/Blumler/Gurevitch (1973), S. 511; West/Turner (2014), S. 406.
362 Palmgreen/Rayburn (1985), S. 72; McQuail (2010), S. 426.
363 Güse (2012), S. 259.
364 Vgl. Homburg/Koschate (2007), S. 845.

hungsorientierte und andererseits inhaltsorientierte Erfolgsfaktoren behandelt werden.[365] Zudem kann wie zuvor dargelegt die Mediennutzung im Rahmen der Uses & Gratifications Theory und somit auch die eigentliche Nutzung von Social Media Brand Communities im Kontext dieser Untersuchung bereits als Erfolg gewertet werden. Folglich können im weiteren Verlauf der Untersuchung auf Basis dieser Mediennutzung relevante Erfolgsgrößen konzeptionalisiert werden. Insgesamt ist der Uses & Gratifications Theory zur Bearbeitung der spezifischen Problemstellung dieser Untersuchung also eine hohe Eignung zuzuschreiben. Abbildung 21 stellt die zuvor erläuterten Bezugspunkte der Uses & Gratifications Theory zur Konzeptionalisierung und Modellentwicklung der Untersuchung sowie die daraus resultierende Kausalstruktur graphisch dar.

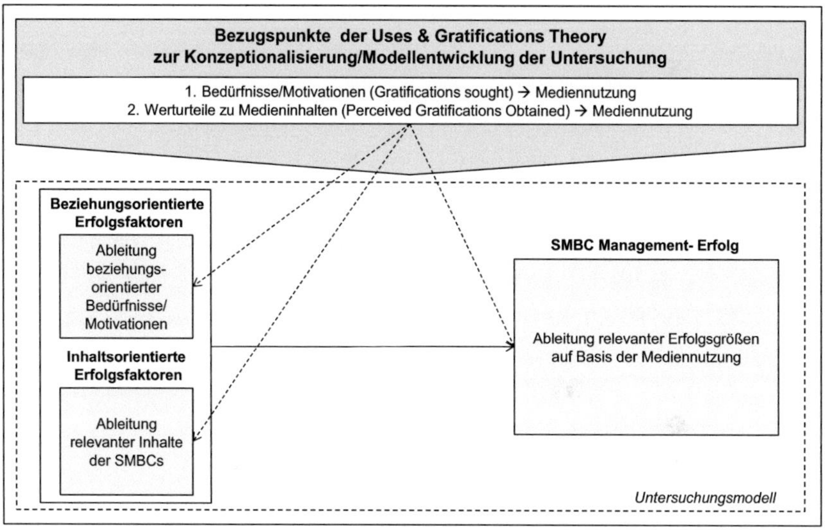

Abbildung 21: Bezugspunkte der Uses & Gratifications Theory zur Untersuchung

Basierend auf diesen theoretischen Bezugspunkten können im weiteren Verlauf dieser Arbeit nun zunächst relevante Erfolgsfaktoren theoretisch deduziert werden. Somit lässt sich der erste Teil der spezifischen Problemstellung dieser Arbeit beziehungsweise die erste Forschungsfrage hinsichtlich der Konzeptionalisierung der Erfolgsfaktoren des Social Media Brand Community- Managements, auf Basis der Uses & Gratifications Theory, bearbeiten.[366] Darüber hinaus lässt sich der Erfolg im Social Media Brand Community- Management auf Grundlage der Uses & Gratifications Theory wie zuvor erläutert bereits durch die eigentliche Mediennutzung definieren. Somit kann auf dieser Basis

[365] Vgl. Abschnitt 1.2.

[366] Vgl. Abschnitt 1.2. Eine entsprechende Operationalisierung der Erfolgsfaktoren erfolgt im weiteren Verlauf der Arbeit in Abschnitt 5.1.

auch die zweite Forschungsfrage dieser Untersuchung hinsichtlich der Konzeptionalisierung von Erfolg im Social Media Brand Community- Management bearbeitet werden.[367]

3.1.2 Bisherige Entwicklung und Verwendung der Uses & Gratifications Theory

Die hohe Eignung der Uses & Gratifications Theory für diese Untersuchung kann weiterhin durch ihre bisherige häufige Verwendung im Rahmen der wissenschaftlichen Forschung zu Social Media Brand Communities untermauert werden.[368] Bevor dies im Folgenden näher erläutert wird, ist es jedoch zunächst zielführend, den Ursprung und die Verwendung der Theorie in der Kommunikations- und Medienforschung generell zu beleuchten. Daher soll im Folgenden zunächst der historischen Entwicklung der Uses & Gratifications Theory Rechnung getragen werden.[369]

Schon innerhalb der ersten Phase der Uses & Gratifications- Forschung erkennen bereits verschiedene Wissenschaftler, dass Rezipienten aktiv am Massenkommunikationsprozess partizipieren. Diesbezüglich untersucht Herzog (1944) bereits die ersten Erscheinungsformen von Uses & Gratifications für Medienkonsumenten mittels einer Kategorisierung von Gründen zur Auswahl von Printmedien und Radiosendern und identifiziert diesbezüglich diverse Belohnungskategorien. Auch wenn die Namensgebung der Uses & Gratifications Theory erst später erfolgt, wird die Forschung von Herzog (1944) als entscheidend für die Entwicklung der Theorie erachtet. Überdies entwickelt Schramm (1954) eine Formel zur Bestimmung der Medienauswahl von Individuen. Diese Formel der „fraction of selection"[370] vergleicht die Belohnung eines Mediennutzers mit der Mühe, die er auf sich nehmen muss, um diese Belohnung zu erhalten.[371]

In der zweiten Phase der Theorieentwicklung versuchen verschiedene Forscher bereits Typologien zu entwickeln, welche alle Gründe für die Mediennutzung von Rezipienten abdecken sollen. Diesbezüglich wenden Blumler/McQuail (1969) den bisherigen Ansatz auf das Massenmedium Fernsehen an und erforschen die Motive von Nutzern, politische Programme via Fernsehen zu verfolgen. Die Arbeit von Blumler/McQuail (1969) liefert somit eine weitere wichtige Grundlage für die Entwicklung der Uses & Gratifications Theory und die weiterführende Forschung. Diesbezüglich kommen McQuail/Blumler/Brown (1972) beispielsweise zu der Erkenntnis, dass der Nutzen von Fernsehen generell in diverse grundlegende Kategorien unterteilt werden kann. Zudem schließen sich Katz/Gurevitch/Haas (1973) der Medienforschung von McQuail/Blumler/Brown (1972) an, woraus ein noch stärkerer Fokus auf die Wahrnehmung der Massenmedien durch die Rezipienten er-

---

[367] Vgl. Abschnitt 1.2. Auch hierzu erfolgt die Operationalisierung im weiteren Verlauf der Arbeit in Abschnitt 5.1.
[368] Vgl. hierzu Abschnitt 2.3.
[369] Vgl. im Folgenden West/Turner (2014), S. 409 ff.
[370] West/Turner (2014), S. 409.
[371] Vgl. West/Turner (2014), S. 409.

wächst.[372] Resultierend daraus präsentieren Katz/Blumler/Gurevitch (1974) schließlich eine systematische und umfassende Artikulierung der aktiven Rolle von Rezipienten im Massenkommunikationsprozess. Ihre Überlegungen werden als „Uses and Gratifications Theory (UGT)"[373] formalisiert.[374]

In der dritten Phase der Theorieentwicklung ist es schließlich die Bestrebung der jeweiligen Autoren, die Beziehungen zwischen bestimmten Gründen der Mediennutzung und Bedürfnissen, Zielen, Konsequenzen, individuellen Faktoren und somit den Nutzen für Konsumenten beziehungsweise die jeweils erhaltene Belohnung genauer zu untersuchen. Somit wird versucht sowohl die Vorhersagekraft als auch den Erklärungsgehalt des theoretischen Ansatzes entschieden weiterzuentwickeln. Nebst Studien von Rubin (1994), Greene/Krcmar (2005) und Haridakis/Rubin (2005) ist die Studie von Rubin/Step (2000) zu Radioinhalten, deren Nutzung durch Rezipienten sowie den zu Grunde liegenden Motivationen beispielhaft für diese Phase der Uses & Gratifications- Forschung.[375]

Neben weiterführenden Untersuchungen zu traditionellen Medien sind Forscher in jüngerer Vergangenheit nun daran interessiert, ob die Postulate der Uses & Gratifications Theory auch in Bezug auf neuere Medien anwendbar sind.[376] In diesem Zusammenhang untersuchen Forscher unter anderem die Nutzung von Mobiltelefonen, des Internets im Allgemeinen, aber auch spezielle Entwicklungen wie Online Gaming.[377] Auch im Bereich Social Media werden immer mehr Anwendungen auf Basis der Uses & Gratifications Theory untersucht. So betrachtet schon Leung (2001) Motive zur Nutzung des Instant Messengers ICQ[378], welcher im Schrifttum retrospektiv – also erst nach Entstehung des eigentlichen Terminus – unter Social Media subsumiert wird.[379] Auch werden Microblogs wie Twitter sowie Recommendation & Review Portals wie Yelp in die Uses & Gratifications- Forschung miteinbezogen.[380] Darüber hinaus untersuchen Forscher auch mehrere Social Media- Anwendungen innerhalb der gleichen Studie.[381] Am auffälligsten ist insgesamt jedoch der Fokus auf soziale Netzwerke und, vor allem, Facebook.[382] Schließlich werden auch neueste Entwicklungen

---

372 Vgl. West/Turner (2014), S. 409. Vgl. hierzu auch die Arbeit von Rubin (1981).
373 West/Turner (2014), S. 405.
374 Vgl. West/Turner (2014), S. 405.
375 Vgl. West/Turner (2014), S. 410.
376 Vgl. West/Turner (2014), S. 410.
377 Vgl. Leung/Wei (2000), S. 308 ff.; Larose/Mastro/Eastin (2001), S. 395 ff.; Stafford/Stafford/Schkade (2004), S. 259 ff.; Wu/Wang/Tsai (2010), S. 1862 ff.
378 Vgl. Leung (2001), S. 482 ff.
379 Vgl. Khang/Ki/Ye (2012) , S. 284.
380 Vgl. Chen (2011), S. 755 ff.; Hicks et al. (2012), S. 2274 ff.
381 Vgl. Wang/Tchernev/Solloway (2012), S. 1829 ff.; Leung (2013), S. 997 ff.
382 Vgl. Raacke/Bonds-Raacke (2008), S. 169 ff.; Park/Kee/Valenzuela (2009), S. 729 ff.; Smock et al. (2011), S. 2322 ff.; Cvijikj/Michahelles (2013), S. 1 ff.; Tsai/Men (2013), S. 76 ff.; Chen et al. (2013), S. 1 ff.; Blanchflower/ Watchravesringkan (2014), S. 20 ff.

zur Verbreitung des mobilen Internets nicht vernachlässigt.[383] Als Ergebnis dieser vierten Phase der Entwicklung der Uses & Gratifications Theory kann konstatiert werden, dass die Theorie durchaus auch im Rahmen neuer und sozialer Medien anwendbar ist, wenn auch kontextbezogen hinsichtlich bestimmter Uses & Gratifications erweitert.[384] Tabelle 15 stellt exemplarisch Studien aus den beschriebenen Phasen sowie die darin untersuchten Medien, Nutzen und Belohnungen dar.

Autor(en)	Medien	Uses & Gratifications
Herzog (1944)	Hörfunk	• Emotionale Erleichterung • Wunschdenken • Lernen
Blumler/McQuail (1969)	Fernsehen	• Information
McQuail/Blumler/Brown (1972)	Fernsehen	• Abwechslung • Persönliche Beziehungen • Persönliche Identität • Beobachtung
Katz/Gurevitch/Haas (1973)	Massenmedien	• Verbindung zu anderen • Abgrenzung von anderen
Rubin (1981)	Fernsehen	• Zeitvertreib • Gemeinschaft • Aufregung • Flucht • Vergnügen • Soziale Interaktion • Entspannung • Information • Lernen
Rubin/Step (2000)	Hörfunk (Talkradio)	• Unterhaltung • Information • Parasoziale Interaktion
Leung/Wei (2000)	Mobiltelefone	• Zuneigung/Geselligkeit • Unterhaltung • Zweckdienlichkeit • Psychologische Bestätigung • Mode/Status • Mobilität • Unmittelbarer Zugriff
Larose/Mastro/Eastin (2001)	Internet	• Aktivität • Angenehme/neue Sinnesreize • Soziale Interaktion/Kommunikation

[383] Vgl. Chua/Goh/Lee (2012), S. 13 ff.
[384] Vgl. West/Turner (2014), S. 416.

Autor(en)	Medien	Uses & Gratifications
Leung (2001)	Instant Messenger (ICQ)	• Entspannung/Unterhaltung • Mode • Zugehörigkeit • Zuneigung • Geselligkeit • Flucht
Smock et al. (2011)	Social Network (Facebook)	• Zeitvertreib/Unterhaltung • Teilen von Informationen • Realitätsflucht • Neuer Trend • Gesellschaft • Beruflicher Aufstieg • Soziale Interaktion • Neue Kontakte
Chen (2011)	Microblog (Twitter)	• Verbindung zu anderen
Hicks et al. (2012)	Bewertungsportal (Yelp)	• Information • Zeitvertreib/Unterhaltung • Benutzerfreundlichkeit • Zwischenmenschlicher Nutzen
Leung (2013)	Verschiedene Social Media-Anwendungen (Facebook, Blogs, Foren)	• Soziale Bedürfnisse • Zuneigung • Abbau negativer Gefühle • Anerkennung • Unterhaltung • Kognitive Bedürfnisse
Tsai/Men (2013)	SMBC auf Facebook	• Unterhaltung • Soziale Integration • Persönliche Identität • Information • Ermächtigung • Entlohnung • Parasoziale Interaktion • Identifikation mit der Community
Blanchflower/Watchravesringkan (2014)	SMBC auf Facebook	• Unterhaltung • Information • Soziale Integration/Interaktion

Tabelle 15: Studien zu Uses & Gratifications im Verlauf der Zeit[385]

Insgesamt kann also konstatiert werden, dass die Uses & Gratifications Theory generell einen etablierten theoretischen Ansatz zur Erforschung der Nutzung von Medien darstellt. Zudem kann festgestellt werden, dass bereits eine solide Basis im Schrifttum existiert, welche die Uses & Gratifications Theory mit der Nutzung von Social Media und, vor allem, sozialen Netzwerken verknüpft.

[385] In Anlehnung an West/Turner (2014), S. 410.

Speziell zu Facebook werden zunächst Nutzen und Belohnung hinsichtlich des sozialen Netzwerks per se untersucht.[386] Darüber hinaus wird auf Basis der Uses & Gratifications Theory noch spezifischer die Nutzung von in Social Media integrierten Angeboten wie Werbeanzeigen und Brand Communities fokussiert.[387] Insgesamt stellt die Uses & Gratifications Theory also bereits im jungen Forschungsfeld sozialer Medien generell, aber auch speziell hinsichtlich Social Media Brand Communities einen vergleichsweise etablierten theoretischen Ansatz dar.[388]

Letztlich bleibt hinsichtlich der Verwendung der Uses & Gratifications Theory zur Untersuchung von Social Media Brand Communities noch festzuhalten, dass, wie bereits innerhalb von Abschnitt 2.3 aufgezeigt wurde, eine monotheoretische Konzeptionalisierung der Konstrukte der jeweiligen Untersuchungsmodelle im relevanten Schrifttum weit verbreitet ist. Dies entspricht der bereits im Rahmen der methodologischen Leitideen begründeten Entscheidung für eine ebenfalls monotheoretische Fundierung des Untersuchungsmodells dieser Arbeit.[389]

3.1.3 Heuristischer Bezugsrahmen

Zur Konzeptionalisierung der Konstrukte des Untersuchungsmodells wird basierend auf den zuvor erläuterten theoretischen Bezugspunkten nun ein weiterführender heuristischer Bezugsrahmen entwickelt, welcher in den nachfolgenden Kapiteln sukzessive mit Inhalten angereichert wird. Mittels eines heuristischen Bezugsrahmens kann ein erstes Aussagensystem geschaffen werden, welches eine Orientierungshilfe zur Generierung von Lösungsansätzen innerhalb praktischer Problemstellungen liefern und den weiteren Forschungsprozess steuern soll.[390] Dabei können wesentliche Beziehungen zwischen Variablen einer Untersuchung sowie die damit verbundenen Forschungshypothesen auf einem hohen Abstraktionsgrad zusammengefasst werden.[391] Geißler (2009) versteht die Anwendung eines heuristischen Bezugsrahmens wie folgt: „Ein heuristischer Bezugsrahmen drückt eine bestimmte Perspektive aus, die zunächst als konstant anzusehen ist und die bei der Formulierung von Analyseeinheiten, Dimensionen und Verbundenheitsannahmen zum Tragen kommt.“[392]

Im Sinne einer solchen Perspektive wird hinsichtlich des heuristischen Bezugsrahmens dieser Untersuchung also zunächst auf den im vorherigen Kapitel gewählten theoretischen Ansatz der Uses & Gratifications Theory rekurriert und somit deduktiv ein abstraktes theoretisches Grundgerüst für das

[386] Vgl. Raacke/Bonds-Raacke (2008), S. 169 ff.; Park/Kee/Valenzuela (2009), S. 729 ff.; Smock et al. (2011), S. 2322 ff.

[387] Vgl. Taylor/Lewin/Strutton (2011), S. 258 ff.; Chi (2011), S. 44 ff.; Cvijikj/Michahelles (2013), S. 1 ff.; Tsai/Men (2013), S. 76 ff.; Chen et al. (2013), S. 1 ff.; Blanchflower/Watchravesringkan (2014), S. 20 ff.

[388] Vgl. hierzu auch Abschnitt 2.3.

[389] Vgl. Abschnitt 2.1.1.

[390] Vgl. Kubicek (1977), S. 17 f.

[391] Vgl. Kubicek (1977), S. 17 f.; Rößl (1990), S. 99; Krol (2010), S. 54; Pistoia (2014), S. 82.

[392] Geißler (2009), S. 44.

Untersuchungsmodell erstellt. Dieser Ansatz bietet einen theoretischen Suchraum, innerhalb dessen die relevanten Modellkonstrukte identifiziert werden sollen.[393]

Jedoch wird diese theoretische Deduktion neben der Analyse des relevanten Schrifttums auch durch weitere induktive Komponenten ergänzt. Im Einzelnen werden dabei die Ergebnisse aus den Nutzerinterviews sowie der qualitativen Inhaltsanalyse herangezogen.[394] Abbildung 22 stellt den daraus resultierenden heuristischen Bezugsrahmen zur sukzessiven Modellentwicklung dieser Untersuchung überblicksartig dar.

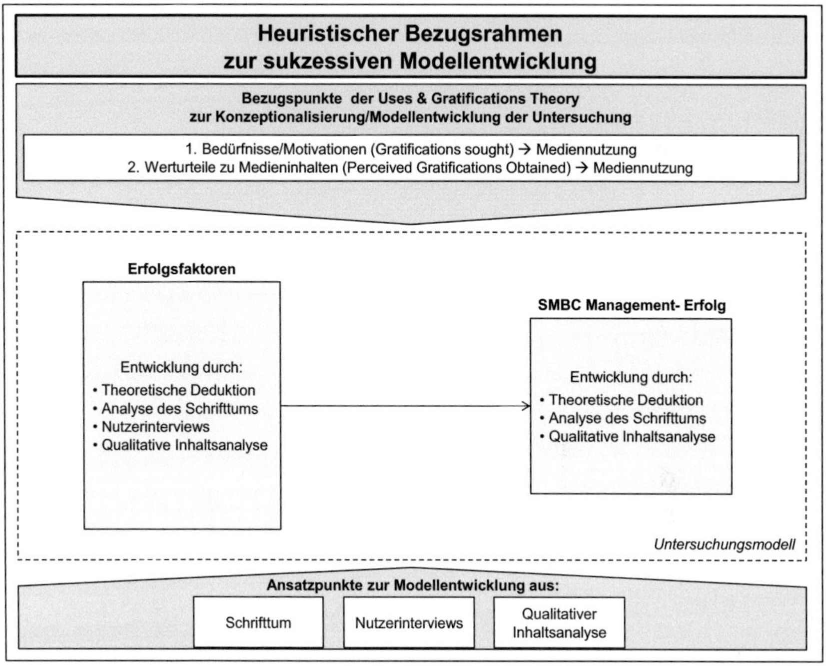

Abbildung 22: Heuristischer Bezugsrahmen zur sukzessiven Modellentwicklung

3.2 Konzeptionalisierung der Erfolgsfaktoren und -wirkung

Die Konzeptionalisierung der Erfolgsfaktoren und -wirkung des Social Media Brand Community-Managements erfolgt basierend auf dem zuvor erläuterten heuristischen Bezugsrahmen in mehreren Schritten. Zunächst dient der gewählte theoretische Ansatz in Kombination mit der Analyse des relevanten Schrifttums dazu, relevante Erfolgsfaktoren abzuleiten (Abschnitt 3.2.1). Im nächsten

[393] Vgl. hierzu Defren (2009), S. 111.
[394] Vgl. hierzu die Erläuterungen zum Mixed Methods- Ansatz in Abschnitt 2.1.2.

Schritt werden basierend auf Theorie und Schrifttum dann relevante Erfolgsgrößen identifiziert (Abschnitt 3.2.2). Ferner werden die Ergebnisse der durchgeführten Nutzerinterviews herangezogen, um die identifizierten Erfolgsfaktoren bezüglich ihrer Relevanz in der Praxis zu überprüfen und gegebenenfalls Änderungen vorzunehmen (Abschnitt 3.2.3). Zudem wird sowohl der praxisbezogenen Überprüfung der Erfolgsfaktoren als auch der Erfolgsgrößen durch eine qualitative Inhaltsanalyse von Social Media Brand Communities Rechnung getragen (Abschnitt 3.2.4).

Im Anschluss an diese Prüfung können dann die einzelnen Erfolgsfaktoren und -größen des Social Media Brand Community- Managements konzeptionalisiert und die damit verbundenen Hypothesen entwickelt werden (Abschnitt 3.2.5).

3.2.1 Ableitung der Erfolgsfaktoren aus der Theorie und der Analyse des Schrifttums

Die in diesem Abschnitt abzuleitenden Erfolgsfaktoren stellen die unabhängigen beziehungsweise exogenen Faktoren des Untersuchungsmodells dieser Arbeit dar.[395] Diesbezüglich wurden im Rahmen der zuvor erläuterten Wahl des theoretischen Ansatzes bereits die wesentlichen Bezugspunkte der Uses & Gratifications Theory identifiziert, welche im Zentrum der theoretischen Deduktion dieser Untersuchung stehen sollen. Im Folgenden sollen daher zunächst auf Basis der Uses & Gratifications Theory relevante beziehungsorientierte Nutzerbedürfnisse oder -motivationen (beziehungsorientierte Erfolgsfaktoren) sowie Inhalte der Social Media Brand Communities (inhaltsorientierte Erfolgsfaktoren) abgeleitet werden, welche im Rahmen der Nutzung dieses spezifischen Mediums von Bedeutung sind.[396]

Im Einzelnen repräsentieren hierbei in dieser Untersuchung die sogenannten beziehungsorientierten Faktoren diejenigen Nutzerbedürfnisse oder -motivationen, welche darauf abzielen, Beziehungen innerhalb der Community zu knüpfen und aufrechtzuerhalten, um dadurch ein Gruppenzugehörigkeitsgefühl im Sinne der Zugehörigkeit zu den jeweiligen Social Media Brand Communities zu erlangen. Es geht bei der Bestimmung dieser beziehungsorientierten Faktoren also darum, aus der Perspektive der Nutzer herauszufinden, aus welchen beziehungsorientierten Gründen eine Nutzung von Social Media Brand Communities stattfindet. Dazu sollen die Bedürfnisse beziehungsweise Motivationen der Nutzer, die mit diesen Beziehungen in Zusammenhang stehen über die jeweiligen Faktoren abgebildet und erforscht werden. Die Kernfrage hierzu lautet also, welche Beziehungen sich die Nutzer von Social Media Brand Communities erwarten. Da bei der Betrachtung dieser Er-

[395] Vgl. Abschnitt 4.1.2 für eine detaillierte methodische Darstellung exogener Faktoren in Strukturgleichungsmodellen.

[396] Vgl. Abschnitt 3.1.1.

folgsfaktoren also die seitens der Nutzer erwarteten Beziehungen im Fokus stehen, welche sich durch die Nutzung von Social Media Brand Communities entwickeln können, wurde dementsprechend der Terminus der ‚beziehungsorientierten Erfolgsfaktoren‘ gewählt, welcher somit den Hinweisen aus dem Schrifttum zur wissenschaftlichen Relevanz und dem Forschungsbedarf hinsichtlich des Social Media Brand Community- Managements gerecht wird.[397]

Davon abgrenzen lassen sich die abzuleitenden inhaltsorientierten Erfolgsfaktoren, durch welche das tatsächliche Angebot von wesentlichen Inhalten in den zu untersuchenden Social Media Brand Communities abgebildet und somit erforscht werden soll, ob die Community- Manager, also die Vertreter der Marke in der Community, die richtigen Inhaltskategorien zur Verfügung stellen, um die Bedürfnisse der Nutzer zu befriedigen und so eine kontinuierliche Nutzung sicherzustellen.[398] Die Kernfrage zu diesen Faktoren lautet also, welche Inhalte die Community- Manager in den Social Media Brand Communities anbieten, die deren Nutzung positiv beeinflussen. Da bei der Betrachtung dieser Erfolgsfaktoren also die verschiedenen wesentlichen Inhaltsangebote der Community- Manager im Fokus stehen, wurde demgemäß der Terminus der ‚inhaltsorientierten Erfolgsfaktoren‘ gewählt, welcher ebenfalls den Hinweisen aus dem Schrifttum zur wissenschaftlichen Relevanz und dem Forschungsbedarf hinsichtlich des Social Media Brand Community- Managements entspricht.[399]

Die nachfolgende theoretische Deduktion der beiden zuvor voneinander abgegrenzten Gruppen der beziehungs- und inhaltsorientierten Erfolgsfaktoren soll, in Anlehnung an die Ausführungen zum Forschungsstand in Abschnitt 2.3, durch eine entsprechende Analyse des Schrifttums ergänzt werden. So soll der auf der Uses & Gratifications Theory basierende heuristische Bezugsrahmen sukzessive belegt und weiter mit Inhalten gefüllt werden. Dabei wird der Fokus wie auch in Abschnitt 2.3 auf das quantitativ-empirische Schrifttum gelegt, da sich speziell aus entsprechenden Studien Erkenntnisse zu relevanten Konstrukten und der Überprüfung ihrer Wirkungsbeziehungen gewinnen lassen. Neben der Betrachtung des spezifischen Social Media Brand Community- Schrifttums werden dabei ergänzend auch Studien zur Nutzung von Social Media im Allgemeinen sowie konventionellen Online Brand Communtities herangezogen. Da bestimmte Erfolgsfaktoren des Social Media Brand Community- Managements zusätzlich im einfach-empirischen und konzeptionellen Schrifttum mit besonderer Bedeutung diskutiert werden, wird die Betrachtung zudem um die entsprechenden Beiträge erweitert.

---

[397] Vgl. Abschnitt 1.1.
[398] Vgl. Abschnitt 3.1.1.
[399] Vgl. Abschnitt 1.1.

Die spezifische Ableitung von Erfolgsfaktoren wird dabei im Folgenden separat für die beziehungsorientierten Erfolgsfaktoren in Abschnitt 3.2.1.1 und die inhaltsorientierten Erfolgsfaktoren in Abschnitt 3.2.1.2 vorgenommen. Abschnitt 3.2.1.3 schließt mit einer Zusammenfassung der Ergebnisse und stellt die sich daraus ergebenden Implikationen für die Untersuchung sowie den auf dieser Basis erweiterten heuristischen Bezugsrahmen dar.

3.2.1.1 Ableitung beziehungsorientierter Erfolgsfaktoren

Im Hinblick auf die Ableitung beziehungsorientierter Erfolgsfaktoren des Social Media Brand Community- Managements aus der Uses & Gratifications Theory ergeben sich, wie bereits in Abschnitt 3.1 erläutert, bestimmte beziehungsorientierte Bedürfnisse und Motivationen von Social Media Brand Community- Nutzern. Betrachtet man entsprechende Nutzerbedürfnisse beziehungsweise -motivationen, welche sich im Laufe der Uses & Gratifications- Forschung als Gründe der Mediennutzung im Allgemeinen etabliert haben, so fassen beispielsweise verschiedene Autoren, welche sich mit der Entwicklung der Uses & Gratifications Theory beschäftigen, bestimmte „Needs Gratified by the Media“[400], “Uses and Gratifications Typologies”[401] oder “Media gratifications sought or obtained”[402] zusammen.

Im Hinblick auf die spezifische Ableitung beziehungsorientierter Erfolgsfaktoren für diese Untersuchung werden hierbei auch insbesondere soziale Bedürfnisse und Motivationen wie z.B. ‚Personal Relationships: Companionship, Social Utility‘, ‚Social Contact‘, ‚Enhancing Connections with Family, Friends, and so forth‘, ‚Social Interaction’ und ‘Connection with Others’ häufig genannt.[403] Bezüglich der Relevanz dieser sozialen Motivationen für diese Untersuchung stellen z.B. Tsai/Men (2013) heraus, dass diese Motivationen sowohl in Bezug auf “traditional media usage”[404] (z.B. Fernsehen, Hörfunk) anwendbar sind, als auch z.B durch jüngere Studien zu Social Networks als „applicable to social media“[405] belegt werden konnten. Diese breite Anwendbarkeit und Relevanz der genannten Motivationen zur Erklärung der Mediennutzung belegen auch die vorangegangenen detaillierteren Ausführungen zur bisherigen Entwicklung und Verwendung der Uses & Gratifications Theory im Rahmen der wissenschaftlichen Forschung in Abschnitt 3.1.2. Darin konnte bereits durch die chronologische Darstellung der Studien zu unterschiedlichsten Medien gezeigt werden, dass Nutzungsmotivationen bezüglich sozialer Bedürfnisse und zwischenmenschlichem Nutzen, Geselligkeit, persönlicher Beziehungen, Verbindungen, Kontakte und Zuneigung zu anderen

400 West/Turner (2014), S. 407.
401 West/Turner (2014), S. 410.
402 McQuail (2010), S. 427.
403 Vgl. McQuail (2010), S. 424 ff.; West/Turner (2014), S. 406 ff.
404 Tsai/Men (2013), S. 77.
405 Ebenda.

Nutzern, der damit verbundenen Zugehörigkeit und Gemeinschaft, der psychologischen Bestätigung und Anerkennung durch andere Nutzer, des Teilens von Informationen mit anderen Nutzern und somit allgemeiner Motivationen bezüglich der sozialen Interaktion, Integration und Kommunikation konsistent empirisch nachgewiesen werden konnten.[406]

Angesichts dieser bisherigen Bewährung entsprechender sozialer oder beziehungsorientierter Motivationen im Rahmen der Uses & Gratifications Theory und der damit verbundenen Forschung zur Nutzung verschiedenster Medien liegt somit auch für den Kontext dieser Untersuchung die Vermutung nahe, dass diese Motivationen eine Relevanz für die Erklärung der Nutzung des speziellen Mediums der Social Media Brand Community aufweisen. So wird diesbezüglich im relevanten Social Media Brand Community- Schrifttum zunächst festgehalten, dass sich diese auf Basis der Uses & Gratifications Theory ergebenden Schlüsselmotivationen zur traditionellen Mediennutzung ebenfalls als generell zutreffend für den Social Media- Kontext erweisen.[407]

Ferner wird der Social Media auch sachlogischerweise inhärente, soziale Aspekt in weiteren auf der Uses & Gratifications Theory basierenden Arbeiten als Motivation zur Nutzung von Social Media Brand Communities hinreichend erklärt: “Specifically, brand SNS pages are important brand communities where consumers socialize with not only the brand representatives but also other users who share similar brand preferences. [...] In other words, a brand SNS page is engaging [...] because it may serve as a communal environment where consumers can share resources and provide support to one another.”[408]

Somit können im Zwischenergebnis auf Basis der bisherigen Überlegungen zur Uses & Gratifications Theory in Bezug auf beziehungsorientierte Erfolgsfaktoren für diese Untersuchung zunächst generell soziale Motivationen zur Nutzung von Social Media Brand Communities abgeleitet werden. Daran anknüpfend können im Folgenden mit besonderem Fokus auf die zuvor genannten spezifischen Motivationen der sozialen Interaktion, Integration und Kommunikation konkrete Erfolgsfaktoren durch die bislang existierenden Nachweise aus dem relevanten Schrifttum identifiziert werden.

So adaptiert Chi (2011) beispielsweise die Uses & Gratifications Theory auf die Nutzerakzeptanz von Social Media Brand Communities und weist in ihrer Studie den Einfluss der ‚User Motivation for Online Social Networking‘ beziehungsweise des ‚Need for Online Social Capital‘ auf die

406 Vgl. Abschnitt 3.1.2.
407 Vgl. Tsai/Men (2013), S. 77.
408 Tsai/Men (2013), S. 79.

Teilnahmeabsicht der Nutzer nach.[409] In vergleichbarer Weise können auch Lin/Lu (2011) einen positiven Effekt der ‚Social Interaction Ties' auf die Weiternutzungsintention bezüglich Social Media Brand Communities feststellen[410], während Jahn/Kunz (2012) in ihrer Studie basierend auf der Uses & Gratifications Theory ebenfalls die Erwartung eines ‚Social Interaction Value' als Motivation für ein entsprechendes Nutzerengagement in Social Media Brand Communities belegen können.[411] Zudem kann Kishiya (2014) einen positiven Einfluss der ‚Social Interaction' zwischen Nutzern von Social Media Brand Communities auf die weitere Nutzung in Form von Interaktionen zwischen Nutzern und Marke nachweisen.[412]

Betrachtet man nun also zunächst die zuvor genannten Studien und die darin jeweils nachgewiesenen Faktoren aggregiert, so ist ihnen ein Fokus auf das Netzwerken zwischen den Nutzern von Social Media Brand Communities gemein. Dementsprechend soll für diese Arbeit ebenfalls ein entsprechender beziehungsorientierter Erfolgsfaktor abgeleitet werden, nämlich das Konstrukt des ‚Social Networkings'. Während sich hinsichtlich dieses spezifischen Konstrukts im Schriftum bisher noch keine eindeutige Definition etabliert hat, kann diesbezüglich alternativ die Definition des semantisch vergleichbaren Konstruktes der ‚Connection' von Chen (2011) herangezogen werden, welches sich auf eine informelle Kameradschaft zwischen Social Media- Nutzern bezieht, die auch über große Distanzen hinweg gepflegt werden kann[413]: „For this study, connection is defined as a type of informal camaraderie explained by Granovetter's (1973) concept of weak ties between individuals or the distant connections that Littau (2009) found online."[414]

Während das Konstrukt des Social Networkings im weiteren Social Media Brand Community-Schrifttum zwar bisher nur als abhängige Variable belegt werden konnte[415], soll es aufgrund des zuvor erläuterten Befundes von Chi (2011) sowie der genannten semantisch ähnlichen Konstrukte, welche als unabhängige Variable beziehungsweise Erfolgsfaktoren nachgewiesen werden konnten, in das Untersuchungsmodell dieser Arbeit integriert werden. Hierfür spricht ferner, dass das Konstrukt des Social Networkings auch in konventionellen Studien zu Social Media bereits als unabhängige Variable beziehungsweise Erfolgsfaktor bestimmt werden konnte. So können Wirtz/Piehler/Ullrich (2013) einen positiven Effekt des Social Networkings auf die Social Media Website At-

---

409 Vgl. Chi (2011), S. 44 ff.
410 Vgl. Lin/Lu (2011), S. 569.
411 Vgl. Jahn/Kunz (2012), S. 344 ff.
412 Vgl. Kishiya (2014), S. 47.
413 Vgl. Chen (2011), S. 755.
414 Chen (2011), S. 755.
415 Vgl. Laroche et al. (2012), S. 1763; Habibi/Laroche/Richard (2016), S. 298.

tractiveness feststellen.[416] Zusätzlich wurden zu Social Networks und anderen Social Media basierend auf der Uses & Gratifications Theory weitere vergleichbare Nutzerbedürfnisse und -motivationen als zentrale Konstrukte behandelt und nachgewiesen (‚to keep in touch with old/current friends', ‚to make new friends', ‚to connect with others').[417] Darüber hinaus wurden die ‚Social Networking Practices' auch bereits in Bezug auf die Nutzung von konventionellen Online Brand Communities als wesentliches Wertschöpfungselement empirisch nachgewiesen.[418]

Zudem kann auch basierend auf sachlogischen Begründungen für die Integration des Social Networking- Konstrukts in diese Untersuchung argumentiert werden. Dazu kann im Einzelnen hinsichtlich der Relevanz des Social Networkings als Einflussfaktor der Nutzung von Social Media Brand Communities zunächst das Argument angeführt werden, dass der unpersönliche Umgang und die damit verbundene Anonymität in der modernen Gesellschaft in einem neuerlich entstandenen Bedürfnis der Nutzer nach einer Gemeinschaft resultiert hat.[419] Hierbei spielt ferner die Ambivalenz der zunehmenden Verbreitung von Informations- und Kommunikationstechnologien eine bedeutende Rolle, da diese einerseits z.B. durch den Austausch über elektronische Geräte mit verantwortlich für die erwähnte Unpersönlichkeit sind, da so ein weniger direktes, persönliches Miteinander im Alltag stattfindet. Andererseits bieten jedoch Social Media generell und Social Media Brand Communities im Besonderen eine neue Plattform, welche dem beschriebenen Bedürfnis nach Gemeinschaft und sozialen Kontakten in ihrer gewohnten digitalen Umwelt gerecht werden und erfreuen sich somit großer Popularität bei ihren Nutzern. Dabei können Nutzer von Social Media Brand Communities durch die zum Social Networking geeigneten Tools und Funktionen der Social Media- Plattformen, wie z.B. das Stellen von Kontaktanfragen, mit anderen Nutzern neue Beziehungen aufbauen und somit Gleichgesinnte beziehungsweise andere Markenfans treffen, welche wegen des selben Interesses an einer bestimmten Marke in der Gemeinschaft vereint sind.

Daher ist es aufgrund des zuvor erläuterten Bedürfnisses nach Gemeinschaft und sozialen Kontakten sowie der Tatsache, dass Social Media Brand Communities für Nutzer und deren Interaktion geschaffen und daher sehr gut geeignet sind, dieses Bedürfnis zu befriedigen[420], naheliegend, dass das Social Networking als Motivation zur Nutzung gegeben ist. Daher soll das Social Networking im

---

[416] Vgl. Wirtz/Piehler/Ullrich (2013), S. 25.
[417] Vgl. Raacke/Bonds-Raacke (2008), S. 171; Chen (2011), S. 755.
[418] Vgl. Schau/Muñiz/Arnould (2009), S. 34.
[419] Vgl. Abschnitt 2.2.2.
[420] Vgl. Abschnitt 2.2.3.

Rahmen der Ableitung beziehungsorientierter Erfolgsfaktoren in das Untersuchungsmodell dieser Arbeit integriert werden.[421]

Ferner werden soziale Motivationen zur Nutzung von Social Media Brand Communities auch wieterhin in der Studie von Chen et al. (2013) aufgegriffen, welche erneut die Uses & Gratifications Theory als konzeptionelle Grundlage miteinbezieht. Darin wird ebenfalls eine Motivation zur Nutzung von Social Media Brand Communities nachgewiesen, welche auf den Nutzen abzielt, der durch die Pflege zwischenmenschlicher Beziehungen und der damit verbundenen Anerkennung durch andere in Social Media Brand Communities erreicht wird (‚Group Referent'). Andererseits umfassen die untersuchten sozialen Motivationen aber auch, inwiefern Nutzer die Wahrnehmung haben, dass die Nutzung von Social Media Brand Communities ein erwartetes und legitimes Verhalten seitens der Gesellschaft darstellt und für sie wichtige Personen der Meinung sind, dass sie dieses neue Medium nutzen sollten (‚Social Norm').[422]

So wird das Konstrukt der ‚Social Norm' diesbezüglich im Schrifttum allgemein definiert als „[…] standards of behavior that are based on widely shared beliefs on how individual group members ought to behave in a given situation […], as well as commonly considered legitimate and socially shared guidelines to accepted and expected behavior […]“ [423] sowie speziell hinsichtlich der Nutzung neuer Technologien als „[…] the degree to which an individual perceives that important others believe he or she should use the new system”[424]. Dieses Konstrukt der ‚Social Norm' wurde auch bereits in Bezug auf die generelle Nutzungsintention bezüglich Social Networks von Hu/Poston/Kettinger (2011) als Einflussfaktor nachgewiesen.[425] Darüber hinaus wurde auch das vergleichbare Konstrukt der ‚Subjective Norm' in früheren Studien zu Social Media im Allgemeinen bereits als unabhängige Variable beziehungsweise Erfolgsfaktor belegt. So kann z.B. Rouibah (2008) einen positiven Einfluss des Konstrukts auf die soziale Nutzung des Instant Messagings feststellen.[426] Ferner können Lee/Cho (2011) ‚Subjective Norm' speziell als Einflussfaktor der Nutzung von Facebook und Twitter nachweisen[427], während Qin et al. (2011) einen positiven Effekt auf die seitens der Nutzer wahrgenommene Nützlichkeit (‚Perceived Usefulness') von Social Networks nachwei-

[421] Ferner legt auch bereits der Terminus der in dieser Arbeit fokussierten Social Media- Anwendung des ‚Social Networks' nahe, dass das ‚Social Networking' als Nutzungsmotivation in der Untersuchung nicht zu vernachlässigen ist.
[422] Vgl. Chen et al. (2013), S. 3 ff.
[423] Chen et al. (2013), S. 4.
[424] Chen et al. (2013), S. 4.
[425] Vgl. Hu/Poston/Kettinger (2011), S. 451.
[426] Vgl. Rouibah (2008), S. 56.
[427] Vgl. Lee/Cho (2011), S. 84.

sen, welche sich wiederum positiv auf die damit verbundene Nutzungsintention auswirkt.[428] Shin (2013) verzeichnen ebenfalls einen positiven Effekt des Konstrukts auf die Nutzungsintention bezüglich ‚Social Commerce' auf verschiedenen Social Media-Plattformen.[429]

Angesichts dieser Nachweise aus dem Schrifttum liegt es nahe, für diese Arbeit ebenfalls das Konstrukt der ‚Sozialen Normen' als beziehungsorientierten Erfolgsfaktor in die Untersuchung miteinzubeziehen. Ferner lässt sich dies auch sachlogisch begründen. So liegen sowohl die Nutzung von Social Media im Allgemeinen als auch Social Media Brand Communities im Besonderen in der Gesellschaft stark im Trend, was darin resultiert, dass man im Falle der Nutzung eine Art indirekte soziale Anerkennung durch andere Nutzer und somit ein Gruppenzugehörigkeitsgefühl erlangen kann, wohingegen man im Falle einer Nichtnutzung als Außenseiter wahrgenommen wird.

Dieser Gruppendruck kann auch speziell am Beispiel dieser Untersuchung zu Social Media Brand Communities von Sportmarken verdeutlicht werden[430], da hier eventuell eine Nichtnutzung der Communities von Fans der Marken für andere Nutzer bedeutet, dass man z.B. nicht den neuesten Trends zu bestimmten Sneakern folgt, da diese in den jeweiligen Social Media Brand Communities diskutiert werden und man somit nicht als wahrhaftiger Fan wahrgenommen wird. Daher ist es anzunehmen, dass aufgrund des Bedürfnisses nach Anerkennung und Gruppenzugehörigkeit in der menschlichen Natur und der Tatsache, dass die Nutzung von Social Media Brand Communities in dem für diese Untersuchung relevanten Social Network Facebook den jeweiligen Freunden des Nutzers angezeigt wird und man somit für alle ersichtlich dazu gehört, die Relevanz sozialer Normen als Einflussfaktor der Nutzung von Social Media Brand Communities gegeben ist. Dementsprechend soll das Konstrukt ‚Soziale Normen' im Rahmen der Ableitung beziehungsorientierter Erfolgsfaktoren in das Untersuchungsmodell dieser Arbeit integriert werden.

Während somit der soziale Einfluss anderer Nutzer hinsichtlich der Nutzung von Social Media Brand Communities bereits Berücksichtigung in dieser Untersuchung findet, lassen sich im relevanten Schrifttum auch in Bezug auf weitere soziale oder beziehungsorientierte Nutzungsmotivationen Hinweise darauf finden, dass vice versa auch die Ausübung des eigenen Einflusses auf andere Nutzer eine Rolle im Hinblick auf die Nutzung von Social Media Brand Communities spielt. So können z.B. Demiray/Burnaz (2014) einen positiven Effekt der Meinungsführerschaft (‚Opinion Leadership') der Nutzer von Social Media Brand Communities auf die Teilnahme dieser Nutzer in den

---

428 Vgl. Qin et al. (2011), S. 894.
429 Vgl. Shin (2013), S. 59.
430 Vgl. Abschnitt 1.2.

Communities nachweisen.[431] Dieses Konstrukt wird im Schrifttum definiert als "[…] degree to which an individual is able informally to influence other individuals' attitudes or overt behavior in a desired way with relative frequency"[432].

In vergleichbarer Weise untersuchen auch Gummerus et al. (2012) dass semantisch ähnliche Konstrukt des ‚Social Enhancement' in Verbindung mit der Nutzung von Social Media Brand Communities, welches in der Studie der genannten Autoren darauf abzielt, dass Nutzer mit ihrer Meinung anderen Nutzern helfen und dadurch Anerkennung erlangen wollen: „Customers may also seek social enhancement, which derives from the need to feel useful, recognized and needed in the community."[433] Dabei können Gummerus et al. (2012) diesbezüglich nachweisen, dass das Nutzerengagement in den untersuchten Social Media Brand Communities mit einem entsprechend gearteten sozialen Nutzen verbunden ist.[434]

Ferner konnte das spezifische Konstrukt der Meinungsführerschaft (‚Opinion Leadership') auch in Untersuchungen zur Nutzung von Social Media im Allgemeinen bereits als Einflussfaktor belegt werden. So kann z.B. Park (2013) im Einzelnen feststellen, dass sich die Meinungsführerschaft positiv auf die Häufigkeit der Twitter- Nutzung sowie weitere Motivationen für das dortige Nutzerengagement auswirkt (‚to provide useful information and share them with others', ‚to comment on news items linked on Twitter' etc.).[435] Zudem können Weeks/Ardèvol-Abreu/Gil de Zúñiga (2015) nachweisen, dass die Selbstwahrnehmung von Social Media- Nutzern als Meinungsführer dazu führt, dass diese Nutzer versuchen, andere Nutzer auf den jeweiligen Social Media-Plattformen zu beeinflussen.[436]

Darüber hinaus ist die Relevanz des Faktors der Meinungsführerschaft für die Beeinflussung der Nutzung von Social Media Brand Communities und somit das Untersuchungsmodell dieser Arbeit auch sachlogisch zunächst dadurch zu erklären, dass Nutzer ihren Enthusiasmus bezüglich der jeweiligen Marke anderen Nutzern in Social Media Brand Communities zeigen wollen und sie diese deswegen nutzen.[437] Diese Annahme erscheint zum einen naheliegend, da Nutzer im Falle einer generell populären Marke so versuchen können, ihr eigenes Image durch das Prestige der Marke und die eigene Erfahrung damit aufzubessern, wohingegen sie sich im Falle einer weniger populären Marke dadurch einem ausgewählten besonderen Kreis an Markenfans zuordnen können, innerhalb

---

431 Vgl. Demiray/Burnaz (2014), S. 37 ff.
432 Rogers (2003), S. 300.
433 Gummerus et al. (2012), S. 861.
434 Vgl. Gummerus et al. (2012), S. 866.
435 Vgl. Park (2013), S. 1642 ff.
436 Vgl. Weeks/Ardèvol-Abreu/Gil de Zúñiga (2015), S. 16
437 Vgl. Demiray/Burnaz (2014), S. 36.

welchem sie als Meinungsführer agieren. Zum anderen leuchtet es auch ein, dass Nutzer ihre Meinung zur Marke anderen Nutzern in Social Media Brand Communities mitteilen wollen und sich dadurch gebraucht, nützlich und wichtig fühlen. In diesem Zusammenhang bieten Social Media als Plattformen für die jeweiligen Brand Communities geeignete Tools wie Comment- und Share-Funktionen, durch welche Inhalte produziert, mit anderen geteilt und somit eine entsprechende Meinungsführerschaft, z.B. vor einem Markenkauf anderer Nutzer, ausgeübt werden kann.

Dementsprechend liegt die Vermutung nahe, dass einerseits aufgrund des Nutzerbedürfnisses nach Zugehörigkeit zu einer bestimmten Marke und des eventuell damit verbundenen Prestiges und andererseits aufgrund des Bedürfnisses nach Anerkennung durch das Gefühl gebraucht zu werden, die Relevanz der Meinungsführerschaft als Einflussfaktor der Nutzung von Social Media Brand Communities gegeben ist. Folglich soll das Konstrukt der ‚Meinungsführerschaft' als beziehungsorientierter Erfolgsfaktor in das Untersuchungsmodell dieser Arbeit integriert werden. Auf Grundlage der bislang erläuterten Studien aus dem quantitativ-empirischen Schrifttum kann also das Zwischenfazit gezogen werden, dass die zuvor aus der Uses & Gratifications Theory abgeleiteten sozialen Motivationen zur Nutzung von Social Media Brand Communities durch das bisherige Schrifttum konkretisiert und so im Einzelnen die beziehungsorientierten Erfolgsfaktoren des Social Networkings, der Sozialen Normen und der Meinungsführerschaft identifiziert werden konnten.

Auch unter Berücksichtigung des relevanten einfach-empirischen und konzeptionellen Schrifttums kann die Identifikation dieser beziehungsorientierten Erfolgsfaktoren weiter gefestigt werden. So verweisen z.B. Constantinides/Fountain (2008) darauf, dass erfolgreiche Communities, Nutzern untereinander die Möglichkeit bieten sollten, Gleichgesinnte zu treffen sowie Informationen und Erfahrungen auszutauschen (‚Possibility to Reach their Peers, Exchange Information and Experiences').[438] Somit untermauern die genannten Autoren sowohl die Bedeutung des Social Networking- Aspekts für die Nutzung von Social Media Brand Communities, als auch die der Möglichkeit, Informationen zur Marke mit anderen Nutzern zu teilen, vergleichbar mit dem Aspekt der Meinungsführerschaft.

In diesem Zusammenhang stellen ferner auch Zailskaite-Jakste/Kuvykaite (2012) heraus, dass Nutzer sich in Communities engagieren, um mit anderen Mitgliedern zu kommunizieren (‚Communication with Members in the Community')[439], während Ang (2011) umfassender ‚Connectivity, Conversations, Content Creation and Collaboration' als Eckpfeiler eines Beziehungsmanagements hin-

[438] Vgl. Constantinides/Fountain (2008), S. 241.
[439] Vgl. Zailskaite-Jakste/Kuvykaite (2012), S. 195.

sichtlich Social Media Brand Communities benennt.[440] Somit können durch die von Ang (2011) und Zailskaite-Jakste/Kuvykaite (2012) angeführten Aspekte die beiden beziehungsorientierten Erfolgsfaktoren des Social Networkings und der Meinungsführerschaft weiter belegt werden. Während die Erwähnung der Konnektivität als wichtiges Element in Social Media Brand Communities dabei mit dem Faktor des Social Networkings vergleichbar ist, sprechen die genannten Aspekte der Kommunikation, Konversation und Kollaboration mit anderen Nutzern sowie der eigenständigen Produktion von Inhalten dafür, dass die Bedeutung der Meinungsführerschaft als Einflussfaktor der Nutzung von Social Media Brand Communities gegeben ist.

Darüber hinaus kommen beispielsweise Uski/Lampinen (2016) auch hinsichtlich der Bedeutung sozialer Normen als relevantem Einflussfaktor der Nutzung von Social Media generell in ihrer Studie zu folgendem Ergebnis:"On […] SNSs, participants' sharing was guided by the fear of failing to comply with social norms."[441] Zusammenfassend lassen sich also auch im einfach-empirischen und konzeptionellen Schrifttum Hinweise auf die Relevanz der zuvor identifizierten beziehungsorientierten Erfolgsfaktoren des Social Networkings, der Meinungsführerschaft und der Sozialen Normen finden. Diese lassen sich schließlich den basierend auf der Uses & Gratifications Theory und der damit verbundenen Forschung zur Nutzung verschiedender Medien abgeleiteten sozialen Motivationen und im Einzelnen der sozialen Interaktion, Integration und Kommunikation zuordnen. So entspricht der Erfolgsfaktor des Social Networkings der Motivation der sozialen Interaktion, während die Motivation der sozialen Integration durch den Faktor der Sozialen Normen abgebildet wird. Zudem kann der Faktor der Meinungsführerschaft der Motivation der sozialen Kommunikation zugeordnet werden. Tabelle 16 fasst die zuvor erläuterten Hinweise aus dem Schrifttum bezüglich beziehungsorientierter Erfolgsfaktoren des Social Media Brand Community- Managements noch einmal zusammen und stellt diese überblicksartig dar.

	Untersuchung	**Beziehungsorientierte Erfolgsfaktoren**
Quantitativ-empirisch	Raacke/Bonds-Raacke (2008)	To keep in touch with old/current friends/To make new friends
	Rouibah (2008)	Subjective Norm
	Schau/Muñiz/Arnould (2009)	Social Networking

[440] Vgl. Ang (2011), S. 34 f.
[441] Uski/Lampinen (2016), S. 457.

	Untersuchung	Beziehungsorientierte Erfolgsfaktoren
Quantitativ-empirisch	Chi (2011)	User Motivation for Online Social Networking/ Need for Online Social Capital
	Chen (2011)	To connect with others
	Hu/Poston/Kettinger (2011)	Social Norm
	Lin/Lu (2011)	Social Interaction Ties
	Lee/Cho (2011)	Subjective Norm
	Qin et al. (2011)	Subjective Norm
	Gummerus et al. (2012)	Social Enhancement
	Jahn/Kunz (2012)	Social Interaction Value
	Chen et al. (2013)	Social Motivation (Group Referent, Social Norm)
	Park (2013)	Opinion Leadership
	Shin (2013)	Subjective Norm
	Wirtz/Piehler/Ullrich (2013)	Social Networking
	Demiray/Burnaz (2014)	Opinion Leadership
	Kishiya (2014)	Social Interaction
	Weeks/Ardèvol-Abreu/Gil de Zúñiga (2015)	Opinion Leadership
Einfach-empirisch/konzeptionell	Constantinides/Fountain (2008)	Possibility to Reach their Peers, Exchange Information and Experiences
	Ang (2011)	Connectivity, Conversations, Content Creation and Collaboration
	Zailskaite-Jakste/Kuvykaite (2012)	Communication with Members in the Community
	Uski/Lampinen (2016)	Social Norms

Tabelle 16: Hinweise zu beziehungsorientierten Erfolgsfaktoren aus dem relevanten Schrifttum

Zusammenfassend kann auf Grundlage der Hinweise aus dem relevanten Schrifttum festgehalten werden, dass die zuvor aus der Uses & Gratifications Theory abgeleiteten sozialen Motivationen zur Nutzung von Social Media Brand Communities durch das relevante Schrifttum konkretisiert und im Einzelnen insbesondere das Social Networking, Soziale Normen sowie die Meinungsführerschaft als beziehungsorientierte Erfolgsfaktoren des Social Media Brand Communtiy- Managements identifiziert werden konnten. Abbildung 23 stellt den bezüglich der beziehungsorientierten Erfolgsfaktoren auf Basis von Theorie und Schrifttum erweiterten heuristischen Bezugsrahmen zur sukzessiven Modellentwicklung dieser Untersuchung dar.

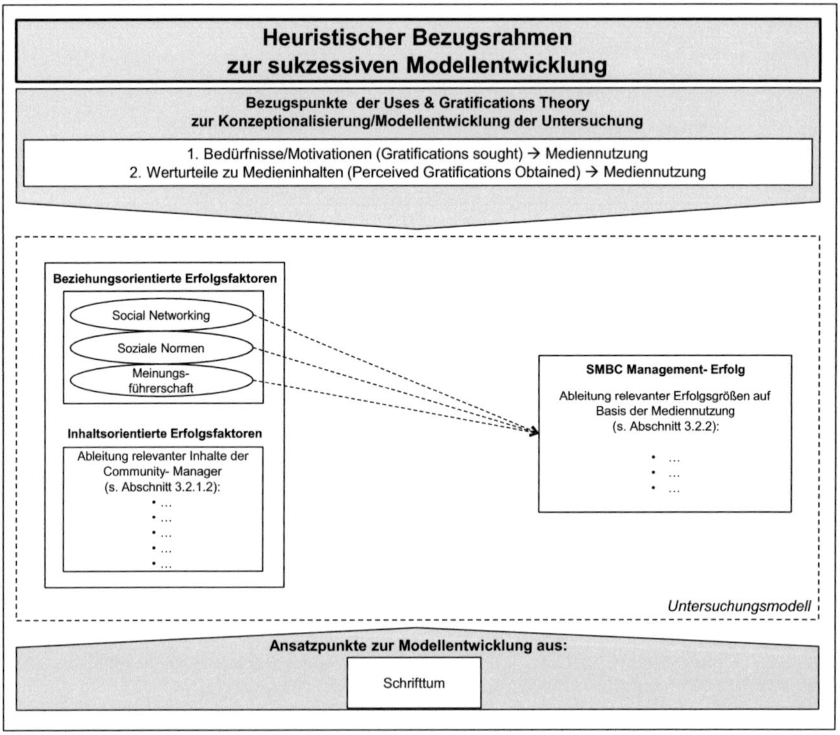

Abbildung 23: Erweiterter heuristischer Bezugsrahmen zur sukzessiven Modellentwicklung (1)

3.2.1.2 Ableitung inhaltsorientierter Erfolgsfaktoren

Im Hinblick auf die Ableitung inhaltsorientierter Erfolgsfaktoren des Social Media Brand Community- Managements aus der Uses & Gratifications Theory ergeben sich, wie bereits in Abschnitt 3.1.1 erläutert, spezifische Inhalte der Community- Manager, welchen ein positiver Einfluss auf die Nutzung der Communities unterstellt werden kann. Diese Überlegungen beruhen auf der allgemeinen Annahme der Uses & Gratifications Theory, dass die „gratifications perceived to be obtained“[442], also die wahrgenommene erhaltene Befriedigung der Rezipienten durch bestimmte Medien und deren Inhalte, die Überzeugungen (‚Beliefs‘) und Bewertungen (‚Evaluations‘) der Rezipienten und somit auch deren weitere Nutzung der entsprechenden Medien beeinflussen.[443]

Übertragen auf den Kontext der Social Media Brand Communities impliziert diese Annahme also, dass die Nutzung des spezifischen Mediums der Social Media Brand Community davon abhängt, inwiefern diese durch die Inhalte der Community- Manager die Bedürfnisse der Nutzer befriedigt. Dabei kann im Einzelnen angenommen werden, dass Überzeugungen und Bewertungen bezüglich der Inhalte einer speziellen Community nach jeder Nutzung neu kombiniert werden und somit die Nutzung der Community beeinflussen.[444]

So ist die beschriebene Annahme der Uses & Gratifications Theory in jüngerer Vergangenheit auch im Schrifttum bereits auf Social Media Brand Communities übertragen worden. Auch in diesem Untersuchungskontext stellt sich dabei nun die Frage, welche spezifischen Inhalte beziehungsweise Inhaltskategorien der Community- Manager genau für die Befriedigung der Bedürfnisse der Nutzer dieser Communities und somit eine positive Beeinflussung ihrer Nutzung geeignet sind.

Betrachtet man in diesem Zusammenhang zunächst entsprechende inhaltsorientierte Kategorien, welche sich im Laufe der Uses & Gratifications- Forschung als Gründe der Mediennutzung im Allgemeinen etabliert haben, so fassen hierzu, wie zuvor bei den beziehungsorientierten Faktoren, verschiedene Autoren bestimmte „Needs Gratified by the Media“[445], “Uses and Gratifications Typologies”[446] oder “Media gratifications sought or obtained”[447] zusammen.

Dabei sind zunächst insbesondere unterhaltungsbezogene Kategorien wie z.B. bezüglich ‚Diversion and Relaxation‘, ‚Escape from Routine or Problems‘, ‚Emotional Release‘, ‚Emotional, Pleasant, or Aesthetic Experience‘, ‚Passing Time‘, ‚Excitement‘ oder ‚Enjoyment‘ am häufigsten vertreten. Zudem werden informationsbezogene Kategorien wie z.B. ‚Information and Education‘, ‚Guidance and Advice‘, ‚Surveillance (forms of information seeking)‘, ‚Acquiring Information, Knowledge,

---

442 Palmgreen/Wenner/Rosengren (1985), S. 27.
443 Vgl. Abschnitt 3.1.1.
444 Vgl. Abschnitt 3.1.1.
445 West/Turner (2014), S. 407.
446 West/Turner (2014), S. 410.
447 McQuail (2010), S. 427.

Comprehension', ,Obtaining Information' oder ,Learning About a Specific Content' häufig als Gründe der Mediennutzung angeführt.[448]

Diesbezüglich konstatieren z.B. Hsu et al. (2015) auch bezüglich relevanter Inhaltskategorien für Social Media Brand Communities basierend auf der Uses & Gratifications Theory, speziell hinsichtlich unterhaltsamer und informativer Inhalte: „Following the U&G theory, perceived news entertainment and informativeness are proposed as the main antecedents to reading the news released by a Fan Page."[449] In diesem Zusammenhang belegen mehrere Studien aus dem quantitativ-empirischen Schrifttum die Bedeutung von Unterhaltung und Information in Social Media Brand Communities und erweitern diese noch um bestimmte zusätzliche Inhaltskategorien.

So können beispielsweise Airs/Ang (2012) positive Wirkungsbeziehungen zwischen einem hohen Maß an unterhaltsamen, informativen und interaktiven Inhalten (,Entertaining, Informative and Interactive Content') der Community- Manager und der Nutzereinstellung zur Community (,Attitude toward the Brand Page') nachweisen.[450] Ferner stellen Jahn/Kunz (2012) fest, dass funktionale (,Functional Value') und hedonistische Werte (,Hedonic Value') der Inhalte der Community- Manager die Nutzungsintensität von Social Media Brand Communities positiv beeinflussen.[451] Kim/Ko (2012) stellen weiterhin positive Effekte der wahrgenommenen Unterhaltsamkeit (,Entertainment') und Interaktivität (,Interaction') der Inhalte der Community- Manager auf den wahrgenommenen Markenwert und die Beziehung zwischen Nutzer und Marke fest.[452]

Vries/Gensler/Leeflang (2012) weisen hingegen zum einen positive Effekte der Interaktivität der Inhalte (,Interactivity') der Community- Manager auf das Nutzerengagement in der Community nach. Zum anderen wirkt in der Studie der genannten Autoren jedoch auch die Lebhaftigkeit der Inhalte (,Vividness') der Community- Manager – also inwiefern diese z.B. Fotos, Videos etc. miteinschließen – positiv auf das Nutzerengagement.[453]

Noch umfassender können Cvijikj/Michahelles (2013) positive Wirkungsbeziehungen zwischen Unterhaltungswert (,Entertainment'), Informationsgehalt (,Information'), finanziellen beziehungsweise materiellen Anreizen (,Remuneration'), Lebhaftigkeit (,Vividness') sowie Interaktivität (,In-

[448] Vgl. McQuail (2010), S. 427; West/Turner (2014), S. 407 ff.
[449] Hsu et al. (2015), S. 486.
[450] Vgl. Airs/Ang (2012), S. 3.
[451] Vgl. Jahn/Kunz (2012), S. 353.
[452] Vgl. Kim/Ko (2012), S. 1484.
[453] Vgl. Vries/Gensler/Leeflang (2012), S. 89.

teractivity') der Inhalte der Community- Manager und dem Nutzerengagement in der Community feststellen.[454]

Pöyry/Parvinen/Malmivaara (2013) hingegen fokussieren wieder ausschließlich auf Unterhaltung und Information in Social Media Brand Communities und weisen diesbezüglich den positiven Einfluss hedonistischer und utilitaristischer Nutzermotivationen (‚Hedonic/Utilitarian Motivations') auf den Besuch ('Browsing') beziehungsweise die aktive Teilnahme (‚Participation') der Nutzer in der Community nach.[455]

Tsai/Men (2013) weisen auf Basis der Uses & Gratifications Theory in ihrer Untersuchung zunächst ‚Entertainment', ‚Information' und ‚Remuneration', also materielle beziehungsweise finanzielle Anreize, der Community- Manager als Einflussfaktoren der Nutzung von Social Media Brand Communities nach.[456] Während die genannten Autoren weiterhin auch untersuchen, ob die wahrgenommene Glaubwürdigkeit (‚Perceived Credibility') der Inhalte der Community- Manager einen positiven Einfluss auf das Nutzerengagement in der Community ausübt und diesbezüglich keinen signifikannten Effekt feststellen können[457], weisen Pronschinske/Groza/Walker (2012) im Gegensatz dazu in ihrer Studie nach, dass das semantisch ähnliche Konstrukt der Authentizität (‚Authenticity') der Community und ihrer Inhalte die Teilnahme der Nutzer (‚Participation') positiv beeinflusst.[458]

Ferner verzeichnen Ismail/Latif (2013) gleichermaßen einen positiven Effekt der Glaubwürdigkeit von Autoren (‚Credibility of the Authors') bestimmter Inhalte in Social Media auf die weitere Nutzung dieser Inhalte beziehungsweise einen negativen Einfluss auf die Unterbrechung des Konsums dieser Inhalte (‚Discontinuity of the Media Content').[459] Die Arbeit von Jahn (2014) belegt erneut den Einfluss des funktionalen und hedonischen Nutzens der Inhalte der Community- Manager auf das Nutzerengagement[460], wohingegen Labrecque (2014) eine positive Wirkungsbeziehung zwischen der wahrgenommenen Interaktivität der Inhalte (‚Interactivity') der Community- Manager und der Markenloyalität der Nutzer feststellen kann.[461] Park/Kim (2014) können Effekte des wahrgenommenen erlebnisorientierten Nutzens (‚Experiential Benefit') und des wahrgenommenen funktionalen Nutzens (‚Functional Benefit') der Inhalte der Community- Manager auf das wahrgenommene Investment der Community- Manager in die Beziehung zwischen Nutzer und Community

454 Vgl. Cvijikj/Michahelles (2013), S. 11.
455 Vgl. Pöyry/Parvinen/Malmivaara (2013), S. 231.
456 Vgl. Tsai/Men (2013), S. 82.
457 Vgl. Tsai/Men (2013), S. 83.
458 Vgl. Pronschinske/Groza/Walker (2012), S. 228.
459 Vgl. Ismail/Latif (2013), S. 259.
460 Vgl. Jahn (2014), S. 89.
461 Vgl. Labrecque (2014), S. 134 ff.

feststellen.[462] Zudem kommen Hsu et al. (2015) schließlich zu dem Ergebnis, dass sich sowohl die Unterhaltsamkeit als auch der Informationsgehalt der Inhalte der Community- Manager (‚Perceived News Entertainment/Informativeness‘) positiv auf die Nutzereinstellung zu den Community- Inhalten beziehungsweise zur Community selbst auswirken (‚Attitude toward News/Fan Page‘).[463]

Basierend auf den bislang herangezogenen Beiträgen aus dem quantitativ-empirischen Schrifttum kann zunächst das Zwischenfazit gezogen werden, dass sich hinsichtlich inhaltsorientierter Erfolgsfaktoren des Social Media Brand Community- Managements speziell unterhaltsame Inhalte, lebhafte Inhalte, informative Inhalte, materielle Inhalte, interaktive Inhalte und glaubwürdige Inhalte der Community-Manager beziehungsweise damit verbundene Motivationen der Nutzer wie hedonistische und utilitaristische Motivationen bezüglich unterhaltsamer und informativer Inhalte im Schrifttum etabliert haben.

Da der Erfolgsfaktor der materiellen Inhalte jedoch als originär beziehungsweise charakteristisch für den Social Media- Kontext angesehen wird[464], und es diesbezüglich unstrittig ist beziehungsweise kein gesondertes Forschungsinteresse daran besteht, dass Nutzer von Social Media Brand Communities diese zumindest teilweise nutzen um Gutscheine und Rabatte etc. zu erhalten, soll in dieser Untersuchung im Folgenden ausschließlich auf die unterhaltsamen, lebhaften, informativen, interaktiven Inhalte und glaubwürdigen Inhalte der Community- Manager fokussiert werden. So erscheint es selbsterklärend und wenig überraschend nachzuweisen, dass ein Bedürfnis der Nutzer einer Brand Community nach materiellen oder finanziellen Anreizen bezüglich der Marke, welche im Zentrum der genutzten Community steht, gegeben ist. Hinsichtlich der verbleibenden Inhaltskategorien wird zunächst die wahrgenommene Unterhaltsamkeit der Inhalte der Community- Manager im Schrifttum als die seitens der Nutzer durch die Inhalte wahrgenommene Spannung und Freude beziehungsweise als das Vergnügen, welches die Inhalte den Nutzern bereiten, definiert: „[…] perceived news entertainment is defined as the degree of the users'perceived excitement, enjoyment and pleasant from the news posted on the Fan Page […].“[465]

Ferner wird die Lebhaftigkeit der Inhalte im Schrifttum danach definiert, inwiefern die verantwortlichen Community- Manager die Inhalte der Social Media Brand Community durch den Miteinbezug verschiedener Elemente wie Bilder, Videos, Links etc. lebhaft gestalten und somit verschiedene Sinne der Nutzer stimulieren: „Vividness reflects the richness of a brand post's formal features; in

[462] Vgl. Park/Kim (2014), S. 139.
[463] Vgl. Hsu et al. (2015), S. 490.
[464] Vgl. Tsai/Men (2013), S. 77.
[465] Vgl. Hsu et al. (2015), S. 485.

other words, it is the extent to which a brand post stimulates the different senses [...]. Vividness can be achieved by the inclusion of dynamic animations, (contrasting) colors, or pictures [...].“[466]

Der seitens der Nutzer wahrgenommene Informationsgehalt der Inhalte der Community- Manager bezieht sich weiterhin im Einzelnen auf verschiedene Qualitätskriterien wie die der Relevanz, Aktualität und Richtigkeit der in den Inhalten zur Verfügung gestellten Informationen: „Perceived news informativeness refers [to] the users' perceived quality levels, including relevance, timeliness and accuracy, of the information provided by the news published on Fan Pages [...].“[467]

Darüber hinaus wird die wahrgenommene Interaktivität der Inhalte der Community- Manager im Schrifttum definiert als die Wahrnehmung der Nutzer bezüglich einer wechselseitigen Kommunikation mit den Community- Managern und bezieht sich nach diesem Verständnis darauf, ob die Community- Manager den Nutzern zuhören und zeitnah auf ihre Fragen antworten beziehungsweise mit ihnen interagieren: „[...] interactivity is defined as being dependent on the user's perception of taking part in a two-way communication with a mediated persona. In this context, the term interactivity does not focus on the technological features of the site, but on the content and cues within the message itself, which can be used to create an impression that the persona is listening to and interacting with the viewer in a timely fashion.“[468]

Während sich hinsichtlich der letzten relevanten Inhaltskategorie der glaubwürdigen Inhalte in Social Media Brand Communities noch keine eindeutige Definition etabliert hat, kann diesbezüglich alternativ eine Definition der Glaubwürdigkeit von Blogger- Inhalten herangezogen und auf den Kontext dieser Untersuchung übertragen werden, in welcher herausgestellt wird, dass hierbei die Authentizität der einzelnen Nachrichten beziehungsweise Inhalte von Bedeutung ist und nicht die des kommunizierenden Bloggers: „[...] the level of authenticity in the communicated messages now decides the blogger's credibility, rather than the communicator himself/herself [...]“[469]. Der damit verbundene Fit für diese Arbeit ist deswegen gegeben, da auch bei der Untersuchung von Social Media Brand Communities von Unternehmen, also z.B. offizieller Unternehmensseiten auf Facebook wie in dieser Studie, die Glaubwürdigkeit der einzelnen Inhalte der Community- Manager im Fokus steht und nicht die Glaubwürdigkeit der Manager als Vertreter des Unternehmens selbst, da durch Facebook bereits signalisiert wird, dass es sich hierbei um offizielle Seiten für die jeweiligen Marken handelt.

---

466 Vgl. Vries/Gensler/Leeflang (2012), S. 84 f.
467 Vgl. Hsu et al. (2015), S. 485.
468 Vgl. Labrecque (2014), S. 136.
469 Kang (2010), S. 5.

Im Hinblick auf die genannten einzelnen Inhaltskategorien kann im Folgenden weiterhin auch aus sachlogischer Sicht begründet werden, warum diese sich als Einflussfaktoren der Nutzung von Social Media Brand Communities und somit als inhaltsorientierte Erfolgsfaktoren für diese Untersuchung eignen. So kann zunächst als Argument für die Relevanz der unterhaltsamen Inhalte für die Beeinflussung der Nutzung von Social Media Brand Communities angeführt werden, dass das Bedürfnis nach Unterhaltung deswegen von Bedeutung zu sein scheint, weil Nutzer aufgrund ihres fordernden Alltags vermehrt Möglichkeiten zur Ablenkung und Aufheiterung ihrer Stimmung beziehungsweise ihrer emotionalen Erleichterung suchen. Da Social Media im Allgemeinen und Social Media Brand Communities im Besonderen hierzu ein besonders passendes Angebot liefern, liegt es dementsprechend nahe, dass unterhaltsame Inhalte von Community- Managern zum Engagement der Nutzer beitragen.

Hierbei handelt es sich um eine neue Form der Unterhaltung für die Nutzer, welche sonst in dieser Form nicht verfügbar ist und von traditionellen Medien wie z.B. dem Fernsehen nicht vergleichbar geleistet werden kann. So kann in Social Media Brand Communities innerhalb kürzester Zeit auf eine Vielzahl von immer neuen, schnell wechselnden und auch internationalen Inhalten und Stories der Community- Manager zur Marke durch einfaches Scrollen zugegriffen und somit ein außerordentlicher Facettenreichtum an Unterhaltung konsumiert werden. Erfreut man sich beispielsweise gerade eines bestimmten Posts, so werden direkt weitere vergleichbare Inhalte angeboten. Diese Neuartigkeit und Vielfalt der Unterhaltung macht Nutzer neugierig und birgt Suchtpotenzial, was wiederum für eine entsprechende wiederholte Nutzung aufgrund von unterhaltsamen Inhalten spricht.

Ferner sind Social Media Brand Communities auch deswegen so gut zur Unterhaltung und Ablenkung vom Alltag geeignet, da zum Aufruf der Community keine lange Suche notwendig ist und diese stattdessen schnell, unkompliziert, kostenlos und überall von mobilen Endgeräten, unabhängig vom Ort und lokaler Gebundenheit, zugänglich sind.[470] Außerdem kann die Dauer der Unterhaltung selbst bestimmt werden, da die Nutzung der Communities durch einfaches Klicken unterbrochen werden, jedoch danach jederzeit wieder erneut aufgenommen werden kann.

So liegt es nahe, dass auf Basis des erläuterten generellen Bedürfnisses nach Unterhaltung in der Gesellschaft und der außerordentlichen Fähigkeit von Social Media Brand Communities dieses Bedürfnis zu befriedigen, die Relevanz unterhaltsamer Inhalte für eine Nutzung gegeben ist. Daher können die Unterhaltsamen Inhalte der Community- Manager als passend im Rahmen der Ableitung

---

[470] Vgl. Abschnitt 2.2.3.

inhaltsorientierter Erfolgsfaktoren des Untersuchungsmodells dieser Arbeit erachtet werden. Werden die Community- Manager dem erwähnten grundlegenden Nutzerbedürfnis nach Unterhaltung durch die Bereitstellung entsprechender unterhaltsamer Inhalte gerecht, so kann gemäß der Uses & Gratifications Theory, nach welcher die wahrgenommene erhaltene Befriedigung der Rezipienten durch bestimmte Medieninhalte, die Überzeugungen und Bewertungen der Rezipienten zu den entsprechenden Medien und somit auch deren weitere Nutzung beeinflussen[471], von einer positiven Beeinflussung der Nutzung von Social Media Brand Communities ausgegangen werden.

Nach der Argumentation für die unterhaltsamen Inhalte kann als Zweites für die Bedeutung lebhafter Inhalte der Community- Manager für die Nutzung von Social Media Brand Communities argumentiert werden, da sich Nutzer gerade aufgrund der bereits in der Gesellschaft bekannten technischen Möglichkeiten und Funktionalitäten von Social Media mit hoher Wahrscheinlichkeit eher eine Vielfalt von Inhalten in Form von Fotos, Videos, Links und Livestreams der Community- Manager wünschen werden als reine Textinhalte.[472] Würden die Community- Manager also nur auf eindimensionale Texte setzen und somit die bereits vorhandenen Erwartungen der Nutzer enttäuschen, könnten diese sich langweilen und in der Konsequenz als Nutzer verloren gehen, da konkurrierende Medien eventuell besser zur Befriedigung der Nutzerbedürfnisse geeignet sind. Im Gegensatz dazu kann ein entsprechendes Angebot lebhafter Inhalte seitens der Community- Manager durch die damit verbundene Bedürfnisbefriedigung gemäß der Uses & Gratifications Theory positive Konsequenzen für die Nutzung des Mediums haben.

Darüber hinaus kann im Hinblick auf die Bedeutung des Bedürfnisses der Nutzer nach informativen Inhalten für die Nutzung von Social Media Brand Communities konstatiert werden, dass in Zeiten einer sich schnell verändernden Gesellschaft mit stetig neuen Produkten und Dienstleistungen, die Suche nach Informationen vor einem Einkauf zum Vergleichen von Marken, einzelnen Produkten und Preisen und dem Finden des besten Preis-Leistungs-Verhältnisses stark verbreitet zu sein scheint.

Zudem ist es insbesondere angesichts der zunehmenden Kommoditisierung von Produkten und Dienstleistungen, also der Angleichung unternehmerischer Leistungen[473], umso wichtiger für Konsumenten Informationen zu einer Marke zu sammeln, um herauszufinden, ob die Marke auch langfristig einen Mehrwert gegenüber anderen Marken liefert und somit die richtige Wahl ist. Dies kann Informationen zu Differenzierungsmerkmalen wie dem Preis, der Verfügbarkeit und dem Aussehen

---

[471] Vgl. Abschnitt 3.1.1.
[472] Vgl. Cvijikj/Michahelles (2013), S. 12.
[473] Vgl. van Riel/Pahud de Mortanges/Streukens (2005), S. 841.

einzelner Produkte, aber auch darüber hinaus zu dem Unternehmen hinter der Marke, z.B. seinen Produktionsbedingungen oder Corporate Social Responsibility (CSR)- Bemühungen, miteinschließen. Ferner erscheint auch generell ein Bedürfnis der Nutzer nach Informationen zur Marke der jeweiligen Communities nachvollziehbar, da gemäß der Definition einer Brand Community die Marke darin im Mittelpunkt steht[474], und somit ein Interesse der Nutzer an Informationen zur Marke zu erwarten ist.

Genau wie bei den unterhaltsamen Inhalten bieten Social Media im Allgemeinen sowie Social Media Brand Communities im Besonderen ein passendes Angebot zur Befriedigung des erläuterten Informationsbedürfnisses, da diese einen schnellen und einfachen Zugriff auf eine reichhaltige Ansammlung von immer neuen, aktuellen und qualitativ hochwertigen Informationen der Communtiy-Manager ermöglichen. Daher ist es zu vermuten, dass aufgrund des generellen Bedürfnisses von Konsumenten nach Informationen zu Unternehmen, Marken und Produkten in der heutigen Gesellschaft und der außerordentlichen Fähigkeit von Social Media Brand Communities, dieses Bedürfnis zu befriedigen, eine entsprechende Bedeutung informativer Inhalte der Community- Manager für die Beeinflussung der Nutzung dieser Communities gegeben ist. Diese informativen Inhalte sollen daher im Hinblick auf die Ableitung inhaltsorientierter Erfolgsfaktoren einen Teil des Untersuchungsmodells dieser Arbeit darstellen.

Auch auf Basis der Uses & Gratifications Theory, nach welcher die wahrgenommene erhaltene Befriedigung der Rezipienten durch bestimmte Medieninhalte, die Überzeugungen und Bewertungen der Rezipienten zu den entsprechenden Medien und somit auch deren weitere Nutzung beeinflussen[475], kann diesbezüglich im Falle der Befriedigung des Informationsbedürfnisses der Nutzer durch die entsprechenden informativen Inhalte der Community- Manager, von einer positiven Beeinflussung der Nutzung von Social Media Brand Communities ausgegangen werden.

Auch für die Kategorie der interaktiven Inhalte der Community- Manager als Erfolgsfaktor für den Untersuchungskontext dieser Arbeit können überzeugende Argumente angeführt werden. So stehen zunächst sowohl im Kontext von Social Media als auch Brand Communities, Austausch und Interaktion im Allgemeinen im Zentrum des Interesses der Nutzer.[476] Zudem ist es anzunehmen, dass speziell gemäß der Definition einer Brand Community, nach welcher die Marke darin im Mittelpunkt für die Nutzer steht[477], ein Interesse der Nutzer an der Interaktion mit den Vertretern der

[474] Vgl. Abschnitt 2.2.2.
[475] Vgl. Abschnitt 3.1.1.
[476] Vgl. Kaplan/Haenlein (2010), S. 60 f.; Pongsakornrungsilp/Schroeder (2011), S. 303.
[477] Vgl. Abschnitt 2.2.2.

Marke, den Community- Managern, zu erwarten ist. Weiterhin kann vermutet werden, dass speziell ein zeitnahe Interaktion und Rückmeldung der Community- Manager aufgrund des generellen Aspekts des Zeitmangels in der Gesellschaft sowie der gängigen Real-Time Kommunikation in Social Media für die Nutzer elementar ist. So ist im Falle einer verzögerten oder ausbleibenden Antwort der Community- Manager mit einer Verärgerung der Nutzer und sogar ihrem Austritt aus der Community zu rechnen. Werden die Community- Manager jedoch im Gegensatz dazu dem Bedürfnis der Nutzer nach Interaktion gerecht, indem sie ihnen das Gefühl vermitteln, dass Ihnen zugehört wird und sie Teil einer wechselseitigen Kommunikation sind[478], so ist gemäß der Uses & Gratifications Theory von einer positiven Beeinflussung der Nutzung des Mediums auszugehen.

Schließlich kann auch die Wahl glaubwürdiger Inhalte der Community- Manager als Einflussfaktor der Nutzung von Social Media Brand Communities und somit als inhaltsorientierter Erfolgsfaktor für diese Untersuchung sachlogisch begründet werden. So erscheint es nachvollziehbar, dass das Bedürfnis der Nutzer nach glaubwürdigen Inhalten und Transparenz der Community- Manager aufgrund kürzlicher Unternehmensskandale mehr denn je besteht. Diesbezüglich erscheint es im Zeitalter des „Savvy-Consumer“[479] essenziell, den Nutzern der Communities nichts vorzumachen, da diese sich sonst nicht ernst genommen fühlen und aufgrund ihres bereits ausgeprägten Informiertheitsgrads nicht korrekte Angaben in der Community entlarven und anprangern können, bevor sie die Community letztlich verlassen und nicht weiter nutzen.

Auch hier kann also aus der Perspektive der Uses & Gratifications Theory aufgrund der Befriedigung des entsprechenden Nutzerbedürfnisses von einem positiven Effekt der glaubwürdigen Inhalte der Community- Manager auf die Nutzung der Communites ausgegangen werden. Somit sollen diese glaubwürdigen Inhalte im Hinblick auf die Ableitung inhaltsorientierter Erfolgsfaktoren einen weiteren Teil des Untersuchungsmodells dieser Arbeit darstellen.

Tabelle 17 fasst die zuvor erläuterten Hinweise aus dem Schrifttum bezüglich inhaltsorientierter Erfolgsfaktoren des Social Media Brand Community- Managements noch einmal zusammen und stellt diese überblicksartig dar.

[478] Vgl. Labrecque (2014), S. 136.
[479] Scott (2011).

	Untersuchung	Inhaltsorientierte Erfolgsfaktoren
Quantitativ-empirisch	Airs/Ang (2012)	Entertaining, Informative and Interactive Content
	Jahn/Kunz (2012)	Functional/Hedonic Value of Content
	Kim/Ko (2012)	Entertainment, Interaction of Content
	Pronschinske/Groza/Walker (2012)	Page Authenticity
	Vries/Gensler/Leeflang (2012)	Interactivity, Vividness of Content
	Cvijikj/Michahelles (2013)	Entertainment, Information, Interactivity, Vividness, Remuneration of Content
	Ismail/Latif (2013)	Credibilty of the Authors
	Pöyry/Parvinen/ Malmivaara (2013)	Hedonic/Utilitarian Motivations
	Tsai/Men (2013)	Entertainment, Information, Remuneration
	Jahn (2014)	Funktionaler/Hedonischer Nutzen der Inhalte
	Labrecque (2014)	Interactivity of Content
	Park/Kim (2014)	Experiential/Functional Benefit of Content
	Hsu et al. (2015)	Perceived News Entertainment/Informativeness

Tabelle 17: Hinweise zu inhaltsorientierten Erfolgsfaktoren aus dem relevanten Schrifttum

Insgesamt kann auf Basis der Erkenntnisse aus der Uses & Gratifications Theory und den spezifischen Hinweisen aus dem relevanten Schrifttum konstatiert werden, dass sich insbesondere unterhaltsame, lebhafte, informative, interaktive und glaubwürdige Inhalte der Community- Manager als wesentliche inhaltsorientierte Erfolgsfaktoren des Social Media Brand Community- Managements etabliert haben, welche sich auch für eine weitere Untersuchung in dieser Arbeit eignen. Abbildung 24 stellt den bezüglich der inhaltsorientierten Erfolgsfaktoren auf Basis von Theorie und Schrifttum erweiterten heuristischen Bezugsrahmen zur sukzessiven Modellentwicklung dieser Untersuchung dar.

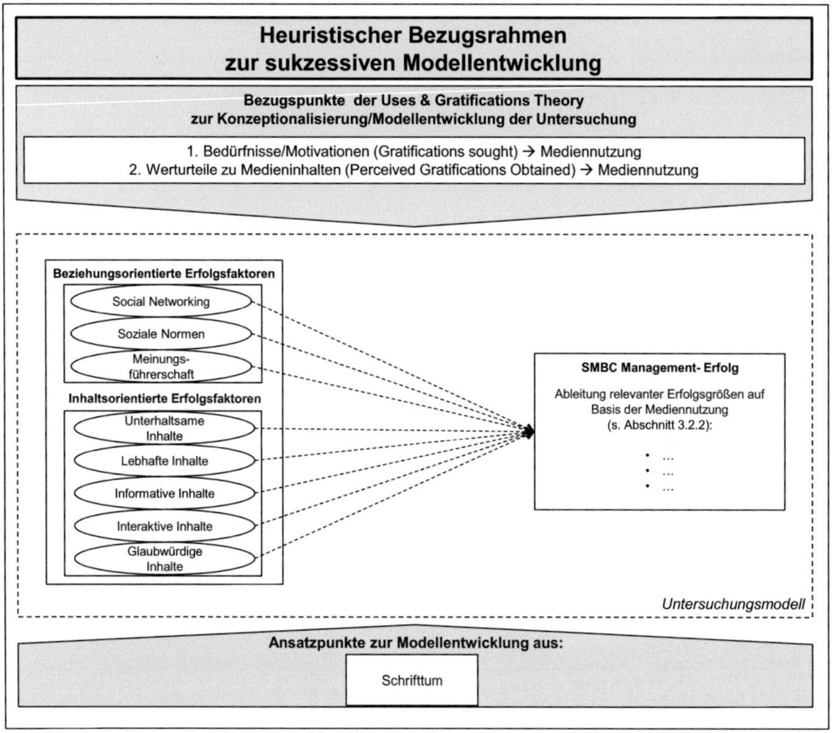

Abbildung 24: Erweiterter heuristischer Bezugsrahmen zur sukzessiven Modellentwicklung (2)

3.2.1.3 Zusammenfassung und Implikationen für die Untersuchung

In diesem Abschnitt sollen nun die Ergebnisse der Ableitung beziehungs- und inhaltsorientierter Erfolgsfaktoren aus Theorie und Schrifttum zusammengefasst sowie die sich daraus ergebenden Implikationen für diese Untersuchung erläutert werden. Dabei sollen zusammenfassend noch einmal die spezifischen Relevant Sets von beziehungs- und inhaltsorientierten Erfolgsfaktoren für diese Arbeit dargestellt und begründet werden, welche im weiteren Verlauf der Untersuchung im Rahmen der Nutzerinterviews und der qualitativen Inhaltsanalyse einer weiteren Prüfung unterzogen werden sollen.[480] Diese Relevant Sets basieren insbesondere auf den in den vorangegangenen Abschnitten erläuterten theoretischen Bezugspunkten sowie der Verbreitung der jeweiligen Konstrukte im relevanten Schrifttum. So konnten im Hinblick auf relevante beziehungsorientierte Erfolgsfaktoren auf Basis der Uses & Gratifications Theory zunächst entsprechende Nutzerbedürfnisse beziehungsweise -motivationen abgeleitet werden, welche einen potenziellen Einfluss auf die Nutzung von Social

[480] Vgl. hierzu die Abschnitte 3.2.3 und 3.2.4.

Media Brand Communities ausüben. Diesbezüglich konnten durch das relevante Schrifttum das Social Networking, Soziale Normen und die Meinungsführerschaft als Einflussfaktoren der Nutzung von Social Media Brand Communities identifiziert werden. Wie im Folgenden erläutert wird, ergeben diese eine zufriedenstellende Abdeckung relevanter beziehungsorientierter Erfolgsfaktoren für das Untersuchungsmodell dieser Arbeit.

So spielt für das Untersuchungsmodell dieser Arbeit zu Social Media Brand Communities naturgemäß der für Social Media charakteristische soziale Aspekt eine bedeutende Rolle. Soziale Nutzungsmotivationen sind aufgrund des originären Zwecks sozialer Medien zum Austausch und der Interaktion zwischen Nutzern auch als potenziell bedeutsamste Motivationen zur Nutzung von Social Media Brand Communities einzuschätzen. Diese Vermutung liegt aus sachlogischer Sicht darin begründet, dass eine Entwicklung in der modernen Gesellschaft darin besteht, zu traditionellen Werten einer Gemeinschaft zurückkehren zu wollen und Social Media und Brand Communities im Allgemeinen sowie Social Media Brand Communities im Besonderen hierzu ein passendes Angebot mit entsprechenden Funktionen zur Verbindung von Nutzern bieten. Im Einzelnen ist es dabei zunächst anzunehmen, dass für die speziell in dieser Arbeit zu untersuchende Social Media- Anwendung des Social Networks auch die spezifische Motivation des Social Networkings der Nutzer von darin betriebenen Social Media Brand Communities existent ist. Zudem erscheint in einem sozialen Gefüge wie dem der Social Media Brand Communities auch der Einfluss, welchen Nutzer aufeinander ausüben, von Interesse. Dementsprechend erweitern der Faktor der Sozialen Normen, welcher den Einfluss anderer auf einzelne Nutzer abbildet, sowie der Faktor der Meinungsführerschaft, welcher umgekehrt den eigenen Einfluss auf andere Nutzer darstellt, den Umfang beziehungsorientierter Erfolgsfaktoren für das Untersuchungsmodell dieser Arbeit in zufriedenstellendem Maße.

Während es diesbezüglich nicht auszuschließen ist, dass auch durch die Betrachtung aus anderen theoretischen Perspektiven im Rahmen zukünftiger Forschung andere Erfolgsfaktoren identifiziert werden können, erscheinen die drei zuvor erläuterten aus den genannten Gründen als am relevantesten zum Zeitpunkt dieser Untersuchung. So kann auf Grundlage der theoretischen Überlegungen, der Häufigkeit der bisherigen Nennungen im Schrifttum sowie der sachlogischen Erläuterungen als Implikation für diese Untersuchung das Relevant Set der beziehungsorientierten Erfolgsfaktoren des Social Networkings, der Sozialen Normen und der Meinungsführerschaft festgehalten und im Rahmen der Nutzerinterviews und qualitativen Inhaltsanalyse weiter überprüft werden.

Zudem konnten bezüglich inhaltsorientierter Erfolgsfaktoren auf Basis von Theorie und Schrifttum verschiedene Faktoren identifiziert werden, welche sich mit den seitens der Community- Manager zur Verfügung gestellten Inhalten beschäftigen. Hierbei konnten im Einzelnen unterhaltsame, lebhafte, informative, interaktive und glaubwürdige Inhalte abgeleitet werden, welche sich für eine weitere Untersuchung in dieser Arbeit eignen.

Wie im Folgenden erläutert wird, ergeben diese eine zufriedenstellende Abdeckung relevanter inhaltsorientierter Erfolgsfaktoren für das Untersuchungsmodell dieser Arbeit. So bilden die ersten beiden inhaltsorientierten Erfolgsfaktoren der unterhaltsamen und informativen Inhalte zunächst je das Gegenstück zueinander, da das Bedürfnis nach unterhaltsamen Inhalten eher emotional geprägt ist, das Bedürfnis nach informativen Inhalte hingegen eher auf rationalen Überlegungen der Nutzer basiert. Somit wird bereits einem innerhalb des Marketing- Schrifttums etablierten Spannungsfeldes zwischen Emotionalität und Rationalität sowie den damit verbundenen wesentlichen Menschenbildern Rechnung getragen, welche generell im Rahmen der Analyse und Beeinflussung menschlicher Handlungs- und Verhaltensweisen relevant sind.[481] Ferner kann die Relevanz der beiden genannten Inhaltskategorien auch für den spezifischen Untersuchungskontext sachlogisch begründet werden, da einerseits das Bedürfnis der Nutzer nach Unterhaltung zur emotionalen Erleichterung und Ablenkung vom Alltag sowie andererseits das Bedürfnis nach Informationen zur Marke in unübersichtlichen Märkten mit stetig neuen Produkten und Dienstleistungen sowie einer zunehmenden Kommoditisierung zum Vergleich mit anderen Marken nachvollziehbar sind und Social Media Brand Communities durch ihre spezifischen Charakteristika hervorragend dazu geeignet sind, diese Bedürfnisse zu befriedigen.

Da im Zwischenergebnis somit durch die unterhaltsamen und informativen Inhalte in Kombination mit den zuvor erläuterten sozialen Motivationen zur Nutzung von Social Media Brand Communities auch die etabliertesten Einflussfaktoren im Rahmen der Uses & Gratifications- Forschung zur generellen Mediennutzung in dieser Untersuchung Berücksichtigung finden[482], erscheint somit bereits eine zufriedenstellende Abdeckung relevanter Beweggründe zur Nutzung von Social Media Brand Communities gegeben.

Darüber hinaus werden durch die lebhaften und interaktiven Inhalte auch speziell Social Media Brand Community- typische Inhaltskategorien abgebildet, welche bislang in dieser Form gar nicht oder zumindest nicht in diesem Ausmaß durch konventionelle Medien angeboten werden konnten. So weisen z.B. konventionelle Medien wie das Fernsehen keine interaktiven Inhalte in Form einer zeitnahen Antwort der Betreiber auf Anfragen der Nutzer auf, wie im Idealfall durch die Responsiveness der Manager von Social Media Brand Communities. Während im Hinblick auf die Katego-

---

[481] Vgl. Bausback (2007), S. 25.
[482] Vgl. hierzu die Abschnitte 3.2.1.1 und 3.2.1.2.

rie der lebhaften Inhalte zwar das Fernsehen ebenfalls lebhafter Natur ist, so bieten Social Media Brand Communities in besonderem Maße einen ausgeprägten Facettenreichtum bezüglich lebhafter Inhalte wie z.B. in Form von Fotos, Videos, Links und Livestreams, welche seitens der Nutzer erwartet werden und somit höchstwahrscheinlich die Nutzung positiv beeinflussen.

Schließlich kann durch die letzte Kategorie der glaubwürdigen Inhalte eine generell wesentliche Anforderung an Unternehmen und deren Marken abgebildet werden, da wie zuvor bereits erwähnt ‚Savvy Consumer' heutzutage Glaubwürdigkeit und Transparenz von Unternehmen auf allen Kanälen erwarten. Diese gut informierten Konsumenten halten sich vermutlich auch verstärkt in Social Media Brand Communities auf und erachten dementsprechend auch darin glaubwürdige Inhalte als essenziell.

Werden die genannten Inhalte innerhalb der Community also durch die Manager angeboten, so ist aufgrund der Befriedigung der entsprechenden Bedürfnisse auf Basis der Uses & Gratifications Theory eine positive Beeinflussung der Nutzung der Social Media Brand Communities zu erwarten. Weitere Inhaltskategorien erscheinen aus dieser Perspektive für diese Arbeit nicht relevant, da sie entweder bereits als hinreichend belegt und charakteristisch für den Social Media Brand Community- Kontext gelten (z.B. materielle Inhalte) oder aber als subsumierbar unter den bisherigen angesehen werden können (z.B. CSR- oder Customer Service- Inhalte unter Informative Inhalte). Somit scheint auch hier eine zufriedenstellende Abdeckung potenziell relevanter inhaltsorientierter Erfolgsfaktoren für diese Untersuchung gegeben. Zum einen werden die zuvor bereits erwähnten, innerhalb der Marketing- Forschung etablierten menschlichen Interessen und Beweggründe für Handlungs- und Verhaltensweisen durch die jeweiligen unterhaltsamen und informativen Inhalte berücksichtigt. Ferner wird eine Kombination dieser auch innerhalb der generellen Mediennutzungsforschung etablierten Inhaltskategorien mit den Social Media Brand Community- spezifischen Inhaltskategorien der lebhaften und interaktiven Inhalte sowie einer Kategorie zur generellen Anforderung an Unternehmen in Form ihrer Glaubwürdigkeit und der damit verbundenen Inhalte in Social Media Brand Communities vorgenommen.

Zusammenfassend schließt das Relevant Set inhaltsorientierter Erfolgsfaktoren zur weiteren Prüfung durch die Nutzerinterviews und qualitative Inhaltsanalyse als Implikation für diese Untersuchung somit Unterhaltsame, Lebhafte, Informative, Interaktive und Glaubwürdige Inhalte der Community- Manager mit ein.

3.2.2 Ableitung des SMBC Management- Erfolgs aus der Theorie und der Analyse des Schrifttums

Nach der Ableitung der Erfolgsfaktoren in den vorangegangenen Abschnitten soll im Folgenden erörtert werden, was konkret Erfolg im Social Media Brand Community- Management bedeutet beziehungsweise anhand welcher Erfolgsgrößen dieser konzeptionalisiert werden kann. Diese im Folgenden abzuleitenden Erfolgsgrößen stellen die abhängigen beziehungsweise endogenen Faktoren des Untersuchungsmodells dieser Arbeit dar.[483] Analog zur Vorgehensweise im Rahmen der Identifikation der Erfolgsfaktoren sollen dazu im Folgenden auf Basis der Uses & Gratifications Theory und der Analyse des Schrifttums relevante Erfolgsgrößen abgeleitet werden (Abschnitt 3.2.2.1). Nachfolgend werden dann die Ergebnisse zusammengefasst und die sich daraus ergebenden Implikationen für die Untersuchung sowie der auf dieser Basis erweiterte heuristische Bezugsrahmen dargestellt (Abschnitt 3.2.2.2).

3.2.2.1 Ableitung der Erfolgsgrößen

Im Rahmen der zuvor erläuterten Wahl des theoretischen Ansatzes wurden bereits die wesentlichen Bezugspunkte der Uses & Gratifications Theory identifiziert, welche im Zentrum der theoretischen Überlegungen dieser Untersuchung stehen. So ist im Hinblick auf Erfolgsgrößen des Social Media Brand Community- Managements herausgearbeitet worden, dass im Rahmen der Uses & Gratifications Theory bereits die Mediennutzung an sich und somit auch die eigentliche Nutzung von Social Media Brand Communities im Kontext dieser Untersuchung als Erfolg gewertet werden können.[484]

Im Folgenden soll daher die Ableitung relevanter Erfolgsgrößen im Social Media Brand Community- Management auf Basis der Mediennutzung erfolgen. Dazu lassen sich insbesondere im quantitativ-empirischen Schrifttum Hinweise auf entsprechende Erfolgsgrößen finden, welche die Nutzung von Social Media Brand Communities konkretisieren beziehungsweise diese um weitere damit verbundene Erfolgsgrößen ergänzen. Dabei wird im Schrifttum bezüglich der Nutzung von Social Media Brand Communities als Erfolgsgröße am häufigsten das Konstrukt des Nutzerengagements in der Community verwendet.

Hinsichtlich des Verständnisses dieses Konstrukts als Erfolgsgröße beziehungsweise als erstrebenswertes Ziel anbietender Unternehmen konstatieren z.B. Cvijikj/Michahelles (2013) auf Basis der Uses & Gratifications Theory: „[…] understanding the influencing factors which could increase the level of engagement within online brand communities on social media is a worthy goal […] poten-

[483] Vgl. Abschnitt 4.1.2 für eine detaillierte methodische Erläuterung zu endogenen Faktoren in Strukturgleichungsmodellen.

[484] Vgl. Abschnitt 3.1.1.

tially increasing company's revenue. [...] Uses and Gratifications (U&G) theory [...] is an approach frequently applied by technology and media researchers to understand the goals and motivations of individuals for engagement with different forms of content."[485]

Ferner stellen z.B. Habibi/Laroche/Richard (2014b) hinsichtlich der Relevanz des Nutzerengagements als Erfolgsgröße im Social Media Brand Community- Management fest: „Community engagement is highly pertinent to social media. Engagement is perhaps the Holy Grail of social media; all brands, fan pages, and organizations' pages strive to get a bigger share of customers' attention and engagement in their pages [...]."[486] Diese Bedeutung des Nutzerengagements innerhalb eines erfolgreichen Social Media Brand Community- Managements erscheint auch aus sachlogischer Sicht nachvollziehbar, da sowohl Social Media als auch Brand Communities von den Beiträgen ihrer Nutzer leben[487], und der resultierende UGC den anbietenden Unternehmen einen hohen Mehrwert bieten kann. So können Unternehmen in Social Media Brand Communities durch das Nutzerengagement einerseits viel über ihre Konsumenten und deren Verhalten lernen. Andererseits kann das Engagement der Nutzer diese potenziell auch der Marke näher bringen beziehungsweise sie vertrauter mit der Marke machen, sowie deren Kaufintentionen wecken.

Angesichts dieser Bedeutung des Nutzerengagement- Konstrukts konzeptionalisieren verschiedene Autoren im Schrifttum vergleichbare abhängige Konstrukte beziehungsweise Erfolgsgrößen: Kang (2011) (‚Community Participation'), Lee/Kim/Kim (2011) (‚Community Engagement Behavior'), Jahn/Kunz (2012) (‚Fan Page Engagement'), Laroche et al. (2012) (‚Community Engagement'), Cvijikj/Michahelles (2013) (‚Engagement: Likes, Comments, Shares, Interaction Duration'), Pöyry/Parvinen/Malmivaara (2013) (‚Browsing/Participation'), Tsai/Men (2013) (‚Engagement: Consuming/Contributing), Chan et al. (2014) ('Customer Engagement'), Jahn (2014) (‚Passive/Aktive Partizipation'), Zheng et al. (2015) (‚Participation'), Habibi/Laroche/Richard (2016) (‚Community Engagement Practices'), Kleine-Kalmer (2016) (‚Brand Page Participation') und Solem (2016) (‚Customer Participation').[488]

Dementsprechend kann auch für diese Untersuchung auf Basis von Theorie und Schrifttum das Nutzerengagement als Erfolgsgröße im Social Media Brand Community- Management abgeleitet werden. Im Hinblick auf die Konzeptionalisierung dieses Nutzerengagements in der Community bezie-

---

485 Cvijikj/Michahelles (2013), S. 3 f.

486 Habibi/Laroche/Richard (2014b), S. 156.

487 Vgl. hierzu die Abschnitte 2.2.1 und 2.2.2.

488 Vgl. Kang (2011), S. 21 ff.; Lee/Kim/Kim (2011), S. 59 ff.; Jahn/Kunz (2012), S. 344 ff.; Laroche et al. (2012), S. 1755 ff.; Cvijikj/Michahelles (2013), S. 1 ff.; Pöyry/Parvinen/Malmivaara (2013), S. 224 ff.; Tsai/Men (2013), S. 76 ff.; Chan et al. (2014), S. 81 ff.; Jahn (2014), S. 78 ff.; Zheng et al. (2015), S. 90 ff.; Habibi/Laroche/Richard (2016), S. 295; Kleine-Kalmer (2016), S. 110; Solem (2016), S. 333.

hen sich einige der zuvor genannten Studien ferner auf das klassische Konzept des Customer Engagements beziehungsweise die jeweiligen Frameworks von Bowden (2009), van Doorn et al. (2010) und Brodie et al. (2011) beziehungsweise Brodie et al. (2013).[489]

Innerhalb dieser Frameworks werden unter anderem Konsequenzen des Customer Engagements behandelt, welche ebenfalls Erfolgsgrößen für Unternehmen beziehungsweise Marken darstellen. So fokussiert Bowden (2009) innerhalb ihres Frameworks zum Prozess des Customer Engagements die Konstrukte ‚Satisfaction', ‚Commitment', ‚Involvement', ‚Trust' und ‚Loyalty'.[490] Van Doorn et al. (2010) hingegen erwähnen neben Konsequenzen des Customer Engagements im Bereich ‚Regulatory, Reputational, Competitive, Employee, Product' vor allem ‚Financial Consequences' für Unternehmen, im Sinne positiver Auswirkungen des Customer Engagements auf das Kaufverhalten der Nutzer.[491] Ferner halten Brodie et al. (2011) in ihrer Arbeit hinsichtlich relevanter Konsequenzen des Customer Engagements fest: „[…] CE relational consequences may include ''commitment,'' ''trust,'' ''self-brand connection,'' and consumers' ''emotional brand attachment'' and ''loyalty'' […]."[492] Zudem kommen auch Brodie et al. (2013) in ihrer Arbeit zum speziellen Customer Engagement-Prozess in Online Brand Communities zu dem Ergebnis, dass ein entsprechendes Customer Engagement, ‚Loyalty', ‚Satisfaction', ‚Empowerment', ‚Connection', ‚Commitment' und ‚Trust' erzeugt.[493] Basierend auf diesen Frameworks werden nun auch bezüglich des Social Media Brand Community- Managements in den jeweiligen Studien zum Nutzerengagement weitere vergleichbare Erfolgsgrößen miteinbezogen, welche aus dem Nutzerengagement resultieren beziehungsweise eine weiterführende Kausalkette bilden. So finden sich entsprechende weitere Erfolgsgrößen des Social Media Brand Community- Managements bei Kang (2011) (‚Brand Trust, Brand Commitment'), Jahn/Kunz (2012) (‚Brand Loyalty: Brand Commitment, Brand WoM, Brand Purchase'), Laroche et al. (2012) ('Brand Trust, Brand Loyalty'), Pöyry/Parvinen/Malmivaara (2013) ('Purchase Intention, Referral Intention, Membership Continuance Intention'), Chan et al. (2014) ('Brand Loyalty: Repurchase Intention, Word-of-Mouth Intention'), Zheng et al. (2015) ('Online Community Commitment, Brand Loyalty'), Habibi/Laroche/Richard (2016) (‚Brand Relationship Quality, Brand Loyalty') und Solem (2016) (‚Brand Satisfaction, Brand Loyalty').[494]

489 Vgl. Jahn/Kunz (2012), S. 348 f.; Cvijikj/Michahelles (2013), S. 3; Chan et al. (2014), S.82 ff.; Zheng et al. (2015), S. 91 ff.
490 Vgl. Bowden (2009), S. 66.
491 Vgl. van Doorn et al. (2010), S. 259.
492 Brodie et al. (2011), S. 260.
493 Vgl. Brodie et al. (2013), S. 6.
494 Vgl. Kang (2011), S. 36 ff.; Jahn/Kunz (2012), S. 353; Laroche et al. (2012), S. 1763; Pöyry/Parvinen/Malmivaara (2013), S. 229; Chan et al. (2014), S. 93; Zheng et al. (2015), S. 94; Habibi/Laroche/Richard (2016), S. 295; Solem (2016), S. 336.

Nimmt man nun eine aggregierte Betrachtung dieser Studien vor, welche neben dem Nutzerengagement noch weitere Erfolgsgrößen miteinbeziehen, so wird deutlich, dass sich vornehmlich die Konstrukte der Markenloyalität ('Brand Loyalty') (6X), der Kaufintention ('Purchase Intention') (3X) beziehungsweise ähnlich formulierte Konstrukte und das Markenvertrauen (‚Brand Trust') (2X) etabliert haben. Zusätzlich fällt dabei auf, dass bei Jahn/Kunz (2012) der ‚Brand Purchase' und bei Chan et al. (2014) die 'Repurchase Intention' als Dimensionen der Markenloyalität verstanden werden, was darauf hindeutet, dass eine Überschneidungsfreiheit zwischen den Konstrukten des Markenkaufs beziehungsweise der Kaufintention und der Markenloyalität nicht gegeben ist. Ferner finden vereinzelt Erfolgsgrößen wie ‚Brand Commitment', ‚Brand WoM (Intention)', ‚Referral Intention', ‚Membership Continuance Intention', ‚Online Community Commitment', ‚Brand Relationship Quality' und ‚Brand Satisfaction' Anwendung als abhängige Konstrukte in den genannten Studien zum Nutzerengagement.

Darüber hinaus werden einige der bislang mehrfach identifizierten weiteren Erfolgsgrößen auch ohne die spezifische Beziehung zum Nutzerengagement im Schrifttum behandelt. So betrachten Gummerus et al. (2012), Laroche/Habibi/Richard (2013), Gamboa/Gonçalves (2014), Labrecque (2014) und Munnukka/Karjaluoto/Tikkanen (2015) in ihren Untersuchungen ebenfalls die Markenloyalität (‚Brand Loyalty') als Erfolgsgröße. Airs/Ang (2012), Kim/Ko (2012), Hutter et al. (2013), Schivinski/Dabrowski (2014), Munnukka/Karjaluoto/Tikkanen (2015), Kim/Johnson (2016) und Le Roux/Maree (2016) untersuchen hingegen die Kaufintention (‚Purchase Intention') beziehungsweise semantisch ähnliche Erfolgsgrößen als abhängige Konstrukte. Zudem kann auch das Markenvertrauen (‚Brand Trust') in den weiteren Studien von Laroche/Habibi/Richard (2013) und Habibi/Laroche/Richard (2014b) als Erfolgsgröße ausfindig gemacht werden. Während schließlich auch weitere Untersuchungen zu ‚WoM' und ‚Commitment' als abhängige Konstrukte im Schrifttum existieren, ist es jedoch auffällig, dass aufgrund der Ähnlichkeit beziehungsweise des engen Zusammenhangs der Konstrukte zur ‚Loyalty', verschiedene Autoren wie z.B. Jahn/Kunz (2012), Chan et al. (2014) und Munnukka/Karjaluoto/Tikkanen (2015) ‚WoM' und ‚Commitment' als Komponenten der ‚Loyalty' verstehen beziehungsweise diese auch entsprechend konzeptionalisieren.[495] Somit erscheint eine eigenständige Untersuchung dieser Konstrukte nicht etabliert im Kontext des Social Media Brand Community- Management. Zudem werden die bislang einmalig erwähnten Konstrukte der ‚Brand Relationship Quality' und ‚Brand Satisfaction' bislang im Schrifttum nicht weiter verfolgt, was auf eine mangelnde Relevanz für den Kontext dieser Arbeit schließen lässt.

495 Vgl. Jahn/Kunz (2012), S. 353; Chan et al. (2014), S. 93; Munnukka/Karjaluoto/Tikkanen (2015), S. 432.

Somit können im Zwischenergebnis zusätzlich zum Nutzerengagement zunächst aufgrund der Häufigkeit ihrer vorgenommenen Konzeptionalisierung als eigenständige abhängige Konstrukte das Markenvertrauen, die Kaufintention und die Markenloyalität als etablierte Erfolgsgrößen im Social Media Brand Community- Schrifttum festgehalten werden. Da jedoch wie zuvor bereits angedeutet speziell die Konzeptionalisierung der beiden Konstrukte der Kaufintention und Markenloyalität im bisherigen Schrifttum nicht ausschließlich überschneidungsfrei erfolgen und im Einzelnen die Kaufintention bisweilen als Dimension der Markenloyalität konzeptionalisiert wird[496], erscheint es nicht zielführend beide Konstrukte als Erfolgsgrößen in das Untersuchungsmodell dieser Arbeit zu integrieren. Dies kann weiterhin dadurch unterstützt werden, dass die Markenloyalität im Schrifttum auch zumindest teilweise als langfristige Kaufintention konzeptionalisiert beziehungsweise verstanden wird[497], und somit der inhaltliche Zusammenhang zwischen den beiden Konstrukten deutlich zu erkennen ist. Da diesbezüglich die Markenloyalität im Social Media Brand Community- Schrifttum bereits häufiger als die Kaufintention behandelt wurde, soll daher für diese Arbeit im Folgenden, zusätzlich zu den Konstrukten des Nutzerengagements und Markenvertrauens, die Kaufintention weitere Berücksichtigung als Erfolgsgröße erfahren.

Im Hinblick auf diese Erfolgsgrößen wird zunächst das Nutzerengagement im Schrifttum als eine interaktive und integrative Teilnahme der Nutzer in der Community definiert, welche über eine bloße Nutzungshäufigkeit hinausgeht.[498] Das Markenvertrauen wird ferner als die Bereitschaft des durchschnittlichen Konsumenten beziehungsweise Community- Nutzers definiert, sich darauf zu verlassen, dass die jeweilige Marke ihre spezifizierte Aufgabe erfüllt,[499] während die Kaufintention als das generelle Interesse der Community- Nutzer an der Marke sowie die für sie existierende Möglichkeit eines Markenkaufs verstanden wird.[500]

Dabei erscheint im Hinblick auf die inhaltlichen Zusammenhänge beziehungsweise Wirkungsbeziehungen zwischen den zuvor genannten Erfolgsgrößen auf Basis der zuvor erwähnten Customer Engagement Frameworks sowie der bisher existierenden Social Media Brand Commnity- Studien zunächst die Wirkung des Nutzerengagements auf das Markenvertrauen für das Untersuchungsmodell dieser Arbeit relevant. So besitzt nach Brodie et al. (2013) das Nutzerengagement in konventionellen Online Brand Communities bezüglich seiner Konsequenzen beziehungsweise einer wieterführ-

[496] Vgl. Jahn/Kunz (2012), S. 352.
[497] Vgl. Chan et al. (2014)
[498] Vgl. Jahn/Kunz (2012), S. 349.
[499] Vgl. Laroche et al. (2012), S. 1759; Laroche/Habibi/Richard (2013), S. 78; Habibi/Laroche/Richard (2014b), S. 155.
[500] Vgl. Kim/Ko (2012), S. 1481.

renden Kausalkette unter anderem einen Einfluss auf das Markenvertrauen der Nutzer[501]. Zudem kann z.B. Kang (2011) in ihrer Social Media Brand Community- Studie eine positive Wirkungsbeziehung zwischen der aktiven Teilnahme der Nutzer in der Community (‚Community Participation') und dem Markenvertrauen der Nutzer (‚Brand Trust') nachweisen.[502]

Diese Wirkungsbeziehung ist insbesondere deswegen nachvollziehbar, da Nutzer durch ihr aktives Engagement in der Community und dem damit verbundenen Austausch mit Community- Managern und anderen Nutzern zusätzliches Wissen über die Marke erlangen können, welches zu einem gesteigerten Vertrauen der Nutzer in die Marke beitragen kann.[503] Hierbei erscheint insbesondere der Austausch von Beiträgen und Erfahrungen mit anderen Nutzern als vertrauensbildende Maßnahme von Bedeutung zu sein, da Nutzer im Gegensatz zu den Community- Managern als Werbetreibende z.B. kein Interesse daran haben werden, etwas zu beschönigen oder falsch darzustellen.

Das resultierende Markenvertrauen selbst erscheint ferner als Erfolgsgröße im Social Media Brand Community- Management für Unternehmen insbesondere deswegen als sehr bedeutsam, da eine Kaufintention im Falle einer gegenteiligen Einschätzung der Nutzer, nämlich dahingehend, dass der Marke ein entsprechender Nutzen nicht zugetraut wird, als eher unwahrscheinlich anzusehen ist. Im Gegensatz dazu ist es anzunehmen, dass ein durch das Nutzerengagement erworbenes Vertrauen in die Marke einen positiven Einfluss auf die Kaufintention ausüben kann. So können in Social Media Brand Communities in gemeinschaftlicher Atmosphäre durch den Austausch mit Community- Managern und anderen Nutzern Missverständnisse ausgeräumt, somit erneut Vertrauen in die Marke und ihr Wertversprechen aufgebaut, und so ein Markenkauf wieder wahrscheinlicher gemacht werden.

Dieser Zusammenhang kann im Einzelnen dadurch erklärt werden, dass in Zeiten von Skandalen auch namhafter Unternehmen grundsätzlich ein gewisses Misstrauen gegenüber Unternehmen und deren Produkten oder Dienstleistungen besteht und Werbung dementsprechend kritisch hinterfragt wird. Konsumenten sind somit erst dann bereit ihr Geld zu investieren, wenn für sie klar ist, dass die Marke auch wirklich hält, was sie verspricht, also sie Qualität beziehungsweise ‚Value for Money' bekommen. Diese Entwicklung wird noch durch die Kommoditisierung von Produkten und Dienstleistungen, also die Angleichung unternehmerischer Leistungen[504], verstärkt, da angesichts der Konkurrenz gleichwertiger Produkte in vielen Branchen ein Vertrauen in das Wertversprechen

[501] Vgl. Brodie et al. (2013), S. 110.
[502] Vgl. Kang (2011), S. 80.
[503] Vgl. Kang/Tang/Fiore (2015), S. 1666.
[504] Vgl. van Riel/Pahud de Mortanges/Streukens (2005), S. 841.

der Marke gegeben sein muss, bevor ein Kauf überhaupt erst in Erwägung gezogen wird und nicht stattdessen Konkurrenzprodukte präferiert werden. Die Relevanz einer entsprechenden Kaufintention der Nutzer als Erfolgsgröße im Social Media Brand Community- Management wiederum erscheint selbsterklärend, da es das Ziel einer jeden Marketing- Strategie ist, den Umsatz für die jeweilige Marke zu steigern.[505] So hat die erläuterte Wirkungsbeziehung zwischen dem Markenvertrauen und der Kaufintention der Nutzer in vergleichbarer Weise bisher ebenfalls in den bereits existierenden Social Media Brand Community- Studien Beachtung gefunden und soll ferner auch im Untersuchungsmodell dieser Arbeit berücksichtigt werden. Beispielsweise können Kim/Ko (2012) nachweisen, dass die ‚Value Equity‘ der jeweiligen Marken der Social Media Brand Communities, welche ähnlich der zuvor erläuterten Definition des Markenvertrauens für diese Arbeit beinhaltet, inwiefern nach objektiver Meinung der Nutzer, die Marke im Falle eines Kaufes den versprochenen Nutzen für sie bietet, die Kaufintention der Nutzer (‚Purchase Intention‘) positiv beeinflusst.[506]

Schließlich bleibt für das Untersuchungsmodell dieser Arbeit noch als relevante Wirkungsbeziehung der direkte positive Einfluss des Nutzerengagements auf die Kaufintention der Nutzer von Social Media Brand Communities festzuhalten. Diese Wirkungsbeziehung kann inhaltlich dadurch begründet werden, dass bereits im Zuge des Nutzerengagements selbst, z.B. durch das Betrachten von Fotos oder Videos zu Produkten der Marke oder der Hinweise anderer Nutzer auf Rabattaktionen zur Marke in bestimmten Shops, ein Verlangen der Nutzer nach der Marke und somit eine Kaufintention entstehen kann. So konnte auch diese Wirkungsbeziehung in vergleichbarer Weise bereits im Schrifttum nachgewiesen werden. Im Einzelnen stellen Chan et al. (2014) diesbezüglich fest, dass sich das Nutzerengagement in Social Media Brand Communities positiv auf deren wiederholte Kaufintention (‘Repurchase Intention’) auswirkt.[507]

Zusammenfassend wird also in dieser Arbeit angenommen, dass sowohl der zuvor erläuterte direkte Effekt des Nutzerengagements auf die Kaufintention zu erwarten ist, als auch dass Nutzer auf Basis ihres Markenvertrauens durch die jeweils gemachten positiven Erfahrungen innerhalb des Nutzerengagements, Kaufintentionen entwickeln können. Somit wird mit der Berücksichtigung der Wirkungsbeziehungen zwischen Nutzerengagement und Markenvertrauen sowie zwischen Markenvertrauen und Kaufintention in dieser Untersuchung gleichzeitig eine mediierende Rolle des Markenvertrauens in der Wirkungsbeziehung zwischen dem Nutzerengagement und der Kaufintention unterstellt. Dabei erscheint die Wirkungsrichtung und -reihenfolge der zuvor erläuterten Wirkungsbe-

---

505 Vgl. Kim/Ko (2012), S. 1482.
506 Vgl. Kim/Ko (2012), S. 1481.
507 Vgl. Chan et al. (2014), S. 93.

ziehungen deswegen folgerichtig, da aufgrund der beschriebenen vorherrschenden Bedeutung der Erfolgsgröße der Kaufintention für das Social Media Brand Community- Management als anzustrebendes Ergebnis für Unternehmen, dieses auch am Ende der Kausalkette des Untersuchungsmodells dieser Arbeit stehen sollte. Durch die vorgelagerten Wirkungsbeziehungen kann diesbezüglich erklärt werden, wie diese Kaufintention der Nutzer erreicht werden kann. Tabelle 18 fasst die zuvor erläuterten Hinweise aus dem Schrifttum bezüglich relevanter Erfolgsgrößen im Social Media Brand Community- Management noch einmal zusammen und stellt diese überblicksartig dar.

	Untersuchung	**Erfolgsgrößen**
Quantitativ-empirisch	Kang (2011)	Community Participation, Brand Trust, Brand Commitment
	Lee/Kim/Kim (2011)	Community Engagement Behavior
	Airs/Ang (2012)	Purchase Intention
	Gummerus et al. (2012)	Brand Loyalty
	Jahn/Kunz (2012)	Fan Page Engagement, Brand Loyalty: Brand Commitment, Brand WoM, Brand Purchase
	Kim/Ko (2012)	Purchase Intention
	Laroche et al. (2012)	Community Engagement, Brand Trust, Brand Loyalty
	Cvijikj/Michahelles (2013)	Engagement: Likes, Comments, Shares,Interaction Duration
	Hutter et al. (2013)	Purchase Intention
	Laroche/Habibi/Richard (2013)	Brand Trust, Brand Loyalty
	Pöyry/Parvinen/Malmi-vaara (2013)	Browsing/Participation, Purchase Intention, Referral Intention, Membership Continuance Intention
	Tsai/Men (2013)	Engagement: Consuming/Contributing
	Chan et al. (2014)	Customer Engagement, Brand Loyalty: Repurchase Intention, Word-of-Mouth Intention
	Gamboa/Gonçalves (2014)	Brand Loyalty
	Habibi/Laroche/Richard (2014b)	Brand Trust
	Jahn (2014)	Passive/Aktive Partizipation
	Labrecque (2014)	Brand Loyalty

	Untersuchung	Erfolgsgrößen
Quantitativ-empirisch	Schivinski/Dabrowski (2014)	Purchase Intention
	Munnukka/Karjaluoto/ Tikkanen (2015)	Brand Loyalty: Attitudinal Loyalty, WoM, Repurchase Intention
	Zheng et al. (2015)	Participation, Online Community Commitment, Brand Loyalty
	Habibi/Laroche/Richard (2016)	Community Engagement Practices, Brand Relationship Quality, Brand Loyalty
	Kim/Johnson (2016)	Future Purchase Intention
	Kleine-Kalmer (2016)	Brand Page Participation
	Le Roux/Maree (2016)	Buying Intention
	Solem (2016)	Customer Participation, Brand Satisfaction, Brand Loyalty

Tabelle 18: Hinweise zu Erfolgsgrößen aus dem relevanten Schrifttum

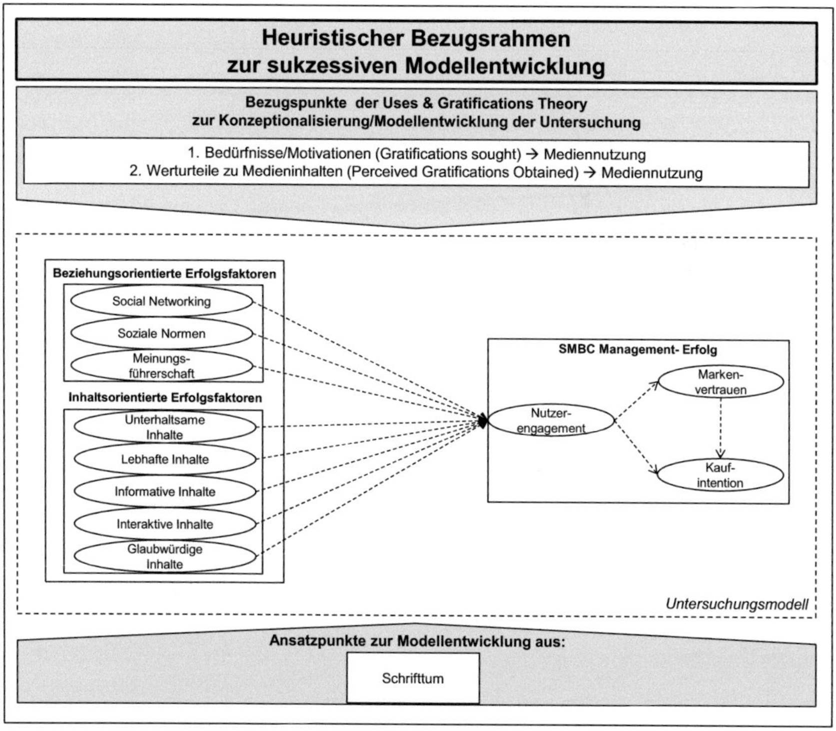

Abbildung 25: Erweiterter heuristischer Bezugsrahmen zur sukzessiven Modellentwicklung (3)

Insgesamt kann auf Basis der Erkenntnisse aus der Uses & Gratifications Theory sowie den spezifischen Hinweisen aus dem relevanten Schrifttum konstatiert werden, dass sich insbesondere das Nutzerengagement, das Markenvertrauen und die Kaufintention als wesentliche Erfolgsgrößen des Social Media Brand Community- Managements etabliert haben, welche sich mit Fokus auf die zuvor erläuterten Wirkungsbeziehungen für eine weitere Untersuchung im Rahmen dieser Arbeit eignen. Dementsprechend stellt Abbildung 25 den bezüglich der genannten Erfolgsgrößen und ihrer Wirkungsbeziehungen auf Basis von Theorie und Schrifttum erweiterten heuristischen Bezugsrahmen zur sukzessiven Modellentwicklung dieser Untersuchung dar.

3.2.2.2 Zusammenfassung und Implikationen für die Untersuchung

In diesem Abschnitt sollen nun die Ergebnisse der Ableitung relevanter Erfolgsgrößen aus Theorie und Schrifttum zusammengefasst sowie die sich daraus ergebenden Implikationen für diese Untersuchung erläutert werden. Dabei soll zusammenfassend noch einmal das spezifische Relevant Set von Erfolgsgrößen für diese Arbeit dargestellt und begründet werden, welches den Erfolg im Social Media Brand Community- Management konstituiert und im Rahmen der qualitativen Inhaltsanalyse weiter überprüft werden soll.[508]

So sollten im Hinblick auf relevante Erfolgsgrößen auf Basis der Uses & Gratifications Theory zunächst Konstrukte zur Mediennutzung beziehungsweise der Nutzung von Social Media Brand Communities an sich abgeleitet werden. Diese Nutzung konnte auf Basis des Schrifttums anhand des Konstrukts des Nutzerengagements in Social Media Brand Communities konkretisiert werden. Die Relevanz der Erfolgsgröße des Nutzerengagements innerhalb eines erfolgreichen Social Media Brand Community- Managements konnte daraufhin angemessen begründet werden, da sowohl Social Media als auch Brand Communities von den Beiträgen ihrer Nutzer leben[509], und der resultierende UGC den anbietenden Unternehmen beziehungsweise Marken einen hohen Mehrwert durch neue Informationen zu den Nutzern beziehungsweise Konsumenten sowie der Stärkung ihrer Beziehung zur den Nutzern bieten kann.

Darüber hinaus konnten auf Basis der Schrifttumsanalyse und der Häufigkeit der bisher vorgenommenen Konzeptionalisierung zusätzlich das Markenvertrauen und die Kaufintention als relevante Erfolgsgrößen bestimmt werden. Dabei wurde im Einzelnen zunächst für die Untersuchung der Wirkungsbeziehung zwischen dem Nutzerengagement und dem Markenvertrauen argumentiert und dies dadurch begründet, dass Nutzer durch ihr aktives Engagement in der Community und dem da-

[508] Vgl. hierzu Abschnitt 3.2.4.
[509] Vgl. hierzu die Abschnitte 2.2.1 und 2.2.2.

mit verbundenen Austausch mit Community- Managern und anderen Nutzern zusätzliches Wissen über die Marke erlangen können, welches zu einem gesteigerten Vertrauen der Nutzer in die Marke führen kann. Im Hinblick auf die Relevanz dieses Markenvertrauens als Erfolgsgröße im Social Media Brand Community- Management wurde dann auf eine weitere für diese Untersuchung relevante Wirkungsbeziehung zwischen dem Markenvertrauen und der Kaufintention der Nutzer verwiesen.

Dies konnte sachlogisch dadurch begründet werden, dass durch bekannt gewordene Unternehmensskandale grundsätzlich ein gewisses Misstrauen gegenüber Unternehmen und den Wertversprechen ihrer Produkte und Dienstleistungen besteht, und Konsumenten erst dann bereit sind, ihr Geld in die Marke zu investieren (Kaufintention), wenn für sie klar ist, dass die Marke auch wirklich hält, was sie verspricht. Hierbei wurde auch die generelle Bedeutung des Konstruktes der Kaufintention für diese Untersuchung noch einmal dadurch herausgestellt, dass es das Ziel einer jeden Marketing-Strategie und somit auch des Social Media Brand Community- Managements sein sollte, Umsätze für die jeweilige Marke zu generieren.

Zusätzlich wurde in Bezug auf dieses Konstrukt noch für die Untersuchung der Wirkungsbeziehung zwischen dem Nutzerengagement und der Kaufintention und gleichzeitig die Rolle des Markenvertrauens als Mediator in der Wirkungsbeziehung zwischen Nutzerengagement und Kaufintention argumentiert, da hierzu vermutet wird, dass Nutzer sowohl auf Basis ihres Markenvertrauens als auch direkt durch die jeweils gemachten positiven Erfahrungen innerhalb des Nutzerengagements Kaufintentionen entwickeln könnten.

Zusammenfassend kann auf Basis der Erkenntnisse aus der Uses & Gratifications Theory, den spezifischen Hinweisen aus dem relevanten Schrifttum und den vorangegangenen Begründungen also konstatiert werden, dass sich insbesondere das Nutzerengagement, das Markenvertrauen und die Kaufintention als wesentliche Erfolgsgrößen des Social Media Brand Community- Managements etabliert haben und ihnen auf dieser Basis eine große Bedeutung attestiert werden kann. So ist durch diese drei Erfolgsgrößen zunächst eine zufriedenstellende Abdeckung relevanter Konstrukte früherer konventioneller Customer Engagement Frameworks sowie bisheriger Social Media Brand Community- Studien gegeben. Weitere daraus identifizierbare Konstrukte erscheinen den bisher ausgewählten Erfolgsgrößen zu ähnlich, wie z.B. die Markenloyalität, welche wie zuvor geschildert teilweise im Sinne einer langfristigen Kaufintention dem bereits in die Untersuchung integrierten Konstrukt der Kaufintention als zu ähnlich erscheint.

Zudem werden durch die drei abgeleiteten Erfolgsgrößen verschiedene Facetten eines SMBC Management- Erfolges abgebildet, da Nutzerengagement und Markenvertrauen zum einen immaterielle

Erfolgswerte für die anbietenden Unternehmen darstellen und die Kaufintention sich zum anderen auf einen materiellen beziehunsgweise finanziellen Erfolgswert bezieht. Da aus den genannten Gründen eine angemessene Abdeckung relevanter Erfolgsgrößen für diese Untersuchung gegeben erscheint, sollen somit die genannten drei Erfolgsgrößen im Folgenden innerhalb der qualitativen Inhaltsanalyse einer weiteren Prüfung unterzogen werden.[510]

3.2.3 Nutzerinterviews

Der bisher sowohl theoretisch als auch durch das wissenschaftliche Schrifttum geprägte heuristische Bezugsrahmen zur sukzessiven Entwicklung des Untersuchungsmodells soll nun durch die im Rahmen dieser Arbeit durchgeführten Nutzerinterviews einer weiteren Beurteilung unterzogen werden.

Diese Vorgehensweise resultiert aus dem bereits in Abschnitt 2.1.2 zum grundlegenden Forschungsdesign dieser Untersuchung erläuterten Mixed Methods- Ansatz, welcher durch eine bestmögliche Abdeckung des Spektrums zur Verfügung stehender methodischer Ansätze darauf abzielt, einen möglichst hohen Erkenntnisgewinn der Untersuchung zu generieren. So werden durch die Kombination mehrerer Untersuchungsmethoden zum einen generell umfassendere Ergebnisse erwartet. Zum anderen wird davon ausgegangen, dass den Schwächen eines bestimmten Verfahrens durch die Stärken eines anderen entgegengewirkt werden kann beziehungsweise die eine Methode die andere ergänzt.[511]

Wie zuvor bereits im Rahmen der methodologischen Leitideen dieser Untersuchung dargelegt, ist in diesem Zusammenhang unter anderem die Durchführung von Interviews dazu geeignet, einen induktiven Beitrag zur Ergänzung der bisherigen theoretischen Deduktion und somit auch deren finalen Überprüfung durch die Strukturgleichungsmodellierung zu leisten.[512]

Vergleichbare Interviews mit Experten und/oder Konsumenten beziehungsweise Nutzern sind in einer Vielzahl wissenschaftlicher Forschungsbereiche wie z.B. der Soziologie, der öffentlichen Verwaltung, den Politikwissenschaften sowie dem für diese Untersuchung relevanten Marketing- Bereich weit verbreitet.[513] Ferner ist speziell in der Marketingforschung die Durchführung von Interviews mit Konsumenten beziehungsweise Nutzern etabliert[514], da innerhalb des Marketings generell die Kundenorientierung von essenzieller Bedeutung ist[515].

[510] Vgl. hierzu Abschnitt 3.2.4.
[511] Vgl. Abschnitt 2.1.2.
[512] Vgl. Abschnitt 2.1.1.
[513] Vgl. Rubin/Rubin (2012), S. 5.
[514] Vgl. Hattula (2009), S. 31.
[515] Vgl. Rutschmann/Belz (2014), S. 1.

Dementsprechend wurde auch für diese Untersuchung auf die Durchführung von Interviews mit Nutzern fokussiert und weiterhin auf Interviews mit Experten wie z.B. Social Media- Managern verzichtet. So erscheint auch für die Erfolgsfaktorenuntersuchung im Rahmen dieser Arbeit bezüglich spezifischer Einflussfaktoren des Nutzerengagements in Social Media Brand Communities die Durchführung von Interviews mit Nutzern als zielführend, da diese aus ihrer eigenen Perspektive am Besten berichten können welche beziehungsorientierten Faktoren sie einerseits und welche Inhalte der Community- Manager sie andererseits zu einem Engagement in den Commmunities bewegen.[516]

Basierend auf diesem Verständnis wurden dementsprechend Nutzer von Social Media Brand Communities für die Durchführung der Interviews in dieser Arbeit wie folgt ausgewählt. Gemäß des zuvor bereits erwähnten Fokus dieser Untersuchung auf Facebook Brand Communities von Sportmarken wurden die Nutzer exemplarisch aus der Community von Adidas Originals auf Facebook identifiziert.

Um zu vermeiden, dass es sich bei den Nutzern nur um einmalige beziehungsweise zufällige Besucher der Community handelte, wurden nur solche Nutzer ausgewählt und direkt über Facebook per persönlicher Nachricht zu einem Interview eingeladen, welche bereits mehrfach in der Community aktiv waren, z.B. durch Likes, Kommentare oder eigene Posts. Auf diesem Wege konnten schließlich fünf aktive Nutzer der Community erreicht werden, welche sich zur Teilnahme an einem Interview bereit erklärten.[517]

Im Folgenden sollen in Abschnitt 3.2.3.1 nun die Durchführung und Ergebnisse der Nutzerinterviews im Einzelnen dargelegt werden. Anschließend werden in Abschnitt 3.2.3.2 die Ergebnisse der Nutzerinterviews zusammengefasst und die sich daraus ergebenden Implikationen für die Untersuchung sowie der auf dieser Basis überprüfte heuristische Bezugsrahmen dargestellt.

3.2.3.1 Durchführung und Ergebnisse der Nutzerinterviews

Die Nutzerinterviews hatten jeweils eine Dauer von ca. 30 Minuten und wurden mittels eines Gesprächsleitfadens wie folgt konzipiert: Zunächst wurde den Nutzern die Thematik der Untersuchung präsentiert, um somit vorab die Relevanz des Untersuchungsgegenstands weiter zu überprüfen. Diesbezüglich bekräftigten die Interviewteilnehmer durchgehend die generelle Relevanz der Unter-

[516] Vgl. die Abschnitte 3.2.1 und 3.2.2.

[517] Auf Wunsch der Teilnehmer werden diese nicht namentlich erwähnt und ihre Bewertungen und Aussagen für diese Untersuchung nur anonymisiert verwendet.

suchung für sie als Nutzer, da sie sich durch die Untersuchung insbesondere eine Verbesserung des Angebots von Inhalten der Community- Manager erhofften.

Um anschließend die bislang aus Theorie und Schrifttum abgeleiteten Konstrukte des Untersuchungsmodells mit den Erfahrungen der Nutzer aus der Praxis zu vergleichen, wurde ferner die Relevanz der einzelnen Erfolgsfaktoren hinsichtlich ihrer Wirkung auf das Nutzerengagement diskutiert und überprüft.

Hierzu wurde vorab nach dem Verständnis der Nutzer bezüglich der einzelnen Konstrukte gefragt, um dieses mit der wissenschaftlichen Definition aus dem Schrifttum abzugleichen. Für den Fall, dass das entsprechende Verständnis der Nutzer nicht zugetroffen hätte, wäre die Definition der Konstrukte für den weiteren Verlauf des Gesprächs vorgegeben worden. Dies war jedoch für keines der Konstrukte notwendig.

So wurde weiterhin erfragt, inwiefern das jeweilige Konstrukt für diese Untersuchung auch aus praktischer Perspektive relevant erschien. Im Einzelnen wurde dabei darum gebeten, die Konstrukte als entweder relevant oder nicht relevant einzuordnen. Diesbezüglich wurden zunächst die beziehungsorientierten Erfolgsfaktoren des Social Networkings und der Meinungsführerschaft durchgehend als relevant seitens der Nutzer bewertet (100%), wohingegen der Faktor der Sozialen Normen auch einmalig als nicht relevant eingeordnet wurde (80%).

Ähnlich einheitlich verhielt es sich auch mit der Bewertung inhaltsorientierter Erfolgsfaktoren, da die interviewten Nutzer hierbei die Lebhaften, Informativen, Interaktiven und Glaubwürdigen Inhalte der Community- Manager durchweg als relevant einordneten (100%), während der Faktor der Unterhaltsamen Inhalte auch einmal als nicht relevant für die Beeinflussung des Nutzerengagements bewertet wurde (80%). Tabelle 19 stellt die Ergebnisse der Nutzerinterviews zur Relevanz der einzelnen Erfolgsfaktoren im Überblick dar.

Zusätzlich zu der bisher erläuterten Vorgehensweise wurde den Nutzern im Rahmen eines weiteren qualitativen beziehungsweise exploratorischen Teils der Interviews die Möglichkeit geboten, alternative Erfolgsfaktoren vorzuschlagen sowie sonstige Anregungen miteinzubringen. Diesbezüglich konstatierten die Nutzer zunächst eine zufriedenstellende Abdeckung relevanter Erfolgsfaktoren.

	Konstrukte	Interview 1	Interview 2	Interview 3	Interview 4	Interview 5	Summe	Prozent
Beziehungsorientierte Erfolgsfaktoren	Social Networking	✓	✓	✓	✓	✓	**5**	**100%**
	Soziale Normen		✓	✓	✓	✓	**4**	**80%**
	Meinungsführerschaft	✓	✓	✓	✓	✓	**5**	**100%**
Inhaltsorientierte Erfolgsfaktoren	Unterhaltsame Inhalte		✓	✓	✓	✓	**4**	**80%**
	Lebhafte Inhalte	✓	✓	✓	✓	✓	**5**	**100%**
	Informative Inhalte	✓	✓	✓	✓	✓	**5**	**100%**
	Interaktive Inhalte	✓	✓	✓	✓	✓	**5**	**100%**
	Glaubwürdige Inhalte	✓	✓	✓	✓	✓	**5**	**100%**

Tabelle 19: Ergebnisse der Nutzerinterviews zur Relevanz der einzelnen Erfolgsfaktoren

Darüber hinaus merkte einer der interviewten Nutzer speziell bezüglich der beziehungsorientierten Erfolgsfaktoren an, dass ihm der Aspekt des Social Networkings sogar so wichtig wäre, dass er sich auch offline mit anderen Nutzern beziehungsweise Markenfans auf bestimmten Events für die Marke verabrede. Ferner stellte einer der Nutzer speziell bezüglich der inhaltsorientierten Erfolgsfaktoren heraus, dass für ihn die informativen Inhalte der Community- Manager der Hauptgrund für ein Nutzerengagement in der Commmunity seien, während ein anderer Nutzer im Hinblick auf die glaubwürdigen Inhalte darauf hinwies, dass es den Nutzern durchaus bewusst sei, dass Unternehmen versuchen, ihre Marken positiver darzustellen als sie es tatsächlich sind und dies nicht unbedingt einen Abbruch der Community- Nutzung für ihn bedeute. Dennoch bewertete er die glaubwürdigen Inhalte im Allgemeinen als relevant, da eine generelle Unglaubwürdigkeit der Marke durchaus negative Auswirkungen für die Nutzung haben könne. Auch die zusätzlichen Anregungen der Nutzer bezüglich der Erfolgsfaktoren belegten also durchweg deren Relevanz.

Darüber hinaus wurde jedoch darauf verzichtet, die interviewten Nutzer bezüglich der Relevanz der zuvor aus Theorie und Schrifttum abgeleiteten Erfolgsgrößen zu befragen. Dies kann dadurch begründet werden, dass Nutzer als Laien nicht die richtige Zielgruppe dafür darstellen, relevante Erfolgsgrößen für das Community- Management von Unternehmen und deren Marken zu definieren, also z.B. zu beurteilen, ob eher immaterielle Erfolgswerte wie das Markenvertrauen oder materielle Erfolgswerte wie die Kaufintention als relevant erachtet werden sollten.

3.2.3.2 Zusammenfassung und Implikationen für die Untersuchung

In diesem Abschnitt sollen nun die Ergebnisse der Nutzerinterviews zusammengefasst sowie die sich daraus ergebenden Implikationen für diese Untersuchung erläutert werden. Dabei ist das Ziel die Überprüfung der in Abschnitt 3.2.1.3 gebildeten Relevant Sets von beziehungs- und inhaltsorientierten Erfolgsfaktoren beziehungsweise des heuristischen Bezugsrahmens zur sukzessiven Modellentwicklung. Dieser soll im weiteren Verlauf der Untersuchung ferner durch eine qualitative Inhaltsanalyse überprüft werden.[518] Im Hinblick auf die Relevanz der beziehungsorientierten Erfolgsfaktoren wurden zunächst das Social Networking und die Meinungsführerschaft durchgehend als relevante Einflussfaktoren der Nutzung von Social Media Brand Communities bewertet. Zudem wurde auch der Faktor der Sozialen Normen mit einmaliger Ausnahme als überwiegend relevant für die Nutzung von Social Media Brand Communities eingeordnet. Dementsprechend besteht das Relevant Set beziehungsorientierter Erfolgsfaktoren nach Durchführung der Nutzerinterviews für diese Untersuchung weiterhin aus dem Social Networking, den Sozialen Normen und der Meinungsführerschaft.

Bezüglich des Relevant Sets inhaltsorientierter Erfolgsfaktoren für diese Untersuchung mussten auf Basis der Nutzerinterviews ebenfalls keine Anpassungen vorgenommen werden, da alle fünf Faktoren in ihrer aus Theorie und Schrifttum abgeleiteten Form durch die Nutzer überwiegend als relevant bewertet und keine Änderungen vorgeschlagen wurden. Im Einzelnen wurden dabei nur einmal die Unterhaltsamen Inhalte der Community- Manager als nicht relevant eingeordnet. Somit besteht das Relevant Set inhaltsorientierter Erfolgsfaktoren nach Durchführung der Nutzerinterviews wie-

[518] Vgl. Abschnitt 3.2.4.

terhin aus den Unterhaltsamen, Lebhaften, Informativen, Interaktiven und Glaubwürdigen Inhalten der Community- Manager.

Zusammenfassend konnten die Nutzerinterviews im Rahmen des Mixed Methods- Ansatzes dieser Untersuchung zur bestmöglichen Abdeckung des Spektrums zur Verfügung stehender methodischer Ansätze einen zufriedenstellenden Beitrag zur Erzielung des Erkenntnisgewinns dieser Untersuchung leisten. So belegten die Ergebnisse der Nutzerinterviews die Relevanz aller zuvor deduzierten Erfolgsfaktoren durch eine entsprechende Bewertung durch die Nutzer. Durch die Aufnahme der Nutzerinterviews in die Untersuchung konnte also die theoriegeleitete Deduktion dieser Untersuchung durch eine induktive Komponente in Form des Inputs der Nutzer ergänzt werden. Abbildung 26 stellt noch einmal den auf Basis der Nutzerinterviews überprüften heuristischen Bezugsrahmen zur sukzessiven Modellentwicklung dieser Untersuchung dar.

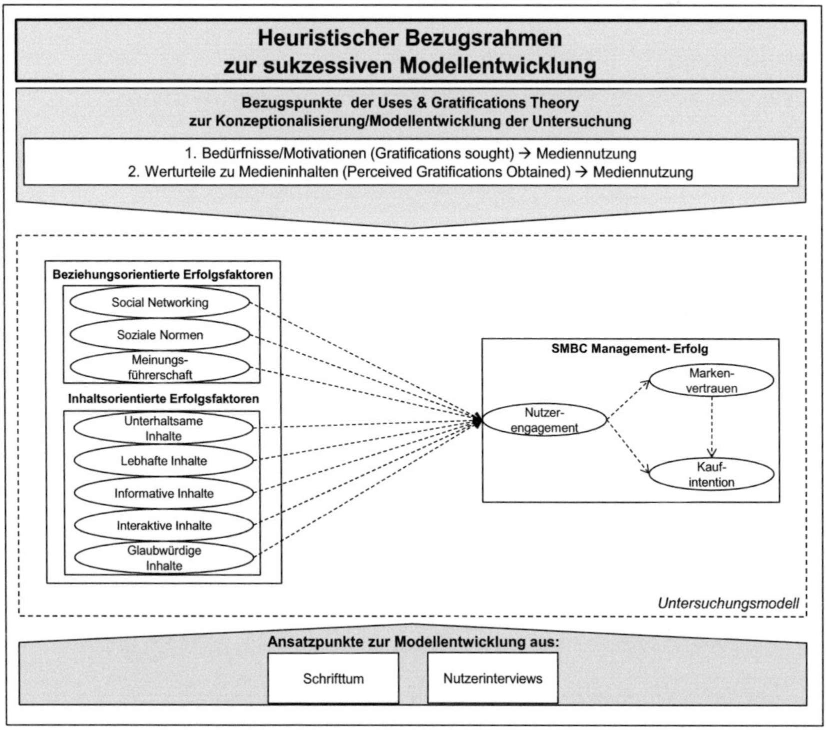

Abbildung 26: Heuristischer Bezugsrahmen zur sukzessiven Modellentwicklung nach Durchführung der Nutzerinterviews

3.2.4 Qualitative Inhaltsanalyse

Der bisher auf Basis von Theorie, Schrifttum und Nutzerinterviews herausgearbeitete heuristische Bezugsrahmen zur sukzessiven Entwicklung des Untersuchungsmodells soll nun weiterhin durch die Beobachtung von Social Media Brand Communities in der Praxis überprüft werden. Zu diesem Zweck kann die Methode der qualitativen Inhaltsanalyse herangezogen werden. Auch dieses Verfahren resultiert aus dem in Abschnitt 2.1.2 erläuterten Mixed Methods- Ansatz. So wird auch durch den Miteinbezug der qualitativen Inhaltsanalyse erwartet, dass durch die Hinzunahme einer wieteren Untersuchungsmethode der Erkenntnisgewinn dieser Arbeit durch die Ergänzung der theoriegeleiteten Deduktion durch eine weitere induktive Komponente gesteigert werden kann.[519] Warum hierbei speziell die Methode der qualitativen Inhaltsanalyse zur weiteren Überprüfung des bisher abgeleiteten Untersuchungsmodells dieser Arbeit ausgewählt wurde, soll im Folgenden dargelegt werden. So konstatiert Mayring (2010a) zunächst speziell hinsichtlich der Eignung dieser Methode zur Analyse von Texten: „Techniken qualitativer Inhaltsanalyse sind in den Sozialwissenschaften zu einer Standardmethode der Textanalyse geworden."[520]

So eignet sich die qualitative Inhaltsanalyse insbesondere auch für den Umgang mit großen Textmengen[521], wie sie in Social Media Brand Communities üblicherweise vorzufinden sind. Darüber hinaus kann die Analysemethode jedoch auch auf verschiedene andere Inhalte beziehungsweise Medien wie beispielsweise Videos oder Websites angewendet werden.[522] Auch dies spricht für eine Anwendung der qualitativen Inhaltsanalyse auf Social Media Brand Communities.

Dementsprechend soll im Folgenden der Vorgehensweise der qualitativen Inhaltsanalyse gefolgt werden. Dabei kann zunächst zwischen den drei Grundtechniken der Zusammenfassung, Explikation und Strukturierung differenziert werden.[523] Welche der drei Techniken speziell Anwendung finden soll, muss je nach Zielsetzung beziehungsweise Fragestellung der Untersuchung entschieden werden.[524] Da diesbezüglich die Forschungsfragestellungen dieser Untersuchung vornehmlich darauf abzielen, wesentliche Erfolgsfaktoren und -größen des Social Media Brand Community- Managements zu identifizieren (Forschungfragen 1 und 2)[525], soll für diese Untersuchung im Rahmen der qualitativen Inhaltsanalyse die Technik der Zusammenfassung gewählt werden.[526] Dazu erklärt Mayring (2010a): „Zusammenfassungen wollen den Text auf seine wesentlichen Bestandteile redu-

519 Vgl. Abschnitt 2.1.2.
520 Mayring (2010a), S. 601.
521 Vgl. Mayring (2010a), S. 602.
522 Vgl. z.B. Mayring/Brunner (2009), S. 673 f.; Mayring (2010a), S. 604.
523 Vgl. Mayring (2010a), S. 602.
524 Vgl. Mayring/Brunner (2009), S. 674.
525 Vgl. Abschnitt 1.2.
526 Vgl. für eine ausführliche Erläuterung zu Explikation und Strukturierung Mayring (1994), S. 167 ff.

zieren, um zu Kernaussagen zu gelangen. Die induktive Kategorienbildung stellt hier eine wichtige Vorgehensweise dar."[527]

So sollen auch in der folgenden qualitativen Inhaltsanalyse von Social Media Brand Communities relevante Erfolgsfaktoren und -größen durch die Reduktion von Inhalten auf wesentliche Aussagen und Kategorien identifiziert werden, um somit durch eine induktive Vorgehensweise die zuvor erläuterte theoretische Deduktion zur Entwicklung des Untersuchungsmodells zu ergänzen.[528] Vor diesem Hintergrund soll in dieser Untersuchung im Sinne einer zusammenfassenden qualitativen Inhaltsanalyse dem Ablaufmodell induktiver Kategorienbildung nach Mayring (2000) gefolgt werden.[529]

Dieses beginnt zunächst mit der Definition von Untersuchungsgegenstand und Fragestellungen sowie des damit verbundenen Materials der Untersuchung. In einem weiteren Schritt werden anschließend die Kategoriendefinition sowie das damit verbundene Abstraktionsniveau für die induktive Kategorienbildung festgelegt. Sodann kann mit der eigentlichen schrittweisen Bildung von Kategorien aus der Sichtung des Materials heraus begonnen werden. Nach dem Durchgang von ca. 10 bis 50% des Materials kann anschließend eine erste Überarbeitung der Kategorien vorgenommen werden. Dabei können die Kategorien im Falle von Unstimmigkeiten modifiziert werden und die Sichtung des Materials an einem früheren Punkt erneut ansetzen. An diese Überarbeitung schließt sich dann der endgültige Materialdurchgang an, welcher die Auswertung der Ergebnisse nach sich zieht.[530] Abbildung 27 stellt das spezifische Ablaufmodell zur induktiven Kategorienbildung im Rahmen der zusammenfassenden qualitativen Inhaltsanalyse dar.

Dieses Ablaufmodell soll im Folgenden jedoch nur als Orientierung dienen, da die qualitative Inhaltsanalyse immer auf die spezifische Untersuchung adaptiert werden sollte. Hierzu konstatiert Mayring (2010b): „Die Inhaltsanalyse ist kein Standardinstrument, das immer gleich aussieht; sie muss an den konkreten Gegenstand, das Material angepasst sein und auf die spezifische Fragestellung hin konstruiert werden."[531]

Diesbezüglich sei im Folgenden auch exkursartig auf den Zusammenhang zwischen der qualitativen Inhaltsanalyse von Websites beziehungsweise Online- Medien und der Methode der Netnographie verwiesen. Kozinets (1998) definiert Netnographie wie folgt: „Netnography is a new qualitative

---

527 Mayring (2010a), S. 602.
528 Vgl. Abschnitt 2.1.1.
529 Vgl. Mayring (2000), S. 4.
530 Vgl. Mayring (2010b), S. 83 f.
531 Mayring (2010b), S. 49.

method devised specifically to investigate the consumer behavior of cultures and communities present on the Intemet."[532] Aus dieser Definition und dem darin vorhandenen Hinweis auf die Relevanz der Netnographie für die Untersuchung von konsumbezogenen Online Communities geht zunächst hervor, dass diese Methode ebenfalls als geeignet für eine qualitative Untersuchung von Social Media Brand Communities erscheint. Zudem wird bezüglich des Zusammenhangs zwischen Netnographie und qualitativer Inhaltsanalyse im methodischen Schrifttum darauf verwiesen, dass die qualitative Inhaltsanalyse auch zur Analyse von Daten genutzt werden kann, welche durch netnographische Studien gesammelt werden.[533] In vergleichbarer Weise kombiniert beispielsweise Trusheim (2012) in ihrer Arbeit zu Facebook Brand Communities die beiden Methoden miteinander und verwendet ebenfalls die induktive Kategorienbildung der qualitativen Inhaltsanalyse zur Auswertung und Interpretation der im Rahmen ihrer Netnographie zu analysierenden Daten.[534]

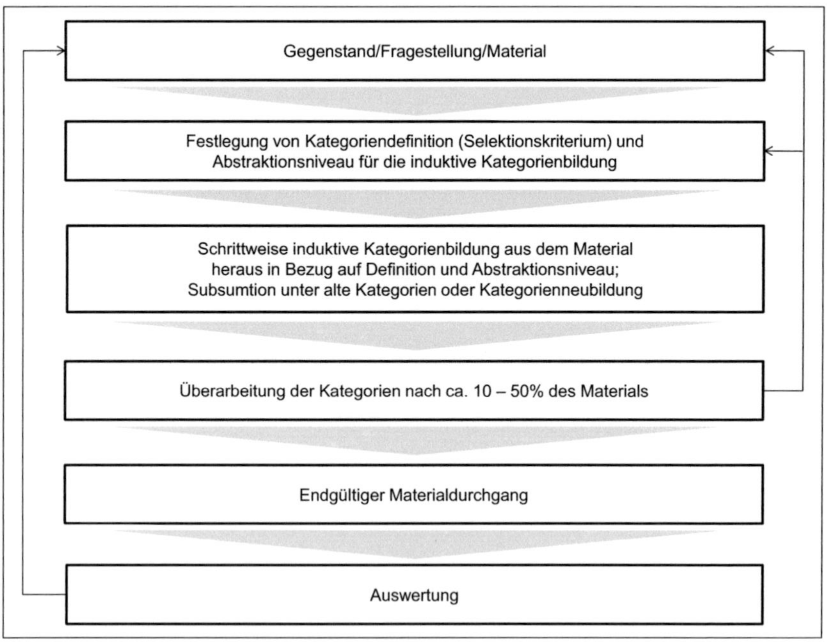

Abbildung 27: Ablaufmodell induktiver Kategorienbildung[535]

[532] Kozinets (1998), S. 366.
[533] Vgl. Beckmann/Langer (2009), S. 224.
[534] Vgl. Trusheim (2012), S. 8 ff.
[535] In Anlehnung an Mayring (2000), S. 4; Mayring (2010b), S. 84.

So kann auch die qualitative Inhaltsanalyse der Social Media Brand Communities in dieser Arbeit als Methode zur Analyse netnographisch gesammelter Daten verstanden werden, welche sich jedoch maßgeblich an dem zuvor erläuterten Ablaufmodell induktiver Kategorienbildung orientiert. Dabei ist diese Vorgehensweise der qualitativen Inhaltsanalyse durchaus vergleichbar mit den im Rahmen einer Netnographie durchzuführenden Schritten des ‚Entree', der ‚Data Collection' und der ‚Analysis and Interpretation',[536] welche jedoch allgemeiner gehalten werden als das spezifische Ablaufmodell induktiver Kategorienbildung. So werden im Rahmen des ‚Entree' ebenfalls Forschungsfrage und Communities für die Untersuchung festgelegt, während die ‚Data Collection' auf die Sammlung von Inhalten der jeweiligen Communities abzielt, welche schließlich im Rahmen der ‚Analysis and Interpretation' ausgewertet werden sollen. Darüber hinaus findet im Rahmen der Netnographie noch der Aspekt der ‚Research Ethics' bezüglich des Informierens der Community- Nutzer über die Beobachtungen, den Inhalt der Forschung und die entsprechenden Ergebnisse Erwähnung.[537] Dieser Aspekt muss jedoch in dieser Untersuchung im Rahmen der qualitativen Inhaltsanalyse nicht beachtet werden, da Beiträge in Social Media Brand Communities nicht als private Daten, sondern als „Äußerungen im öffentlichen Raum"[538] und somit als Allgemeingut betrachtet werden können.[539] Dennoch sollen im Folgenden aus Rücksicht auf die Community- Nutzer alle Namen in der Darstellung von Nutzer-beiträgen unkenntlich gemacht werden.

Im Folgenden sollen nun in Abschnitt 3.2.4.1 die Durchführung und Ergebnisse der qualitativen Inhaltsanalyse im Einzelnen erläutert werden. Anschließend werden in Abschnitt 3.2.4.2 die Ergebnisse noch einmal zusammengefasst und die sich daraus ergebenden Implikationen für die Untersuchung sowie der daraus resultierende heuristische Bezugsrahmen dargestellt.

3.2.4.1 Durchführung und Ergebnisse der qualitativen Inhaltsanalyse

Das für diese Untersuchung ausgewählte Vorgehen zur qualitativen Inhaltsanalyse basiert auf dem im vorigen Abschnitt erläuterten Ablaufmodell induktiver Kategorienbildung. So wurde zu Beginn eine Definition von Untersuchungsgegenstand und Fragestellungen für die Analyse vorgenommen, welche sich aus den beiden ersten Forschungsfragen der Gesamtuntersuchung zur Identifikation von einzelnen beziehungs- und inhaltsorientierten Erfolgsfaktoren sowie Erfolgsgrößen im Social Media Brand Community- Management ergaben. Die getroffene Abgrenzung für die Gesamtuntersuchung implizierte ferner, dass sich die qualitative Inhaltsanalyse auf Social Media Brand Communities von Unternehmen und speziell deren Brand Communities auf Facebook beziehen sollte.

---

[536] Vgl. Beckmann/Langer (2009), S. 222 ff.; Trusheim (2012), S. 9.
[537] Vgl. Beckmann/Langer (2009), S. 225 f.; Trusheim (2012), S. 9 ff.
[538] Trusheim (2012), S. 11.
[539] Vgl. Beckmann/Langer (2009), S. 226; Trusheim (2012), S. 10 f.

In einem nächsten Schritt musste für die qualitative Inhaltsanalyse entschieden werden, wie das spezifische Untersuchungssample generiert werden sollte. Diesbezüglich wurde das Ranking ‚Top Brands on Facebook' nach Anzahl der ‚Fans' beziehungsweise ‚Gefällt mir'-Angaben als Ausgangsbasis herangezogen. Daraus wurden die Top 10, also die zehn Marken beziehungsweise Social Media Brand Communities mit den meisten ‚Gefällt mir'-Angaben, als Best Practice-Cases ausgewählt und somit das Sample weiter eingeschränkt (Coca-Cola, YouTube, MTV, Disney, McDonald's, Red Bull, Converse, Samsung Mobile, PlayStation, Oreo).[540] Ferner wurde Coca-Cola daraus als Community mit den meisten ‚Gefällt mir'-Angaben ausgewählt und die qualitative Inhaltsanalyse mit der Coca-Cola- Community begonnen.

Dazu musste in einem weiteren Schritt das Selektionskriterium für die induktive Kategorienbildung konkretisiert werden, inklusive der Definition der Kategorien und ihres Abstraktionsniveaus. Dabei wurden als relevante Kategorien zunächst die unterschiedlichen einzelnen Inhalte in der Social Media Brand Community definiert. Ferner wurden diese Inhalte hinsichtlich ihres Abstraktionsniveaus in einem nächsten Schritt weiter verdichtet und in Gruppen ähnlicher Inhalte kategorisiert. Somit konnte in Bezug auf Definition und Abstraktionsniveau mit der induktiven Bildung konkreter Kategorien aus dem Material heraus begonnen werden. Diesbezüglich wurde innerhalb der Analyse zunächst versucht, alle wesentlichen Inhalte der Coca-Cola- Community zu erfassen und eine entsprechende Kategorienbildung vorgenommen.

Somit sollten auf Basis dieser Identifikation wesentlicher Inhaltskategorien die bisher innerhalb des heuristischen Bezugsrahmens zur Entwicklung des Untersuchungsmodells dieser Arbeit abgeleiteten Erfolgsfaktoren und -größen gegebenfalls weiter belegt werden. Hierzu eignete sich hinsichtlich der Betrachtung von Inhalten ferner zunächst die Differenzierung zwischen den Inhalten der Community- Manager (Marketer-Generated Content) und den Inhalten der Nutzer (User-Generated Content). Diesbezüglich erschien es zum einen sinnvoll, die inhaltsorientierten Erfolgsfaktoren des Untersuchungsmodells dieser Arbeit anhand des tatsächlichen Angebots der Inhalte der Community-Manager, also durch den identifizierten Marketer-Generated Content (MGC), zu überprüfen. Zum anderen schien der betrachtete User-Generated Content (UGC) dazu geeignet, daraus Erkenntnisse zu den beziehungsorientierten Erfolgsfaktoren sowie den Erfolgsgrößen des Nutzerengagements, des Markenvertrauens und der Kaufintention der Nutzer zu gewinnen, da die Vermutung naheliegt, dass diese Konstrukte am Besten durch die Inhalte von Nutzern verdeutlicht werden können.

540 Vgl. Fan Page List (2014).

So konnten gemäß dieser Differenzierung im Hinblick auf Gruppen ähnlicher Inhalte der Community- Manager und der damit verbundenen Überprüfung der inhaltsorientierten Erfolgsfaktoren für das Untersuchungsmodell dieser Arbeit fortwährend unterhaltsamer MGC beziehungsweise Brand Posts zu Events wie z.B. der Weltmeisterschaft 2014, Flash Mobs oder der Erschaffung des ‚Happiness Monuments', einer Initiative von Coca-Cola zum Tag der Deutschen Einheit, identifiziert werden und somit die Kategorie ‚Unterhaltsame Inhalte der Community- Manager' gebildet werden. Darüber hinaus war es auffällig, dass die Posts seitens der Community- Manager kaum nur in Form von Text, sondern sondern meist in Kombination mit Bildern und Videos auftraten. Demzufolge konnte auf Basis der Analyse der Coca-Cola- Community auf Facebook als weitere Gruppe ähnlicher Inhalte hinsichtlich des MGC die Kategorie ‚Lebhafte Inhalte der Community- Manager' gebildet werden.[541] Ferner konnten in der Community unter der Sparte ‚Info' allgemeine Informationen zur Marke beziehungsweise dem Unternehmen Coca-Cola, zu einzelnen Produkten und der Community selbst sowie Kontaktinformationen identifiziert werden und somit die Kategorie ‚Informative Inhalte der Community- Manager' gebildet werden.[542] Somit konnten im Hinblick auf den bisherigen heuristischen Bezugsrahmen zur Entwicklung des Untersuchungsmodells dieser Arbeit durch den betrachteten MGC der Coca Cola- Community bereits die Kategorien ‚Unterhaltsame Inhalte', ‚Lebhafte Inhalte' und ‚Informative Inhalte' der Community- Manager identifiziert werden, welche den zuvor abgeleiteten gleichnamigen inhaltsorientierten Erfolgsfaktoren entsprachen. Abbildung 28 veranschaulicht beispielhaft die Kategorie ‚Informative Inhalte' im Rahmen des MGC.

Nach der Betrachtung des MGC der Coca Cola- Community konnten im Hinblick auf Gruppen ähnlicher Inhalte der Nutzer (UGC) zur Überprüfung der beziehungsorientierten Erfolgsfaktoren zunächst Fotos und Videos der Nutzer zu Treffen mit anderen Nutzern auf Coke- Events identifiziert werden. Zudem konnten in der Community auch generell einige Posts mit Fotos und Videos von Nutzern mit Gleichgesinnten und der Marke verzeichnet werden. Ferner konnte durch weitere Nutzerposts festgestellt werden, dass der Austausch zwischen Nutzern in der Community durchaus dazu dient, sich besser kennenzulernen. Derartige Posts von Nutzern führten zur Bildung der Kategorie der ‚Social Networking- Inhalte'. Ferner wurden seitens der Nutzer auch spezifische Vorschläge und Hinweise zum Konsum von Coca Cola abgegeben wie z.B. hinsichtlich der optimalen Temperatur des Getränks oder anderer Präferenzen. So gab es beispielsweise Nutzerposts wie ‚[…] Coca Cola muss pur und aus der Dose getrunken werden.....da schmeckt man noch, wie Coca Cola richtig

541 Vgl. hierzu Coca-Cola (2014b).

542 Vgl. hierzu Coca-Cola (2014c).

schmeckt! ☺‘.[543] Daher konnten vergleichbare Inhalte der Nutzer als ‚Inhalte der Meinungsführerschaft‘ charakterisiert werden.

Abbildung 28: Beispielhafte MGC-Veranschaulichung an der Kategorie ‚Informative Inhalte‘[544]

Im Zwischenergebnis konnten im Hinblick auf den bisherigen heuristischen Bezugsrahmen zur Entwicklung des Untersuchungsmodells dieser Arbeit durch den betrachteten UGC der Coca Cola-Community also die Kategorien der ‚Social Networking- Inhalte‘ und ‚Inhalte der Meinungsführerschaft‘ der Nutzer identifiziert werden, welche die beiden zuvor abgeleiteten beziehungsorientierten Erfolgsfaktoren des Social Networkings und der Meinungsführerschaft der Nutzer belegten. Abbildung 29 veranschaulicht beispielhaft die Kategorie der ‚Social Networking- Inhalte‘ im Rahmen des UGC.

Darüber hinaus konnte aus dem betrachteten UGC hinsichtlich der Überprüfung der bisher im heuristischen Bezugsrahmen zur Entwicklung des Untersuchungsmodells enthaltenen Erfolgsgrößen zunächst durch die generelle Vielzahl von Posts, Likes, Comments und Shares der Nutzer, welche als essenziell für das Bestehen von Social Media Brand Communities angesehen werden können, das Nutzerengagement als Erfolgsgröße belegt werden. Zudem konnten mehrfach Beiträge identifiziert werden, welche eine Kaufintention der jeweiligen Nutzer bezüglich Coca-Cola erkennen ließen (z.B. ‚ich hol mir gleich auch eine – einfach so!‘).[545] Derartige Posts von Nutzern führten zur Bildung der Kategorie ‚Inhalte zur Kaufintention‘. Somit konnte nach der Analyse der Coca Cola-

543 Vgl. Coca-Cola (2014a).
544 In Anlehnung an Coca-Cola (2014c).
545 Vgl. Coca-Cola (2014b).

Community im Hinblick auf die Erfolgsgrößen aus dem betrachteten UGC zunächst nur diese wietere Inhaltskategorie identifiziert werden, welche der zuvor abgeleiteten Erfolgsgröße der Kaufintention zuordenbar war.

Abbildung 29: Beispielhafte UGC-Veranschaulichung an der Kategorie ‚Social Networking- Inhalte'[546]

Nach Abschluss der Analyse der Coca-Cola- Community auf Facebook wurde gemäß des zuvor erläuterten Ablaufmodells der induktiven Kategorienbildung eine Überarbeitung der Kategorien (nach Sichtung von 10% des Materials) vorgenommen. Dabei wurde im Sinne einer ‚formativen Reliabilitätsprüfung' erwogen, ob die entwickelten Kategorien der zuvor festgelegten Kategoriendefinition und dem Abstraktionsniveau entsprachen sowie zu Untersuchungsgegenstand und -fragestellungen passten.[547] Da dies zutraf, konnte sodann mit dem endgültigen Materialdurchgang bezüglich der verbleibenden neun Social Media Brand Communities fortgefahren und somit eine „summative Reliabilitätsprüfung"[548] durchgeführt werden.

So konnten hinsichtlich des MGC dieser neun Communities und der damit verbundenen weiteren Überprüfung der inhaltsorientierten Erfolgsfaktoren für das Untersuchungsmodell dieser Arbeit zunächst die bislang auf Basis der Coca-Cola- Community gebildeten wesentlichen Kategorien der ‚Unterhaltsamen, Lebhaften und Informativen Inhalte' durch weitere Nachweise beziehungsweise vergleichbare Inhalte aus den anderen Communities belegt werden. Zudem konnte jedoch auch

---

546 In Anlehnung an Coca-Cola (2014a).
547 Vgl. hierzu Mayring (2000), S. 4.
548 Mayring (2000), S. 4.

noch eine Häufung von Posts der Community- Manager in Form von spezifischen Antworten auf Fragen und Kommentare der Nutzer festgestellt werden, welche an Datum und Uhrzeit der Posts erkennen ließen, dass diese regelmäßig zeitnah erfolgten. Dies führte zur Bildung der Kategorie ‚Interaktive Inhalte der Community- Manager'. Darüber hinaus traten bisweilen noch vereinzelt sonstige speziellere Inhalte in manchen der Communities auf, welche jedoch als unter den bisherigen Kategorien subsumierbar erschienen (z.B. ‚Customer Service- Inhalte' unter ‚Informative Inhalte') und als eigenständige Kategorien nicht dem zuvor festgelegten Abstraktionsniveau bezüglich Gruppen ähnlicher Inhalte entsprochen hätten.

Bezüglich des UGC der verbleibenden neun Communities und der damit verbundenen weiteren Überprüfung der beziehungsorientierten Erfolgsfaktoren für das Untersuchungsmodell konnten ebenfalls die bisher auf Grundlage der Coca-Cola- Community entwickelten wesentlichen Kategorien der ‚Social Networking- Inhalte' und der ‚Inhalte der Meinungsführerschaft' durch weitere Nachweise beziehungsweise vergleichbare Inhalte aus den anderen Communities belegt werden.

Darüber hinaus waren hinsichtlich des UGC der verbleibenden neun Communities und der damit verbundenen weiteren Überprüfung der Erfolgsgrößen für das Untersuchungsmodell dieser Arbeit neben dem Nutzerengagement auch weitere ‚Inhalte zur Kaufintention' auffällig, welche der bislang innerhalb des heuristischen Bezugsrahmens abgeleiteten Erfolgsgröße der Kaufintention zuordenbar waren. Diese ergab sich zum einen aus Beiträgen der Nutzer, beispielsweise in der Samsung Mobile-Community, welche Nachfragen zum Preis bestimmter Produkte beinhalteten (z.B. 'omg samsung, can i trade my Galaxy S7 Edge vs this one? […] but how much does it cost?', 'just saw you guys are releasing a Batman Injustice Galaxy S 7 how much is it?'). Zum anderen gab es auch Inhalte, in welchen Nutzer explizit eine Kaufintention äußerten (z.B. 'If Superman edition i Will buy this Phone').[549]

Im Anschluss an den endgültigen Materialdurchgang konnten im letzten Schritt des Ablaufmodells der induktiven Kategorienbildung die Ergebnisse in Richtung der Fragestellungen der Untersuchung ausgewertet werden. Diesbezüglich konnte zunächst im Hinblick auf die Identifikation von beziehungsorientierten Erfolgsfaktoren des Social Media Brand Community- Managements festgehalten werden, dass die im Rahmen der qualitativen Inhaltsanalyse identifizierten ‚Social Networking- Inhalte' sowie die ‚Inhalte der Meinungsführerschaft' der Nutzer (UGC) den zuvor aus Theorie und Schrifttum abgeleiteten und durch die Nutzerinterviews belegten Faktoren des Social Networkings und der Meinungsführerschaft entsprachen. Im Hinblick auf die Identifikation von inhaltsorientier-

[549] Vgl. hierzu z.B. Samsung Mobile (2014).

ten Erfolgsfaktoren konnte ebenfalls hinsichtlich der Inhalte der Community- Manager (MGC) konstatiert werden, dass die im Rahmen der qualitativen Inhaltsanalyse gebildeten Kategorien ‚Unterhaltsame Inhalte', ‚Lebhafte Inhalte', ‚Informative Inhalte' und ‚Interaktive Inhalte' den zuvor jeweils abgeleiteten sowie durch die Nutzerinterviews untermauerten gleichnamigen inhaltsorientierten Erfolgsfaktoren entsprachen.

Schließlich konnte bezüglich der Identifikation von relevanten Erfolgsgrößen im Social Media Brand Community- Management noch festgestellt werden, dass durch die qualitative Inhaltsanalyse Kategorien gebildet werden konnten, welche den zuvor abgeleiteten Konstrukten des ‚Nutzerengagements' und der ‚Kaufintention' zuordenbar waren.

3.2.4.2 Zusammenfassung und Implikationen für die Untersuchung

In diesem Abschnitt sollen nun die Ergebnisse der qualitativen Inhaltsanalyse zusammengefasst sowie die sich daraus ergebenden Implikationen für diese Untersuchung erläutert werden. Dabei ist das Ziel die Überprüfung der zuvor durch Theorie, Schriftum und Nutzerinterviews entwickelten Relevant Sets von Erfolgsfaktoren und -größen beziehungsweise des heuristischen Bezugsrahmens zur sukzessiven Modellentwicklung.

Diesbezüglich kann zunächst im Hinblick auf die Überprüfung des zuvor generierten Relevant Sets beziehungsorientierter Erfolgsfaktoren zusammenfassend festgehalten werden, dass durch die qualitative Inhaltsanalyse das Social Networking und die Meinungsführerschaft der Nutzer belegt werden konnten. Nur hinsichtlich des aus Theorie und Schrifttum abgeleiteten beziehungsorientierten Erfolgsfaktors der Sozialen Normen konnten keine spezifischen Inhalte durch die qualitative Inhaltsanalyse ausgemacht werden. Dies kann dadurch erklärt werden, dass Nutzer höchstwahrscheinlich nicht gerne für alle sichtbar kommunizieren, dass andere Personen sie in ihrer Nutzung der Communities beeinflussen beziehungsweise einen Einfluss auf sie ausüben. Dennoch deutet z.B. die Funktion innerhalb von Brand Communities auf Facebook ‚Freunde einladen, diese Seite mit „Gefällt mir" zu markieren' darauf hin, dass der Faktor Soziale Normen durchaus eine bedeutende Rolle für die Nutzung von Social Media Brand Communities spielt.[550] Da dieser Faktor zusätzlich zuvor aus Theorie und Schriftum abgeleitet sowie ebenfalls durch die Nutzerinterviews belegt wurde, sollen auch die Sozialen Normen in dieser Untersuchung als beziehungsorientierter Erfolgsfaktor weiter verfolgt werden.

---

[550] Vgl. hierzu z.B. Coca-Cola (2014b).

In einem weiteren Schritt kann im Hinblick auf die Überprüfung des zuvor generierten Relevant Sets inhaltsorientierter Erfolgsfaktoren konstatiert werden, dass durch die qualitative Inhaltsanalyse die Unterhaltsamen, Lebhaften, Informativen, und Interaktiven Inhalte der Community- Manager (MGC) nachgewiesen werden konnten. Nur hinsichtlich des Faktors der Glaubwürdigen Inhalte konnten im Rahmen der qualitativen Inhaltsanalyse keine spezifischen Inhalte identifiziert werden, was höchstwahrscheinlich daran begründet liegt, dass es nicht sinnvoll wäre seitens der Community-Manager selbst auf die Glaubwürdigkeit der Marke hinzuweisen, sondern die Glaubwürdigkeit vielmehr durch die Nutzer selbst wahrgenommen werden muss. Entsprechende Bewertungen der Nutzer hierzu konnten zwar auch im UGC nicht ausgemacht werden, dennoch sollen aufgrund ihrer Ableitung aus dem Schrifttum sowie ihrer positiven Bewertung im Rahmen der Nutzerinterviews auch die Glaubwürdigen Inhalte weiter in diese Untersuchung integriert werden.

Ferner kann bezüglich der Überprüfung des zuvor entwickelten Relevant Sets von Erfolgsgrößen festgestellt werden, dass durch die qualitative Inhaltsanalyse und die Identifikation entsprechender Inhaltskategorien speziell die Kaufintention belegt werden konnte. Darüber hinaus soll jedoch auch die zuvor aus Theorie und Schrifttum abgeleitete Erfolgsgröße des Nutzerengagements weiter in die Untersuchung miteinbezogen werden. Dies ist der Fall, da in den Communities generell eine Vielzahl von Posts, Likes, Comments und Shares der Nutzer identifiziert werden konnten, welche als essenziell für das Bestehen von Social Media Brand Communities angesehen werden können. Ferner soll auch die Erfolgsgröße des Markenvertrauens, zu welcher im Rahmen der qualitativen Inhaltsanalyse keine expliziten Inhalte gefunden werden konnten, aufgrund ihrer Ableitung aus dem Schrifttum weiter verfolgt werden.

Zusammenfassend sollen somit hinsichtlich der beziehungsorientierten Erfolgsfaktoren sowohl das Social Networking und die Meinungsführerschaft als auch die Sozialen Normen Gegenstand der weiteren Untersuchung sein. Im Hinblick auf die inhaltsorientierten Erfolgsfaktoren werden Unterhaltsame Inhalte, Lebhafte Inhalte, Informative Inhalte, Interaktive Inhalte und Glaubwürdige Inhalte in die weitere Untersuchung miteinbezogen. Schließlich stellen die relevanten Erfolgsgrößen für diese Untersuchung das Nutzerengagement, das Markenvertrauen und die Kaufintention dar. Somit konnte die qualitative Inhaltsanalyse im Rahmen des Mixed Methods- Ansatzes genau wie die zuvor erläuterten Nutzerinterviews einen adäquaten Beitrag zur Steigerung des Erkenntnisgewinns dieser Untersuchung leisten. So belegten die Ergebnisse einen Großteil der zuvor deduzierten Erfolgsfaktoren und -größen durch eine entsprechende Identifikation in entweder dem UGC oder MGC der Communities.

Dementsprechend konnte durch die Integration der qualitativen Inhaltsanalyse in die Untersuchung die theoriegeleitete Deduktion dieser Untersuchung durch eine induktive Komponente in Form des Inputs aus Social Media Brand Communities in der Praxis ergänzt werden. Abbildung 30 stellt den auf Basis der qualitativen Inhaltsanalyse überprüften und somit finalen heuristischen Bezugsrahmen zur sukzessiven Modellentwicklung dieser Untersuchung dar.

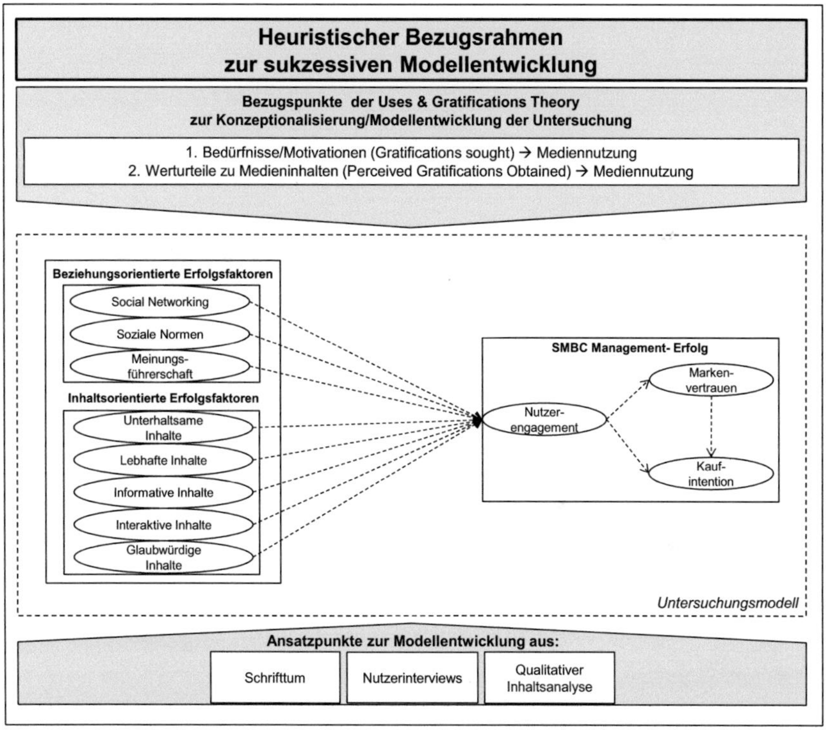

Abbildung 30: Heuristischer Bezugsrahmen zur sukzessiven Modellentwicklung nach Durchführung der qualitativen Inhaltsanalyse

3.2.5 Konzeptionalisierung der einzelnen Konstrukte und Wirkungsbeziehungen

Basierend auf den bisherigen Ausführungen zur theoretischen Fundierung dieser Untersuchung, der Analyse des relevanten Schrifttums, den Nutzerinterviews sowie der qualitativen Inhaltsanalyse konnte ein heuristischer Bezugsrahmen zur Modellentwicklung erstellt und mit Inhalten gefüllt werden. In diesem Abschnitt soll nun auf Grundlage dieses Bezugsrahmens die Konzeptionalisierung der einzelnen Konstrukte und Wirkungsbeziehungen und somit die Hypothesenentwicklung des Untersuchungsmodells vorgenommen werden. Diesbezüglich beschäftigt sich Abschnitt 3.2.5.1 mit den beziehungsorientierten Erfolgsfaktoren, während in Abschnitt 3.2.5.2 die Konzeptionalisierung der inhaltsorientierten Erfolgsfaktoren vorgenommen wird. In Abschnitt 3.2.5.3 folgt dann die Konzeptionalisierung der Erfolgsgrößen im Social Media Brand Community- Management.

3.2.5.1 Konzeptionalisierung der beziehungsorientierten Erfolgsfaktoren

Im Folgenden wird die Konzeptionalisierung der einzelnen beziehungsorientierten Erfolgsfaktoren des Social Media Brand Community- Managements vorgenommen. Hierbei finden sowohl die Ergebnisse der theoretischen Deduktion und der Schrifttumsanalyse als auch der Input aus den Nutzerinterviews und der qualitativen Inhaltsanalyse Berücksichtigung. Auf dieser Basis konnte in den vorangegangenen Abschnitten bereits ermittelt werden, dass im Kontext der Nutzung von Social Media Brand Communities dem Social Networking, den Sozialen Normen und der Meinungsführerschaft eine besondere Bedeutung zukommt. Vor diesem Hintergrund sollen diese Konstrukte im Folgenden als beziehungsorientierte Erfolgsfaktoren dieser Untersuchung konzeptionalisiert werden, welchen ein positiver Einfluss auf das Nutzerengagement in der Social Media Brand Community unterstellt wird.

- **Social Networking**

Einen ersten beziehungsorientierten Erfolgsfaktor stellt in dieser Untersuchung das Social Networking der Nutzer von Social Media Brand Communities dar. Auch im bisherigen Schrifttum haben sich vergleichbare Faktoren im Zusammenhang mit der Nutzung von Social Media Brand Communities bereits etabliert. So werden ähnliche Konstrukte z.B. als ‚User Motivation for Online Social Networking', ‚Social Interaction Ties', ‚Social Interaction Value' oder ‚Social Interaction' in entsprechende Untersuchungen miteinbezogen.[551] Dabei steht dieser beziehungsorientierte Erfolgsfaktor im Schrifttum dafür, dass Nutzer in Social Media im Allgemeinen sowie in Social Media Brand Communities im Besonderen dazu motiviert sind, eine Art informelle Kameradschaft mit anderen Nutzern, also Gleichgesinnten beziehungsweise anderen Markenfans zu pflegen, was sich in dieser Online- Umgebung auch über große Distanzen hinweg realisieren lässt.[552]

Vom theoretischen Standpunkt der Uses & Gratifications Theory aus betrachtet, liegt der Anreiz für Nutzer von Social Media Brand Communities beziehungsweise die angestrebte Befriedigung hinsichtlich dieses Faktors also generell darin, neue soziale Kontakte mit anderen Nutzern der Communities zu knüpfen und somit Netzwerke aufzubauen. Während die damit vergleichbare Motivation zur sozialen Interaktion auch speziell als ein etablierter Grund für die Mediennutzung innerhalb der

[551] Vgl. Chi (2011), S. 44 ff.; Lin/Lu (2011), S. 569; Jahn/Kunz (2012), S. 344 ff.; Kishiya (2014), S. 47.
[552] Vgl. Chen (2011), S. 755.

Uses & Gratifications Theory gilt,[553] erscheint die Bedeutung des Social Networkings auch insbesondere im Kontext von Social Media und Brand Communities nachvollziehbar, da diese überwiegend für den Austausch zwischen Nutzern geschaffen sind.[554]

Zudem kann hinsichtlich der Relevanz des Social Networkings als Einflussfaktor der Nutzung von Social Media Brand Communities argumentiert werden, dass die Unpersönlichkeit und Anonymität in der modernen Gesellschaft das Bedürfnis der Nutzer nach der Zugehörigkeit zu einer Gemeinschaft bedingen[555], welche z.B. durch die Nutzung von Social Media Brand Communities und das damit verbundene Social Networking erreicht werden kann.

Daher wird gemäß der Annahme der Uses & Gratifications Theory, dass Rezipienten aktiv spezifische Medien zur Befriedigung bestimmter Bedürfnisse auswählen[556], eine positive Wirkungsbeziehung zwischen dem Social Networking der Nutzer und dem Nutzerengagement in Social Media Brand Communities erwartet.

Eine vergleichbare Konzeptionalisierung bezüglich eines Einflussfaktors der Nutzung von Social Media Brand Communities auf Basis der Uses & Gratifications Theory ist bereits in früheren Untersuchungen vorgenommen worden. So konzeptionalisieren z.B. Jahn/Kunz (2012) basierend auf der Uses & Gratifications Theory den ‚Social Interaction Value' als Einflussfaktor des Nutzerengagements in Social Media Brand Communities und können eine entsprechende positive Wirkungsbeziehung nachweisen.[557] Darüber hinaus belegen auch die zuvor erläuterten Nutzerinterviews und die qualitative Inhaltsanalyse den Erfolgsfaktor des Social Networkings. Während in diesem Zusammenhang im Rahmen der qualitativen Inhaltsanalyse durchweg Inhalte der Nutzer mit Bezug zu ihrem Social Networking mit anderen Nutzern identifiziert werden konnten, bewerteten auch alle Nutzer innerhalb der durchgeführten Interviews das Social Networking als relevanten Einflussfaktor des Nutzerengagements. Ein Nutzer stellte dabei ferner explizit heraus, dass ihm das Social Networking mit anderen Nutzern sogar so wichtig sei, dass er sich auch offline auf Events zur Marke mit ihnen verabrede.[558]

Somit soll das Social Networking der Nutzer von Social Media Brand Communities als erster beziehungsorientierter Erfolgsfaktor in dieser Untersuchung konzeptionalisiert werden, welchem ein positiver Einfluss auf das Nutzerengagement in Social Media Brand Communities unterstellt wird.

553 Vgl. Abschnitt 3.2.1.1.
554 Vgl. Abschnitt 2.2.1 und 2.2.2.
555 Vgl. Abschnitt 2.2.2; Muñiz/O'Guinn (2001), S. 413.
556 Vgl. Abschnitt 3.1.1.
557 Vgl. Jahn/Kunz (2012), S. 348 ff.
558 Vgl. hierzu die Abschnitte 3.2.3 und 3.2.4.

Dabei bezieht sich der Faktor in dieser Arbeit im Einzelnen darauf, dass Nutzer sich aufgrund des Bedürfnisses nach Kameradschaft und Gemeinschaft, des Kennenlernens Gleichgesinnter und anderer Markenfans sowie allgemein des Knüpfens neuer sozialer Kontakte in Social Media Brand Communities engagieren. Somit soll vor diesem Hintergrund die folgende erste Hypothese für das Untersuchungsmodell dieser Arbeit formuliert werden:

H_1: Je ausgeprägter das Social Networking der Nutzer, desto höher ist das Nutzerengagement in der Social Media Brand Community.

- **Soziale Normen**

Neben dem Social Networking stellen die Sozialen Normen einen weiteren beziehungsorientierten Erfolgsfaktor in dieser Untersuchung dar. Vergleichbare Faktoren finden sich im relevanten Schrifttum beispielsweise als ‚Social Norm‘ oder ‚Subjective Norm‘ wieder. [559]

Zum Verständnis dieses Faktors erläutern beispielsweise Chen et al. (2013), dass Nutzer von Social Media Brand Communities die Wahrnehmung haben, dass für sie wichtige andere Personen beziehungsweise Nutzer der Meinung sind, dass sie diese Communities nutzen sollten.[560] Basierend auf der Uses & Gratifications Theory kann also angenommen werden, dass der Anreiz für Nutzer von Social Media Brand Communities beziehungsweise die angestrebte Befriedigung hinsichtlich dieses Faktors darin liegt, eine indirekte Form der Anerkennung durch andere Personen beziehungsweise Nutzer zu erlangen, wenn die eigene Nutzung der Community erfolgt. Umgekehrt kann durch die Nutzung von Social Media Brand Communities somit eine Ausgrenzung beziehungsweise die Rolle des Außenseiters vermieden werden.

Während vergleichbar damit die Motivation der sozialen Integration generell als ein etablierter Grund für die Mediennutzung innerhalb der Uses & Gratifications Theory gilt, erscheint die Bedeutung sozialer Normen insbesondere im Kontext von Social Media und den darin existierenden Brand Communities nachvollziehbar, da deren Nutzung stark im Trend liegen, diese eine hohe Visibilität haben und man im Falle der Nichtnutzung potenziell als Außenseiter gelten kann.[561]

So ist es zum Beispiel in dem für diese Untersuchung relevanten Social Network Facebook wahrscheinlich, dass eine Art Gruppendruck bezüglich der Nutzung von Social Media Brand Communi-

559 Vgl. Hu/Poston/Kettinger (2011), S. 451; Chen et al. (2013), S. 3 ff.
560 Vgl. Chen et al. (2013), S. 4.
561 Vgl. Abschnitt 3.2.1.1.

ties seitens der Nutzer wahrgenommen wird, da ihnen angezeigt wird, dass ihre Facebook- Freunde bereits bestimmte Social Media Brand Communities gelikt haben.

Daher wird gemäß der Annahme der Uses & Gratifications Theory, dass Rezipienten aktiv spezifische Medien zur Befriedigung bestimmter Bedürfnisse auswählen[562], eine positive Wirkungsbeziehung zwischen der Wahrnehmung sozialer Normen bezüglich der Nutzung von Social Media Brand Communities durch die Nutzer und dem Engagement in der Community erwartet, da somit das zuvor beschriebene Bedürfnis nach sozialer Anerkennung durch andere Nutzer befriedigt werden kann.

Eine vergleichbare Wirkungsbeziehung zwischen dem Einfluss sozialer Normen und der Weiternutzungsintention zur Interaktion mit anderen Nutzern (‚We Intention') können z.B. Chen et al. (2013) nachweisen.[563] Zusätzlich zu diesen Erkenntnissen aus Theorie und Schrifttum belegen ferner auch die zuvor erläuterten Ergebnisse der Nutzerinterviews den beziehungsorientierten Erfolgsfaktor der Sozialen Normen. So wurden die Sozialen Normen seitens der interviewten Nutzer bis auf eine Ausnahme durchgehend als relevanter Einflussfaktor des Nutzerengagements in Social Media Brand Communities bewertet.[564] Daher sollen diese Sozialen Normen als zweiter beziehungsorientierter Erfolgsfaktor der Untersuchung konzeptionalisiert werden, welchem ein positiver Einfluss auf das Nutzerengagement in der Social Media Brand Community unterstellt wird.

Dabei bezieht sich der Faktor Soziale Normen in dieser Arbeit zusammenfassend auf den sozialen Einfluss anderer Nutzer auf die eigene Nutzung der Community, welcher sich im Einzelnen daraus konstituiert, dass Nutzer von Social Media Brand Communities die Wahrnehmung haben, dass für sie wichtige andere Personen beziehungsweise Nutzer der Meinung sind, dass sie diese Communities nutzen sollten. Vor dem Hintergrund der vorangegangenen Erläuterungen kann die nächste zweite Hypothese des Untersuchungsmodells dieser Arbeit wie folgt formuliert werden:

H_2: Je ausgeprägter die Wahrnehmung Sozialer Normen durch die Nutzer, desto höher ist das Nutzerengagement in der Social Media Brand Community.

- **Meinungsführerschaft**

Den dritten beziehungsorientierten Erfolgsfaktor stellt in dieser Untersuchung die Meinungsführerschaft der Nutzer bezüglich der Marken der jeweiligen Social Media Brand Communities dar. Auch

562 Vgl. Abschnitt 3.1.1.
563 Vgl. Chen et al. (2013), S. 8.
564 Vgl. hierzu Abschnitt 3.2.3.

im bisherigen Schrifttum haben vergleichbare Faktoren im Zusammenhang mit der Nutzung von Social Media Brand Communities bereits Verwendung gefunden. So wird das Konstrukt des 'Opinion Leadership' z.B. von Demiray/Burnaz (2014) in ihre Untersuchung miteinbezogen.[565] Dieses Konstrukt wird im Schrifttum als der Grad definiert, zu welchem ein Individuum in der Lage ist, die Einstellungen und das Verhalten anderer Individuen auf die von ihm gewünschte Art und Weise zu beeinflussen.[566] Eine vergleichbare Konzeptionalisierung der Meinungsführerschaft soll auch in dieser Arbeit in Bezug auf die Nutzung von Social Media Brand Communities vorgenommen werden. Diesbezüglich bietet die Uses & Gratifications Theory auch zur Erklärung der Nutzung von Social Media Brand Communities durch die Meinungsführerschaft bezüglich der Marke einen passenden Ansatz.

So wird in dieser Arbeit basierend auf der Theorie angenommen, dass ein spezifischer Anreiz zur Nutzung darin liegen kann, dass Nutzer ihre Erfahrungen mit der Marke mit anderen Nutzern in Social Media Brand Communities teilen wollen und sie sich deswegen, gemäß der Annahme der Theorie[567], aktiv dieses spezifische Medium zur Nutzung auswählen.

Diese Annahme erscheint naheliegend, da Nutzer im Falle einer generell populären Marke so versuchen können, ihr eigenes Image zu verbessern, wohingegen sie sich im Falle einer weniger populären Marke dadurch einem ausgewählten Kreis an Markenkennern zugehörig fühlen können, innerhalb dessen sie als Meinungsführer agieren. Weiterhin ist es auch anzunehmen, dass Nutzer ihre Meinung zur Marke und speziellen Produkten und Services gegenüber anderen Nutzern in Social Media Brand Communities mitteilen wollen, um sich dadurch im Falle eines positiven Feedbacks gebraucht, nützlich und wichtig zu fühlen und die Anerkennung der anderen Nutzer zu erlangen.[568]

Auch in diesem Zusammenhang kann wiederum wie zuvor bei dem Erfolgsfaktor des Social Networkings angeführt werden, dass das Konstrukt der Meinungsführerschaft als Einflussfaktor der Nutzung insbesondere im Kontext von Social Media und Brand Communities nachvollziehbar erscheint, da diese für den Austausch zwischen Nutzern geschaffen sind.[569] So können dementsprechend auch Demiray/Burnaz (2014) eine positive Wirkungsbeziehung zwischen dem Konstrukt des

---

[565] Vgl. Demiray/Burnaz (2014), S. 37 ff.
[566] Vgl. Rogers (2003), S. 300.
[567] Vgl. Abschnitt 3.1.1.
[568] Vgl. Abschnitt 3.2.1.1.
[569] Vgl. Abschnitt 2.2.1 und 2.2.2.

‚Opinion Leadership‘ der Nutzer und der Teilnahme in Social Media Brand Communities nachweisen.[570]

Zusätzlich belegen auch die Nutzerinterviews und die qualitative Inhaltsanalyse den beziehungsorientierten Erfolgsfaktor der Meinungsführerschaft. Während in diesem Zusammenhang im Rahmen der durchgeführten Interviews alle Nutzer die Meinungsführerschaft als relevanten Einflussfaktor des Nutzerengagements bewerteten, konnten auch im Rahmen der qualitativen Inhaltsanalyse durchweg Nutzerinhalte mit Bezug zur Meinungsführerschaft bezüglich der Marken der jeweiligen Communities identifiziert werden.[571] Dementsprechend soll die Meinungsführerschaft der Nutzer von Social Media Brand Communities bezüglich der jeweiligen Marke als dritter beziehungsorientierter Erfolgsfaktor in dieser Untersuchung konzeptionalisiert werden, von welchem angenommen wird, dass er sich positiv auf das Nutzerengagement in der Social Media Brand Community auswirkt.

Dabei bezieht sich der Faktor in dieser Untersuchung im Einzelnen basierend auf der zuvor genannten Definition aus dem Schrifttum darauf, dass bestimmte Nutzer von Social Media Brand Communities dazu in der Lage sind, andere Nutzer hinsichtlich der jeweiligen Marken der Communities zu beeinflussen, z.B. vor einem bevorstehenden Markenkauf, und die erwähnten Nutzer diese Meinungsführerschaft auch innerhalb der Social Media Brand Communities ausleben wollen. Basierend auf diesen Überlegungen kann die folgende dritte Hypothese des Untersuchungsmodells dieser Arbeit formuliert werden:

H_3: Je ausgeprägter die Meinungsführerschaft der Nutzer, desto höher ist das Nutzerengagement in der Social Media Brand Community.

Nach Abschluss der Konzeptionalisierung der beziehungsorientierten Erfolgsfaktoren veranschaulicht Abbildung 31 den Zwischenstand der sukzessiven Entwicklung des Untersuchungsmodells und verortet die Hypothesen zu den bislang konzeptionalisierten Erfolgsfaktoren sowie die damit verbundenen Wirkungsbeziehungen in dem zuvor generierten heuristischen Bezugsrahmen.

---

570 Vgl. Demiray/Burnaz (2014), S. 39.
571 Vgl. hierzu die Abschnitte 3.2.3 und 3.2.4.

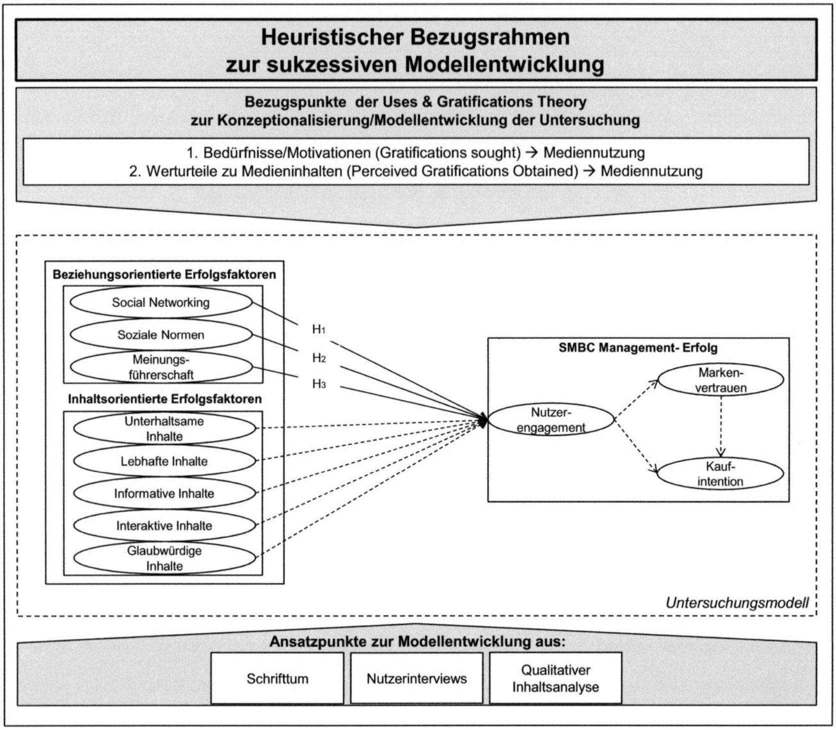

Abbildung 31: Stand der sukzessiven Modellentwicklung (1)

3.2.5.2 Konzeptionalisierung der inhaltsorientierten Erfolgsfaktoren

Nach der Konzeptionalisierung der beziehungsorientierten Erfolgsfaktoren des Social Media Brand Community- Managements im vorherigen Abschnitt sollen im Folgenden die einzelnen inhaltsorientierten Erfolgsfaktoren konzeptionalisiert werden. Hierbei werden analog zur Konzeptionalisierung der beziehungsorientierten Erfolgsfaktoren sowohl die Ergebnisse der theoretischen Deduktion und Schrifttumsanalyse als auch der Input aus den Nutzerinterviews und der qualitativen Inhaltsanalyse berücksichtigt. Auf dieser Grundlage wurden in den vorangegangenen Abschnitten im Kontext der Nutzung von Social Media Brand Communities bereits Unterhaltsame Inhalte, Lebhafte Inhalte, Informative Inhalte, Interaktive Inhalte und Glaubwürdige Inhalte der Community- Manager als relevante inhaltsorientierte Erfolgsfaktoren bestimmt. Demgemäß sollen die zuvor genannten Konstrukte im Folgenden als inhaltsorientierte Erfolgsfaktoren konzeptionalisiert werden, von welchen angenommen wird, dass sie das Nutzerengagement in Social Media Brand Communities positiv beeinflussen.

- **Unterhaltsame Inhalte**

Den ersten inhaltsorientierten Erfolgsfaktor innerhalb dieser Untersuchung stellt das Konstrukt der Unterhaltsamen Inhalte der Community- Manager dar. Dieser Erfolgsfaktor hat bereits in früheren Studien zur Nutzung von Social Media Brand Communities als „Entertaining […] content“[572], „Entertainment“[573] oder „Perceived News Entertainment“[574] Anwendung erfahren.

Dabei beinhaltet dieser Faktor basierend auf dem Schrifttum, inwiefern die Nutzer sich durch die Inhalte der Community- Manager unterhalten fühlen beziehungsweise diese Inhalte den Nutzern Vergnügen, Freude oder Spaß bereiten. So definieren beispielsweise Hsu et al. (2015) den Faktor wie folgt: "In the present research, perceived news entertainment is defined as the degree of the users' perceived excitement, enjoyment and pleasant from the news posted on the Fan Page."[575]

Basierend auf diesem Verständnis soll auch die Konzeptionalisierung des Erfolgsfaktors der Unterhaltsamen Inhalte in dieser Arbeit vorgenommen werden. So kann zunächst gemäß der Uses & Gratifications Theory, welche besagt, dass die Befriedigung von Nutzerbedürfnissen durch Medien die Nutzung dieser Medien positiv beeinflusst[576], Folgendes für den Kontext dieser Untersuchung angenommen werden. Angesichts der bislang im Rahmen der Uses & Gratifications- Forschung nachgewiesenen Unterhaltungs- beziehungsweise hedonistischen Motivation zur Nutzung verschiedenster Medien, liegt es zunächst auch speziell im Kontext der Social Media Brand Communities nahe, dass deren Nutzer insbesondere an unterhaltsamen Inhalten interessiert sind beziehungsweise ein entsprechendes Bedürfnis danach verspüren.[577] Dies kann vor allem aufgrund entsprechender Ergebnisse früherer Studien zur Nutzung von Social Media Brand Communities aber auch verwandter Medien wie die der konventionellen Websites, Online Brand Communities und Social Networks sowie der positiven Wahrnehmung unterhaltsamer Werbeanzeigen im Internet erwartet werden.[578]

Ferner kann die Relevanz dieses Bedürfnisses nach Unterhaltung im Rahmen der Nutzung von Social Media Brand Communities auch dadurch erklärt werden, dass Nutzer aufgrund eines fordernden Alltags vermehrt Möglichkeiten zur Ablenkung beziehungsweise ihrer emotionalen Erleichterung suchen. Da Social Media Brand Communities im Besonderen hierzu ein passendes Angebot

---

572 Airs/Ang (2012), S. 1.
573 Kim/Ko (2012), S. 1483; Cvijikj/Michahelles (2013), S. 5.
574 Hsu et al. (2015), S. 486.
575 Hsu et al. (2015), S. 485.
576 Vgl. Abschnitt 3.1.1; McQuail (2010), S. 426.
577 Vgl. hierzu auch Abschnitt 3.1.2.
578 Vgl. Jahn/Kunz (2012), S. 353; Hsu et al. (2015), S. 485 f.

liefern, ist es dementsprechend zu vermuten, dass unterhaltsame Inhalte von Community- Managern zum Engagement der Nutzer beitragen.

Dementsprechend kann also gemäß der zuvor erläuterten theoretischen Überlegung auch für diese Untersuchung davon ausgegangen werden, dass sich eine entsprechende Befriedigung des Bedürfnisses nach Unterhaltung durch die jeweiligen Inhalte der Community- Manager positiv auf die Nutzung der Social Media Brand Community auswirkt.

Hinsichtlich vergleichbarer Konzeptionalisierungen in früheren Untersuchungen deduzieren beispielsweise auch Cvijikj/Michahelles (2013) das Konstrukt des ‚Entertainment' basierend auf der Uses & Gratifications Theory als Einflussfaktor des Nutzerengagements in der Social Media Brand Community und können einen entsprechenden positiven Effekt nachweisen.[579]

Darüber hinaus belegen auch die zuvor erläuterten Nutzerinterviews und die qualitative Inhaltsanalyse den Erfolgsfaktor der Unterhaltsamen Inhalte. So konnten im Rahmen der Inhaltsanalyse durchweg unterhaltsame Inhalte in den untersuchten Communities identifiziert werden, während in den Nutzerinterviews bis auf eine Ausnahme ebenfalls alle Nutzer die Unterhaltsamen Inhalte als relevanten Erfolgsfaktor einordneten.[580] Dementsprechend sollen die Unterhaltsamen Inhalte der Community- Manager als erster inhaltsorientierter Erfolgsfaktor dieser Arbeit konzeptionalisiert werden, von welchem angenommen wird, dass er das Nutzerengagement in der Social Media Brand Community positiv beeinflusst. Dabei bezieht sich der Faktor in dieser Untersuchung analog zum bisherigen Schrifttum speziell auf diejenigen Inhalte der Community- Manager, welche Nutzern Vergnügen, Spaß und Freude bereiten. So kann die folgende vierte Hypothese des Untersuchungsmodells dieser Arbeit formuliert werden:

H_4: Je höher der Grad an Unterhaltsamen Inhalten der Community- Manager, desto höher ist das Nutzerengagement in der Social Media Brand Community.

- **Lebhafte Inhalte**

Nach der Konzeptionalisierung der Unterhaltsamen Inhalte stellen die Lebhaften Inhalte der Community- Manager den zweiten inhaltsorientierten Erfolgsfaktor in dieser Untersuchung dar. Vergleichbare Faktoren wurden bislang im Schrifttum zur Nutzung von Social Media Brand Communities in Form der „Vividness"[581] von Community- Inhalten untersucht.

---

579 Vgl. Cvijikj/Michahelles (2013), S. 4 ff.
580 Vgl. hierzu die Abschnitte 3.2.3 und 3.2.4.
581 Vries/Gensler/Leeflang (2012), S. 84; Cvijikj/Michahelles (2013), S. 5.

Dabei wird der Faktor im Schrifttum wie folgt verstanden: "Vividness reflects the richness of a brand post's formal features; in other words, it is the extent to which a brand post stimulates the different senses [...]. Vividness can be achieved by the inclusion of dynamic animations, (contrasting) colors, or pictures [...]. The degree of vividness can differ in the way that it stimulates multiple senses [...]. For example, a video is more vivid than a picture because the former stimulates not only sight, but also hearing."[582]

Diese Art Inhalt repräsentiert nach Vries/Gensler/Leeflang (2012) somit, inwiefern die verantwortlichen Community- Manager die Inhalte der Social Media Brand Community durch den Miteinbezug verschiedener Elemente wie Bilder, Videos, Links etc. lebhaft gestalten und somit verschiedene Sinne der Nutzer stimulieren.

Dieses Verständnis soll auch für die Konzeptionalisierung des Erfolgsfaktors der Lebhaften Inhalte in dieser Untersuchung übernommen werden. Dabei wird zunächst analog zur Konzeptionalisierung der Unterhaltsamen Inhalte ebenfalls auf die Annahme der Uses & Gratifications Theory rekurriert, welche die Befriedigung von Nutzerbedürfnissen durch Medien und deren Inhalte mit einer positiven Beeinflussung der Nutzung dieser Medien verknüpft.[583]

Diesbezüglich erscheint speziell das Bedürfnis der Nutzer von Social Media Brand Communities nach lebhaften Inhalten nachvollziehbar, da Nutzer gerade aufgrund der technischen Möglichkeiten sozialer Medien mit hoher Wahrscheinlichkeit eher eine Vielfalt von Inhalten in Form von Fotos, Videos und Links erwarten werden als reine Textinhalte.[584] Bieten die jeweiligen Community- Manager also ein ausreichendes Maß an vergleichbaren lebhaften Inhalten an, so ist gemäß der Theorie auch hierbei davon auszugehen, dass sich die damit verbundene Bedürfnisbefriedigung durch die Community- Manager positiv auf die Nutzung der Social Media Brand Community auswirkt.

Ferner wurde die Konzeptionalisierung der Lebhaften Inhalte als Erfolgsfaktor auch durch die Ergebnisse der Nutzerinterviews und qualitativen Inhaltsanalyse bekräftigt. Während in diesem Zusammenhang alle Nutzer innerhalb der durchgeführten Interviews die Lebhaften Inhalte der Community- Manager als relevanten Einflussfaktor des Nutzerengagements bewerteten, konnten auch im Rahmen der qualitativen Inhaltsanalyse durchweg lebhafte Inhalte identifiziert werden.[585]

---

582 Vries/Gensler/Leeflang (2012), S. 84 f.
583 Vgl. Abschnitt 3.1.1; McQuail (2010), S. 426.
584 Vgl. Cvijikj/Michahelles (2013), S. 12.
585 Vgl. hierzu die Abschnitte 3.2.3 und 3.2.4.

Daher sollen die Lebhaften Inhalte in der Social Media Brand Community als zweiter inhaltsorientierter Erfolgsfaktor dieser Arbeit konzeptionalisiert werden, welchem ein positiver Einfluss auf das Nutzerengagement in der Social Media Brand Community unterstellt wird. Dabei steht der Faktor in dieser Untersuchung speziell für diejenigen Inhalte der Community- Manager, welche verschiedene Sinne der Nutzer durch lebhafte Elemente wie Bilder, Videos, Links und Livestreams etc. stimulieren. Damit lautet die folgende fünfte Hypothese des Untersuchungsmodells dieser Arbeit:

H_5: Je höher der Grad an Lebhaften Inhalten der Community- Manager, desto höher ist das Nutzerengagement in der Social Media Brand Community.

- **Informative Inhalte**

Der dritte inhaltsorientierte Erfolgsfaktor dieser Untersuchung bezieht sich auf die Informativen Inhalte der Community- Manager. Dieser Faktor wurde im Schrifttum zur Nutzung von Social Media Brand Communities bereits zuvor als „Informative […] content“[586], „Information“[587] oder „Perceived News Informativeness“[588] verwendet. Dabei beinhaltet der Faktor basierend auf dem Schrifttum generell, inwiefern die Nutzer sich durch die Inhalte der Community- Manager informiert fühlen und die Nutzer relevante, aktuelle und richtige Informationen zur Marke erhalten. So konstatieren Hsu et al. (2015) beispielsweise zu ihrem Verständnis des Faktors: “Perceived news informativeness refers [to] the users’ perceived quality levels, including relevance, timeliness and accuracy, of the information provided by the news published on Fan Pages […].“[589] In dieser Arbeit soll ein vergleichbares Verständnis zugrunde gelegt und darauf basierend die Konzeptionalisierung des Erfolgsfaktors der Informativen Inhalte vorgenommen werden.

Diesbezüglich bietet erneut die Uses & Gratifications Theory einen passenden Ansatz zur Erklärung des Nutzerengagements in der Social Media Brand Community durch die Informativen Inhalte. Im Einzelnen kann hierzu wie bei den zuvor erläuterten Inhaltskategorien gemäß der Uses & Gratifications Theory angenommen werden, dass auch die Informativen Inhalte der Community- Manager durch die Befriedigung des damit verbundenen Bedürfnisses der Nutzer einen Beitrag zur Nutzung der Social Media Brand Community leisten. Gerade dieses Bedürfnis beziehungsweise dessen entsprechende Befriedigung als Einflussfaktor der Nutzung des Mediums liegt im Kontext der Social Media Brand Communities nahe, bedenkt man, dass gemäß der Definition einer Brand Community

---

586 Airs/Ang (2012), S. 1.
587 Cvijikj/Michahelles (2013), S. 5.
588 Hsu et al. (2015), S. 486.
589 Hsu et al. (2015), S. 485.

die Marke darin im Mittelpunkt steht[590], und somit ein Interesse der Nutzer an Informationen zur Marke zu erwarten ist.[591]

Ferner erscheint in Zeiten stetiger Innovationen und damit verbundenen neuen Produkten und Dienstleistungen sowie der Kommoditisierung beziehungsweise Angleichung unternehmerischer Leistungen[592], die Suche nach Informationen der Konsumenten vor einem Markenkauf nachvollziehbar, da somit besser zwischen verschiedenen Marken verglichen und dadurch das beste Preis-Leistungs-Verhältnis gefunden werden kann.

So können im Hinblick auf vergleichbare Konzeptionalisierungen des Faktors auf Basis der Uses & Gratifications Theory auch frühere Untersuchungen herangezogen werden. Beispielsweise konzeptionalisieren Cvijikj/Michahelles (2013) die ‚Information' ebenfalls basierend auf der Uses & Gratifications Theory als Einflussfaktor des Nutzerengagements in der Social Media Brand Community und können einen entsprechenden positiven Effekt nachweisen.[593] Zudem unterstützen auch die zuvor erläuterten Nutzerinterviews und die qualitative Inhaltsanalyse die Konzeptionalisierung des Erfolgsfaktors der Informativen Inhalte. Während in diesem Zusammenhang im Rahmen der qualitativen Inhaltsanalyse durchweg informative Inhalte in den untersuchten Communities identifiziert werden konnten, ordneten auch alle Nutzer innerhalb der durchgeführten Interviews die Informativen Inhalte der Community- Manager als relevanten Einflussfaktor des Nutzerengagements ein. So stellte ein interviewter Nutzer sogar heraus, dass die informativen Inhalte für ihn den Hauptgrund für die Nutzung von Social Media Brand Communities darstellen.[594]

Somit werden die Informativen Inhalte in der Social Media Brand Community als dritter inhaltsorientierter Erfolgsfaktor dieser Arbeit konzeptionalisiert, von welchem angenommen wird, dass er sich positiv auf das Nutzerengagement in der Social Media Brand Community auswirkt. Dabei bezieht sich der Faktor in dieser Untersuchung zusammenfassend gemäß der zuvor erläuterten Definition aus dem Schrifttum auf diejenigen Inhalte der Community- Manager, welche für die Nutzer relevante, aktuelle und richtige Informationen zur Marke beinhalten. Hierzu kann die folgende sechste Hypothese des Untersuchungsmodells dieser Arbeit formuliert werden:

H_6: Je höher der Grad an Informativen Inhalten der Community- Manager, desto höher ist das Nutzerengagement in der Social Media Brand Community.

---

590 Vgl. Abschnitt 2.2.2.

591 Vgl. hierzu auch Abschnitt 3.2.1.2.

592 Vgl. van Riel/Pahud de Mortanges/Streukens (2005), S. 841.

593 Vgl. Cvijikj/Michahelles (2013), S. 4 ff.

594 Vgl. hierzu die Abschnitte 3.2.3 und 3.2.4.

- **Interaktive Inhalte**

Den vierten inhaltsorientierten Erfolgsfaktor in dieser Untersuchung stellen die Interaktiven Inhalte der Community- Manager dar. Dieser Faktor hat sich durch einige frühere Studien zur Nutzung von Social Media Brand Communities bereits im Schrifttum etabliert. Vergleichbare Konstrukte wurden dabei beispielsweise unter der Bezeichnung „Interactive content“[595], „Interaction“[596] oder „Interactivity“[597] untersucht. Während bezüglich einer einheitlichen Definition dieses Faktors kein Konsens im Schrifttum existiert[598], versteht ihn Labrecque (2014) z.B. als die Nutzerwahrnehmung der durch die Community- Manager betriebenen Kommunikation mit den Nutzern, welche nicht auf die technischen Charakteristika der Community- Seite abstellt, sondern speziell die Interaktivität der Inhalte der Manager selbst fokussiert. Dabei wird im Einzelnen betrachtet, inwiefern diese Inhalte Nutzern das Gefühl vermitteln, dass die Manager ihnen zuhören und zeitnah auf ihre Anfragen antworten:

“Specifically, interactivity is defined as being dependent on the user's perception of taking part in a two-way communication with a mediated persona. In this context, the term interactivity does not focus on the technological features of the site, but on the content and cues within the message itself, which can be used to create an impression that the persona is listening to and interacting with the viewer in a timely fashion.”[599]

In dieser Arbeit soll ebenfalls gemäß der zuvor erläuterten Definition, im Gegensatz zum Verständnis der Interaktivität als technische Funktionalität der Social Media- Plattform, eine vergleichbare Konzeptionalisierung vorgenommen werden. So kann diesbezüglich wiederum gemäß der Uses & Gratifications Theory angenommen werden, dass auch die Befriedigung des Bedürfnisses nach Interaktiven Inhalten durch die Community- Manager die Nutzung der Social Media Brand Community positiv beeinflusst.

Dieses Bedürfnis der Nutzer nach Interaktiven Inhalten beziehungsweise dessen entsprechende Befriedigung als Einflussfaktor der Nutzung des Mediums erscheint generell im Kontext von Social Media und Brand Communities nachvollziehbar, in welchen Austausch und Interaktion im Allgemeinen im Zentrum des Interesses der Nutzer stehen.[600]

---

595 Airs/Ang (2012), S. 1.
596 Kim/Ko (2012), S. 1483.
597 Vries/Gensler/Leeflang (2012), S. 85; Labrecque (2014), S. 136.
598 Vgl. Labrecque (2014), S. 136.
599 Labrecque (2014), S. 136.
600 Vgl. Kaplan/Haenlein (2010), S. 60 f.; Pongsakornrungsilp/Schroeder (2011), S. 303.

Ferner kann auch gemäß der spezifischen Definition der Brand Community, nach welcher die Marke darin im Mittelpunkt für die Nutzer steht[601], angenommen werden, dass das Bedürfnis der Nutzer nach einer Interaktion mit den Vertretern der Marke, also den Community- Managern, existiert. Zudem ist es zu erwarten, dass speziell ein zeitnahe Interaktion und Rückmeldung der Community-Manager aufgrund des generellen Aspekts des Zeitmangels in der Gesellschaft sowie der gängigen Real Time- Kommunikation in Social Media für die Nutzer von Bedeutung ist.[602]

So kann der zuvor erwähnte, auf der Uses & Gratifications Theory basierende, Zusammenhang auch ferner durch Ergebnisse aus früheren Studien zu Interaktiven Inhalten von Social Media Brand Communities belegt werden. Diesbezüglich kann z.B. die Arbeit von Vries/Gensler/Leeflang (2012) angeführt werden, innerhalb welcher eine positive Wirkungsbeziehung zwischen Interaktiven Inhalten und dem Nutzerengagement in der Social Media Brand Community nachgewiesen werden kann.[603]

Darüber hinaus belegen auch die zuvor erläuterten Nutzerinterviews und die qualitative Inhaltsanalyse den Erfolgsfaktor der Interaktiven Inhalte. Während in diesem Zusammenhang alle Nutzer innerhalb der durchgeführten Interviews die Interaktiven Inhalte der Community- Manager als relevanten Einflussfaktor des Nutzerengagements einordneten, konnten auch im Großteil der im Rahmen der qualitativen Inhaltsanalyse untersuchten Communities Interaktive Inhalte der Community-Manager identifiziert werden.[604] Zusammenfassend repräsentiert dieser Faktor im Folgenden diejenigen Inhalte, welche seitens der Community- Manager zeitnah als Reaktion auf Anfragen der Nutzer gepostet werden und diesen dadurch das Gefühl vermitteln, dass ihnen zugehört wird. Basierend auf diesem Verständnis sollen die Interaktiven Inhalte der Community- Manager als vierter inhaltsorientierter Erfolgsfaktor dieser Arbeit konzeptionalisiert werden, von welchem angenommen wird, dass er sich positiv auf das Nutzerengagement in der Social Media Brand Community auswirkt. Somit lautet die folgende siebte Hypothese des Untersuchungsmodells dieser Arbeit:

H_7: Je höher der Grad an Interaktiven Inhalten der Community- Manager, desto höher ist das Nutzerengagement in der Social Media Brand Community.

- **Glaubwürdige Inhalte**

Der fünfte und letzte inhaltsorientierte Erfolgsfaktor in dieser Untersuchung wird durch die Glaubwürdigen Inhalte der Community- Manager abgebildet. Ähnliche Faktoren haben im Schrifttum zur

601 Vgl. Abschnitt 2.2.2.
602 Vgl. Abschnitt 3.2.1.2.
603 Vgl. Vries/Gensler/Leeflang (2012), S. 89.
604 Vgl. hierzu die Abschnitte 3.2.3 und 3.2.4.

Nutzung von Social Media Brand Communities z.B. bereits als ‚Perceived Credibility‘ oder ‚Authenticity‘ Anwendung erfahren.[605]

Dabei wird das Konstrukt der Glaubwürdigkeit in diesem Zusammenhang im relevanten Schriftum speziell in Bezug auf die Glaubwürdigkeit beziehungsweise Authentizität der jeweiligen einzelnen Inhalte verstanden, anstatt die Glaubwürdigkeit des Kommunizierenden selbst zu fokussieren.[606]

Gemäß diesem Verständnis soll eine entsprechende Konzeptionalisierung des Faktors auch in dieser Arbeit erfolgen, da im Falle der Untersuchung offizieller Brand Communities von Unternehmen auf Facebook wie in dieser Studie, die Glaubwürdigkeit der Manager selbst als Vertreter des Unternehmens durch Facebook bereits sichergestellt ist.

Wie auch zur Konzeptionalisierung der vorangegangenen inhaltsorientierten Erfolgsfaktoren geschildert, kann diesbezüglich aus der Uses & Gratifications Theory abgeleitet werden, dass die Befriedigung von Nutzerbedürfnissen durch Medien die Nutzung dieser Medien positiv beeinflusst.[607] So kann auch das Bedürfnis der Nutzer nach Glaubwürdigen Inhalten beziehungsweise dessen entsprechende Befriedigung als Einflussfaktor der Nutzung von Social Media Brand Communities wie folgt nachvollzogen werden.

So erscheint es vor dem Hintergrund bestimmter Unternehmensskandale und der Entwicklung der ‚Savvy Consumer‘, also sehr gut informierter und kritischer Konsumenten, nachvollziehbar, dass diese eine durchgängige Transparenz und Glaubwürdigkeit von Unternehmen auf allen Kommunikationskanälen und somit auch in Social Media Brand Communities verlangen.[608] Da diese Nutzer aufgrund ihres ausgeprägten Informiertheitsgrades nicht glaubwürdige Angaben in der Community bemerken würden, scheint es somit essenziell, dass die Community- Manager diese Nutzer ernst nehmen und nicht versuchen, ihnen etwas vorzumachen.

So kann der zuvor erwähnte, auf der Uses & Gratifications Theory basierende, Zusammenhang auch ferner durch Ergebnisse aus früheren Studien zu Social Media Brand Communities belegt werden. So weisen z.B. Pronschinske/Groza/Walker (2012) dazu in ihrer Studie nach, dass das semantisch ähnliche Konstrukt der Authentizität (‚Authenticity‘) der Community und ihrer Inhalte die Teilnahme der Nutzer (‚Participation‘) positiv beeinflusst.[609]

---

605 Vgl. Pronschinske/Groza/Walker (2012), S. 228; Tsai/Men (2013), S. 83.
606 Vgl. Kang (2010), S. 5.
607 Vgl. Abschnitt 3.1.1; McQuail (2010), S. 426.
608 Vgl. Abschnitt 3.2.1.2.
609 Vgl. Pronschinske/Groza/Walker (2012), S. 228.

Darüber hinaus belegen auch die zuvor erläuterten Nutzerinterviews den Erfolgsfaktor der Glaubwürdigen Inhalte. So merkte zwar einer der Nutzer an, dass es ihm bewusst ist, dass die Community- Manager versuchen, ihre Marke möglichst positiv dazustellen, dies für ihn aber keine Beendigung seines Nutzerengagements bedeutet. Generell bewerteten jedoch alle Nutzer die Glaubwürdigen Inhalte der Community- Manager durchweg als relevanten Einflussfaktor des Nutzerengagements in Social Media Brand Communities.[610]

Dementsprechend sollen die Glaubwürdigen Inhalte der Community- Manager als letzter inhaltsorientierter Erfolgsfaktor dieser Arbeit konzeptionalisiert werden, von welchem angenommen wird, dass er sich positiv auf das Nutzerengagement in der Social Media Brand Community auswirkt. Somit lautet die folgende achte Hypothese des Untersuchungsmodells dieser Arbeit:

H_8: Je höher der Grad an Glaubwürdigen Inhalten der Community- Manager, desto höher ist das Nutzerengagement in der Social Media Brand Community.

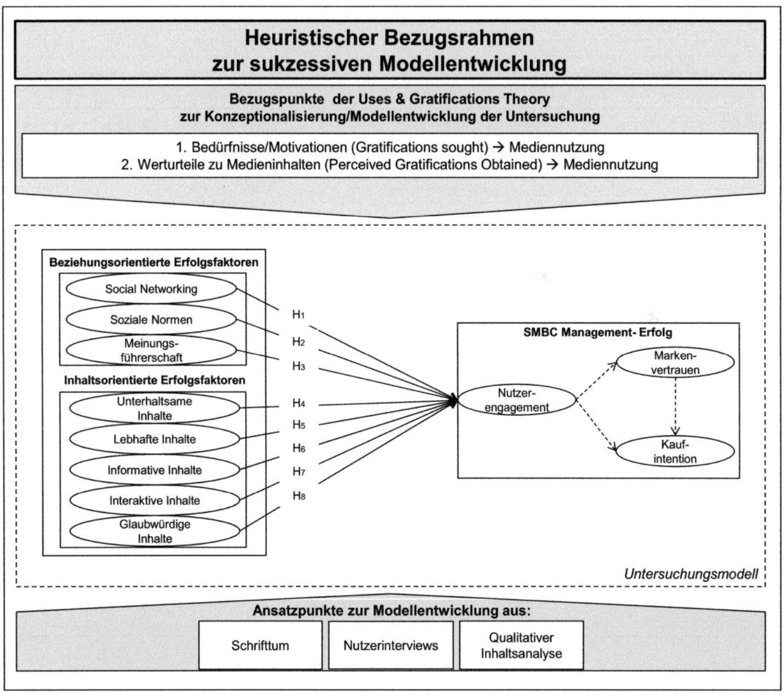

Abbildung 32: Stand der sukzessiven Modellentwicklung (2)

[610] Vgl. hierzu Abschnitt 3.2.3.

Zur Zusammenfassung der Konzeptionalisierung der inhaltsorientierten Erfolgsfaktoren visualisiert Abbildung 32 den zwischenzeitlichen Stand der sukzessiven Entwicklung des Untersuchungsmodells und ordnet die Hypothesen zu den einzelnen Faktoren sowie die damit verbundenen Wirkungsbeziehungen in den zuvor generierten heuristischen Bezugsrahmen ein.

3.2.5.3 Konzeptionalisierung des SMBC Management- Erfolgs

Nach der Konzeptionalisierung der Erfolgsfaktoren des Social Media Brand Community- Managements in den vorangegangenen Abschnitten soll im Folgenden nun der im Rahmen dieser Arbeit zu untersuchende SMBC Management- Erfolg anhand entsprechender Erfolgsgrößen konzeptionalisiert werden. Hierbei werden wie zuvor bei den Erfolgsfaktoren die Ergebnisse der theoretischen Deduktion und Schrifttumsanalyse sowie der Input aus der qualitativen Inhaltsanalyse miteinbezogen.

So konnten auf dieser Basis im Kontext der Nutzung von Social Media Brand Communities zuvor das Nutzerengagement, das Markenvertrauen und die Kaufintention als relevante Erfolgsgrößen bestimmt werden, welche im Rahmen dieser Arbeit konzeptionalisiert werden sollen. Im Hinblick auf die einzelnen Wirkungsbeziehungen zwischen diesen Konstrukten soll im Folgenden nun zunächst das Nutzerengagement in der Social Media Brand Community als erste Erfolgsgröße konzeptionalisiert werden, von welcher sowohl eine positive Beeinflussung des Markenvertrauens als auch der Kaufintention erwartet wird. Anschließend soll die Konzeptionalisierung des Markenvertrauens als zweite Erfolgsgröße vorgenommen werden, von welcher angenommen wird, dass sie sich ebenfalls positiv auf die Kaufintention der Nutzer auswirkt. Dabei wird ferner eine mediierende Rolle des Markenvertrauens in der positiven Wirkungsbeziehung zwischen dem Nutzerengagement und der zuletzt zu konzeptionalisierenden, dritten Erfolgsgröße der Kaufintention angenommen.

- **Nutzerengagement**

Bei der Erfolgsgröße des Nutzerengagements in der Community handelt es sich zunächst um ein Konstrukt, welches im Schrifttum zur Nutzung von Social Media Brand Communities bereits mehrfach Anwendung erfahren hat. So werden in früheren Studien z.B. Konzeptionalisierungen des Konstrukts als „Community Engagement Behavior“[611], „Fan page Engagement“[612], „Community engagement practices“[613] oder „Customer engagement“[614] vorgenommen.

---

611 Lee/Kim/Kim (2011), S. 62.
612 Jahn/Kunz (2012), S. 349.
613 Laroche et al. (2012), S. 1760.
614 Chan et al. (2014), S. 84.

Dabei definieren beispielsweise Jahn/Kunz (2012) das Nutzerengagement- Konstrukt in ihrer Untersuchung wie folgt: „Transferring the engagement construct to the context of a fan page, we define fan-page engagement as an interactive and integrative participation in the fan-page community and would differentiate this from the solely usage intensity of a member."[615]

Diese Definition des Konstrukts, welche über eine bloße Nutzungshäufigkeit hinausgeht und vielmehr auf eine interaktive und integrative Teilnahme der Nutzer in der Community abzielt, soll auch im Folgenden für diese Untersuchung übernommen und darauf basierend das Nutzerengagement als Erfolgsgröße im Social Media Brand Community- Management konzeptionalisiert werden. Diesbezüglich kann zunächst der zuvor bereits erläuterte Bezugspunkt der Uses & Gratifications Theory zu dieser Untersuchung herangezogen werden, nach welchem die Mediennutzung im Allgemeinen und somit auch die spezielle Nutzung von Social Media Brand Communities bereits als Erfolg für die anbietenden Unternehmen gewertet und somit auf Basis dieser Mediennutzung relevante Erfolgsgrößen konzeptionalisiert werden können.[616] Während demnach eine bloße Nutzung in Form des Besuchs der Community auf Basis der Theorie bereits als Erfolg für die Unternehmen angesehen werden kann, erscheint insbesondere ein aktives Nutzerengagement sowohl im Kontext von Social Media und Brand Communities, welche beide darauf abzielen, Nutzern eine Stimme zu geben[617], noch relevanter als Erfolgsgröße im Social Media Brand Community- Management. Dies liegt in dem Mehrwert begründet, welche Unternehmen durch den resultierenden UGC erlangen können.

Diese Überlegungen stehen auch im Einklang mit der früheren Definition des Consumer Engagement- Konzepts in konventionellen Online Brand Communities, innerhalb welcher bezüglich der Erlangung solch eines Mehrwerts die zentrale Rolle des Nutzerengagements, sowohl in Form des Austauschs zwischen Nutzern und der Marke als auch zwischen den Nutzern selbst, für die Beziehung zwischen Marke und Kunden herausgestellt wird. Darüber hinaus wird bei dieser Betrachtung darauf verwiesen, dass auch noch andere mit dem Nutzerengagement verbundene beziehungsorientierte Konzepte in diesem Kontext von Bedeutung sind: "Consumer engagement in a virtual brand community involves specific interactive experiences between consumers and the brand, and/or other members of the community. [...] Consumer engagement [...] plays a central role in the process of

[615] Jahn/Kunz (2012), S. 349.
[616] Vgl. Abschnitt 3.1.1.
[617] Vgl. hierzu die Abschnitte 2.2.1 und 2.2.2.

relational exchange where other relational concepts are engagement antecedents and/or consequences in iterative engagement processes within the brand community."[618]

So besitzt das Nutzerengagement in Online Brand Communities nach Brodie et al. (2013) bezüglich seiner Konsequenzen beziehungsweise einer weiterführenden Kausalkette unter anderem einen Einfluss auf das Markenvertrauen der Nutzer[619], welcher auch bereits im Kontext der Nutzung von Social Media Brand Communities nachgewiesen werden konnte.[620] Diese Wirkungsbeziehung erscheint insbesondere deswegen nachvollziehbar, da Nutzer durch ihr aktives Engagement in der Community und dem damit verbundenen Austausch mit Community- Managern und anderen Nutzern zusätzliches Wissen über die Marke erlangen können, welches zu einem gesteigerten Vertrauen der Nutzer in die Marke beitragen kann.[621]

Van Doorn et al. (2010)vanDoornetal.(2010) hingegen nennen hinsichtlich potenzieller Konsequenzen des Customer Engagements in ihrem Framework im Sinne einer entsprechenden Beeinflussung des Kaufverhaltens "[...] financial consequences for the firm"[622], welche in vergleichbarer Weise ebenfalls bereits im Zusammenhang mit der Nutzung von Social Media Brand Communities in Form der Kaufintention nachgewiesen werden konnten.[623]

Diese Wirkungsbeziehung kann auch sachlogisch dadurch erklärt werden, dass in den Nutzern durch ihr Engagement und dem damit verbundenen Konsum von z.B. Bildern und Videos zur Marke oder auch durch Tipps von anderen Nutzern bezüglich bestimmter Rabattaktionen das Verlangen nach der Marke geweckt wird und sich somit eine Kaufintention entwickelt.[624]

Dementsprechend soll hinsichtlich der weiteren Konzeptionalisierung und Modellentwicklung für diese Arbeit im Folgenden das Nutzerengagement in der Social Media Brand Community als erste Erfolgsgröße des Untersuchungsmodells konzeptionalisiert werden, welcher sowohl ein positiver Einfluss auf das Markenvertrauen als auch die Kaufintention der Nutzer unterstellt wird. Dabei beinhaltet das Konstrukt des Nutzerengagements in dieser Arbeit eine aktive Teilnahme der Nutzer in der Community, welche sowohl den Austausch mit Community- Managern als auch anderen Nutzern durch das schlichte Lesen oder Beobachten von Beiträgen, aber auch eigenständige Beiträge in Form von Likes, Comments, Posts und Shares etc. umfasst. Nach diesem Verständnis wurde das

618 Brodie et al. (2013), S. 107.
619 Vgl. Brodie et al. (2013), S. 110.
620 Vgl. Kang/Tang/Fiore (2015), S. 1673.
621 Vgl. Kang/Tang/Fiore (2015), S. 1666.
622 Van Doorn et al. (2010), S. 259.
623 Vgl. Chan et al. (2014), S. 93.
624 Vgl. Abschnitt 3.2.2.

Nutzerengagement ferner auch im Rahmen der qualitativen Inhaltsanalyse in allen untersuchten Communities entsprechend identifiziert.[625] Somit können die neunte und zehnte Hypothese wie folgt in das Untersuchungsmodell dieser Arbeit integriert werden:

H_9: Je höher das Nutzerengagement in der Social Media Brand Community, desto größer ist das Markenvertrauen der Nutzer.

H_{10}: Je höher das Nutzerengagement in der Social Media Brand Community, desto höher ist die Kaufintention der Nutzer.

- **Markenvertrauen**

Die zweite Erfolgsgröße im Social Media Brand Community- Management stellt in dieser Untersuchung das Markenvertrauen der Nutzer dar. Auch dieses Konstrukt wurde in Studien zur Nutzung von Social Media Brand Communities bereits zuvor als „Brand trust“[626] verwendet. Dabei definieren z.B. Laroche et al. (2012), Laroche/Habibi/Richard (2013) und Habibi/Laroche/Richard (2014b) das Markenvertrauen basierend auf Chaudhuri/Holbrook (2001) als "[...] the willingness of the average consumer to rely on the ability of the brand to perform its stated function [...]"[627]. Somit beinhaltet das Konstrukt im Schrifttum, ob die Konsumenten beziehungsweise Community- Nutzer, sich darauf verlassen, dass die Marke der jeweiligen Community ihre spezifizierte Aufgabe erfüllt und somit hält, was sie ihren Kunden verspricht.

Darauf basierend soll auch die Erfolgsgröße des Markenvertrauens der Nutzer in dieser Untersuchung konzeptionalisiert werden. Diese Erfolgsgröße ist im Social Media Brand Community- Management für Unternehmen inbesondere deswegen von großer Relevanz, weil sie sich positiv auf weitere Erfolgsgrößen auswirken kann.

So liegt im Kontext des Nutzerengagements in Social Media Brand Communities auch die Vermutung nahe, dass das dadurch erworbene Vertrauen in die Marke ebenfalls einen positiven Einfluss auf das Kaufverhalten oder zumindest die Kaufintention besitzt. Dieser Zusammenhang kann dadurch erklärt werden, dass Konsumenten heutzutage angesichts zahlreicher Konkurrenzangebote erst dann bereit sind, ihr Geld in eine bestimmte Marke zu investieren, wenn für sie klar ist, dass die Marke auch wirklich die von ihr versprochene Aufgabe erfüllt.

---

[625] Vgl. hierzu Abschnitt 3.2.4.

[626] Laroche et al. (2012), S. 1760; Laroche/Habibi/Richard (2013), S. 78; Habibi/Laroche/Richard (2014b), S. 155; Kang/Tang/Fiore (2015), S. 1666.

[627] Chaudhuri/Holbrook (2001), S. 82; Laroche et al. (2012), S. 1759; Laroche/Habibi/Richard (2013), S. 78; Habibi/Laroche/Richard (2014b), S. 155.

Eine vergleichbare positive Wirkungsbeziehung im Rahmen einer Studie zu Social Media Brand Communities können z.B. Kim/Ko (2012) nachweisen. Dabei belegen die genannten Autoren im Einzelnen die Abhängigkeit der ‚Purchase Intention' von der ‚Value Equity' der jeweiligen Marken, welche nach Kim/Ko (2012) ähnlich der zuvor erläuterten Definition des Markenvertrauens für diese Arbeit beinhaltet, inwiefern nach objektiver Meinung der Nutzer, die Marke im Falle eines Kaufes den versprochenen Nutzen für sie hat.[628]

Dementsprechend soll das Konstrukt als zweite Erfolgsgröße dieser Untersuchung konzeptionalisiert werden, von welcher angenommen wird, dass sie die Kaufintention der Nutzer positiv beeinflusst. So soll das Markenvertrauen zusammenfassend also als zwischengelagertes Konstrukt konzeptionalisiert werden, welchem nebem dem Nutzerengagement ebenfalls ein positiver Einfluss auf die Kaufintention der Nutzer unterstellt wird. Gleichermaßen wird dabei untersucht, ob und inwiefern das Markenvertrauen die zuvor konzeptionalisierte positive Wirkungsbeziehung zwischen dem Nutzerengagement und der Kaufintention mediiert. Dabei beinhaltet das Konstrukt des Markenvertrauens für diese Arbeit gemäß der zuvor erläuterten Definition aus dem Schrifttum, inwiefern die Nutzer der Community davon ausgehen, dass die jeweilige Marke ihr Wertversprechen hält und ihre entsprechende Aufgabe angemessen erfüllt. Basierend auf den vorangegangenen Ausführungen können die folgenden Hypothesen 11 und 12 in das Untersuchungsmodell dieser Arbeit integriert werden:

H_{11}: Je größer das Markenvertrauen der Nutzer, desto höher ist ihre Kaufintention.

H_{12}: Das Markenvertrauen der Nutzer mediiert die positive Wirkungsbeziehung zwischen dem Nutzerengagement und der Kaufintention der Nutzer.

- **Kaufintention**

Die Kaufintention der Nutzer von Social Media Brand Communities stellt die letzte Erfolgsgröße in dieser Untersuchung dar. Vergleichbare Erfolgsgrößen wurden bislang im relevanten Schrifttum als „Purchase intention"[629] oder „Brand Purchase"[630] sowie „Repurchase intention"[631] untersucht.

Diesbezüglich stellen Kim/Ko (2012) speziell hinsichtlich der Kaufintention beziehungsweise ‚Purchase Intention' folgende prägnante Definition zur Verfügung: „Purchase intention is a combination

---

628 Vgl. Kim/Ko (2012), S. 1481.
629 Kim/Ko (2012), S. 1481; Hutter et al. (2013), S. 346; Pöyry/Parvinen/Malmivaara (2013), S. 229; Schivinski/Dabrowski (2014), S. 9.
630 Jahn/Kunz (2012), S. 349.
631 Chan et al. (2014), S. 88.

of consumers' interest in and possibility of buying a product."[632] Dieses Verständnis des Konstrukts hinsichtlich eines generellen Interesses der Community- Nutzer an der Marke sowie der für sie existierenden Möglichkeit eines Markenkaufs soll auch für diese Untersuchung Geltung erfahren und die Erfolgsgröße der Kaufintention dementsprechend konzeptionalisiert werden.

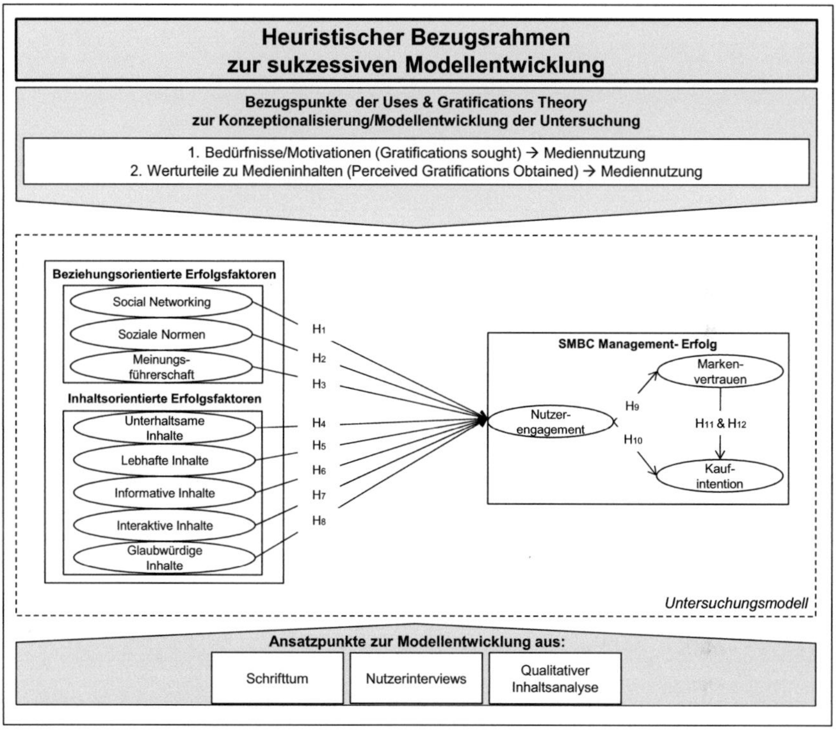

Abbildung 33: Finaler Stand der sukzessiven Modellentwicklung

Die Relevanz des Konstrukts der Kaufintention als Erfolgsgröße im Social Media Brand Community- Management für Unternehmen und deren Marketing erscheint naheliegend. So konstatieren beispielsweise Kim/Ko (2012) hinsichtlich des Social Media Brand Community- Managements in ihrer Untersuchung: „[...] a primary goal of any marketing strategy is to increase sales [...].“[633] Ferner konnte die Kaufintention als dritte relevante Erfolgsgröße für diese Untersuchung auch durch die qualitative Inhaltsanalyse dieser Arbeit belegt werden. So konnten in den Nutzerinhalten der untersuchten Social Media Brand Communities durchweg Hinweise zur Kaufintention bezüg-

[632] Kim/Ko (2012), S. 1481.
[633] Kim/Ko (2012), S. 1482.

lich der jeweiligen Marken der Communities identifiziert werden.[634] Dabei beinhaltet die Kaufintention für diese Untersuchung gemäß der zuvor erläuterten Definition aus dem relevanten Schrifttum das unmittelbare Interesse der Nutzer an der Marke sowie die Möglichkeit eines bevorstehenden Markenkaufs.

Nach Abschluss der Konzeptionalisierung des SMBC Management- Erfolgs anhand der drei Erfolgsgrößen des Nutzerengagements, des Markenvertrauens und der Kaufintention in dieser Arbeit veranschaulicht Abbildung 33 die Einordnung der Hypothesen zu diesen Konstrukten und deren Wirkungsbeziehungen in den heuristischen Bezugsrahmen und stellt somit den finalen Stand der sukzessiven Modellentwicklung nach der Konzeptionalisierung der Erfolgsfaktoren und -größen dieser Arbeit dar.

3.3 Gesamtmodell und Untersuchungshypothesen im Überblick

Basierend auf dem heuristischen Bezugsrahmen wurde in diesem Kapitel das Untersuchungsmodell dieser Arbeit sukzessive entwickelt. Im Anschluss an die Konzeptionalisierung der beziehungs- und inhaltsorientierten Erfolgsfaktoren sowie der Erfolgsgrößen im Social Media Brand Community-Management sollen im Folgenden nun das aggregierte Gesamtmodell noch einmal visualisiert und die damit verbundenen Untersuchungshypothesen zusammengefasst werden. Abbildung 34 stellt zunächst das finale Gesamtmodell der Untersuchung mit den darin vorhandenen Wirkungsbeziehungen im Überblick dar.

Insgesamt wurden im Rahmen der Konzeptionalisierung und Entwicklung des in Abbildung 34 dargestellten Untersuchungsmodells 12 Hypothesen zu den entsprechenden Wirkungsbeziehungen formuliert. Diese Hypothesen werden in Tabelle 20 noch einmal zusammenfassend dargestellt, bevor sie im weiteren Verlauf der Untersuchung einer empirischen Überprüfung unterzogen werden.

---

[634] Vgl. hierzu Abschnitt 3.2.4.

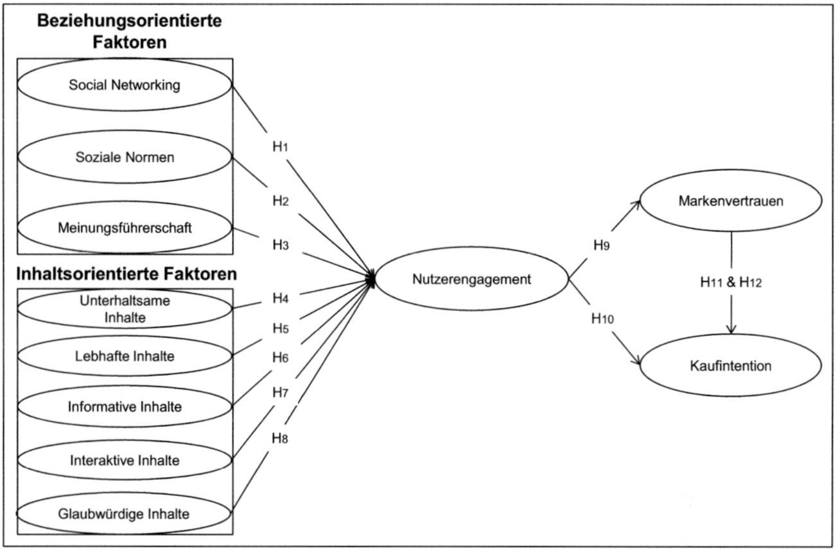

Abbildung 34: Gesamtmodell der Untersuchung

Nr.	Untersuchungshypothese
H_1	Je ausgeprägter das Social Networking der Nutzer, desto höher ist das Nutzerengagement in der Social Media Brand Community.
H_2	Je ausgeprägter die Wahrnehmung Sozialer Normen durch die Nutzer, desto höher ist das Nutzerengagement in der Social Media Brand Community.
H_3	Je ausgeprägter die Meinungsführerschaft der Nutzer, desto höher ist das Nutzerengagement in der Social Media Brand Community.
H_4	Je höher der Grad an Unterhaltsamen Inhalten der Community- Manager, desto höher ist das Nutzerengagement in der Social Media Brand Community.
H_5	Je höher der Grad an Lebhaften Inhalten der Community- Manager, desto höher ist das Nutzerengagement in der Social Media Brand Community.
H_6	Je höher der Grad an Informativen Inhalten der Community- Manager, desto höher ist das Nutzerengagement in der Social Media Brand Community.
H_7	Je höher der Grad an Interaktiven Inhalten der Community- Manager, desto höher ist das Nutzerengagement in der Social Media Brand Community.

Nr.	Untersuchungshypothese
H_8	Je höher der Grad an Glaubwürdigen Inhalten der Community- Manager, desto höher ist das Nutzerengagement in der Social Media Brand Community.
H_9	Je höher das Nutzerengagement in der Social Media Brand Community, desto größer ist das Markenvertrauen der Nutzer.
H_{10}	Je höher das Nutzerengagement in der Social Media Brand Community, desto höher ist die Kaufintention der Nutzer.
H_{11}	Je größer das Markenvertrauen der Nutzer, desto höher ist ihre Kaufintention.
H_{12}	Das Markenvertrauen der Nutzer mediiert die positive Wirkungsbeziehung zwischen dem Nutzerengagement und der Kaufintention der Nutzer.

Tabelle 20: Zusammenfassung der Untersuchungshypothesen

4. Methodik und Vorgehensweise der empirischen Untersuchung

Nach der Konzeptionalisierung und Modellentwicklung im vorangegangenen Kapitel sollen die aufgestellten Hypothesen im Folgenden einer empirischen Überprüfung unterzogen werden, um somit die bisherigen Überlegungen mit den Gegebenheiten in der Realität abgleichen zu können.[635] Bevor jedoch die entsprechende empirische Analyse dieser Arbeit durchgeführt wird, sollen in diesem Kapitel die dafür notwendige Methodik und Vorgehensweise dargestellt werden. Hierzu werden in Abschnitt 4.1 zunächst die Grundlagen der Strukturgleichungsmodellierung als vornehmliches Analyseinstrument dieser Arbeit erläutert. Danach wird die Beurteilung von Strukturgleichungsmodellen dargelegt (Abschnitt 4.2), während abschließend noch einmal die Vorgehensweise der empirischen Untersuchung zusammengefasst wird (Abschnitt 4.3). Abbildung 35 ordnet das vierte Kapitel in die Gesamtuntersuchung ein.

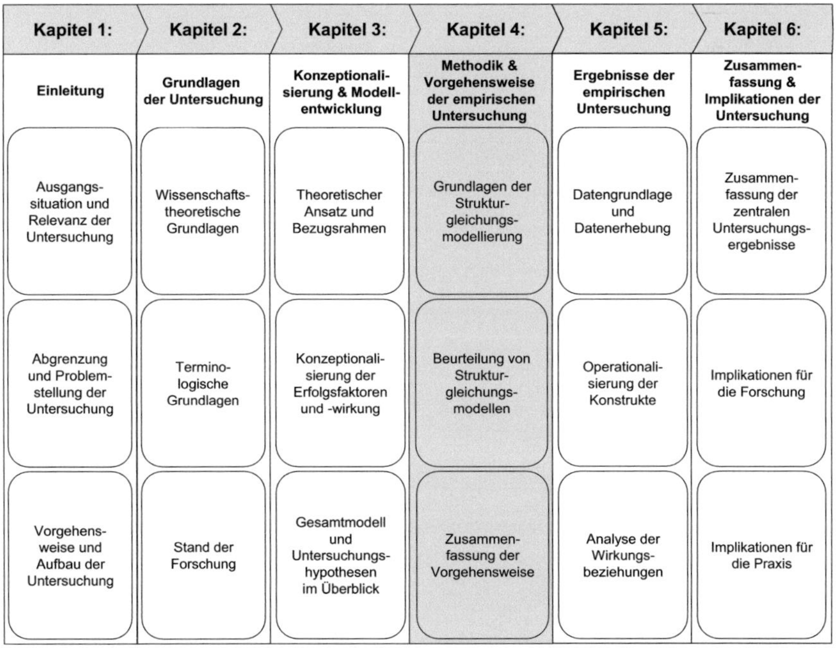

Abbildung 35: Einordnung von Kapitel 4 in die Gesamtuntersuchung

[635] Vgl. Fritz (1995), S. 93.

4.1 Grundlagen der Strukturgleichungsmodellierung

In der wirtschaftswissenschaftlichen Forschung stehen oftmals komplexe Problemstellungen und Sachverhalte im Zentrum des Interesses.[636] Zur Analyse der damit verbundenen Wirkungszusammenhänge hat sich für Forscher der Wirtschafts- und Sozialwissenschaften insbesondere die Methodik der Strukturgleichungsmodellierung als Standardanalyseinstrument etabliert.[637] Auch speziell in dem für diese Untersuchung relevanten Bereich des Marketings ist die empirische Forschung stark durch die Anwendung von Strukturgleichungsmodellen gekennzeichnet.[638]

In diesem Abschnitt soll nun zunächst ein grundlegendes Verständnis der auch in dieser Untersuchung Anwendung findenden Methodik der Strukturgleichungsmodellierung vermittelt werden. Dabei wird in Abschnitt 4.1.1 zunächst der generelle Ansatz von Strukturgleichungsmodellen erläutert. Ferner wird in Abschnitt 4.1.2 auf den Aufbau von Strukturgleichungsmodellen eingegangen, während sich Abschnitt 4.1.3 mit den Grundlagen von Messmodellen beschäftigt.

4.1.1 Genereller Ansatz von Strukturgleichungsmodellen

Zum besseren Verständnis des generellen Ansatzes von Strukturgleichungsmodellen soll im weiteren Verlauf dieser Untersuchung zunächst folgende Definition von Weiber/Mühlhaus (2014) Geltung erfahren: „Strukturgleichungsmodelle (SGM) bilden a-priori formulierte und theoretisch und/ oder sachlogisch begründete komplexe Zusammenhänge zwischen Variablen in einem linearen Gleichungssystem ab und dienen der Schätzung der Wirkungskoeffizienten zwischen den betrachteten Variablen sowie der Abschätzung von Messfehlern."[639]

Basierend auf diesem Verständnis kann die Strukturgleichungsmodellierung, welche im Englischen ferner als „structural equation modeling (SEM)"[640] bekannt ist, als leistungsfähige Generalisierung früherer statistischer Methoden verstanden werden, welche jedoch zusätzlich die Besonderheit der expliziten Berücksichtigung von Messfehlern aufweist. Zudem ermöglicht sie neben der Untersuchung von manifesten Variablen inbesondere auch die Messung von latenten Variablen durch mehrere Indikatoren.[641] Während manifeste Variable diesbezüglich direkt beobachtbare Konstrukte darstellen, bilden latente Variable in Strukturgleichungsmodellen Konstrukte ab, welche nicht direkt beobachtbar sind: „Latent variables in SEM generally correspond to **hypothetical constructs** or

---

636 Vgl. Bauer/Fertig/Schmidt (2009), S. 1.
637 Vgl. Bliemel et al. (2005), S. 10; Hair/Ringle/Sarstedt (2011), S. 139.
638 Vgl. Hair/Ringle/Sarstedt (2011), S. 139.
639 Weiber/Mühlhaus (2014), S. 7.
640 Kline (2011), S. 7.
641 Vgl. Kline (2011), S. 8 ff.

factors, which are explanatory variables presumed to reflect a continuum that is not directly observable."[642]

Darüber hinaus kann in Strukturgleichungsmodellen eine parallele Überprüfung multipler kausaler Wirkungsbeziehungen zwischen verschiedenen Variablen vorgenommen werden, wobei die abhängige Variable einer Wirkungsbeziehung gleichermaßen auch die unabhängige Variable der Beziehung zu einer weiteren abhängigen Variablen darstellen kann.[643]

Angesichts dieser Voraussetzungen erscheint die Strukturgleichungsmodellierung auch für die empirische Analyse der im Rahmen dieser Arbeit relevanten Forschungfragestellungen als besonders geeignet, da hier einerseits latente Variablen fokussiert werden, welche mit mehreren Indikatoren gemessen werden sollen.[644] Andererseits wird eine komplexe Kausalstruktur untersucht, welche mit verschiedenen simultan zu betrachtenden Wirkungsbeziehungen einhergeht und bei welcher bestimmte Variable gleichzeitig die Rolle einer abhängigen und unabhängigen Variablen einnehmen.[645]

Dementsprechend soll die Strukturgleichungsmodellierung in dieser Untersuchung als Analyseinstrument herangezogen und nachfolgend näher erläutert werden.[646] Dabei kann zunächst zwischen der varianzbasierten und der kovarianzbasierten Analyse unterschieden werden.[647] Der varianzanalytische Ansatz, welcher auch als „Partial Least Square-Ansatz (PLS)"[648] bezeichnet wird und auf Wold (1966) zurückgeht, ist ein auf der „[...] Kleinst-Quadrate-Schätzung basierender zweistufiger Ansatz, bei dem im ersten Schritt fallbezogen konkrete Schätzwerte für die latenten Variablen (scores; construct values) aus den empirischen Messdaten ermittelt werden, die dann im zweiten Schritt zur Schätzung der Parameter des Strukturmodells verwendet werden."[649] Der vornehmlich auf Jöreskog (1970) zurückgehende kovarianzanalytische Ansatz hingegen ist ein auf dem „[...] Fundamentaltheorem der Faktorenanalyse basierender ganzheitlicher Ansatz, bei dem alle Parameter eines Strukturgleichungsmodells auf Basis der Informationen aus der empirischen Varianz-Kovarianzmatrix bzw. Korrelationsmatrix simultan geschätzt werden."[650]

---

642 Kline (2011), S. 9.
643 Vgl. Hair et al. (2010), S. 681 f.
644 Vgl. Abschnitt 4.1.3.
645 Vgl. Abschnitt 3.3.
646 Für weitere Ausführungen zur Strukturgleichungsmodellierung vgl. z.B. Byrne (2010), S. 3 ff.; Hair et al. (2010), S. 627 ff.; Kline (2011), S. 3 ff.
647 Vgl. auch im Folgenden Weiber/Mühlhaus (2014), S. 54 ff.
648 Weiber/Mühlhaus (2014), S. 67.
649 Weiber/Mühlhaus (2014), S. 67. Vgl. auch Wold (1966), S. 411 ff.
650 Weiber/Mühlhaus (2014), S. 54. Vgl. auch Jöreskog (1970), S. 239 ff.

Während der varianzbasierte Ansatz also darauf abzielt, die Fallwerte der Ausgangsdatenmatrix so genau wie möglich zu prognostizieren, ist es die Zielsetzung des kovarianzbasierten Ansatzes, die Parameter des Strukturgleichungsmodells auf Basis der empirischen Varianz-Kovarianzmatrix beziehungsweise Korrelationsmatrix simultan derart zu schätzen, dass letztere so genau wie möglich reproduziert wird. Zur Berechnung entsprechender Strukturgleichungsmodelle dient im varianzanalytischen Ansatz Software wie Visual PLS, PLS-Graph und Smart PLS, während hinsichtlich des kovarianzanalytischen Ansatzes die Programme AMOS, EQS und LISREL zur Verfügung stehen.[651]

Angesichts der erwähnten Unterschiede der beiden Ansätze eignen sich nicht immer sowohl der varianzbasierte als auch der kovarianzbasierte Ansatz zur Erforschung eines jeden Untersuchungsgegenstands beziehungsweise die Bearbeitung jeglicher Problemstellung. Vielmehr muss auf Basis verschiedener Kriterien situationsbezogen entschieden werden, welcher Ansatz als am geeignetsten für die jeweilige Untersuchung erscheint. Dazu werden im Folgenden in Tabelle 21 die Unterschiede zwischen Varianz- und Kovarianzanalyse überblicksartig dargestellt und darauf basierend eine entsprechende Entscheidung für diese Arbeit getroffen.

Kriterium	Varianzbasierter Ansatz	Kovarianzbasierter Ansatz
Ziel des Ansatzes	Prognose der Fallwerte der Ausgangsdatenmatrix	Reproduktion der Varianz-KovarianzMatrix
Datenbasis	Ausgangsdatenmatrix	Varianz-Kovarianzmatrix
Theoriebezug	Nicht gegeben, da prognoseorientiert	Theorietestender Ansatz
Zielfunktion	Minimierung der Differenz zwischen den empirisch beobachteten und den geschätzten Falldaten	Minimierung der Differenz zwischen den empirischen und den modelltheoretischen Kovarianzen
Methodischer Ansatz	Regressionsanalyse mit Schätzung in 2 Stufen (1. Messmodelle, 2. Strukturmodell)	Faktorenanalyse mit simultaner Schätzung aller Parameter
Verteilungsannahme	Keine Annahme	Multinormalverteilung (ML-Methode)
Typ der SGM	Nur rekursive SGM	Rekursive und nicht-rekursive SGM

[651] Vgl. Weiber/Mühlhaus (2014), S. 54, 67.

Kriterium	Varianzbasierter Ansatz	Kovarianzbasierter Ansatz
Messmodelle	Formativ und reflektiv	Vornehmlich reflektiv
Gütekriterien	Gütekriterien bezüglich der Vorhersage der Datenmatrix	Lokale und globale Gütekriterien
Stichprobe	Relativ geringer Stichprobenumfang möglich (N>30)	Relativ großer Stichprobenumfang notwendig (N>200)
Modellvergleiche	Nur bedingt möglich	Möglich

Tabelle 21: Unterschiede zwischen varianz- und kovarianzbasiertem Ansatz[652]

Hinsichtlich dieser Unterschiede zwischen beiden Verfahren sollen nun insbesondere die folgenden, im methodischen Schrifttum etablierten Regeln zur Entscheidung für einen Ansatz im Rahmen dieser Untersuchung beachtet werden. Prinzipiell soll der varianzbasierte Ansatz speziell dann Anwendung erfahren, wenn Prognosen getroffen werden, wohingegen der kovarianzbasierte Ansatz verwendet wird, wenn im Rahmen der Untersuchung eine Theorie empirisch überprüft werden soll. Zudem kann die Varianzstrukturanalyse bei Untersuchungen mit formativen und reflektiven Messmodellen beziehungsweise Konstrukten sowie einem geringen Stichprobenumfang eingesetzt werden, während sich der kovarianzanalytische Ansatz für vornehmlich reflektive Konstrukte und größere Stichproben eignet.[653] Da diesbezüglich das wesentliche Ziel dieser Arbeit darin liegt, eine Theorie beziehungsweise das darauf basierend abgeleitete Hypothesensystem empirisch zu überprüfen, alle Konstrukte des Untersuchungsmodells reflektiv spezifiziert werden sowie eine ausreichend hohe Stichprobe im Rahmen der Datenerhebung erzielt werden konnte (n=247)[654], soll folglich also der Ansatz der Kovarianzstrukturanalyse für die Strukturgleichungsmodellierung dieser Arbeit präferiert werden.

Im Rahmen der damit verbundenen empirischen Überprüfung und Bestätigung des Hypothesensystems in dieser Untersuchung ist ferner der deduktiv-nomologische Ansatz nach Hempel/Oppenheim (1948) von Bedeutung, welcher daher im Folgenden kurz erläutert werden soll. Das sogenannte Hempel/Oppenheim-Schema besagt hierzu, dass ein empirisch beobachtbarer Sachverhalt dadurch erklärt werden kann, dass aus einer allgemeinen wissenschaftlichen oder sachlogischen Gesetzmä-

652 In Anlehnung an Weiber/Mühlhaus (2014), S. 74. Vgl. auch Chin/Newsted (1999), S. 314; Herrmann/Huber/Kressmann (2006), S. 44; Homburg/Klarmann (2006), S. 735.

653 Vgl. Chin/Newsted (1999), S. 336; Haenlein/Kaplan (2004), S. 292 ff.; Weiber/Mühlhaus (2014), S. 75 ff. Für die Unterschiede zwischen formativen und reflektiven Messmodellen vgl. Abschnitt 4.1.3.

654 Vgl. die Abschnitte 3.2, 4.1.3 und 5.1.

ßigkeit in Form einer Hypothese und einer empirisch beobachtbaren Antezedenzbedingung, also dem ‚Explanans', eine Schlussfolgerung hinsichtlich der Bestätigung des Sachverhalts, dem sogenannten ‚Explanandum', gezogen werden kann.[655] Abbildung 36 veranschaulicht das Hempel-Oppenheim-Schema.

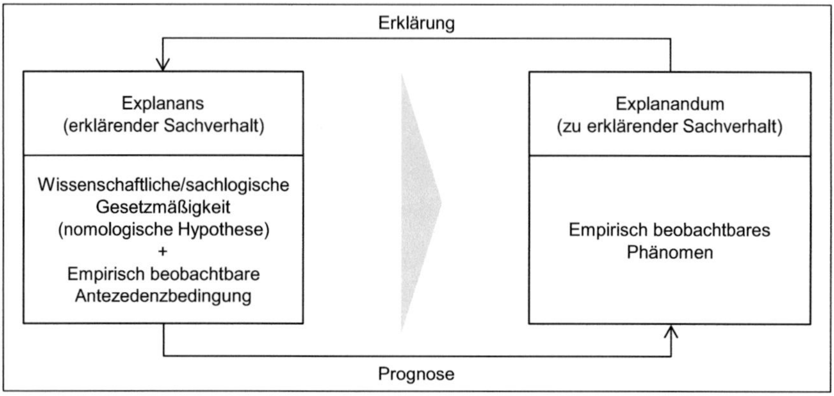

Abbildung 36: Das Hempel-Oppenheim-Schema[656]

Darüber hinaus stehen innerhalb der Kovarianzstrukturanalyse verschiedene Verfahren zur Schätzung der Parameter von Strukturgleichungsmodellen zur Verfügung. Die Identifikation des für die jeweilige Untersuchung geeigneten Verfahrens basiert auf den Kriterien der geforderten Verteilung der manifesten Variablen, der Skaleninvarianz der Fit- beziehungsweise Diskrepanzfunktion, der notwendigen Stichprobengröße sowie der Verfügbarkeit von Inferenzstatistiken (insbesondere des Chi^2-Tests). Im Hinblick auf diese Auswahlkriterien stellt Tabelle 22 die Charakteristika der etabliertesten iterativen Schätzverfahren der Maximum Likelihood (ML)- Methode, der Generalized Least Squares (GLS)- Methode, der Unweighted Least Squares (ULS)- Methode, der Scale Free Least Squares (SLS)- Methode und der Asymptotically Distribution Free (ADF)- Methode dar.[657]

Kriterium	ML	GLS	ULS	SLS	ADF
Annahme einer Multinormalverteilung	Ja	Ja	Nein	Nein	Nein
Skaleninvarianz	Ja	Ja	Nein	Ja	Ja

655 Vgl. Hempel/Oppenheim (1948), S. 135 ff.; Weiber/Mühlhaus (2014), S. 5 f.
656 In Anlehnung an Weiber/Mühlhaus (2014), S. 6.
657 Vgl. Weiber/Mühlhaus (2014), S. 63 ff.

Kriterium	ML	GLS	ULS	SLS	ADF
Stichprobenumfang (n) (t=Parameterzahl)	n-t > 50 oder ≥ 5 t	n-t > 50 oder ≥ 5 t	n-t > 50 oder ≥ 5 t	n-t > 50 oder ≥ 5 t	≥ 1,5*t* (t+1)
Inferenzstatistiken	Ja	Ja	Nein	Nein	Ja

Tabelle 22: Charakteristika iterativer Schätzverfahren[658]

Von diesen verschiedenen Schätzverfahren kommt im Rahmen des kovarianzbasierten Ansatzes der Strukturgleichungsmodellierung am häufigsten die ML-Methode zum Einsatz. Aufgrund ihrer guten Performance beziehungsweise der Schwächen der anderen Verfahren, wie z.B. einer potenziellen Modellmisspezifikation, verlangen manche Autoren im Falle der Entscheidung für ein anderes Schätzverfahren sogar eine explizite Rechtfertigung.[659] Da die notwendigen Kriterien für den Einsatz der ML-Methode in dieser Arbeit erfüllt sind, soll diese dementsprechend auch in dieser Untersuchung zur Generierung einer möglichst präzisen Schätzung Anwendung finden.[660]

4.1.2 Aufbau von Strukturgleichungsmodellen

Ein Strukturgleichungsmodell setzt sich prinzipiell aus drei verschiedenen Partialmodellen zusammen: einem Messmodell für eine latente unabhängige beziehungsweise exogene Variable, einem Strukturmodell und einem Messmodell für eine latente abhängige beziehungsweise endogene Variable.[661]

Im Einzelnen bildet dabei das Strukturmodell die auf Basis von theoretischen beziehungsweise sachlogischen Überlegungen vermuteten Wirkungsbeziehungen (γ) zwischen exogenen (ξ) und endogenen (η) Variablen ab und verbindet somit die Messmodelle dieser Variablen miteinander. Hierbei stellen die Messmodelle der latenten exogenen und endogenen Variablen jeweils die Zusammenhänge (λ) zwischen den empirisch direkt beobachtbaren Indikatoren (x, y) und dem exogenen beziehungsweise endogenen Konstrukt dar, während dabei explizit Messfehler (δ, ζ, ε) mitberücksichtigt werden.

Entscheidet man sich also dafür ein zuvor entwickeltes Hypothesensystem anhand der Strukturgleichungsmodellierung mit latenten Variablen zu überprüfen, so setzt dies voraus, dass für alle betrachteten latenten exogenen und endogenen Variablen bereits geeignete Messinstrumente bezie-

658 In Anlehnung an Backhaus et al. (2006), S. 371; Weiber/Mühlhaus (2014), S. 65.
659 Vgl. Hoyle (2000), S. 478; Flora/Curran (2004), S. 466 ff.; Kline (2011), S. 154.
660 Vgl. hierzu auch Abschnitt 5.1.4.3.
661 Vgl. auch im Folgenden Weiber/Mühlhaus (2014), S. 45 f.; Backhaus/Erichson/Weiber (2015), S. 68 ff.

hungsweise Indikatoren verfügbar sind.[662] Abbildung 37 visualisiert den zuvor beschriebenen Aufbau eines Strukturgleichungsmodells.

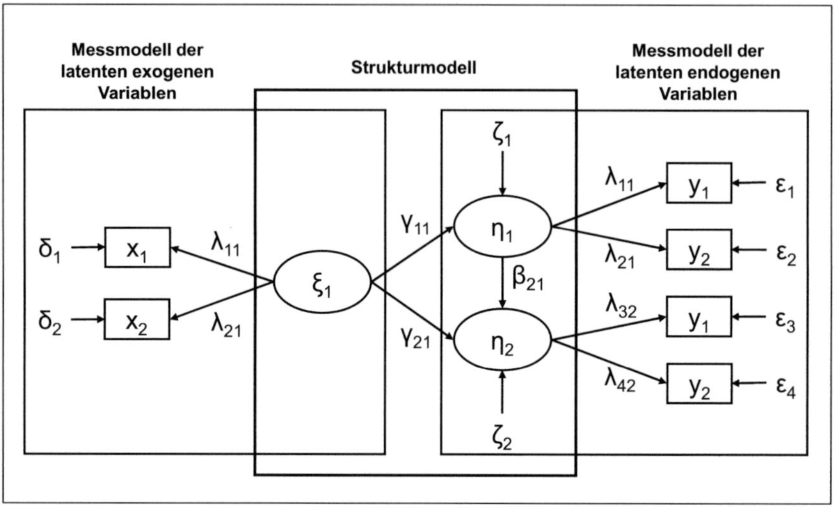

Abbildung 37: Aufbau eines Strukturgleichungsmodells[663]

Zusätzlich zur Differenzierung zwischen exogenen und endogenen Variablen sind in Strukturgleichungsmodellen auch Mediationen möglich, welche oftmals zur Erklärung von mehrteiligen Kausalketten eingesetzt werden. Dabei wird der sogenannte Mediator beziehungsweise die mediierende Variable 1 zunächst durch eine andere exogene Variable 2 beeinflusst (Wirkungsbeziehung a). Ferner hat der Mediator selbst aber ebenfalls einen Einfluss auf eine weitere endogene Variable 3 (Wirkungsbeziehung b) und beeinflusst dadurch auch die direkte Wirkungsbeziehung (c) zwischen der exogenen Variablen 2 und der endogenen Variablen 3. Im Einzelnen variiert der Pfadkoeffizient dieser dritten direkten Wirkungsbeziehung (c) zwischen exogener und endogener Variable dabei je nach Stärke der mediierenden Variablen, also der Pfadkoeffizienten der Wirkungsbeziehung a zwischen exogener Variablen und Mediator sowie Wirkungsbeziehung b zwischen Mediator und endogener Variablen. Im Falle einer vollständigen Mediation nimmt der Pfadkoeffizient der direkten Wirkungsbeziehung c dabei null an und kann somit aus dem Modell entfernt werden. Bei einer nur teilweisen Mediation bleiben sowohl die direkte (c) als auch die indirekte Wirkungsbeziehung (a, b)

662 Vgl. Abschnitt 4.1.3.
663 In Anlehnung an Weiber/Mühlhaus (2014), S. 46; Backhaus/Erichson/Weiber (2015), S. 79.

bestehen. Alle Pfade können in diesem Falle im Modell erhalten bleiben.[664] Abbildung 38 stellt den potenziellen Einfluss einer mediierenden Variablen vereinfacht dar.

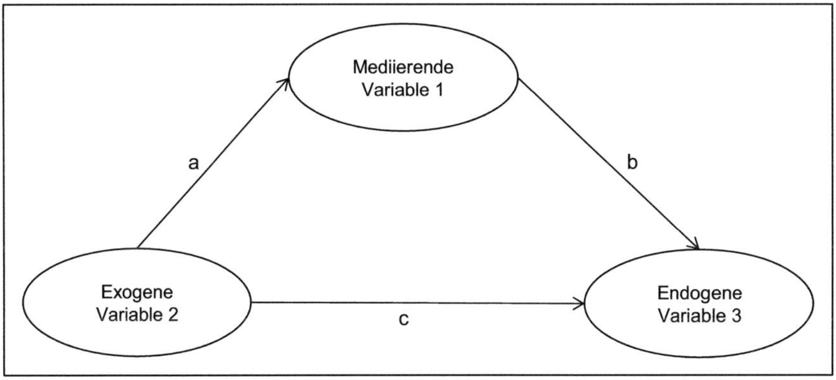

Abbildung 38: Vereinfachte Darstellung einer Mediation[665]

4.1.3 Grundlagen von Messmodellen

Im Anschluss an die bisherigen Ausführungen zu Ansatz und Aufbau von Strukturgleichungsmodellen wird nachfolgend nun speziell auf die Grundlagen der im vorigen Abschnitt bereits erwähnten Messmodelle eingegangen. Dabei beschäftigt sich Abschnitt 4.1.3.1 zunächst mit den dazu benötigten messtheoretischen Grundlagen, während Abschnitt 4.1.3.2 die Unterschiede zwischen formativen und reflektiven Messmodellen fokussiert und die entsprechende Auswahl und Spezifikation für diese Untersuchung erläutert.

4.1.3.1 Messtheoretische Grundlagen

Im Hinblick auf die für diese Untersuchung wesentlichen messtheoretischen Grundlagen kann zunächst auf die Zweisprachentheorie nach Carnap (1958) verwiesen werden.[666] Diese differenziert innerhalb der Gesamtsprache der Wissenschaft zwischen einer theoretischen Sprache und einer Beobachtungssprache.[667] Die theoretische Sprache dient hierbei dazu, Konstrukte beziehungsweise Variablen zu konzeptionalisieren und diese dabei unmissverständlich zu definieren, wohingegen mit Hilfe der Beobachtungssprache die zur empirischen Überprüfung der theoretischen Überlegungen

---

664 Vgl. Baron/Kenny (1986), S. 1176; Piehler (2014), S. 196 f.

665 In Anlehnung an Baron/Kenny (1986), S. 1176. In dieser Abbildung wurden die Indikatoren der latenten Variablen aus Gründen der Übersichtlichkeit weggelassen.

666 Vgl. Carnap (1958), S. 236 ff. Vgl. zur Zweisprachentheorie auch Carnap (1960), S. 209 ff.; Carnap (1966), S. 257 ff.

667 Vgl. Carnap (1958), S. 236.

notwendigen direkt beobachtbaren Variablen formuliert werden.[668] Dieses Prinzip der Zweisprachentheorie wird in Abbildung 39 weiter veranschaulicht.

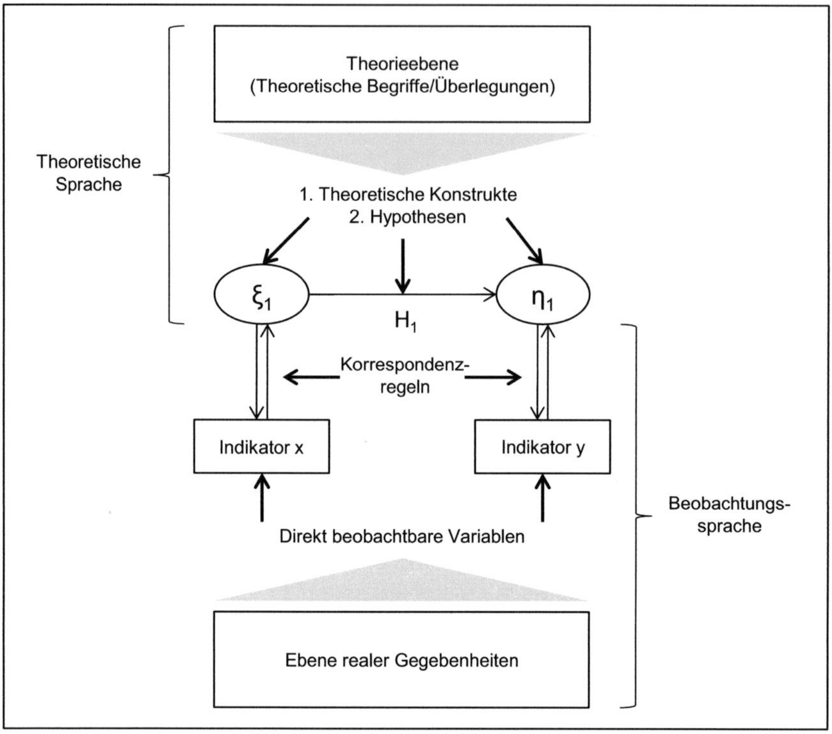

Abbildung 39: Prinzip der Zweisprachentheorie nach Carnap[669]

So werden nach diesem Verständnis auch im Rahmen der Strukturgleichungsmodellierung zur Überprüfung theoretischer Konstrukte sogenannte empirische Gegengewichte in Form von Indikatoren für die jeweiligen Messmodelle herangezogen.[670]

Hierbei spricht man auch von der Operationalisierung latenter Konstrukte. Diese bezeichnet „[…] die Summe der Anweisungen (Operationen), mit deren Hilfe ein hypothetisches Konstrukt (theoretischer Begriff) über beobachtbare Sachverhalte (Indikatoren) erfasst und gemessen werden soll

---

668 Vgl. Carnap (1966), S. 223 ff.; Weiber/Mühlhaus (2014), S. 104.
669 In Anlehnung an Weiber/Mühlhaus (2014), S. 105. Vgl. auch Bagozzi (1984), S. 12.
670 Vgl. Weiber/Mühlhaus (2014), S. 103.

(Messvorschrift)“[671] und „[…] entspricht im Rahmen der Strukturgleichumgsmodellierung der Formulierung der Messmodelle für die latenten exogenen sowie endogenen Variablen“[672].

Im Hinblick auf diese Operationalisierung beziehungsweise Formulierung der Messmodelle gilt es ferner, wie bereits in Abbildung 39 angedeutet, gewisse Korrespondenzregeln hinsichtlich der Wirkungsrichtung zwischen latentem Konstrukt und Indikatoren zu beachten, welche dafür sorgen, dass die direkt beobachtbaren Variablen in adäquater Weise mit den latenten Konstrukten korrespondieren. In diesem Zusammenhang ist die spezifische Messkonzeption für die jeweiligen Konstrukte festzulegen und somit die Entscheidung für formative oder reflektive Messmodelle zu treffen.[673] Diese werden im nächsten Abschnitt näher erläutert.

4.1.3.2 Formative und reflektive Messmodelle

Im Hinblick auf die zuvor erwähnten Korrespondenzregeln können zur Auswahl formativer und reflektiver Messmodelle im Wesentlichen die folgenden Unterschiede festgehalten werden. So zeigt zunächst die Wirkungsrichtung bei formativen Messmodellen von der beobachtbaren Ebene zur Theorieebene, also von den Indikatoren zu den Konstrukten, wohingegen es sich bei reflektiven Messmodellen genau umgekehrt verhält. Diesbezüglich kann zum besseren Verständnis auch in Anlehnung an die Benennung der Messmodelle erläutert werden, dass ein Konstrukt bei einem formativen Messmodell durch die jeweiligen Indikatoren geformt wird, während das Konstrukt bei einem reflektiven Messmodell hingegen durch die Indikatoren reflektiert wird. Dementsprechend bewirkt die Eliminierung oder Substitution eines Indikators bei reflektiven Messmodellen auch keine Veränderung des gemessenen latenten Konstrukts, wohingegen dies bei formativen Messmodellen durchaus eine Veränderung verursachen kann.[674]

In diesem Sinne wird ferner bei formativen Messmodellen „[…] ein hypothetisches Konstrukt als Folge der auf der Beobachtungsebene wirksamen Messindikatoren verstanden. Hypothetische Konstrukte stellen damit eine *Linearkombination der Messvariablen* dar, was dem regressionsanalytischen Denkansatz entspricht.“[675]

Andererseits stellen bei der Spezifikation von reflektiven Messmodellen „[…] die hypothetischen Konstrukte die Ursache der auf der Beobachtungsebene zu erhebenden Messindikatoren dar. Ent-

---

671 Weiber/Mühlhaus (2014), S. 105.
672 Ebenda.
673 Vgl. Jarvis/MacKenzie/Podsakoff (2003), S. 202 f.
674 Vgl. Jarvis/MacKenzie/Podsakoff (2003), S. 201 ff.; Bagozzi/Yi (2012), S. 14 ff.
675 Weiber/Mühlhaus (2014), S. 256.

sprechend müssen die Messindikatoren beobachtbare „Folgen" oder „Konsequenzen" der Wirksamkeit eines Konstruktes auf der Beobachtungsebene widerspiegeln."[676]

Darüber hinaus unterscheiden sich die beiden Arten von Messmodellen auch in ihrer Berücksichtigung von Messfehlern. Während formative Messmodelle diese auf Konstruktebene erfassen, berücksichtigen reflektive Messmodelle die Fehler auf Indikatorebene, also für jeden einzelnen Indikator separat.[677] Abbildung 40 stellt die zuvor genannten Unterschiede zwischen formativen und reflektiven Messmodellen sowie die damit verbundenen verschiedenen Messgleichungen zur Berechnung der jeweiligen Konstruktwerte überblicksartig dar.

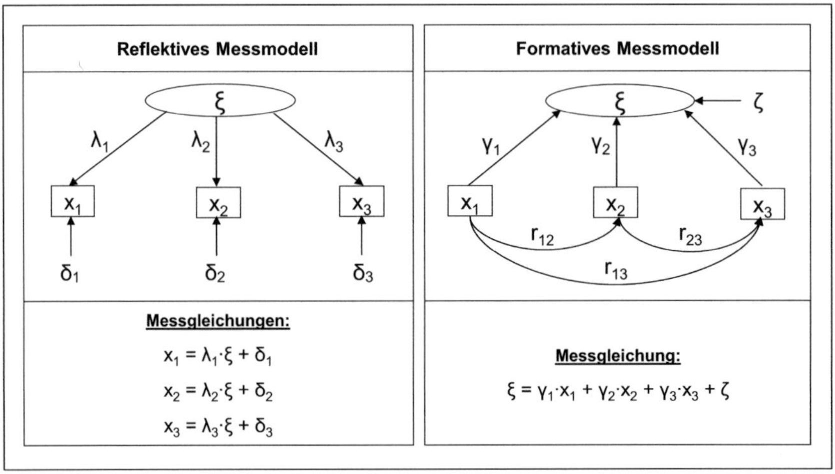

Abbildung 40: Unterschiede zwischen reflektiven und formativen Messmodellen[678]

Nachdem die wesentlichen Unterschiede zwischen formativen und reflektiven Messmodellen dargelegt wurden, stellt sich im Rahmen dieser Arbeit ferner die Frage, welche Art Messmodell für die jeweiligen Konstrukte dieser Untersuchung geeignet erscheint. Dass solche Überlegungen von großer Bedeutung für die Ergebnisse entsprechender Studien sind, zeigt das auf vorherige Arbeiten Bezug nehmende Zitat von Jarvis/MacKenzie/Podsakoff (2003): „Taken together, these studies demonstrate that some potentially serious consequences of measurement model misspecification exist,

---

676 Weiber/Mühlhaus (2014), S. 109.
677 Vgl. Jarvis/MacKenzie/Podsakoff (2003), S. 201.
678 In Anlehnung an Edwards/Bagozzi (2000), S. 161 f.; Weiber/Mühlhaus (2014), S. 257; Backhaus/Erichson/Weiber (2015), S. 124.

and researchers need to think carefully about the direction of causality between constructs and their measures."[679]

Im Hinblick auf eine entsprechende Entscheidungsfindung zur Spezifikation von Messmodellen existieren im Schrifttum verschiedene Ansätze. So empfiehlt Rossiter (2002) beispielsweise ein Verfahren zur Auswahl passender Messmodelle, welches auf den Einschätzungen und Meinungen von Experten beruht.[680] Fassott (2006) hingegen verweist mit Bezug auf die Bedeutung des Ziels einer Untersuchung für die Messmodellspezifikation darauf, dass insbesondere in vornehmlich theorietestenden Arbeiten eine reflektive Spezifikation von Indikatoren vorgenommen werden sollte.[681] In diesem Zusammenhang sprechen sich auch viele weitere Forscher für eine Orientierung am Ziel einer Untersuchung sowie zusätzlich für theoretische und inhaltliche Überlegungen zur Auswahl passender Messmodelle aus.[682] Dementsprechend soll dieser Vorgehensweise auch im Rahmen dieser Untersuchung gefolgt werden. Darüber hinaus soll im Folgenden auch auf weitere etablierte Auswahlkriterien für eine korrekte Spezifikation von Messmodellen Bezug genommen werden. Im Einzelnen wird dabei der folgende Fragenkatalog nach Jarvis/MacKenzie/Podsakoff (2003) herangezogen.[683] Dieser wird in Tabelle 23 dargestellt.

Auswahlkriterium	**Formatives Messmodell**	**Reflektives Messmodell**
Wie ist die Kausalitätsrichtung zwischen Konstrukt und Indikator?	Von den Indikatoren zum Konstrukt	Vom Konstrukt zu den Indikatoren
Sind die Indikatoren definierende Merkmale oder Erscheinungsformen des Konstrukts?	Die Indikatoren sind definierende Merkmale des Konstrukts	Die Indikatoren sind Erscheinungsformen des Konstrukts
Führen veränderte Indikatoren zu Veränderungen des Konstrukts oder vice versa?	Veränderte Indikatoren sollten zu Konstruktveränderungen führen	Konstruktveränderungen sollten zu veränderten Indikatoren führen
Sind die Indikatoren als austauschbar anzusehen?	Die Indikatoren müssen nicht austauschbar sein	Die Indikatoren sollten austauschbar sein

679 Jarvis/MacKenzie/Podsakoff (2003), S. 200.
680 Vgl. Rossiter (2002), S. 306 ff.
681 Vgl. Fassott (2006), S. 84.
682 Vgl. z.B. Diamantopoulos/Siguaw (2006), S. 274 f.; Homburg/Klarmann (2006), S. 732; Coltman et al. (2008), S. 1250 ff.
683 Vgl. Jarvis/MacKenzie/Podsakoff (2003), S. 203.

Auswahlkriterium	Formatives Messmodell	Reflektives Messmodell
Haben die Indikatoren ähnliche Inhalte und ein gemeinsames Thema?	Die Indikatoren müssen nicht denselben Inhalt oder ein gemeinsames Thema haben	Die Indikatoren sollten denselben Inhalt oder ein gemeinsames Thema haben
Verändert die Eliminierung eines Indikators den konzeptionellen Inhalt eines Konstrukts?	Die Eliminierung eines Indikators könnte den konzeptionellen Inhalt des Konstrukts verändern	Die Eliminierung eines Indikators sollte den konzeptionellen Inhalt des Konstrukts nicht verändern
Kovariation zwischen den Indikatoren: Führt ein veränderter Indikator auch zu Veränderungen der anderen Indikatoren?	Indikatoren müssen nicht zwingend kovariieren, ein veränderter Indikator führt nicht notwendigerweise zur Veränderung der anderen Indikatoren	Indikatoren sollten kovariieren, ein veränderter Indikator sollte auch zur Veränderung der anderen Indikatoren führen
Nomologisches Netz der Indikatoren: Haben die Indikatoren die gleichen Antezedenzen und Konsequenzen?	Nomologisches Netz kann abweichen, Indikatoren müssen also nicht die die gleichen Antezedenzen und Konsequenzen haben	Nomologisches Netz sollte nicht abweichen, Indikatoren müssen also die gleichen Antezedenzen und Konsequenzen haben

Tabelle 23: Auswahlkriterien zur Identifikation formativer/reflektiver Messmodelle[684]

Im Hinblick auf die Operationalisierung der Konstrukte dieser Untersuchung wurde gemäß der zuvor erwähnten Empfehlung aus dem Schrifttum zunächst basierend auf dem Forschungsziel der Identifikation von relevanten Erfolgsfaktoren und -größen des Social Media Brand Community-Managements sowie damit verbundenen inhaltlichen und theoretischen Überlegungen eine reflektive Spezifikation der Messmodelle vorgenommen. Die weitere Überprüfung dieser Spezifikation durch den Fragenkatalog von Jarvis/MacKenzie/Podsakoff (2003) belegte die Eignung reflektiver Messmodelle für den spezifischen Anwendungsfall dieser Arbeit, weswegen diese somit im wieteren Verlauf der Untersuchung Anwendung finden.[685]

4.2 Beurteilung von Strukturgleichungsmodellen

Nachdem in den vorherigen Abschnitten die Grundlagen der Strukturgleichungsmodellierung vermittelt wurden, soll im Folgenden die spezifische Beurteilung von Strukturgleichungsmodellen näher beleuchtet werden. Diese unterteilt sich in die Güteprüfung der Messmodelle und die Güteprü-

684 In Anlehnung an Jarvis/MacKenzie/Podsakoff (2003), S. 203.

685 Vgl. Abschnitt 5.2.

fung des Strukturmodells[686], welche dementsprechend in den nachfolgenden Abschnitten 4.2.1 und 4.2.2 zur Beurteilung dieser Modelle separat behandelt werden sollen.

4.2.1 Beurteilung der Messmodelle

Um die in dieser Untersuchung Anwendung findenden Messmodelle hinsichtlich ihrer Qualität beurteilen zu können, ist es notwendig eine Reliabilitäts- und Validitätsprüfung dieser Modelle vorzunehmen. Während hierbei „[...] die Reliabilität die Zuverlässigkeit bzw. Genauigkeit eines Messinstrumentes widerspiegelt, bezeichnet die Validität das Ausmaß, mit dem ein Messinstrument auch das misst, was es messen sollte. Validität betrifft damit die Gültigkeit bzw. konzeptionelle Richtigkeit eines Messinstrumentes."[687]

Basierend auf diesen Definitionen kann ferner konstatiert werden, dass reliable Messinstrumente zwar nicht notwendigerweise valide sein müssen, valide Messinstrumente aber immer auch reliabel sind.[688] Somit kann die Reliabilität zwar als notwendige, jedoch nicht als hinreichende Bedingung für die Validität verstanden werden.[689]

Hinsichtlich der Validität wird im Schrifttum zwischen verschiedenen Arten differenziert.[690] Die am häufigsten untersuchten Validitätsarten sollen im Folgenden kurz erläutert werden. So beschreibt die Inhaltsvalidität zunächst inwiefern Messmodelle den inhaltlichen Bereich der jeweiligen theoretischen Konstrukte repräsentieren.[691] Die Konvergenzvalidität hingegen repräsentiert das Ausmaß, zu welchem mehrere verschiedene Messungen desselben Konstrukts miteinander übereinstimmen.[692] Im Gegensatz dazu wird das Ausmaß, zu welchem signifikante Unterschiede zwischen den Messungen verschiedener Konstrukte festzustellen sind, als Diskriminanzvalidität verstanden.[693] Darüber hinaus beschreibt die nomologische Validität, inwiefern die kausalen Wirkungsbeziehungen zwischen den Konstrukten eines Untersuchungsmodells auf Basis einer Theorie nicht verworfen werden müssen.[694]

Zur Überprüfung sowohl der Validität als auch der Reliabilität können eine Vielzahl von etablierten Gütekriterien herangezogen werden. Diesbezüglich soll gemäß der in Abschnitt 4.1.3.2 getroffenen Entscheidung für eine reflektive Operationalisierung der Konstrukte dieser Untersuchung im Fol-

---

686 Vgl. Fornell/Larcker (1981), S. 45 f.; Anderson/Gerbing (1982), S. 453.
687 Weiber/Mühlhaus (2014), S. 128.
688 Vgl. Weiber/Mühlhaus (2014), S. 129.
689 Vgl. Kline (2000), S. 33.
690 Vgl. Bagozzi/Phillips (1982), S. 468 ff.; Anderson/Gerbing (1988), S. 411; Pepels (2012), S. 310 ff.
691 Vgl. McGartland Rubio et al. (2003), S. 94 f.; Schnell/Hill/Esser (2011), S. 147.
692 Vgl. Bagozzi/Yi/Phillips (1991), S. 425; Unterreitmeier/Schwinghammer (2004), S. 17.
693 Vgl. Bagozzi/Phillips (1982), S. 469; Homburg/Giering (1996), S. 7.
694 Vgl. Homburg/Giering (1996), S. 7 f.; Weiber/Mühlhaus (2014), S. 161.

genden auch der Fokus auf der Reliabilitäts- und Validitätsprüfung reflektiver Messmodelle liegen. Dazu differenziert das relevante methodische Schrifttum zwischen verschiedenen Möglichkeiten und Gütekriterien zur Bestimmung der Reliabilität und Validität entsprechender Messinstrumente. Nach Fornell (1982) unterscheidet man diesbezüglich zunächst zwischen den Kriterien der ersten Generation und den Kriterien der zweiten Generation.[695] Abbildung 41 gibt einen Überblick über die Gütekriterien zur Beurteilung reflektiver Messmodelle, welche im Rahmen dieser Untersuchung Anwendung finden sollen.

Gütekriterien der ersten Generation	
Reliabilitätsanalyse • Cronbachs Alpha • Item-to-Total-Korrelation	**Exploratorische Faktorenanalyse** • Anzahl extrahierter Faktoren • Faktorladungen • Kaiser-Meyer-Olkin-Kriterium • Erklärte Varianz
Gütekriterien der zweiten Generation	
Lokale Anpassungsmaße • Indikatorreliabilität • Faktorreliabilität • Durchschnittlich erfasste Varianz	**Globale Anpassungsmaße** • Quotient aus Chi^2/Freiheitsgrade • Goodness-of-Fit-Index (GFI) • Adjusted-Goodness-of-Fit-Index (AGFI) • Comparative-Fit-Index (CFI) • Tucker-Lewis-Index (TLI) • Root-Mean-Square-Error of Approximation (RMSEA) • Standardized Root Mean Square Residual (SRMR)

Abbildung 41: Gütekriterien zur Beurteilung reflektiver Messmodelle[696]

Im Folgenden sollen zunächst die in dieser Arbeit zum Einsatz kommenden Gütekriterien der ersten Generation auf Basis des methodischen Schrifttums erläutert werden. Im Einzelnen werden dabei Cronbachs Alpha, die Item-to-Total-Korrelation (ITK) und die exploratorische Faktorenanalyse betrachtet:

---

695 Vgl. Fornell (1982), S. 1 ff.; Weiber/Mühlhaus (2014), S. 129 ff.

696 In Anlehnung an Weiber/Mühlhaus (2014), S. 130. Vgl. auch Homburg/Giering (1996), S. 12 ff.

- **Cronbachs Alpha:** Das Cronbachs Alpha definiert die Reliabilität eines spezifischen Sets von Indikatoren, welche zur Messung eines latenten Konstrukts eingesetzt werden. Als eines der am häufigsten verwendeten Reliabilitätsmaße bestimmt es die interne Konsistenz dieser Indikatoren.[697] Cronbachs Alpha kann Werte zwischen 0 und 1 annehmen, wobei ein höherer Wert eine höhere interne Konsistenz und somit eine höhere Reliabilität indiziert. Ein Wert von 0,7 wird im methodischen Schrifttum als ausreichend zur Annahme der Reliabilität angesehen.[698] Dementsprechend soll dieser Grenzwert auch im Folgenden in dieser Untersuchung Geltung erfahren.

- **Item-to-Total-Korrelation (ITK):** Die ITK bezieht sich gleichermaßen auf ein bestimmtes Indikatorenset zur Messung eines latenten Konstrukts. Dabei bestimmt sie die Korrelation eines Indikators mit der Summe aller einem Konstrukt zugeordneten Indikatoren.[699] Auch hier gilt: Je höher der Wert der Korrelation, desto höher ist die Reliabilität des Indikators, während der Wertebereich dazu zwischen -1 und 1 liegt und die Empfehlung aus dem Schrifttum lautet, schrittweise Indikatoren aus der Analyse auszuschließen, wenn diese Werte < 0,5 annehmen.[700] Durch diese Vorgehensweise kann zusätzlich auch der Wert des zuvor bereits erläuterten Cronbachs Alpha verbessert werden.[701] Vor dem Hintergrund der vorangegangenen Ausführungen soll der Schwellenwert von 0,5 auch für diese Untersuchung gelten.

- **Exploratorische Faktorenanalyse:** Innerhalb der exploratorischen Faktorenanalyse kann ein spezifisches Set von Indikatoren auf die zu Grunde liegende Faktorenstruktur untersucht werden. Hierbei wird a priori keine Hypothese zu einer möglichen Faktorenstruktur formuliert, sondern diese rein exploratorisch aus den Daten bestimmt. Sind die untersuchten Indikatoren alle nur genau einem Faktor zuordenbar und nehmen die Faktorladungen aller Indikatoren mindestens einen Wert von 0,4 an, so kann angenommen werden, dass eine ausreichende Konvergenz- und Diskriminanzvalidität vorliegt.[702] Im Rahmen der exploratorischen Faktorenanalyse wird ferner die Eignung der Korrelationsmatrix überprüft. Backhaus et al. (2011) weisen diesbezüglich auf das Kaiser-Meyer-Olkin-Kriterium (KMO-Kriterium) hin, durch welches geprüft werden kann, inwiefern die Ausgangsvariablen zusammengehören

[697] Vgl. Cronbach (1951), S. 297 ff.; Churchill (1979), S. 68; Homburg/Giering (1996), S. 8.
[698] Vgl. Nunnally (1978), S. 245; Homburg/Giering (1996), S. 8; Weiber/Mühlhaus (2014), S. 137.
[699] Vgl. Nunnally (1978), S. 279.
[700] Vgl. Weiber/Mühlhaus (2014), S. 139.
[701] Vgl. Churchill (1979), S. 68.
[702] Vgl. Homburg/Giering (1996), S. 8.

und somit eine Faktorenanalyse als sinnvoll zu erachten ist oder nicht. Der Wertebereich des KMO-Kriteriums erstreckt sich zwischen 0 und 1, wobei Werte < 0,5 als ungeeignet und Werte ≥ 0,8 als erstrebenswert für eine Faktorenanalyse anzusehen sind.[703] In dieser Arbeit soll daher für das KMO-Kriterium ein Wert von 0,5 nicht unterschritten werden.[704] Darüber hinaus sollte innerhalb der Durchführung der exploratorischen Faktorenanalyse die durch den Faktor erklärte Varianz der zugehörigen Indikatoren einen Wert ≥ 50% annehmen.[705]

Die zuvor erläuterten Kriterien der ersten Generation werden trotz ihrer hilfreichen Ansätze für eine erste Reliabilitäts- und Validitätsprüfung auch bisweilen wegen bestimmter Punkte kritisiert. Zum einen wird hierbei die Kritik angeführt, dass eine differenzierte Betrachtung der Reliabilität auf der Ebene einzelner Indikatoren nicht umsetzbar ist. Zum anderen wird kritisiert, dass die Validitätsprüfung nicht auf inferenzstatistischen Tests, sondern überwiegend auf Faustregeln basiert. Dementsprechend wird sich bezüglich der Beurteilung von Messmodellen vermehrt auch an den auf der konfirmatorischen Faktorenanalyse basierenden Kriterien der zweiten Generation orientiert.[706] Diese können ferner in lokale und globale Anpassungsmaße unterteilt werden.[707] Im Folgenden sollen zunächst die relevanten lokalen Kriterien erläutert werden, welche nur auf spezifische Aspekte des Untersuchungsmodells fokussieren, nämlich die Indikatorreliabilität, die Faktorreliabilität und die durchschnittlich erfasste Varianz:

- **Indikatorreliabilität:** Der Wertebereich der Indikatorreliabilität erstreckt sich von 0 bis 1. Auch diesbezüglich gilt: Je höher der Wert, desto höher die Reliabilität. Hinsichtlich des Schwellenwertes, welcher in dieser Untersuchung nicht unterschritten werden soll, wird der Empfehlung aus dem Schrifttum von 0,4 gefolgt[708], wobei auch ein geringfügiges Unterschreiten dieses Grenzwertes akzeptiert und sogar eine Indikatorreliabilität über 0,2 oder 0,1 bereits als ausreichend angesehen werden kann.[709] Die Indikatorreliabilität gibt für die jeweiligen Indikatoren die Höhe ihrer Varianz an, welche durch das zugehörige latente Konstrukt erklärt wird. Die verbleibende Varianz wird dann als durch Messfehler bedingt betrachtet.[710]

---

703 Vgl. Backhaus et al. (2011), S. 342.
704 Vgl. Kaiser/Rice (1974), S. 112.
705 Vgl. Homburg/Giering (1996), S. 12; Zinnbauer/Eberl (2004), S. 7.
706 Vgl. Gerbing/Anderson (1988), S. 189; Homburg/Giering (1996), S. 9.
707 Vgl. Homburg/Baumgartner (1995), S. 165.
708 Vgl. Fritz (1995), S. 134.
709 Vgl. Balderjahn (1985), S. 257; Schmidthals (2007), S. 171; Popp (2011), S. 111.
710 Vgl. Homburg/Giering (1996), S. 10.

- **Faktorreliabilität:** Die Faktorreliabilität beurteilt hingegen, inwiefern alle Indikatoren dasselbe latente Konstrukt repräsentieren beziehungsweise ob ein Faktor durch die Gesamtheit seiner Indikatoren korrekt abgebildet wird.[711] Während die Faktorreliabilität dabei ebenfalls Werte zwischen 0 und 1 annehmen kann, ist eine zufriedenstellende Faktoreliabilität auf Basis des Schrifttums ab einem Wert von 0,6 gegeben.[712]

- **Durchschnittlich erfasste Varianz (DEV):** Die durchschnittlich erfasste Varianz misst ebenfalls, inwiefern ein Faktor durch die Gesamtheit seiner Indikatoren repräsentiert wird. Dabei wird im Falle standardisierter Variablen der Durchschnitt der Indikatorreliabilitäten der zum Faktor zugeordneten Indikatoren berechnet. Gemäß der Empfehlung aus dem Schrifttum soll diesbezüglich in dieser Arbeit ein Wert von mindestens 0,5 erreicht werden.[713]

Die zuvor dargestellten lokalen Kriterien der zweiten Generation lassen zwar bereits eine differenziertere Prüfung als die Kriterien der ersten Generation zu. Jedoch können auch anhand dieser Kriterien noch keine Angaben zur Gesamtmodellgüte gemacht werden. Zu diesem Zweck müssen weitere Gütekriterien überprüft werden, welche die Übereinstimmung zwischen den empirisch generierten Daten und der Kovarianzmatrix des Untersuchungsmodells behandeln.[714] Hierzu werden für diese Untersuchung im Einzelnen die folgenden globalen Kriterien der zweiten Generation herangezogen: der normierte Chi^2-Wert (Chi^2/df), der Goodness-of-Fit-Index (GFI), der Adjusted Goodness-of-Fit-Index (AGFI), der Comparative-Fit-Index (CFI), der Tucker-Lewis-Index (TLI), das Standardized Root Mean Square Residual (SRMR) und der Root-Mean-Squared-Error-of-Approximation (RMSEA).

- **Normierter Chi^2-Wert:** Zunächst stellt der normierte Chi^2-Wert (Chi^2/df) ein wesentliches Gütekriterium hinsichtlich des globalen Fits von Strukturgleichungsmodellen dar. Dabei wird mittels des Chi^2-Werts überprüft, ob die Nullhypothese bezüglich der Kongruenz der empirischen Kovarianzmatrix mit der des konzeptionalisierten Untersuchungsmodells abzulehnen ist. Ist dies nicht der Fall, so kann von einer adequaten Modellanpassung ausgegangen werden.[715] Um hierbei ferner der unterschiedlichen Komplexität von Untersuchungsmodellen Rechnung zu tragen, dividiert man zusätzlich zur Berechnung des normierten Chi^2-

711 Vgl. Homburg/Giering (1996), S. 10.
712 Vgl. Homburg (1998), S. 89.
713 Vgl. Hair et al. (2010), S. 709.
714 Vgl. Homburg/Baumgartner (1995), S. 165 ff.
715 Vgl. Hair et al. (2010), S. 665 f.

Werts, den Chi²-Wert durch die Anzahl der Freiheitsgrade (df).[716] Hierbei ist die Modellanpassung umso besser, je kleiner der Wert ist. Basierend auf dem relevanten Schrifttum soll für diese Untersuchung ein Grenzwert von 5 festgelegt werden, welcher nicht überschritten werden soll.[717]

- **Goodness-of-Fit-Index (GFI):** Der Wertebereich des GFI erstreckt sich von 0 bis 1, wobei hierzu im Schrifttum häufig ein Mindestwert von 0,9 gefordert wird[718], welcher auch für diese Arbeit gelten soll. Dieses Gütekriterium wird dazu verwendet, die durch das Modell erklärte relative Menge an Varianz und Kovarianz zu bestimmen.[719] Jedoch wird der GFI bisweilen dahingehend kritisiert, dass niedrige Werte deswegen auftreten können, weil die entsprechenden Resultate durch die im Verhältnis zur Stichprobe hohe Zahl von Freiheitsgraden systematisch verzerrt sind.[720] Da der GFI in diesem Zusammenhang die Anzahl der Freiheitsgrade nicht berücksichtigt[721], soll in dieser Arbeit der von Steiger (1990) korrigierte GFI^ Anwendung erfahren.[722]

- **Adjusted Goodness-of-Fit-Index (AGFI):** Ferner hat sich basierend auf dem GFI auch der AGFI als zusätzliches Kriterium hinsichtlich des Anteils an erklärter Varianz und Kovarianz innerhalb eines Untersuchungsmodells etabliert. Der AGFI erweitert den GFI, indem er durch den Miteinbezug der Freiheitsgrade auch die Modellkomplexität berücksichtigt.[723] Der Wertebereich des AGFI liegt ebenfalls zwischen 0 und 1, wobei im Schrifttum hierzu auch ein Mindestwert von 0,9 gefordert wird, welcher in dieser Arbeit nicht unterschritten werden soll. Analog zum GFI kann jedoch auch der AGFI, da er aus dem GFI errechnet wird, systematischen Verzerrungen unterliegen.[724] Dementsprechend soll für diese Untersuchung ebenfalls der korrigierte AGFI^ zur Anwendung kommen.[725]

- **Comparative-Fit-Index (CFI):** Der CFI basiert auf dem Normed-Fit-Index (NFI) zum Vergleich des Minimalwerts der Diskrepanzfunktion des Untersuchungsmodells mit dem eines Basismodells. Im Vergleich zum NFI berücksichtigt der CFI jedoch zusätzlich die Anzahl

---

716 Vgl. Hair et al. (2010), S. 668.
717 Vgl. Wheaton et al. (1977), S. 99; Fritz (1995), S. 140; Hooper/Coughlan/Mullen (2008). S. 54.
718 Vgl. Hair et al. (2010), S. 667.
719 Vgl. Backhaus et al. (2006), S. 380.
720 Vgl. Steiger (1990), S. 178.
721 Vgl. Anderson/Gerbing (1984), S. 171 f.
722 Vgl. Steiger (1990), S. 178.
723 Vgl. Backhaus et al. (2006), S. 380 f.
724 Vgl. Giere (2007), S. 141.
725 Vgl. Arbuckle (2012), S. 614; Weiber/Mühlhaus (2014), S. 212.

der Freiheitsgrade.[726] Im Schrifttum wird bezüglich eines möglichen Wertebereichs zwischen 0 und 1 ein Mindestwert von 0,9 gefordert[727], welcher auch für diese Untersuchung gelten soll.

- **Tucker-Lewis-Index (TLI):** Der TLI gehört zu den am häufigsten Anwendung findenden globalen Anpassungsmaßen. Innerhalb dieser Untersuchung soll für den TLI basierend auf dem Schrifttum ein Mindestwert von 0,9 Geltung erfahren.[728] Der TLI stellt ein stichprobenumfangbereinigtes Maß beziehungsweise ein Maß der relativen Modellanpassung dar.[729]

- **Standardized Root Mean Square Residual (SRMR):** Das SRMR überprüft den Gesamtmodellfit, indem die Differenz zwischen der empirischen und modelltheoretischen Varianz/Kovarianz einer Variablen errechnet wird.[730] Diese Differenz wird dabei im Kontext der Modellkomplexität untersucht und eine Standardisierung der Indikatoren durch eine Skalierung vorgenommen. Zum Einsatz des SRMR wird insbesondere in Kombination mit CFI und TLI geraten, da auf diese Art und Weise sowohl Fehler erster als auch zweiter Art aufgedeckt werden können.[731] Bei dem SRMR kann von einem Badness-of-Fit-Index gesprochen werden, da hier bei einem Wertebereich von 0 bis 1 Werte nahe 0 erstrebenswert sind.[732] Im Schrifttum werden für den SRMR Werte kleiner gleich 0,08 gefordert.[733] Dieser Grenzwert soll auch in dieser Untersuchung angestrebt werden.

- **Root-Mean-Squared-Error-of-Approximation (RMSEA):** Für den RMSEA sind auf Basis des Schrifttums ebenfalls Werte kleiner gleich 0,08 erstrebenswert, während ein Grenzwert von 0,10 nicht überschritten werden sollte. Diese Empfehlungen sollen auch in dieser Arbeit berücksichtigt werden.[734] Der RMSEA wird durch die Wurzel des um die Modellkomplexität bereinigten geschätzten Minimalwerts der Diskrepanzfunktion in der Grundgesamtheit bestimmt. Dieses Gütekriterium testet schließlich, ob das Untersuchungsmodell ausreichend gut die Realität approximiert.[735]

---

[726] Vgl. Bentler (1990), S. 238 ff.; Backhaus et al. (2006), S. 381.
[727] Vgl. Weiber/Mühlhaus (2014), S. 215.
[728] Vgl. Bollen/Curran (2006), S. 46.
[729] Vgl. Tucker/Lewis (1973), S. 4 ff.
[730] Vgl. Kline (2011), S. 208; Backhaus/Erichson/Weiber (2015), S. 150.
[731] Vgl. Hu/Bentler (1999), S. 23 ff.
[732] Vgl. Backhaus/Erichson/Weiber (2015), S. 151.
[733] Vgl. Hu/Bentler (1999), S. 27; Weiber/Mühlhaus (2014), S. 222.
[734] Vgl. Browne/Cudeck (1993), S. 144; Weiber/Mühlhaus (2014), S. 205.
[735] Vgl. Backhaus et al. (2006), S. 381 f.

<table>
<tr><th colspan="2">Gütekriterium</th><th>Generation</th><th>Bezugsebene</th><th>Grenzwert</th></tr>
<tr><td colspan="2">Cronbachs Alpha</td><td>1.Generation</td><td>Faktor</td><td>≥ 0,7</td></tr>
<tr><td colspan="2">Item-to-Total-Korrelation (ITK)</td><td>1.Generation</td><td>Indikator</td><td>≥ 0,5</td></tr>
<tr><td rowspan="4">Exploratorische Faktorenanalyse</td><td>Anzahl extrahierter Faktoren</td><td>1.Generation</td><td>Faktor</td><td>= 1</td></tr>
<tr><td>Faktorladungen</td><td>1.Generation</td><td>Faktor</td><td>≥ 0,4</td></tr>
<tr><td>Kaiser-Meyer-Olkin-Kriterium (KMO)</td><td>1.Generation</td><td>Faktor</td><td>≥ 0,5</td></tr>
<tr><td>Erklärte Varianz</td><td>1.Generation</td><td>Faktor</td><td>≥ 50%</td></tr>
<tr><td colspan="2">Indikatorreliabilität</td><td>2.Generation</td><td>Indikator</td><td>≥ 0,4</td></tr>
<tr><td colspan="2">Faktorreliabilität</td><td>2.Generation</td><td>Faktor</td><td>≥ 0,6</td></tr>
<tr><td colspan="2">Durchschnittlich erfasste Varianz (DEV)</td><td>2.Generation</td><td>Faktor</td><td>≥ 0,5</td></tr>
<tr><td colspan="2">Normierter Chi^2-Wert (Chi^2/df)</td><td>2.Generation</td><td>Gesamtmodell</td><td>≤ 5</td></tr>
<tr><td colspan="2">Goodness-of-Fit-Index (GFI)</td><td>2.Generation</td><td>Gesamtmodell</td><td>≥ 0,9</td></tr>
<tr><td colspan="2">Adjusted Goodness-of-Fit-Index (AGFI)</td><td>2.Generation</td><td>Gesamtmodell</td><td>≥ 0,9</td></tr>
<tr><td colspan="2">Comparative-Fit-Index (CFI)</td><td>2.Generation</td><td>Gesamtmodell</td><td>≥ 0,9</td></tr>
<tr><td colspan="2">Tucker-Lewis-Index (TLI)</td><td>2.Generation</td><td>Gesamtmodell</td><td>≥ 0,9</td></tr>
<tr><td colspan="2">Standardized Root Mean Square Residual (SRMR)</td><td>2.Generation</td><td>Gesamtmodell</td><td>≤ 0,08</td></tr>
<tr><td colspan="2">Root-Mean-Squared-Error-of Approximation (RMSEA)</td><td>2.Generation</td><td>Gesamtmodell</td><td>≤ 0,1</td></tr>
</table>

Tabelle 24: Überblick über die anzuwendenden Gütekriterien für reflektive Messmodelle

Tabelle 24 gibt einen Überblick über die für die Untersuchung relevanten Gütekriterien der ersten und zweiten Generation zur Beurteilung reflektiver Messmodelle mit ihren Bezugsebenen und Grenzwerten.

Nach der Erläuterung der Gütekriterien für reflektive Messmodelle können in einem nächsten Schritt weitere Maßnahmen zur Untersuchung der Diskriminanzvalidität der einzelnen Messmodelle vorgenommen werden. In diesem Zusammenhang haben sich im relevanten methodischen Schrifttum insbesondere die Durchführung einer exploratorischen Faktorenanalyse mit allen nach der Prüfung durch die zuvor erläuterten Gütekriterien verbleibenden Indikatoren sowie das Fornell-Larcker-Kriterium etabliert.[736] Sofern im Rahmen der genannten exploratorischen Faktorenanalyse alle verbliebenen Indikatoren jeweils auf den zuvor theoretisch postulierten Faktor laden, die vermutete Faktorenzahl extrahiert wird und somit mit dem Hypothesensystem übereinstimmt, kann dies als ein erster Hinweis auf Diskriminanzvalidität verstanden werden.[737] Das Fornell-Larcker-Kriterium untersucht ferner zum Nachweis der Diskriminanzvalidität die quadrierten Korrelationen eines Konstruktes mit allen anderen relevanten Konstrukten und wird genau dann als erfüllt angesehen, wenn die DEV eines Konstruktes höher ist als die quadrierten Korrelationen.[738] Sind auch diese beiden Kriterien hinsichtlich der Diskriminanzvalidität erfüllt, kann die Überprüfung auf Ebene des Strukturmodells fortgeführt werden.

4.2.2 Beurteilung des Strukturmodells

Nach der Erläuterung der einzelnen Gütekriterien zur Beurteilung der Messmodelle im vorherigen Abschnitt soll im Folgenden die Vorgehensweise zur Beurteilung der Güte des Strukturmodells, also der Wirkungsbeziehungen zwischen den untersuchten Konstrukten beziehungsweise der Hypothesen, dargelegt werden. Im Vergleich zur Beurteilung der Messmodelle existiert hierzu eine eher geringe Anzahl von Gütekriterien. Jedoch ist auch für die Beurteilung des Strukturmodells zunächst die Sicherstellung einer angemessenen Validität eine wichtige Grundvoraussetzung. Zu deren Überprüfung können hier erneut die zuvor erläuterten Gütekriterien der zweiten Generation herangezogen werden.[739] Zusätzlich existieren mit dem Bestimmtheitsmaß R^2 sowie der Güte der Pfadbeziehungen jedoch noch zwei weitere Prüfkriterien zur Beurteilung des Strukturmodells. Hierbei ist das Bestimmtheitsmaß R^2 beziehungsweise der quadrierte multiple Korrelationskoeffizient zunächst als das bedeutendste Gütekriterium anzusehen, welches zur Überprüfung der nomologischen Validität

[736] Vgl. Zinnbauer/Eberl (2004), S. 8; Backhaus/Erichson/Weiber (2015), S. 143.
[737] Vgl. Zinnbauer/Eberl (2004), S. 8; Weiber/Mühlhaus (2014), S. 144 ff.
[738] Vgl. Fornell/Larcker (1981), S. 46; Weiber/Mühlhaus (2014), S. 165.
[739] Vgl. Weiber/Mühlhaus (2014), S. 203 ff.

des Strukturmodells dient.[740] Der R^2-Wert stellt hierbei den Anteil der Varianz eines endogenen Konstrukts dar, welcher durch alle mit diesem Konstrukt in Verbindung stehenden exogenen Variablen erklärt wird.[741] Der normierte Wertebereich erstreckt sich hierbei von 0 bis 1, wobei höhere Werte einen größeren Anteil an erklärter Varianz indizieren und somit als erstrebenswert anzusehen sind.[742] So konstatieren auch Hair et al. (2010): „[…] the higher the value of R^2, the greater the explanation power of the regression equation, and therefore the better the prediction of the dependent variable."[743]

Hinsichtlich der Interpretation der R^2-Werte in dieser Untersuchung soll im Folgenden Bezug auf die im Schrifttum etablierte Einteilung von Chin (1998) genommen werden, welcher Werte von 0,19 als schwach, Werte von 0,33 als moderat und Werte von 0,66 als substanziell bezeichnet.[744] Auch wenn in der Konsumverhaltensforschung noch niedrigere R^2-Werte akzeptiert werden[745], soll für diese Untersuchung der Wert von 0,19 als unterster Grenzwert Anwendung erfahren.

Im Hinblick auf die Güte der Pfadbeziehungen müssen weiterhin die statistische Signifikanz, die postulierte Richtung beziehungsweise das damit verbundene Vorzeichen sowie die Höhe des Pfadkoeffizienten in die Beurteilung des Strukturmodells miteinbezogen werden. Dabei können die postulierten Hypothesen im Falle signifikanter Pfadbeziehungen, dem Erhalt des zuvor spezifizierten Vorzeichens sowie einer nicht trivialen Stärke der Pfadbeziehung nicht abgelehnt werden.[746]

Darüber hinaus kann zur weiteren Beurteilung des Strukturmodells eine Überprüfung auf Multikollinearität mittels Regressionsanalyse in SPSS durchgeführt werden.[747] Während diese Prüfung bislang häufig bei latenten Konstrukten mit formativen Indikatoren Anwendung gefunden hat[748], lautet die Empfehlung aus dem Schrifttum nicht nur auf Konstruktebene gegebenenfalls eine entsprechende Prüfung vorzunehmen, sondern auch auf Strukturmodellebene die exogenen latenten Konstrukte eines Modells auf Multikollinearität zu überprüfen, um dadurch potenzielle Verzerrungen der Modellergebnisse zu identifizieren.[749] Im Einzelnen muss hierzu zu jeder exogenen Variablen eine Regressionsanalyse durchgeführt werden, bei welcher die restlichen exogenen Variablen als Regresso-

---

740 Vgl. Popp (2011), S. 122; Hair et al. (2012), S. 426.
741 Vgl. Popp (2011), S. 122; Hair et al. (2012), S. 426; Weiber/Mühlhaus (2014), S. 328.
742 Vgl. Götz/Liehr-Gobbers (2004), S. 730.
743 Hair et al. (2010), S. 156.
744 Vgl. Chin (1998), S. 323; Weiber/Mühlhaus (2014), S. 230.
745 Vgl. Weiber/Mühlhaus (2014), S. 328.
746 Vgl. Götz/Liehr-Gobbers (2004), S. 730 f.
747 Vgl. Gödde (2010), S. 150 f.; Cudic (2011), S. 139 f.; Rambusch (2012), S. 113; Huber et al. (2013), S. 75 ff.
748 Vgl. Gödde (2010), S. 150. Wie in Abschnitt 4.1.3.2 bereits dargelegt finden formative Indikatoren in dieser Arbeit jedoch keine Verwendung, da für alle latenten Konstrukte des Untersuchungsmodells eine reflektive Spezifikation der Messmodelle vorgenommen wurde.
749 Vgl. Rambusch (2012), S. 113.

ren modelliert werden, um so feststellen zu können, wie stark die Variablen miteinander korrelliert sind.[750] Hierbei können analog zur Vorgehensweise bei formativen Indikatoren die Kollinearitätsmaße der Toleranz und des Variance Inflation Factors (VIF) berechnet werden.[751] Als Grenzwerte sollen dabei basierend auf dem Schrifttum ein Wert für die Toleranz von $\geq$ 0,2 sowie ein VIF-Wert $\leq$ 10 in dieser Arbeit eingehalten werden.[752]

4.3 Zusammenfassung der Vorgehensweise

Nachdem in diesem Kapitel bisher im Einzelnen auf die Grundlagen und Beurteilung von Strukturgleichungsmodellen eingegangen worden ist, soll in diesem Abschnitt die Vorgehensweise zur empirischen Untersuchung noch einmal zusammenfassend dargestellt werden. Diesbezüglich werden im Hinblick auf die Untersuchung der Messmodelle anhand der Gütekriterien der ersten und zweiten Generation sowie weiterer Schritte wie der exploratorischen Analyse über alle verbliebenen Indikatoren zum Erkennen der vermuteten Faktorstruktur und dem Fornell-Larcker-Kriterium zunächst die Konvergenz- und Diskriminanzvalidität der Messmodelle überprüft. Nachfolgend werden zur Untersuchung des Gesamtmodells erneut die globalen Gütekriterien herangezogen und die Analyse der Wirkungsbeziehungen und Hypothesen vorgenommen. Da die jeweils notwendigen Prüfschritte sukzessive aufeinander aufbauen, sind die vorgelagerten Schritte im Falle der Nichterfüllung eines Kriteriums gegebenenfalls zu wiederholen. Abbildung 42 stellt die Vorgehensweise zur Beurteilung des Untersuchungsmodells dieser Arbeit anhand der miteinander verknüpften Prüfschritte noch einmal im Einzelnen dar.

---

750 Vgl. Cudic (2011), S. 139.

751 Vgl. Gödde (2010), S. 151; Cudic (2011), S. 139; Rambusch (2012), S. 113; Huber et al. (2013), S. 75 f.; Weiber/Mühlhaus (2014), S. 262.

752 Vgl. Cudic (2011), S. 140; Rambusch (2012), S. 113; Huber et al. (2013), S. 75 f.; Weiber/Mühlhaus (2014), S. 263.

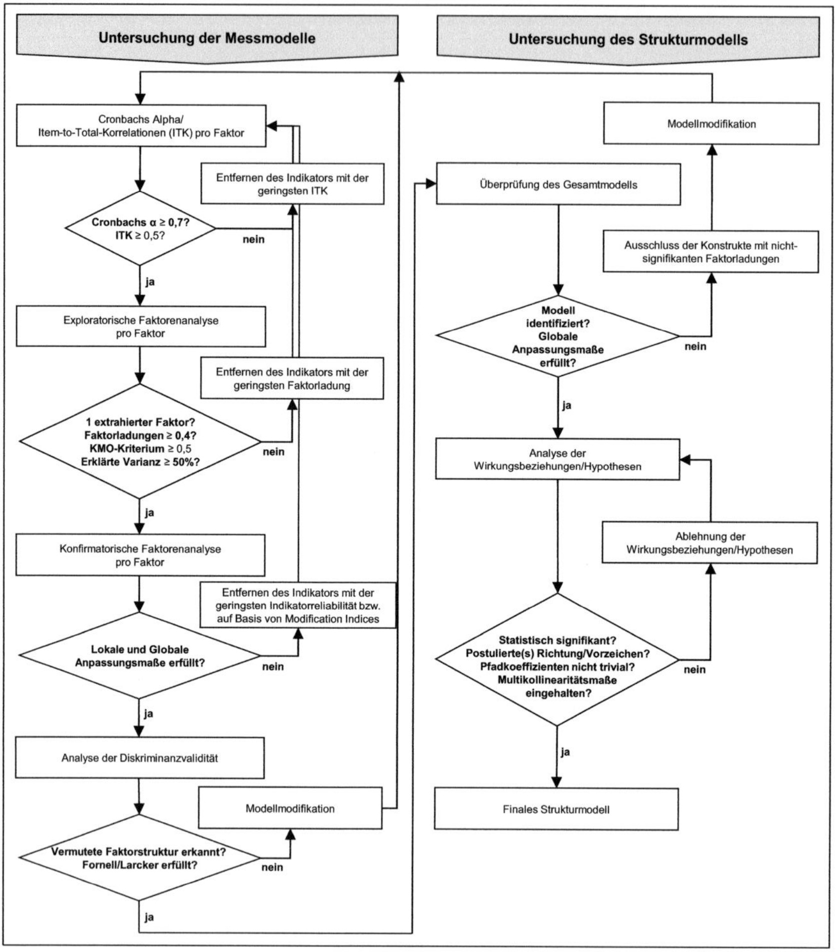

Abbildung 42: Darstellung der Vorgehensweise zur Beurteilung des Untersuchungsmodells[753]

[753] In Anlehnung an Giere/Wirtz/Schilke (2006), S. 686; Piehler (2014), S. 210.

5. Ergebnisse der empirischen Untersuchung

Im Anschluss an die Darstellung der in dieser Arbeit Anwendung findenden Methodik und Vorgehensweise sollen in diesem Kapitel nun die empirische Hauptuntersuchung sowie die daraus resultierenden Ergebnisse dargelegt werden. Dazu beschäftigt sich Abschnitt 5.1 zunächst mit der Datengrundlage und -erhebung der Untersuchung, während in Abschnitt 5.2 die konkrete Operationalisierung der Konstrukte des Untersuchungsmodells fokussiert wird. Abschnitt 5.3 beschließt dieses Kapitel mit der Analyse der einzelnen Wirkungsbeziehungen des Untersuchungsmodells. Abbildung 43 ordnet das fünfte Kapitel in die Gesamtuntersuchung ein.

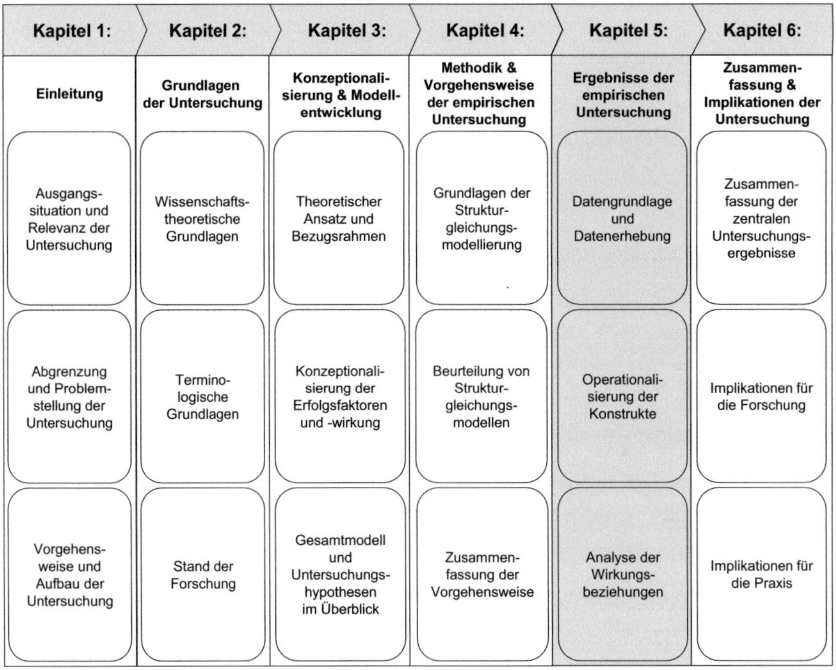

Abbildung 43: Einordnung von Kapitel 5 in die Gesamtuntersuchung

5.1 Datengrundlage und Datenerhebung

Dieser Abschnitt zur Erläuterung von Datengrundlage und Datenerhebung dieser Arbeit teilt sich in die folgenden vier Unterabschnitte. Zunächst werden in Abschnitt 5.1.1 Grundlagen und Methodik der Datenerhebung dargelegt, wonach Abschnitt 5.1.2 sich mit der Entwicklung des spezifischen Erhebungsinstruments für diese Untersuchung beschäftigt. Abschnitt 5.1.3 erläutert nachfolgend das

Verfahren der Haupterhebung, während Abschnitt 5.1.4 ferner die Charakteristika der Datenbasis behandelt.

5.1.1 Grundlagen und Methodik der Datenerhebung

Im Hinblick auf die zur Verfügung stehenden Quellen für eine Datenerhebung kann zunächst zwischen Primärdaten und Sekundärdaten unterschieden werden. Während man unter Sekundärdaten bereits existierendes Informationsmaterial versteht, welches in der Vergangenheit für einen anderen Forschungszweck zusammengestellt wurde und auf welches erneut zur Behandlung einer Problemstellung zurückgegriffen werden kann, werden Primärdaten exklusiv für ein spezifisches Forschungsprojekt neu erhoben.[754]

Da für den speziellen Fall dieser Untersuchung bislang keine Sekundärdaten existieren, muss eine Primärdatenerhebung zur Beantwortung der verschiedenen Forschungsfragen dieser Arbeit durchgeführt werden. Bezüglich der in der Primärforschung vornehmlich Anwendung findenden Erhebungsverfahren kann ferner zwischen der Beobachtung, Focus-Gruppen, Befragungen und Experimenten differenziert werden.[755] Bei der Auswahl eines dieser Datenerhebungsverfahren müssen insbesondere die Zielsetzung der spezifischen Untersuchung, methodische Besonderheiten sowie die entsprechende Operationalisierung Berücksichtigung finden.[756]

In dieser Hinsicht ist zur Bearbeitung des Untersuchungsmodells anhand der im vorherigen Kapitel erläuterten Methodik der Strukturgleichungsmodellierung mit latenten Variablen, welche durch einzelne Indikatoren beziehungsweise Fragen gemessen werden sollen, lediglich die Befragung als Verfahren der Primärdatenerhebung relevant. Da der gewählte methodische Ansatz zudem einen gewissen Umfang der Stichprobe notwendig macht[757], wird in dieser Untersuchung ferner die schriftliche Befragung mittels Fragebogen aufgrund der größeren Reichweite durch ihre „räumliche Streumöglichkeit“[758] einer mündlichen, also entweder persönlichen oder telefonischen, Befragung vorgezogen.[759] Dieses Vorgehen hat sich auch insbesondere in der betriebswirtschaftlichen beziehungs-

754 Vgl. Kotler/Keller/Bliemel (2007), S. 166 ff.

755 Vgl. Kotler/Keller/Bliemel (2007), S. 169 ff. Das Verfahren der Beobachtung wurde in dieser Arbeit bereits in Abschnitt 3.2.4 im Rahmen der Durchführung der qualitativen Inhaltsanalyse zu Social Media Brand Communities verwendet.

756 Vgl. Fahrmeir et al. (2011), S. 21 f.

757 Vgl. Abschnitt 4.1.1.

758 Möhring/Schlütz (2010), S. 143.

759 Vgl. für eine detaillierte Erläuterung der verschiedenen Modi der Befragung Möhring/Schlütz (2010), S. 117 ff. Das Verfahren der telefonischen Befragung hat in dieser Arbeit bereits im Rahmen der Nutzerinterviews in Abschnitt 3.2.3 Anwendung gefunden.

weise Marketing-Forschung etabliert[760], und stellt darin „[...] das am weitesten verbreitete Instrument zur Gewinnung von Primärdaten“[761] dar.

Darüber hinaus soll die schriftliche Befragung für diese Untersuchung aus forschungspragmatischen beziehungsweise -ökonomischen Gründen anhand eines Online-Fragebogens durchgeführt werden. So ermöglicht die Online-Befragung bei niedrigerem Ressourceneinsatz und in kürzerer Zeit die Ansprache einer höheren Anzahl potenzieller Teilnehmer als bei einer schriftlichen Befragung, welche z.B. auf postalischem Wege versandt wird.[762] Angesichts dieser Vorteile hat sich in jüngerer Vergangenheit auch insbesondere im Bereich der Marktforschung die Online-Befragung als Erhebungsinstrument etabliert.[763]

Darüber hinaus entspricht die Online-Befragung für diese Arbeit auch der Empfehlung, sich bei der Auswahl des Erhebungssmodus an der zu befragenden Zielgruppe zu orientieren[764], welche aufgrund des spezifischen Untersuchungskontexts der Social Media Brand Communites direkt online anzutreffen und ansprechbar ist. Im Hinblick auf diese Zielgruppe beziehungsweise die genaue Auswahl der Teilnehmer für die Umfrage kommen im genannten Untersuchungskontext zum einen die jeweiligen Social Media Brand Community- Manager, also die Vertreter der Marke in der Community, und zum anderen die Community- Nutzer und somit die Kunden beziehungsweise potenziellen Kunden der Marke in Betracht.

Da generell im Rahmen des Marketings und somit auch speziell innerhalb der Markenkommunikation mittels Brand Communities die Kundenorientierung weit verbreitet ist[765], wurde für diese Arbeit die Entscheidung für eine Befragung der Nutzer von Social Media Brand Communities getroffen. Für diese Entscheidung kann ferner argumentiert werden, da innerhalb des speziellen Untersuchungsmodells dieser Arbeit bestimmte beziehungsorientierte Nutzerbedürfnisse und -motivationen sowie die Wahrnehmungen der Nutzer bezüglich der durch die Community- Manager bereitgestellten Inhalte untersucht werden.[766] Diesbezüglich liegt die Vermutung nahe, dass die damit verbundenen Fragen am besten durch die Nutzer selbst als Adressaten der Markenkommunikation beantwortet werden können.[767]

---

760 Vgl. Berekoven/Eckert/Ellenrieder (2009), S. 110.
761 Kotler/Keller/Bliemel (2007), S. 172.
762 Vgl. Möhring/Schlütz (2010), S. 143.
763 Vgl. Theobald (2007), S. 103.
764 Vgl. Möhring/Schlütz (2010), S. 144.
765 Vgl. Rutschmann/Belz (2014), S. 1.
766 Vgl. Abschnitt 3.3.
767 Dieser Fokus wurde in dieser Arbeit auch bereits durch die Interviews mit Nutzern in Abschnitt 3.2.3 zur Bewertung der zuvor abgeleiteten Erfolgsfaktoren für das Untersuchungsmodell verfolgt.

Dementsprechend wird für diese Arbeit, im Gegensatz zu einer Befragung von ‚Key Informants', welche stellvertretend für Unternehmen hinsichtlich organisationaler Sachverhalte um Auskunft gebeten werden, eine Befragung der Nutzer von Social Media Brand Communities und somit sogenannter ‚Respondents' durchgeführt. Diese können Selbstauskünfte z.B. hinsichtlich ihrer Einstellungen, Meinungen oder Verhaltensweisen erteilen.[768]

Somit kann in dieser Arbeit ein ‚Key Informant Bias' im Vorhinein ausgeschlossen werden, nach welchem Verzerrungen aufgrund zusätzlicher Fehlerquellen, wie z.B. der Position eines Umfrageteilnehmers im Unternehmen, auftreten können.[769] Die entsprechenden Vorsichtsmaßnahmen zur Verhinderung eines solchen Bias und der Sicherstellung einer reliablen und validen Messung müssen dementsprechend in dieser Untersuchung nicht getroffen werden.

Jedoch sollten auch in dieser Untersuchung Vorkehrungen getroffen werden, um einem sogenannten ‚Common Method Bias' vorzubeugen. Darunter werden „[...] alle Verzerrungen der Varianz- und Kovarianzstruktur der betrachteten Variablen verstanden, die darauf zurückzuführen sind, dass diese Variablen mit Hilfe desselben Erhebungsinstruments bei derselben Datenquelle erhoben worden sind"[770]. Die Ursachen für derartige Verzerrungen können im Wesentlichen beispielsweise darin liegen, dass die Teilnehmer der Umfrage nicht das notwendige Fachwissen besitzen, innerhalb der Umfrage die Konsistenz ihrer Antworten anstreben, persönliche Neigungen wie z.B. eine ‚Tendenz zur Mitte' ihre Antworten beeinflussen oder die Teilnehmer sozial erwünscht antworten.[771]

Dementsprechend sollen auch in dieser Arbeit zur Vorbeugung beziehungsweise der Identifikation eines potenziellen Common Method Bias gewisse Maßnahmen Anwendung finden. So wurde vor der Durchführung der Befragung zunächst der Hinweis von Chang/van Witteloostuijn/Eden (2010) zur Fragebogenentwicklung und -gestaltung befolgt, wonach die Operationalisierung der jeweils exogenen und endogenen Variablen einer Wirkungsbeziehung wenn möglich anhand von Informationen aus unterschiedlichen Quellen erfolgen soll. Zudem verringert nach Chang/van Witteloostuijn/Eden (2010) auch eine hohe Komplexität des spezifischen Untersuchungsmodells, wie sie auch im Modell dieser Arbeit gegeben ist, die Wahrscheinlichkeit eines Common Method Bias.[772]

Ferner konnte auch speziell einem potenziellen Common Method Bias aufgrund von sozial erwünschten Antworten der Umfrageteilnehmer begegnet werden. So wurde basierend auf weiteren

---

[768] Vgl. Klarmann (2008), S. 125.
[769] Vgl. Klarmann (2008), S. 125 f.
[770] Klarmann (2008), S. 156.
[771] Vgl. Klarmann (2008), S. 156 f. Vgl. auch Podsakoff et al. (2003), S. 881 f.
[772] Vgl. Chang/van Witteloostuijn/Eden (2010), S. 179.

Empfehlungen aus der Methodenliteratur auf der Startseite des Fragebogens der Hinweis auf die Sicherstellung der Anonymität der Teilnehmer sowie die vertrauliche Behandlung ihrer Daten innerhalb des Auswertungsprozesses integriert. Zudem wurde darauf hingewiesen, dass es sich um eine unabhängige wissenschaftliche Studie handelt und dabei verdeutlicht, dass der wahrheitsgemäße Beitrag der einzelnen Teilnehmer von großer Wichtigkeit für die Untersuchung ist.[773]

Darüber hinaus können auch noch nach der Durchführung der Erhebung Maßnahmen zur Identifikation beziehungsweise Korrektur eines Common Method Bias ergriffen werden. So können hierzu verschiedene statistische Verfahren wie z.B. der Harman-One-Factor-Test zum Einsatz kommen, welcher eine exploratorische Faktoranalyse über alle Indikatoren der Konstrukte eines Untersuchungsmodells miteinbezieht, durch welche geprüft werden soll, ob die Indikatoren auf einen einzelnen Faktor laden.[774] Außerdem kann ein potenzieller Common Method Bias durch die Berechnung des Guttman-Split-Half-Koeffizienten überprüft werden, für welchen beide Hälften eines Datensatzes miteinander korreliert werden.[775] Sowohl der Harman-One-Factor-Test als auch die Berechnung des Guttman-Split-Half-Koeffizienten finden in dieser Untersuchung in Abschnitt 5.1.4.2 Anwendung.

5.1.2 Entwicklung des Erhebungsinstruments

Die Entwicklung des Erhebungsinstruments beziehungsweise Fragebogens erfolgte für diese Arbeit in Anlehnung an etablierte Vorgehensweisen anhand eines iterativen Prozesses.[776] Den Ausgangspunkt für diese Entwicklung stellte dabei zunächst die Analyse des Schrifttums bezüglich bereits existierender relevanter Messskalen für die Konstrukte des Untersuchungsmodells dar. Diese Verwendung etablierter Skalen ermöglicht die Vergleichbarkeit zwischen Studien im Laufe der Zeit und beugt ferner einer sogenannten „Konstruktüberflutung“[777] vor.[778]

Auf diese Weise konnten zunächst für die jeweiligen Konstrukte Indikatoren aus bereits bestehenden Skalen verschiedener Studien miteinander kombiniert werden.[779] Bei allen Skalen mussten im Hinblick auf den spezifischen Untersuchungsgegenstand dieser Arbeit sowie die Befragung von Nutzern spezifischer Social Media Brand Communities bestimmte Anpassungen bezüglich der Formulierungen vorgenommen werden. Neben der Orientierung an etablierten Skalen mussten auf-

---

773 Vgl. Möhring/Schlütz (2010), S. 63 ff.; Salkind (2010), S. 1396 f.

774 Vgl. Chang/van Witteloostuijn/Eden (2010), S. 179 f.

775 Vgl. Bühner (2011), S. 236 f.

776 Vgl. im Folgenden DeVellis (2012), S. 73 ff.

777 Weiber/Mühlhaus (2014), S. 105.

778 Vgl. Weiber/Mühlhaus (2014), S. 105 f.

779 Die Skalen beziehungsweise Indikatoren lagen in englischer Sprache vor und wurden für diese Untersuchung ins Deutsche übersetzt.

grund der Novität des Untersuchungsgegenstands auch für bestimmte Konstrukte Eigenentwicklungen einzelner Indikatoren vorgenommen werden, da im bestehenden Schrifttum bislang keine ausreichenden etablierten Messinstrumente vorlagen.

In einem nächsten Schritt wurden die bis dahin identifizierten Messskalen in teilstruktierten Interviews mit Experten aus der Forschung diskutiert. Als Ergebnis dieser Interviews wurden mehrere Indikatoren umformuliert sowie einige gestrichen und neu formuliert. Im Anschluss daran wurden die resultierenden Skalen in eine erste Version des Fragebogens übertragen, welcher die Grundlage für die im weiteren Verlauf des Forschungsprozesses durchzuführenden Think-Aloud-Tests bildete.

Der Think-Aloud-Test gilt als wirksames Instrument zur Reduzierung von Verzerrungen in der Erhebung von Daten und zielte als dritter Schritt der iterativen Entwicklung des Erhebungsinstruments darauf ab, Verständnisprobleme beziehungsweise Interpretationsschwierigkeiten der Befragten hinsichtlich der jeweiligen Indikatoren zu identifizieren.[780]

Im Rahmen der Think-Aloud-Tests wurden die Teilnehmer darum gebeten, den Forscher während des schrittweisen Durchgangs des Fragebogens an ihren Gedanken teilhaben zu lassen und somit ihre Überlegungen und Assoziationen zu den einzelnen Skalen und Indikatoren laut zu artikulieren.[781] Die geäußerten Gedanken wurden im Anschluss daran in einer weiteren Diskussionsrunde aufgearbeitet, so dass bestimmte Unklarheiten beseitigt und einige fehlinterpretierte Indikatoren gestrichen und um- beziehungsweise neuformuliert werden konnten. Dieses Prozedere wurde solange wiederholt, bis bei der Durchführung des letzten Think-Aloud- Tests alle Indikatoren als klar verständlich eingeschätzt wurden.

Eine weitere Überprüfung der Qualität des Fragebogens im Vorfeld der Haupterhebung stellten die Item-Sorting-Tests nach Anderson/Gerbing (1991) dar. Diese Tests dienen insbesondere dazu, die Leistungsfähigkeit der Indikatoren im Rahmen einer konfirmatorischen Faktorenanalyse zu beurteilen.[782] Die ‚Substantive Validity‘ eines Indikators als notwendige Voraussetzung für die Konstruktvalidität sagt dabei aus, inwiefern ein Indikator als Bestandteil eines reflektiven latenten Konstrukts verstanden werden kann. In Anlehnung an Anderson/Gerbing (1991) wurde hierbei den Teilnehmern zunächst eine Liste bereitgestellt, welche in der ersten Spalte die zufällig angeordneten Indikatoren und in der ersten Zeile die einzelnen Konstrukte und deren Definitionen beinhaltete. Innerhalb dieser Liste sollten die Teilnehmer des Tests dann durch Ankreuzen alle Indikatoren jeweils

---

[780] Vgl. zur Think-Aloud- Methode auch im Folgenden Hurrle/Kieser (2005), S. 593 ff.

[781] Die Teilnehmer der Think-Aloud- Tests waren Nutzer von Social Media Brand Communities auf Facebook.

[782] Vgl. auch im Folgenden Anderson/Gerbing (1991), S. 732 ff.

dem passenden Konstrukt zuordnen. Nach diesem Vorgang konnten schließlich auf Basis der Anzahl richtig beziehungsweise falsch zugeordneter Indikatoren zu den jeweiligen Konstrukten für jeden Indikator zwei Indizes für die Bestimmung der substanziellen Validität berechnet werden: die ‚Proportion of Substantive Agreement (p_{sa})' und der ‚Substantive Validity Coefficient (c_{sv})'.[783] Während der p_{sa} mit einem Wertebereich von 0 bis 1 angibt, wieviele Teilnehmer einen bestimmten Indikator dem richtigen Konstrukt zugeordnet haben, zeigt der c_{sv} innerhalb eines Intervalls von -1 bis 1 wie oft ein Indikator mehr mit dem richtigen Konstrukt als mit allen anderen Konstrukten in Verbindung gebracht wurde. Bei beiden Indizes deuten höhere Werte auf eine bessere substanzielle Validität hin.[784] Nach Auswertung des Item-Sorting-Tests für diese Untersuchung wurden erneut Modifikationen beziehungsweise Umformulierungen bezüglich der vorhandenen Indikatoren vorgenommen.

Iterativer Prozess	Analyse des Schrifttums	Experten-gespräche	Think-Aloud-Test	Anderson Gerbing-Test	Pretest des Fragebogens
Ziele/ Vorgehen	• Identifikation reliabler & valider Operationalisierungen • Sichtung von Journalbeiträgen & Dissertationen	• Überprüfung von Untersuchungsmodell & erster Operationalisierung • Generierung von spezifischem Expertenwissen bezüglich der Verständlichkeit der Indikatoren	• Prüfung von Eindeutigkeit & Verständlichkeit der Indikatoren • Laute Aussprache der Gedanken der Teilnehmer während des Durchgangs	• Prüfung des Zusammenhangs zwischen Indikatoren & Konstrukten • Hinweise auf substanzielle Validität • Zuordnung der Indikatoren zu den vorab definierten Konstrukten	• Bewertung von Reliabilität & Validität der Indikatoren durch Cronbachs Alpha, ITK & expl. Faktorenanalyse • Identifikation technischer Probleme • Komplettes Ausfüllen des Fragebogens durch die Teilnehmer
Teilnehmer/ Ergebnisse	• Erstellung einer Longlist relevanter reliabler & valider Indikatoren pro Konstrukt • Identifikation einer relevanten Indikatorenbasis	• Wissenschaftler • n= 6 • Umformulierung von 10 Indikatoren • Streichung von 4 Indikatoren • Neuformulierung von 2 Indikatoren	• SMBC- Nutzer • n= 5 • Umformulierung von 5 Indikatoren • Streichung von 2 Indikatoren • Neuformulierung von 2 Indikatoren	• SMBC- Nutzer • n= 15 • Umformulierung von 7 Indikatoren	• SMBC- Nutzer • n= 43 • Reliabilität & Validität der Indikatoren gegeben, keine weitere Modifikation des Fragebogens

Abbildung 44: Iterativer Prozess der Entwicklung des Erhebungsinstruments

Der daraus resultierende Fragebogen bildete schließlich die Grundlage für den vor der Haupterhebung durchzuführenden quantitativen Pretest.[785] Im Rahmen der Auswertung dieses Pretests, für welchen 43 Rückläufer generiert werden konnten, wurden zur Überprüfung von Reliabilität und Validität der Indikatoren die in Abschnitt 4.2.1 bereits erläuterten Gütekriterien der ersten Generation

783 Vgl. Anderson/Gerbing (1991), S. 733 ff.
784 Vgl. Anderson/Gerbing (1991), S. 734.
785 Ergänzt wurde der Fragebogen zusätzlich durch allgemeine Fragen zu den demographischen Merkmalen und Nutzungsgewohnheiten der Teilnehmer hinsichtlich Facebook und den jeweils untersuchten Communities.

herangezogen (Cronbachs Alpha, die Item-to-Total-Korrelation und die exploratorische Faktorenanalyse). Da die entsprechenden Ergebnisse keine weiteren Anpassungen notwendig machten, konnte danach die Entwicklung des Erhebungsinstruments zum Abschluss gebracht werden. Abbildung 44 stellt den iterativen Prozess der Entwicklung des Erhebungsinstruments noch einmal im Überblick dar.

5.1.3 Verfahren der Haupterhebung

Innerhalb der Darstellung von Grundlagen und Methodik der Datenerhebung in Abschnitt 5.1.1 wurden bereits die Nutzer von Social Media Brand Communities als für den spezifischen Kontext dieser Untersuchung geeignete Umfrageteilnehmer identifiziert. Auf Grundlage der Einschätzungen und Wahrnehmungen dieser Nutzer sollen demnach im Folgenden das Untersuchungsmodell dieser Arbeit überprüft und somit die zuvor formulierten Forschungsfragestellungen beantwortet werden.[786]

Im Hinblick auf die Befragung dieser Nutzer beschränkt sich diese Arbeit, wie bereits zu Beginn im Rahmen der Abgrenzung der Untersuchung geschildert, auf eine spezifische Industrie und somit im Einzelnen auf Brand Communities von Sportmarken auf Facebook (Adidas, Nike, Puma, Asics, New Balance, Reebok, Under Armour, Diadora, Vans, Converse, Brooks, Salomon, Atomic, Billabong, Garmin). Die Datenerhebung in diesen Communities erstreckte sich von Mitte November 2016 bis Mitte Januar 2017.[787]

Als Anreiz zur Partizipation an der Umfrage wurden Sportartikel der jeweiligen Marken verlost, um somit die Attraktivität der Teilnahme für die Nutzer der Communities zu steigern. Diesbezüglich konnten letztlich nur diejenigen Respondents auch an der Verlosung partizipieren, welche den Fragebogen vollständig beantworteten, da die Teilnahme an der Verlosung an die Angabe der E-Mail-Adresse am Ende der Umfrage geknüpft war.

Insgesamt konnten auf diese Weise in dem zuvor genannten Zeitraum 252 vollständig ausgefüllte Rückläufer gewonnen werden, von welchen nach Berechnung der Mahalonobis-Distanzen jedoch fünf Rückläufer aus der weiteren Analyse ausgeschlossen werden mussten.[788] Demzufolge bildeten die verbleibenden 247 Rückläufer nach Bereinigung der Ausreißer die Datengrundlage für die wieteren Analysen dieser Arbeit.

---

786 Vgl. die Abschnitte 1.2 und 3.3.

787 Das Design der Startseite und des Fragebogens für die Datenerhebung wird in Anhang 1 auszugsweise am Beispiel der Marke Adidas dargestellt.

788 Vgl. Byrne (2010), S. 105 f.; Kline (2011), S. 54 f.; Weiber/Mühlhaus (2014), S. 178 f.

Aufgrund des zuvor erläuterten homogenen Fokus dieser Studie bestand die dafür relevante Grundgesamtheit, definiert als „[…] Menge aller Elemente, auf die ein Untersuchungsziel in der Statistik gerichtet ist“[789], aus allen Nutzern der Brand Communities von Sportmarken auf Facebook zum Zeitpunkt der Untersuchung. Jedoch wurde diese Grundgesamtheit weiterhin auf alle deutschsprachigen Nutzer dieser Communities eingegrenzt, da wie zu Beginn dieser Arbeit bereits erläutert, eine globale Untersuchung angesichts kultureller Unterschiede und weltweit heterogener Konsumentenanforderungen an Unternehmen und Marken zu einer Verzerrung der Ergebnisse führen könnte.[790]

Da die Nutzerzahlen der relevanten Brand Communities auf Facebook ferner außergewöhnlich hoch sind (z.B. Adidas mit über 27 Millionen Nutzern[791]), war es schlichtweg nicht durchführbar jeden einzelnen in Frage kommenden Nutzer bezüglich der Umfrage zu kontaktieren bezehungsweise zu erreichen. Diesbezüglich wurden die Nutzer für diese Untersuchung sowohl per persönliche Nachricht als auch durch Posts in den jeweiligen Communities auf Facebook addressiert. Während es bereits angesichts der erwähnten Vielzahl von Nutzern nachvollziehbar erscheint, dass nicht jeder einzelne Nutzer per persönliche Nachricht innerhalb eines angemessenen Zeitraums kontaktiert werden konnte, stand auf Facebook neben der Gesamtnutzerzahl auch keine detaillierte Liste der einzelnen Nutzer zur Verfügung, welche eine direkte Ansprache aller Nutzer ermöglicht hätte. Demzufolge wurde in dieser Untersuchung anstatt einer Vollerhebung eine Teilerhebung beziehungsweise Stichprobenbefragung durchgeführt.[792] Dabei versteht man unter einer Stichprobe die „Teilmenge einer Grundgesamtheit, die für eine Untersuchung ausgewählt wird“[793].

Im Hinblick auf diese Stichprobe konnte aufgrund bestimmer Charakteristika von Brand Communities auf Facebook keine exakte Rücklaufquote zur Datenerhebung berechnet werden. Während der Umfragelink wiederholt in den zuvor erwähnten Communities gepostet wurde, war es zunächst nicht möglich, die Anzahl derjenigen Nutzer zu bestimmen, welche tatsächlich mit dem Umfragelink erreicht werden konnten. Dies liegt darin begründet, dass Brand Communities auf Facebook von ihren Nutzern generell nicht unbedingt regelmäßig besucht werden und diese dewegen eventuell den Umfragelink verpasst haben können. Ferner hat man als Nutzer auch speziell die Möglichkeit zu entscheiden, ob man sich ausgewählte Beiträge der Community regelmäßig in seinem eigenen Newsfeed anzeigen lassen möchte beziehungsweise mit selbstbestimmter Häufigkeit Benach-

789 Kamps/Wübbenhorst (2017a).
790 Vgl. Abschnitt 1.2.
791 Vgl. Adidas (2017).
792 Siehe für die Vorteile einer Stichprobenbefragung gegenüber einer Vollerhebung Möhring/Schlütz (2010), S. 28.
793 Kamps/Wübbenhorst (2017b).

richtigungen über verschiedene Beiträge der Community erhalten möchte. Daher ist es sehr wahrscheinlich, dass zum einen viele Nutzer nicht mit dem Umfragelink in Verbindung gekommen sind, da sie sich dafür entschieden haben, keine Beiträge der Community in ihrem Newsfeed beziehungsweise keine Benachrichtigungen zu erhalten und die Community während der Zeit der Umfrage nicht besucht haben. Darüber hinaus ist es ebenfalls möglich, dass viele Nutzer die Umfrage auch schlicht übersehen haben, da Beiträge aufgrund der Vielzahl von Posts in den Communities, welche nur für einen bestimmten Zeitraum auf der Community- Seite sichtbar bleiben, nach dem Posting relativ schnell wieder durch neue Posts verdrängt werden.[794]

5.1.4 Charakteristika der Datenbasis

Der Fragebogen dieser Studie enthielt neben den Fragen beziehungsweise Indikatoren zur Messung der einzelnen Konstrukte auch einen Teil mit allgemeinen Angaben, innerhalb welchem die Community- Nutzer gebeten wurden, soziodemographische Daten sowie ihr Nutzungsverhalten bezüglich Facebook und der jeweiligen Brand Community anzugeben. Basierend auf diesen Angaben werden nachfolgend in Abschnitt 5.1.4.1 zunächst die Merkmale der befragten Community- Nutzer sowie die damit verbundene Überprüfung der Stichprobe auf Repräsentativität behandelt. Anschließend beschäftigt sich Abschnitt 5.1.4.2 mit der Reliabilität und Validität der Daten, während Abschnitt 5.1.4.3 zudem noch auf die Verteilung der Daten der Untersuchung eingeht.

5.1.4.1 Merkmale der Befragten

Der allgemeine Teil des Fragebogens setzte sich aus Fragen zusammen, welche Kenntnisse zur individuellen Person der Befragten fokussierten. Im Einzelnen wurde diesbezüglich nach Alter und Geschlecht der Untersuchungsteilnehmer sowie ihrer Nutzungsintensität hinsichtlich Facebook im Allgemeinen und der jeweiligen Brand Communities im Besonderen gefragt.

Dabei lag das Alter bei 7,14% der Teilnehmer zwischen 13 und 17 Jahren, bei 38,89% zwischen 18 und 24 Jahren, bei 42,06% zwischen 25 und 34 Jahren, bei 8,33% zwischen 35 und 44 Jahren, bei 2,78% zwischen 45 und 54 Jahren und bei 0,79% bei 55 Jahren und älter. Somit war die große Mehrheit der Teilnehmer also jünger als 35 Jahre alt (88,09%), während das Durchschnittsalter der Teilnehmer bei 26,32 Jahren lag. Abbildung 45 stellt die Altersverteilung aller Untersuchungsteilnehmer im Zusammenhang dar.

[794] Vgl. Pöyry/Parvinen/Malmivaara (2013), S. 229.

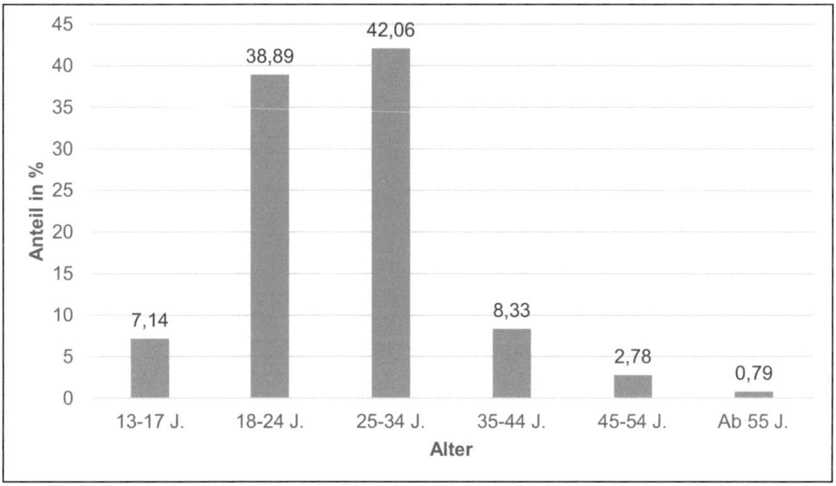

Abbildung 45: Altersverteilung der Teilnehmer

Da hinsichtlich der Grundgesamtheit deutschsprachiger Nutzer von Facebook Brand Communities der Sportartikelindustrie keine umfassenden Statistiken verfügbar waren, welche demographische Charakteristika der Nutzer im Einzelnen auflisten, musste ein alternativer Weg zur Überprüfung der Repräsentativität der Stichprobe gefunden werden. Hierzu konnte ein Vergleich der Altersverteilung der Stichprobe dieser Studie mit der Grundgesamtheit von Facebook- Nutzern in Deutschland generell vorgenommen werden.[795] Diesbezüglich kam für die Repräsentativitätsprüfung ein Chi^2-Homogenitätstest zum Einsatz, für welchen sich bei fünf Freiheitsgraden ein Chi^2-Wert von 3,455 ergab. Da dieser Wert unterhalb des 95%-Quantils liegt[796], besteht hinsichtlich der Alterstruktur der Facebook- Nutzer in Deutschland kein statistisch signifikanter Unterschied zwischen der Grundgesamtheit und der Stichprobe dieser Untersuchung (247 SMBC-Nutzer).[797]

Neben dem Alter wurde zusätzlich das Geschlecht der Teilnehmer erfragt. Hierzu konnte für diese Untersuchung ein Übergewicht an männlichen Teilnehmern festgestellt werden. Wie aus Abbildung 46 hervorgeht, gaben im Einzelnen 67,46% der Befragten an, dass sie männlich sind, während 32,54% weiblichen Geschlechts waren.

---

[795] Vgl. Statista (2014).
[796] Vgl. Backhaus et al. (2011), S. 573.
[797] Vgl. Abschnitt 5.1.3.

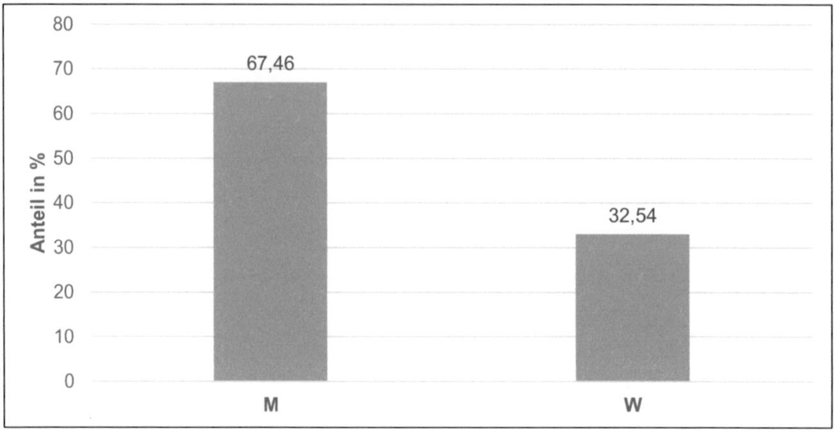

Abbildung 46: Geschlechterverteilung der Teilnehmer

Auch hierzu wurde durch einen Chi^2-Homogenitätstest zur Überprüfung der Repräsentativität ein Vergleich mit der Grundgesamtheit der Facebook-Nutzer in Deutschland angestellt. Diesbezüglich ergab sich für das Sample dieser Arbeit ein Chi^2-Wert von 6,023, welcher zwar oberhalb des 95%-Quantils, jedoch unterhalb des 99%-Quantils einer Chi-Quadrat-Verteilung mit einem Freiheitsgrad liegt.[798] Es ist diesbezüglich somit nur von einem schwach signifikanten Unterschied zwischen Stichprobe und Grundgesamtheit auszugehen, weswegen die Übertragbarkeit der Ergebnisse dieser Untersuchung auch nur geringfügig eingeschänkt werden muss.

Hinsichtlich der weiteren allgemeinen Angaben konnten aufgrund eines Mangels an Vergleichsdaten keine zusätzlichen Repräsentativitätsprüfungen durchgeführt werden. Die mangelnde Vergleichbarkeit liegt im Einzelnen darin begründet, dass bei anderen Grundgesamtheiten beziehungsweise Studien unterschiedlich skalierte Nutzungshäufigkeiten oder -intensitäten abgefragt wurden.

In diesem Zusammenhang wurde für diese Arbeit zunächst die generelle Facebook- Nutzung der Teilnehmer pro Woche erfasst. So nutzten nur 10,70% der Teilnehmer Facebook weniger als zwei Stunden, während der Großteil von 48,80% eine Nutzung zwischen zwei und zehn Stunden und sogar ein bemerkenswerter Anteil von 40,50% eine Nutzung von mehr als zehn Stunden angaben. Abbildung 47 veranschaulicht diese Ergebnisse.

[798] Vgl. Backhaus et al. (2011), S. 573.

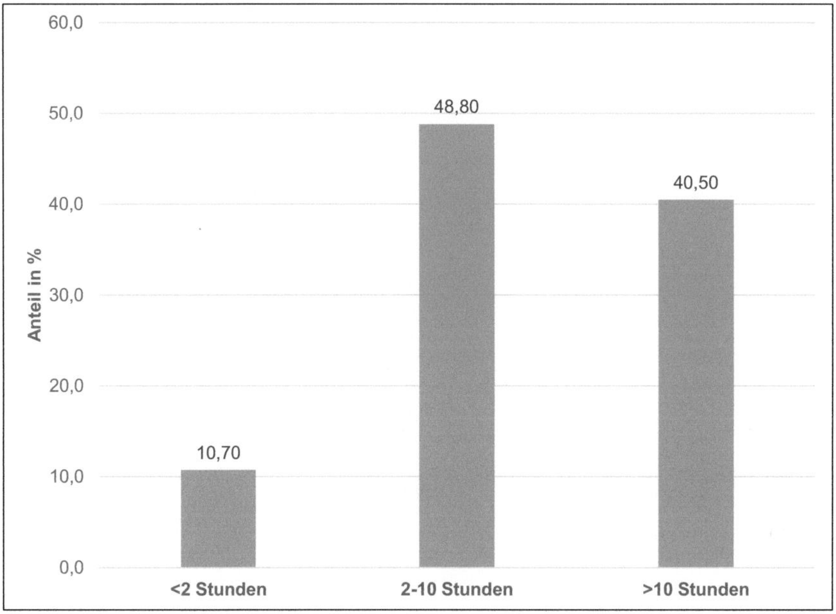

Abbildung 47: Facebook- Nutzung der Teilnehmer pro Woche

Zudem wurde bezüglich der Aktivitäten auf Facebook festgestellt, dass der Großteil der Teilnehmer mehr als zehn mal pro Woche Posts, Likes, Comments oder Shares beiträgt (46,80%), während immerhin 35,70% dies zwischen zwei und zehn mal pro Woche tun und nur ein relativ geringer Prozentsatz weniger als zwei mal pro Woche in dieser Form aktiv ist (17,50%). Abbildung 48 stellt die Verteilung der Teilnehmeraktivitäten auf Facebook im Allgemeinen dar.

Darüber hinaus gaben die Teilnehmer hinsichtlich der Anzahl ihrer Freunde auf Facebook an, dass die große Mehrheit von 73,00% mehr als 200 Facebook- Freunde hat, während 22,20% zwischen 50 und 200 Freunde und nur ein sehr kleiner Anteil weniger als 50 Freunde angaben (4,80%). Diesbezüglich stellt Abbildung 49 die Ergebnisse der Befragung noch einmal zusammenfassend dar.

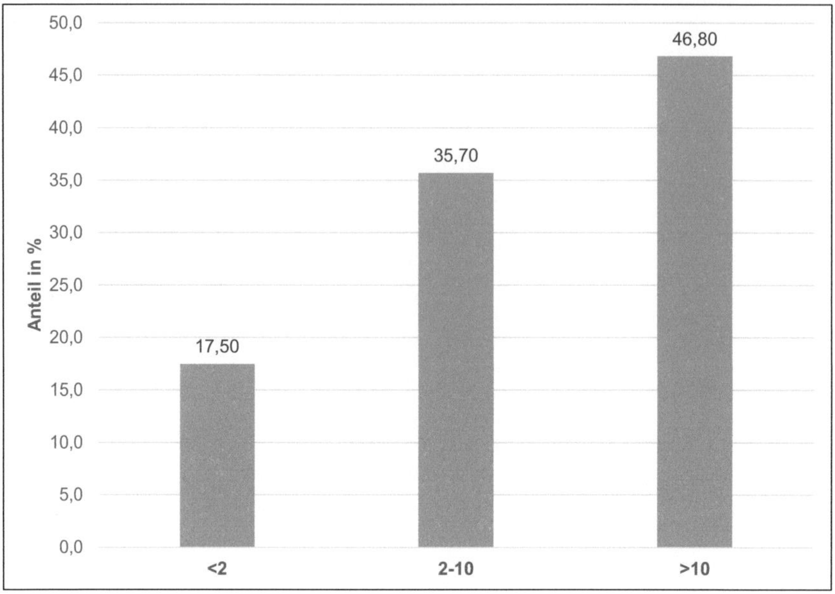

Abbildung 48: Aktivitäten der Teilnehmer auf Facebook pro Woche

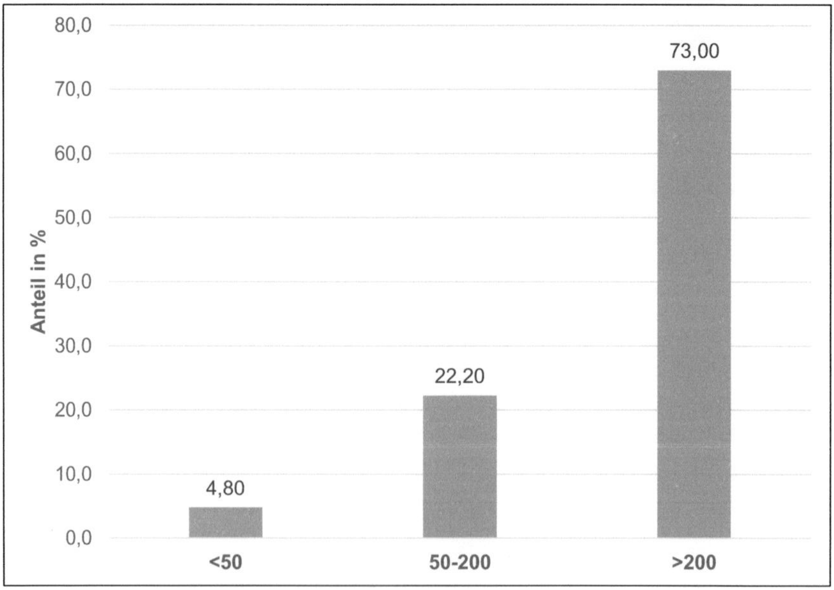

Abbildung 49: Anzahl der Facebook- Freunde der Teilnehmer

Ferner wurde noch die spezifische Dauer der wöchentlichen Nutzung der jeweiligen Brand Communities auf Facebook im Rahmen der Erhebung abgefragt. Hierzu gaben 59,90% der Teilnehmer eine wöchentliche Nutzung von weniger als zwei Stunden an, während 28,20% die Community zwischen zwei und fünf Stunden wöchentlich nutzen und immerhin sogar 11,90% eine Nutzung von mehr als 5 Stunden pro Woche angaben. Abbildung 50 verdeutlicht diese Verteilung der wöchentlichen Nutzung der jeweiligen Brand Communities auf Facebook seitens der Untersuchungsteilnehmer.

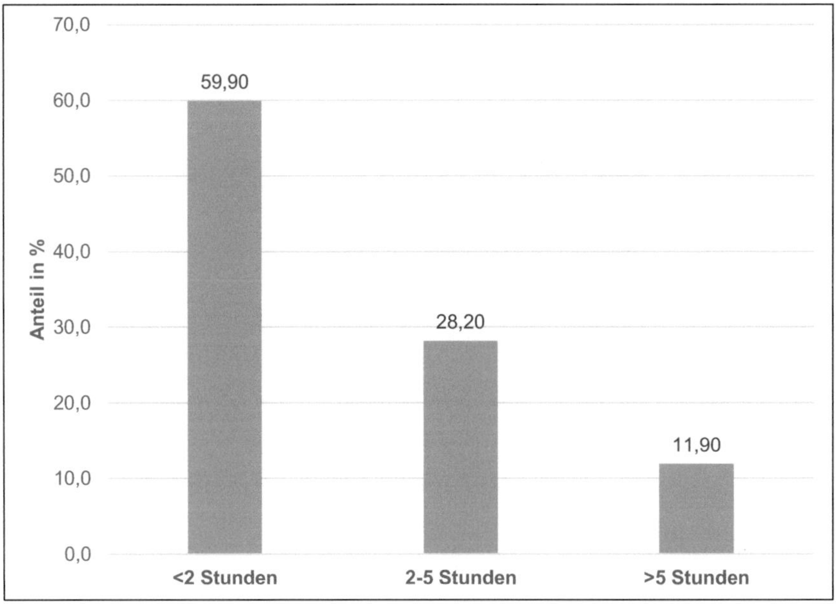

Abbildung 50: Facebook Brand Community- Nutzung der Teilnehmer pro Woche

Schließlich wurde auch die Häufigkeit der Aktivitäten der Teilnehmer in den untersuchten Facebook Brand Communities pro Woche erhoben. Während diesbezüglich 55.20% der Befragten weniger als zwei Posts, Likes, Comments oder Shares in der jeweiligen Community beitragen, gibt es immerhin 23,80%, die zwei bis fünf mal wöchentlich aktiv in den Communities werden und sogar 21,00%, die mehr als fünf mal pro Woche einen Beitrag in der Community leisten. Abbildung 51 stellt die Verteilung der Teilnehmeraktivitäten in den untersuchten Facebook Brand Communities pro Woche dar.

Zusammenfassend kann somit bezüglich der allgemeinen Merkmale zunächst konstatiert werden, dass die Teilnehmer jüngeren bis mittleren Alters sind und ein leichtes Übergewicht an männlichen

Teilnehmern in der Untersuchung besteht. Ferner kann festgestellt werden, dass die Teilnehmer sowohl im Umgang mit Facebook als auch speziell mit Brand Communities auf Facebook vertraut sind und als erfahrene beziehungsweise aktive Nutzer angesehen werden können. Somit erscheint die Stichprobe geeignet für diese Untersuchung, innerhalb welcher das Konstrukt des Nutzerengagements in Social Media Brand Communities sowie dessen Einflussfaktoren eine zentrale Bedeutung einnehmen.[799]

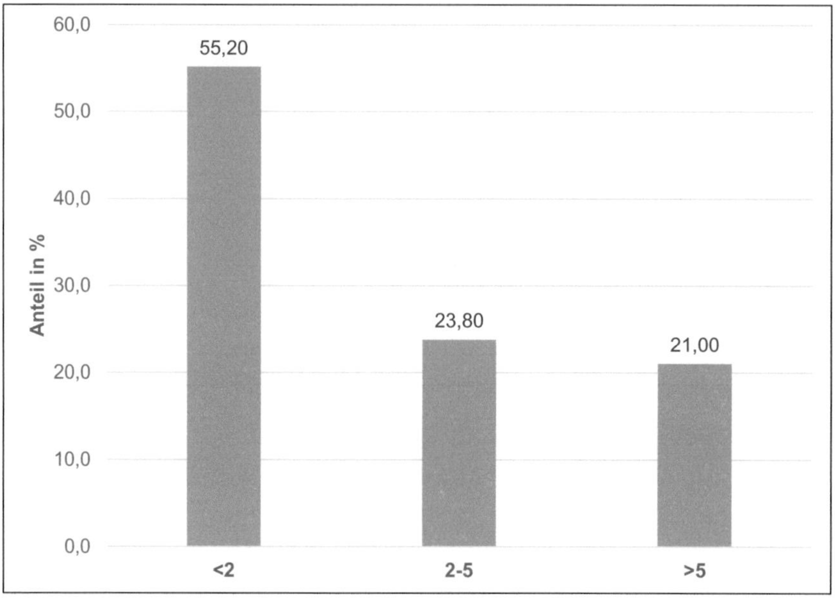

Abbildung 51: Aktivitäten der Teilnehmer in den Facebook Brand Communities pro Woche

5.1.4.2 Reliabilität und Validität der Daten

Zur besseren Einschätzung der Aussagekraft der erhobenen Daten wurden diese auf potenzielle Stichprobenfehler und Verzerrungen untersucht.[800] Hierzu wurde als erste Maßnahme der Non-Response Bias untersucht. Dieser Bias kann bedingt durch einen Mangel an Informationen von nicht antwortenden Personen aus der Grundgesamtheit auftreten. Er beschreibt somit eine Verzerrung, welche aus systematischen Unterschieden zwischen Antwortenden und Nicht-Antwortenden resultiert.[801] Im Schrifttum hat sich diesbezüglich das Vorgehen etabliert, früh-antwortende mit spät-antwortenden Untersuchungsteilnehmern zu vergleichen, welche jeweils die antwortenden und nicht-

799 Vgl. Abschnitt 3.3.
800 Vgl. Groves (2004), S. 8 ff. und S. 133 ff.
801 Vgl. Groves et al. (2009), S. 59.

antwortenden Personen repräsentieren sollen.[802] Dieses Vorgehen basiert auf der Annahme, dass die spät-antwortenden den nicht-antwortenden Personen am ähnlichsten sind.[803] Basierend auf diesem Verständnis wurde das Sample dieser Untersuchung in drei gleich große Gruppen eingeteilt und ein Vergleich zwischen der ersten und dritten Gruppe angestellt. Hierzu wurde der Mann-Whitney-U-Test eingesetzt.[804] Im Ergebnis kann dabei festgehalten werden, dass lediglich 9,3% der Indikatoren der Untersuchung einen signifikanten Unterschied zwischen den beiden Gruppen auf dem 5%-Niveau aufwiesen. Dementsprechend muss nicht von einem für die weitere Analyse relevanten Non-Response Bias ausgegangen werden.[805]

Ferner wurde zur Untersuchung des Common Method Bias zunächst der Harman-One-Factor-Test durchgeführt. Im Rahmen dieses Tests wird eine exploratorische Faktorenanalyse mit Varimax Rotation zu allen Indikatoren der Untersuchung durchgeführt. Die Ergebnisse zeigen hierbei, dass insgesamt 75 Faktoren extrahiert werden konnten, wobei 12 Faktoren einen Eigenwert von über 1 aufweisen. Da der erste Faktor von diesen 12 Faktoren nur 9,637% der Varianz aller Indikatoren erklärt, muss nicht von einem Common Method Bias in dieser Untersuchung ausgegangen werden. Dies wäre nur der Fall, wenn ein Faktor mehr als 50% der Varianz aller Indikatoren erklären würde.[806] Tabelle 25 gibt einen Überblick über die Ergebnisse des Harman-One-Factor-Tests.

Darüber hinaus wurde ein potenzieller Common Method Bias auch anhand der Guttman-Split-Half-Reliabilität überprüft. Dabei werden zwei Testhälften einer Untersuchung anhand ihrer Korrelation miteinander verglichen.[807] Da Autoren des Methodenschrifttums hierzu bezüglich des Koeffizienten einen Wert von mindestens 0,6 fordern[808], um eine entsprechende Reliabilität nachzuweisen, liegt der Wert von 0,814 für diese Studie deutlich über dem verlangten Mindestwert. Dies spricht somit ebenfalls gegen die Existenz eines Common Method Bias in dieser Untersuchung.

Zusätzlich kann an dieser Stelle auch darauf hingewiesen werden, dass die Problematik eines Common Method Bias nicht unbedingt für diese Untersuchung zutreffen muss, da Autoren des Schrifttums dieses methodische Problem und die entsprechenden Gegenmaßnahmen vornehmlich in Bezug auf Key Informant Designs und die damit verbundene organisationale Forschung diskutieren[809], und

802 Vgl. Armstrong/Overton (1977), S. 396 ff.; Lindner/Murphy/Briers (2001), S. 51 f.
803 Vgl. Kanuk/Berenson (1975), S. 449.
804 Vgl. Mann/Whitney (1947), S. 50 ff.; Ruxton (2006), S. 688 ff.
805 Vgl. Müller (2008), S. 147.
806 Vgl. Podsakoff/Organ (1986), S. 536; McFarlin/Sweeney (1992), S. 630.
807 Vgl. Bühner (2011), S. 236 f.
808 Vgl. Homburg/Schilke/Reimann (2009), S. 188.
809 Vgl. Podsakoff/Organ (1986), S. 531 ff.; Homburg et al. (2012), S. 594 ff.

nicht im Hinblick auf Nutzerbefragungen wie in dieser Arbeit die Befragung von Facebook Brand Community- Nutzern (Respondents).[810]

Extrahierte Komponenten	Erklärte Varianz in %	Kumulierte erklärte Varianz in %
1	9,637	9,637
2	8,580	18,217
3	8,565	26,782
4	8,073	34,855
5	7,899	42,754
6	7,359	50,112
7	7,316	57,428
8	7,276	64,704
9	5,867	70,571
10	4,477	75,048
11	3,650	78,699
12	1,552	80,250

Tabelle 25: Ergebnisse des Harman-One-Factor-Tests

Darüber hinaus ist der Einfluss des Common Method Bias im relevanten Methodenschrifttum generell nicht unumstritten.[811] So verweisen z.B. Homburg et al. (2012) basierend auf ihrer Metastudie darauf, dass nicht notwendigerweise jegliche Messung verschiedener Variablen verzerrt sein muss, nur weil dabei die gleiche Methode zum Einsatz kommt: "Our results support Spector's (2006) claim that it is an urban legend that everything measured with the same method automatically shares common method variance."[812]

5.1.4.3 Verteilung der Ausgangsdaten

Die im Rahmen dieser Untersuchung verwendete Kovarianzstrukturanalyse ist in hohem Maße abhängig von der Verteilung der Ausgangsdaten. Dies ist der Fall, da die erhobenen Daten insbesondere bei der zuvor ausgewählten ML- Methode eine Multinormalverteilung aufweisen sollten.[813]

---

810 Vgl. Abschnitt 5.1.1.
811 Vgl. Klarmann (2008), S. 158.
812 Homburg et al. (2012), S. 606. Vgl. auch Spector (2006), S. 221 ff.
813 Vgl. Abschnitt 4.1.1.

Diese wurde zunächst in SPSS anhand des Kolmogorov-Smirnoff-Tests überprüft. Hierbei konnten nicht für alle Indikatoren die stichprobenabhängigen und sehr strikten Kriterien erfüllt werden. Jedoch kann hierzu konstatiert werden, dass diese Kriterien bei Datenerhebungen anhand von Rating-Skalen wie in dieser Untersuchung nur selten erfüllt werden.[814]

Im Methodenschrifttum wird demgemäß weiterhin empfohlen, dass zur Überprüfung auf Multinormalverteilung eine univariate Normalverteilung anhand von Schiefe (Skewness) und Wölbung (Kurtosis) der einzelnen Indikatoren zu untersuchen ist.[815] Im Hinblick auf diese Kriterien wird bezüglich der Schiefe erst ab einem Wert $|>2|$ und für die Wölbung ab einem Wert $|>7|$ von einer substanziellen Abweichung von der Normalverteilung ausgegangen.[816] Eine Untersuchung dieser Werte für die Datenerhebung dieser Untersuchung ergab einen maximalen Wert für die Schiefe der einzelnen Indikatoren von -1,702 während der Höchstwert für die Wölbung bei 2,920 lag.

Da somit die jeweiligen Schiefe- und Wölbungsparameter in keinem Fall überschritten wurden, muss insgesamt also nur von einer moderaten Verletzung der Multinormalverteilungsannahme ausgegangen werden. Der Einfluss solch einer moderaten Verletzung wiederum ist speziell bei Stichproben größer als 200 wie in dieser Untersuchung als sehr gering einzustufen.[817] Basierend auf den vorangegangenen Ausführungen kann die Anwendung der ML- Methode in dieser Untersuchung also weiterhin gerechtfertigt werden.

5.2 Operationalisierung der Konstrukte

Nach den Erläuterungen zur Datenerhebung in den vorherigen Abschnitten soll im Folgenden die Operationalisierung der Konstrukte des Untersuchungsmodells im Detail dargelegt werden. Die Operationalisierung komplexer beziehungsweise latenter Konstrukte bezeichnet die Konkretisierung des Messinstruments durch die jeweiligen Indikatoren.[818] Demgemäß werden in den folgenden Abschnitten nun zunächst für jedes latente Konstrukt dieser Untersuchung die einzelnen im Rahmen der Erhebung verwendeten Messskalen aufgezeigt. Ferner werden diese anhand der Gütekriterien der ersten und zweiten Generation überprüft.[819] Im Einzelnen wird dabei in Abschnitt 5.2.1 die Operationalisierung der im Rahmen dieser Arbeit untersuchten beziehungsorientierten Erfolgsfaktoren erläutert, während sich Abschnitt 5.2.2 mit der Operationalisierung der inhaltsorientierten Erfolgsfaktoren beschäftigt. In Abschnitt 5.2.3 wird anschließend noch die Diskriminanzvalidität der

814 Vgl. Weiber/Mühlhaus (2014), S. 180 f.; Piehler (2014), S. 243.
815 Vgl. Kline (2011), S. 60 ff.; Weiber/Mühlhaus (2014), S. 180 f.
816 Vgl. West/Finch/Curran (1995), S. 74; Weiber/Mühlhaus (2014), S. 180.
817 Vgl. Abschnitt 5.1.3; Hair et al. (2010), S. 72.
818 Vgl. Homburg/Giering (1996), S. 5 ff.
819 Vgl. Abschnitt 4.2.1.

Messmodelle dieser Erfolgsfaktoren überprüft. Abschnitt 5.2.4 behandelt ferner die Operationalisierung der Erfolgsgrößen der Untersuchung, während in Abschnitt 5.2.5 schließlich deren Messmodelle auf Diskriminanzvalidität untersucht werden.

5.2.1 Operationalisierung der beziehungsorientierten Erfolgsfaktoren

In diesem Abschnitt wird zunächst die Operationalisierung der im Rahmen der Konzeptionalisierung und Modellentwicklung dieser Arbeit identifizierten beziehungsorientierten Erfolgsfaktoren erläutert. Abschnitt 5.2.1.1 beschäftigt sich diesbezüglich mit dem Konstrukt des Social Networkings, während Abschnitt 5.2.2.2 das Konstrukt der Sozialen Normen und Abschnitt 5.2.1.3 das Konstrukt der Meinungsführerschaft behandeln.

5.2.1.1 Operationalisierung des Social Networkings

Der Faktor des Social Networkings bezieht sich in dieser Untersuchung zunächst darauf, dass Nutzer von Social Media Brand Communities das Bedürfnis nach Kameradschaft und Gemeinschaft, dem Kennenlernen Gleichgesinnter und anderer Markenfans sowie allgemein dem Knüpfen neuer sozialer Kontakte hegen.[820] Zur Operationalisierung dieses Faktors konnten bereits im Schrifttum existierende Indikatoren von Chu (2011), Gummerus et al. (2012) und Tsai/Men (2013) zur Messung vergleichbarer Konstrukte miteinander kombiniert, auf die spezifische Untersuchung angepasst und zu einer Messskala für diese Arbeit zusammengeführt werden.[821] Zusätzlich wurden zwei Eigenentwicklungen in den Fragebogen aufgenommen, welche jedoch ferner durch die zuvor erwähnten Expertengespräche und die genannten Tests im Rahmen der Entwicklung des Erhebungsinstruments überprüft wurden.[822]

So kamen zur Erfassung des Konstrukts insgesamt sieben reflektive Indikatoren zum Einsatz, von welchen vier nach Durchführung der Messmodellprüfungen zur Verbesserung der Gütekriterien eliminiert werden mussten und drei Indikatoren zur finalen Messung des Erfolgsfaktors beibehalten werden konnten. Diese verbleibenden Indikatoren weisen im Hinblick auf die Gütekriterien der ersten Generation zunächst ein hohes Cronbachs Alpha von 0,924 auf. Zudem weisen die Indikatoren Item-to-Total-Korrelationen auf, die deutlich über dem geforderten Mindestwert von 0,5 liegen. Die exploratorische Faktorenanalyse verweist ebenfalls auf einen hohen Grad an Konvergenzvalidität, da das Kaiser-Meyer-Olkin-Kriterium mit einem Wert von 0,755 überschritten ist und bei Extrahierung eines Faktors 80,386% der Varianz erklärt werden. Ferner weisen alle Indikatoren hohe exploratorische Faktorladungen auf (Werte von 0,853 bis 0,931). Darüber hinaus werden auch die Güte-

[820] Vgl. Abschnitt 3.2.5.1.
[821] Vgl. Chu (2011), S. 37; Gummerus et al. (2012), S. 876; Tsai/Men (2013), S. 80.
[822] Vgl. Abschnitt 5.1.2.

kriterien der zweiten Generation, sofern anwendbar, voll erfüllt. So liegen zunächst im Hinblick auf die lokalen Anpassungsmaße alle Indikatorreliabilitäten über dem geforderten Mindestwert von 0,4. Auch für die Faktorreliabilität und die durchschnittlich erfasste Varianz werden hohe Werte von 0,924 und 0,803 erreicht. Globale Anpassungsmaße konnten jedoch nicht ermittelt werden, da bei drei Indikatoren aufgrund der gleichen Anzahl von sechs Modellgleichungen und sechs unbekannten Modellparametern eine genaue Identifikation des Messmodells vorliegt und keine Informationen mehr verfügbar sind, um die Modellstruktur zu testen.[823] Insgesamt repräsentiert das Messmodell des Erfolgsfaktors des Social Networkings jedoch sehr gut die empirischen Daten und wird deswegen nicht abgelehnt. Tabelle 26 fasst die Ergebnisse für den Erfolgsfaktor noch einmal zusammen.

Social Networking

Kriterien der ersten Generation

	Indikatoren	Faktorladung (exploratorisch)	Item-to-Total-Korrelation
1.4	Ich nutze die Adidas Community auf Facebook, weil ich dadurch auf Gleichgesinnte treffen will.	0,905	0,853
1.5	Ich nutze die Adidas Community auf Facebook, um andere Fans der Marke Adidas kennenzulernen.	0,931	0,871
1.6	Ich nutze die Adidas Community auf Facebook, weil sie mir neue soziale Kontakte bietet.	0,853	0,814

Deskriptive Beurteilungskennzahl	Ergebnisse der exploratorischen Faktorenanalyse			
Cronbachs Alpha (≥ 0,7)	Extraktionsmethode	Kaiser-Meyer-Olkin-Kriterium (≥0,5)	Anzahl extrahierter Faktoren (=1)	Erklärte Varianz (≥ 50%)
0,924	Hauptachsen-Faktorenanalyse	0,755	1	80,386

Kriterien der zweiten Generation

Lokale Anpassungsmaße

	Indikatoren	Indikator-reliabilität	Faktorladung (konfirmatorisch)
1.4	Ich nutze die Adidas Community auf Facebook, weil ich dadurch auf Gleichgesinnte treffen will.	**0,817**	**0,904***; FR: 0,924 DEV: 0,803**
1.5	Ich nutze die Adidas Community auf Facebook, um andere Fans der Marke Adidas kennenzulernen.	**0,867**	**0,931***** → Social Networking
1.6	Ich nutze die Adidas Community auf Facebook, weil sie mir neue soziale Kontakte bietet.	**0,726**	**0,852***; ***: Signifikant auf 0,1%-Niveau

Globale Anpassungsmaße

χ^2	df	χ^2/df	CFI	GFI	AGFI	TLI	SRMR	RMSEA
-	-	-	-	-	-	-	-	-

Tabelle 26: Reliabilitäts- und Validitätskriterien der ersten und zweiten Generation für den Erfolgsfaktor des Social Networkings[824]

[823] Vgl. Backhaus et al. (2006), S. 366.

[824] In den Tabellen zur Operationalisierung der Konstrukte wird bezüglich der Sportmarken der untersuchten Brand Communities auf Facebook beispielhaft die Marke Adidas in den einzelnen Indikatoren verwendet.

5.2.1.2 Operationalisierung der Sozialen Normen

Als zweiter beziehungsorientierter Erfolgsfaktor stehen die Sozialen Normen in dieser Untersuchung für den sozialen Einfluss anderer auf die eigene Nutzung der Community, welcher sich im Einzelnen daraus konstituiert, dass Nutzer von Social Media Brand Communities die Wahrnehmung haben, dass für sie wichtige andere Personen der Meinung sind, dass sie die jeweilige Community nutzen sollten.[825]

Auch zur Operationalisierung dieses Erfolgsfaktors konnten bereits im Schrifttum existierende Indikatoren semantisch ähnlicher Konstrukte von Venkatesh et al. (2003), Sledgianowski/Kul-viwat (2009), Chu (2011) und Chen et al. (2013) herangezogen und zur Erstellung einer spezifischen Messskala für diese Untersuchung miteinander kombiniert werden.[826] Ferner wurden diese Indikatoren für den speziellen Kontext dieser Untersuchung umformuliert beziehungsweise entsprechend angepasst. Auch hier wurde zusätzlich noch eine Eigenentwicklung hinzugefügt, welche jedoch ebenfalls die genannten Tests im Rahmen der Entwicklung des Erhebungsinstruments durchlief sowie innerhalb der Expertengespräche diskutiert wurde.[827]

Zusammenfassend wurden wie bei der Operationalisierung des ersten Erfolgsfaktors sieben reflektive Indikatoren zur Erfassung des Konstrukts verwendet, von welchen nach den Messmodellprüfungen zur Verbesserung der Gütekriterien und der damit verbundenen Eliminierung von zwei Indikatoren letztlich fünf Indikatoren das finale Messmodell des Erfolgsfaktors abbildeten.

Für diese fünf Indikatoren beträgt zunächst im Hinblick auf die Gütekriterien der ersten Generation Cronbachs Alpha 0,943. Auch die einzelnen Item-to-Total-Korrelationen überschreiten alle deutlich den geforderten Mindestwert von 0,5. Die exploratorische Faktorenanalyse zeigt ebenfalls gute Ergebnisse, da das Kaiser-Meyer-Olkin-Kriterium mit einem Wert von 0,881 überschritten ist und bei Extrahierung eines Faktors 77,751% der Varianz erklärt werden. Auch weisen alle Indikatoren hohe exploratorische Faktorladungen auf (Werte von 0,730 bis 0,965). Ferner werden auch die Gütekriterien der zweiten Generation voll erfüllt. So überschreiten zunächst im Hinblick auf die lokalen Anpassungsmaße alle Indikatorreliabilitäten den geforderten Mindestwert von 0,4. Auch die Faktorreliabilität und die durchschnittlich erfasste Varianz sind mit Werten von 0,944 und 0,773 durchaus zufriedenstellend. Dies gilt auch für die globalen Anpassungsmaße ($Chi^2/df = 4{,}459$; CFI = 0,987; GFI = 0,986; AGFI = 0,958; TLI = 0,974; SRMR = 0,019), mit Ausnahme des RMSEA, der mit ei-

---

825 Vgl. Abschnitt 3.2.5.1.

826 Vgl. Venkatesh et al. (2003), S. 460; Sledgianowski/Kulviwat (2009), S. 83; Chu (2011), S. 38; Chen et al. (2013), S. 13.

827 Vgl. Abschnitt 5.1.2.

nem Wert von 0,119 jedoch nur leicht über dem Grenzwert liegt. Auf Basis des guten Gesamteindrucks des Messmodells der Sozialen Normen wird dieses nicht abgelehnt. Tabelle 27 stellt die Ergebnisse für den Erfolgsfaktor der Sozialen Normen noch einmal im Überblick dar.

Soziale Normen			
Kriterien der ersten Generation			
Indikatoren		**Faktorladung (exploratorisch)**	**Item-to-Total-Korrelation**
2.2	Ich nutze die Adidas Community auf Facebook, weil Personen, die ich schätze, denken, dass ich die Community nutzen sollte.	0,943	0,900
2.3	Ich nutze die Adidas Community auf Facebook, weil für mich wichtige Personen denken, dass ich die Community nutzen sollte.	0,965	0,918
2.4	Ich nutze die Adidas Community auf Facebook, weil Personen, die Einfluss auf mein Verhalten haben, denken, dass ich die Community nutzen sollte.	0,938	0,896
2.5	Ich nutze die Adidas Community auf Facebook, weil ich einen Erwartungsdruck spüre, daran teilzunehmen.	0,809	0,786
2.6	Ich nutze die Adidas Community auf Facebook, weil Personen, die ich kenne, die Community auch nutzen.	0,730	0,714

Deskriptive Beurteilungskennzahl	Ergebnisse der explorativen Faktorenanalyse			
Cronbachs Alpha (≥ 0,7)	**Extraktionsmethode**	**Kaiser-Meyer-Olkin-Kriterium (≥0,5)**	**Anzahl extrahierter Faktoren (=1)**	**Erklärte Varianz (≥ 50%)**
0,943	Hauptachsen-Faktorenanalyse	0,881	1	77,751

Kriterien der zweiten Generation			
Lokale Anpassungsmaße			
Indikatoren		**Indikator-reliabilität**	**Faktorladung (konfirmatorisch)**
2.2	Ich nutze die Adidas Community auf Facebook, weil Personen, die ich schätze, denken, dass ich die Community nutzen sollte.	**0,906**	**0,952***
2.3	Ich nutze die Adidas Community auf Facebook, weil für mich wichtige Personen denken, dass ich die Community nutzen sollte.	**0,953**	**0,976***
2.4	Ich nutze die Adidas Community auf Facebook, weil Personen, die Einfluss auf mein Verhalten haben, denken, dass ich die Community nutzen sollte.	**0,865**	**0,930***
2.5	Ich nutze die Adidas Community auf Facebook, weil ich einen Erwartungsdruck spüre, daran teilzunehmen.	**0,626**	**0,791***
2.6	Ich nutze die Adidas Community auf Facebook, weil Personen, die ich kenne, die Community auch nutzen.	**0,517**	**0,719***

Soziale Normen — **FR: 0,944 DEV: 0,773**

***: Signifikant auf 0,1%-Niveau

Globale Anpassungsmaße								
χ^2	**df**	**χ^2/df**	**CFI**	**GFI**	**AGFI**	**TLI**	**SRMR**	**RMSEA**
22,294	5,000	4,459	0,987	0,986	0,958	0,974	0,019	0,119

Tabelle 27: Reliabilitäts- und Validitätskriterien der ersten und zweiten Generation für den Erfolgsfaktor der Sozialen Normen

5.2.1.3 Operationalisierung der Meinungsführerschaft

Der dritte beziehungsorientierte Erfolgsfaktor der Meinungsführerschaft bezieht sich in dieser Untersuchung darauf, dass bestimmte Nutzer von Social Media Brand Communities dazu in der Lage sind, andere hinsichtlich der jeweiligen Marken der Communities, z.B. vor einem bevorstehenden Markenkauf, zu beeinflussen und diese Nutzer ihre Meinungsführerschaft auch innerhalb der Communities ausleben wollen.[828]

Zur Operationalisierung dieses Konstrukts konnte erneut auf bereits existierende Indikatoren von Gummerus et al. (2012) und Demiray/Burnaz (2014) zurückgegriffen werden.[829] Diese wurden wie bei den vorherigen Konstrukten entsprechend angepasst, umformuliert und zur Erstellung einer spezifischen Messskala für diese Untersuchung miteinander kombiniert. Zusätzlich wurde auch für das Konstrukt der Meinungsführerschaft ein Indikator neu entwickelt, welcher jedoch ebenfalls durch die zuvor erwähnten Expertengespräche und die genannten Tests im Rahmen der Entwicklung des Erhebungsinstruments überprüft wurde.[830]

So kamen zur Erfassung dieses Konstrukts insgesamt sieben reflektive Indikatoren zum Einsatz, von welchen vier nach Durchführung der Messmodellprüfungen zur Verbesserung der Gütekriterien eliminiert werden mussten und drei Indikatoren zur finalen Messung des Erfolgsfaktors beibehalten werden konnten. Diese verbleibenden Indikatoren weisen im Hinblick auf die Gütekriterien der ersten Generation zunächst ein zufriedenstellendes Cronbachs Alpha von 0,894 auf. Ferner überschreiten auch die Item-to-Total-Korrelationen deutlich den Mindestwert von 0,5. Die exploratorische Faktorenanalyse verweist ebenfalls auf einen hohen Grad an Konvergenzvalidität, da das Kaiser-Meyer-Olkin-Kriterium mit einem Wert von 0,711 erfüllt ist und bei Extrahierung eines Faktors 75,011% der Varianz erklärt werden. Ferner weisen alle Indikatoren hohe exploratorische Faktorladungen auf (Werte von 0,733 bis 0,933).

Darüber hinaus konnten auch hier die Gütekriterien der zweiten Generation, sofern anwendbar, voll erfüllt werden. So liegen zunächst im Hinblick auf die lokalen Anpassungsmaße erneut alle Indikatorreliabilitäten über dem geforderten Mindestwert von 0,4. Ferner ergeben sich auch für die Faktorreliabilität und die durchschnittlich erfasste Varianz angemessene Werte von 0,899 und 0,750.

---

828 Vgl. Abschnitt 3.2.5.1.
829 Vgl. Gummerus et al. (2012), S. 876; Demiray/Burnaz (2014), S. 38.
830 Vgl. Abschnitt 5.1.2.

Die globalen Anpassungsmaße ließen sich angesichts der genauen Modellidentifikation mit drei Indikatoren nicht ermitteln.[831] Insgesamt repräsentiert das Messmodell der Meinungsführerschaft jedoch sehr gut die Daten aus der Empirie und soll vor diesem Hintergrund nicht abgelehnt werden. Tabelle 28 fasst die Ergebnisse für den Erfolgsfaktor der Meinungsführerschaft noch einmal zusammen.

<table>
<tr><th colspan="9">Meinungsführerschaft</th></tr>
<tr><th colspan="9">Kriterien der ersten Generation</th></tr>
<tr><th colspan="5">Indikatoren</th><th colspan="2">Faktorladung (exploratorisch)</th><th colspan="2">Item-to-Total-Korrelation</th></tr>
<tr><td>3.1</td><td colspan="4">Ich nutze die Adidas Community auf Facebook, da sich andere Nutzer aufgrund meiner Meinung für Produkte der Marke Adidas entscheiden.</td><td colspan="2">0,918</td><td colspan="2">0,834</td></tr>
<tr><td>3.2</td><td colspan="4">Ich nutze die Adidas Community auf Facebook, um andere Nutzer davon zu überzeugen, die Produkte der Marke Adidas zu kaufen, die mir gefallen.</td><td colspan="2">0,933</td><td colspan="2">0,840</td></tr>
<tr><td>3.3</td><td colspan="4">Ich nutze die Adidas Community auf Facebook, um anderen Nutzern meine Meinung zu Produkten der Marke Adidas mitzuteilen.</td><td colspan="2">0,733</td><td colspan="2">0,704</td></tr>
<tr><th colspan="2">Deskriptive Beurteilungskennzahl</th><th colspan="7">Ergebnisse der exploratorischen Faktorenanalyse</th></tr>
<tr><th colspan="2">Cronbachs Alpha (≥ 0,7)</th><th>Extraktionsmethode</th><th colspan="2">Kaiser-Meyer-Olkin-Kriterium (≥0,5)</th><th colspan="2">Anzahl extrahierter Faktoren (=1)</th><th colspan="2">Erklärte Varianz (≥ 50%)</th></tr>
<tr><td colspan="2">0,894</td><td>Hauptachsen-Faktorenanalyse</td><td colspan="2">0,711</td><td colspan="2">1</td><td colspan="2">75,011</td></tr>
<tr><th colspan="9">Kriterien der zweiten Generation</th></tr>
<tr><th colspan="9">Lokale Anpassungsmaße</th></tr>
<tr><th colspan="3">Indikatoren</th><th>Indikatorreliabilität</th><th colspan="5">Faktorladung (konfirmatorisch)</th></tr>
<tr><td>3.1</td><td colspan="2">Ich nutze die Adidas Community auf Facebook, da sich andere Nutzer aufgrund meiner Meinung für Produkte der Marke Adidas entscheiden.</td><td>0,841</td><td colspan="5" rowspan="3">FR: 0,899 DEV: 0,750
3.1 → 0,917***
3.2 → 0,934***
3.3 → 0,733***
Meinungsführerschaft
***: Signifikant auf 0,1%-Niveau</td></tr>
<tr><td>3.2</td><td colspan="2">Ich nutze die Adidas Community auf Facebook, um andere Nutzer davon zu überzeugen, die Produkte der Marke Adidas zu kaufen, die mir gefallen.</td><td>0,872</td></tr>
<tr><td>3.3</td><td colspan="2">Ich nutze die Adidas Community auf Facebook, um anderen Nutzern meine Meinung zu Produkten der Marke Adidas mitzuteilen.</td><td>0,537</td></tr>
<tr><th colspan="9">Globale Anpassungsmaße</th></tr>
<tr><th>χ²</th><th>df</th><th>χ²/df</th><th>CFI</th><th>GFI</th><th>AGFI</th><th>TLI</th><th>SRMR</th><th>RMSEA</th></tr>
<tr><td>-</td><td>-</td><td>-</td><td>-</td><td>-</td><td>-</td><td>-</td><td>-</td><td>-</td></tr>
</table>

Tabelle 28: Reliabilitäts- und Validitätskriterien der ersten und zweiten Generation für den Erfolgsfaktor der Meinungsführerschaft

---

[831] Vgl. Backhaus et al. (2006), S. 366; Abschnitt 5.2.1.1.

5.2.2 Operationalisierung der inhaltsorientierten Erfolgsfaktoren

In diesem Abschnitt wird nun die Operationalisierung der im Rahmen der Konzeptionalisierung und Modellentwicklung dieser Arbeit identifizierten inhaltsorientierten Erfolgsfaktoren dargestellt. Im Einzelnen behandeln die Abschnitte 5.2.2.1 bis 5.2.2.5 dabei je die Operationalisierung der durch die Manager der Social Media Brand Communities zur Verfügung gestellten Unterhaltsamen, Lebhaften, Informativen, Interaktiven und Glaubwürdigen Inhalte.

5.2.2.1 Operationalisierung der Unterhaltsamen Inhalte

Der erste inhaltsorientierte Erfolgsfaktor in dieser Untersuchung beschreibt, inwiefern sich die Nutzer durch die Inhalte der Community- Manager unterhalten fühlen beziehungsweise diese Inhalte den Nutzern Vergnügen, Spaß und Freude bereiten.[832]

Zur Operationalisierung des Konstrukts wurden die bereits in den Studien von Jahn/Kunz (2012), Chen et al. (2013) und Hsu et al. (2015) zur Messung vergleichbarer Konstrukte verwendeten Indikatoren herangezogen und auf den spezifischen Untersuchungskontext angepasst.[833] Zudem wurde eine Eigenentwicklung hinzugefügt, welche die Tests im Rahmen der Entwicklung des Erhebungsinstruments bestand und durch die Experteninterviews belegt werden konnte.[834]

So wurden auch zur Erfassung dieses Konstrukts insgesamt sieben reflektive Indikatoren eingesetzt, von welchen nach eingehender Prüfung durch die Kriterien der ersten und zweiten Generation vier zur finalen Messung des Erfolgsfaktors beibehalten werden konnten. Für diese Indikatoren beträgt zunächst im Hinblick auf die Gütekriterien der ersten Generation Cronbachs Alpha 0,934. Auch die Item-to-Total-Korrelationen der einzelnen Indikatoren überschreiten alle deutlich den geforderten Mindestwert von 0,5.

Im Rahmen der exploratorischen Faktorenanalyse können ebenfalls zufriedenstellende Werte erzielt werden, da das Kaiser-Meyer-Olkin-Kriterium mit einem Wert von 0,862 überschritten ist und bei Extrahierung eines Faktors 78,083% der Varianz erklärt werden. Ferner weisen alle Indikatoren hohe exploratorische Faktorladungen auf (Werte von 0,858 bis 0,915).

Auch hier werden zudem die Gütekriterien der zweiten Generation voll erfüllt. So überschreiten zunächst im Hinblick auf die lokalen Anpassungsmaße alle Indikatorreliabilitäten den geforderten Mindestwert von 0,4. Auch für die Faktorreliabilität und die durchschnittlich erfasste Varianz werden hohe Werte von 0,934 und 0,781 erzielt.

---

832 Vgl. Abschnitt 3.2.5.2.
833 Vgl. Jahn/Kunz (2012), S. 360; Chen et al. (2013), S. 13; Hsu et al. (2015), S. 492.
834 Vgl. Abschnitt 5.1.2.

Darüber hinaus zeigt sich bei den globalen Anpassungsmaßen mit den folgenden Werten ebenfalls ein ausgezeichnetes Bild: Chi²/df = 1,117; CFI = 1,000; GFI = 0,996; AGFI = 0,978; TLI= 0,999; SRMR = 0,007; RMSEA = 0,022. Auf der Basis dieser Ergebnisse wird das Messmodell dieser Untersuchung für den Erfolgsfaktor nicht abgelehnt. Tabelle 29 stellt die einzelnen Ergebnisse für den Erfolgsfaktor der Unterhaltsamen Inhalte überblicksartig dar.

Unterhaltsame Inhalte

Kriterien der ersten Generation

	Indikatoren	Faktorladung (exploratorisch)	Item-to-Total-Korrelation
4.1	Die Inhalte, die Adidas in der Community postet, bereiten mir Spaß.	0,915	0,871
4.3	Die Inhalte, die Adidas in der Community postet, sind spannend.	0,870	0,834
4.5	Die Inhalte, die Adidas in der Community postet, bereiten mir Vergnügen.	0,890	0,850
4.7	Insgesamt postet Adidas in der Community unterhaltsame Inhalte.	0,858	0,824

Deskriptive Beurteilungskennzahl	Ergebnisse der exploratorischen Faktorenanalyse			
Cronbachs Alpha (≥ 0,7)	Extraktionsmethode	Kaiser-Meyer-Olkin-Kriterium (≥0,5)	Anzahl extrahierter Faktoren (=1)	Erklärte Varianz (≥ 50%)
0,934	Hauptachsen-Faktorenanalyse	0,862	1	78,083

Kriterien der zweiten Generation

Lokale Anpassungsmaße

	Indikatoren	Indikatorreliabilität	Faktorladung (konfirmatorisch)
4.1	Die Inhalte, die Adidas in der Community postet, bereiten mir Spaß.	**0,839**	**0,916*****
4.3	Die Inhalte, die Adidas in der Community postet, sind spannend.	**0,759**	**0,871*****
4.5	Die Inhalte, die Adidas in der Community postet, bereiten mir Vergnügen.	**0,792**	**0,890*****
4.7	Insgesamt postet Adidas in der Community unterhaltsame Inhalte.	**0,734**	**0,857*****

Unterhaltsame Inhalte — **FR: 0,934 DEV: 0,781**

***: Signifikant auf 0,1%-Niveau

Globale Anpassungsmaße

χ^2	df	χ^2/df	CFI	GFI	AGFI	TLI	SRMR	RMSEA
2,234	2,000	1,117	1,000	0,996	0,978	0,999	0,007	0,022

Tabelle 29: **Reliabilitäts- und Validitätskriterien der ersten und zweiten Generation für den Erfolgsfaktor der Unterhaltsamen Inhalte**

5.2.2.2 Operationalisierung der Lebhaften Inhalte

Als zweiter inhaltsorientierter Erfolgsfaktor des Untersuchungsmodells stehen die Lebhaften Inhalte in dieser Arbeit dafür, inwiefern verschiedene Sinne der Nutzer durch Elemente wie Bilder, Videos, Links etc. in den Inhalten der Community- Manager stimuliert werden.[835]

Für dieses Konstrukt wurde zunächst basierend auf den Studien beziehungsweise Operationalisierungen von Vries/Gensler/Leeflang (2012) und Cvijikj/Michahelles (2013) ein Set von vier reflektiven Indikatoren erstellt.[836] Zusätzlich wurden hier zwei Indikatoren selbst entwickelt, welche jedoch ebenfalls die genannten Tests im Rahmen der Entwicklung des Erhebungsinstruments durchliefen sowie im Rahmen der Expertengespräche diskutiert wurden.[837]

Von diesen sechs Indikatoren konnten nach eingehender Prüfung durch die Kriterien der ersten und zweiten Generation vier Indikatoren zur finalen Messung des Erfolgsfaktors beibehalten werden. Diese Indikatoren weisen im Hinblick auf die Gütekriterien der ersten Generation zunächst ein zufriedenstellendes Cronbachs Alpha von 0,784 auf. Die Item-to-Total-Korrelationen der einzelnen Indikatoren überschreiten ebenfalls alle den geforderten Mindestwert von 0,5.

Bei der exploratorischen Faktorenanalyse wird ein Faktor mit einer Varianzerklärung von 49,173% extrahiert, womit die Grenze von 50% nur sehr knapp verfehlt wird. Zudem weisen alle Indikatoren zufriedenstellende exploratorische Faktorladungen auf (Werte von 0,576 bis 0,840), während das KMO-Kriterium mit einem Wert von 0,761 deutlich über dem geforderten Mindestwert liegt.

Auch die Gütekriterien der zweiten Generation weisen insgesamt gute Werte auf. Während die Faktorreliabilität bei 0,792 liegt, verfehlt die durchschnittlich erfasste Varianz den geforderten Mindestwert von 0,5 mit 0,492 nur sehr knapp. Bezüglich der Indikatorreliabilitäten liegen bis auf eine Ausnahme (Indikator 5.5 mit 0,345) alle verbleibenden Indikatoren über dem Mindestwert von 0,4. Jedoch kann die genannte knappe Unterschreitung eines Indikators toleriert und der errechnete Wert als akzeptabel angesehen werden, da im Schrifttum sogar bereits eine Indikatorreliabilität über 0,2 oder 0,1 als ausreichend angesehen wird.[838]

Auch die globalen Anpassungsmaße stehen im Einklang mit den geforderten Grenzwerten (Chi^2/df = 2,661; CFI = 0,988; GFI = 0,990; AGFI = 0,949; TLI = 0,965; SRMR = 0,026; RMSEA = 0,082). Vor diesem Hintergrund wird das Messmodell dieser Untersuchung für den Erfolgsfaktor nicht ab-

---

835 Vgl. Abschnitt 3.2.5.2.
836 Vgl. Vries/Gensler/Leeflang (2012), S. 86 f.; Cvijikj/Michahelles (2013), S. 7.
837 Vgl. Abschnitt 5.1.2.
838 Vgl. Balderjahn (1985), S. 257; Schmidthals (2007), S. 171; Popp (2011), S. 111.

gelehnt. Tabelle 30 fasst die Ergebnisse für den Erfolgsfaktor der Lebhaften Inhalte noch einmal zusammen.

Lebhafte Inhalte			
Kriterien der ersten Generation			
Indikatoren		**Faktorladung (exploratorisch)**	**Item-to-Total-Korrelation**
5.3	Die Inhalte, die Adidas in der Community postet, beziehen Links mit ein.	0,620	0,533
5.4	Die Inhalte, die Adidas in der Community postet, schließen Videos mit ein.	0,840	0,698
5.5	Die Inhalte, die Adidas in der Community postet, schließen Livestreams mit ein.	0,576	0,505
5.6	Insgesamt postet Adidas in der Community lebhafte Inhalte (z.B. Fotos/Bilder, Videos, Links, Livestreams).	0,739	0,636

Deskriptive Beurteilungskennzahl	**Ergebnisse der exploratorischen Faktorenanalyse**			
Cronbachs Alpha (≥ 0,7)	**Extraktionsmethode**	**Kaiser-Meyer-Olkin-Kriterium (≥0,5)**	**Anzahl extrahierter Faktoren (=1)**	**Erklärte Varianz (≥ 50%)**
0,784	Hauptachsen-Faktorenanalyse	0,761	1	49,173

Kriterien der zweiten Generation			
Lokale Anpassungsmaße			
Indikatoren		**Indikator-reliabilität**	**Faktorladung (konfirmatorisch)**
5.3	Die Inhalte, die Adidas in der Community postet, beziehen Links mit ein.	**0,402**	**0,634*****
5.4	Die Inhalte, die Adidas in der Community postet, schließen Videos mit ein.	**0,699**	**0,836*****
5.5	Die Inhalte, die Adidas in der Community postet, schließen Livestreams mit ein.	**0,345**	**0,587*****
5.6	Insgesamt postet Adidas in der Community lebhafte Inhalte (z.B. Fotos/Bilder, Videos, Links, Livestreams).	**0,523**	**0,723*****

Lebhafte Inhalte — **FR: 0,792 DEV: 0,492** — ***: Signifikant auf 0,1%-Niveau

Globale Anpassungsmaße								
χ^2	**df**	**χ^2/df**	**CFI**	**GFI**	**AGFI**	**TLI**	**SRMR**	**RMSEA**
5,323	2,000	2,661	0,988	0,990	0,949	0,965	0,026	0,082

Tabelle 30: Reliabilitäts- und Validitätskriterien der ersten und zweiten Generation für den Erfolgsfaktor der Lebhaften Inhalte

5.2.2.3 Operationalisierung der Informativen Inhalte

Der dritte inhaltsorientierte Erfolgsfaktor der Informativen Inhalte repräsentiert in dieser Untersuchung, inwiefern die Inhalte der Community- Manager für die Nutzer aktuelle, richtige und relevante Informationen zur Marke miteinschließen.[839] Diesbezüglich stellten die bereits zur Messung ähnlicher Konstrukte verwendeten Indikatoren von Chi (2011), Almeida et al. (2013), Kuo/Feng (2013)

[839] Vgl. Abschnitt 3.2.5.2.

und Hsu et al. (2015) die Basis zur Operationalisierung des Konstrukts in dieser Untersuchung dar.[840] Auch hier wurde zusätzlich noch eine Eigenentwicklung hinzugefügt, welche ebenfalls die genannten Tests im Rahmen der Entwicklung des Erhebungsinstruments durchlief und im Rahmen der Expertengespräche als adäquat bewertet wurde.[841]

Informative Inhalte

Kriterien der ersten Generation

Indikatoren		Faktorladung (exploratorisch)	Item-to-Total-Korrelation
6.2	Die Inhalte, die Adidas in der Community postet, bieten aktuelle Informationen zur Marke.	0,710	0,677
6.5	Die Inhalte, die Adidas in der Community postet, erlauben mir mein Wissen über die Marke zu steigern.	0,879	0,818
6.6	Die Inhalte, die Adidas in der Community postet, bieten mir neue Informationen zur Marke.	0,872	0,815
6.7	Insgesamt postet Adidas in der Community informative Inhalte.	0,887	0,828

Deskriptive Beurteilungskennzahl	Ergebnisse der exploratorischen Faktorenanalyse			
Cronbachs Alpha (≥ 0,7)	Extraktionsmethode	Kaiser-Meyer-Olkin-Kriterium (≥0,5)	Anzahl extrahierter Faktoren (=1)	Erklärte Varianz (≥ 50%)
0,903	Hauptachsen-Faktorenanalyse	0,839	1	70,602

Kriterien der zweiten Generation

Lokale Anpassungsmaße

Indikatoren		Indikator-reliabilität	Faktorladung (konfirmatorisch)
6.2	Die Inhalte, die Adidas in der Community postet, bieten aktuelle Informationen zur Marke.	**0,504**	**0,710*** **
6.5	Die Inhalte, die Adidas in der Community postet, erlauben mir mein Wissen über die Marke zu steigern.	**0,783**	**0,885*** **
6.6	Die Inhalte, die Adidas in der Community postet, bieten mir neue Informationen zur Marke.	**0,759**	**0,871*** **
6.7	Insgesamt postet Adidas in der Community informative Inhalte.	**0,778**	**0,882*** **
			Informative Inhalte — **FR: 0,905 DEV: 0,706**
			***: Signifikant auf 0,1%-Niveau

Globale Anpassungsmaße

χ^2	df	χ^2/df	CFI	GFI	AGFI	TLI	SRMR	RMSEA
2,299	2,000	1,149	1,000	0,995	0,977	0,999	0,009	0,025

Tabelle 31: Reliabilitäts- und Validitätskriterien der ersten und zweiten Generation für den Erfolgsfaktor der Informativen Inhalte

[840] Vgl. Chi (2011), S. 51; Almeida et al. (2013), S. 217; Kuo/Feng (2013), S. 955; Hsu et al. (2015), S. 492.
[841] Vgl. Abschnitt 5.1.2.

So wurden auch zur Erfassung dieses Konstrukts sieben reflektive Indikatoren eingesetzt, von welchen nach eingehender Prüfung durch die Kriterien der ersten und zweiten Generation letztlich vier Indikatoren das finale Messmodell des Erfolgsfaktors abbildeten. Diese vier Indikatoren weisen im Hinblick auf die Gütekriterien der ersten Generation zunächst ein hohes Cronbachs Alpha von 0,903 auf. Auch die Item-to-Total-Korrelationen liegen alle deutlich über dem Grenzwert von 0,5. Die exploratorische Faktorenanalyse verweist ebenfalls auf einen hohen Grad an Konvergenzvalidität, da das Kaiser-Meyer-Olkin-Kriterium mit einem Wert von 0,839 überschritten ist und bei Extrahierung eines Faktors 70,602% der Varianz erklärt werden. Ferner weisen alle Indikatoren hohe exploratorische Faktorladungen auf (Werte von 0,710 bis 0,887).

Darüber hinaus können auch die Gütekriterien der zweiten Generation voll erfüllt werden. So liegen zunächst im Hinblick auf die lokalen Anpassungsmaße alle Indikatorreliabilitäten über dem geforderten Wert von 0,4, während auch die Faktorreliabilität und die durchschnittlich erfasste Varianz zufriedenstellende Werte von 0,905 und 0,706 zeigen. Letztlich stehen auch die globalen Gütekriterien im Einklang mit den geforderten Grenzwerten (Chi^2/df = 1,149; CFI = 1,000; GFI = 0,995; AGFI = 0,977; TLI = 0,999; SRMR = 0,009; RMSEA = 0,025). Vor diesem Hintergrund wird das Messmodell für diesen Erfolgsfaktor ebenfalls nicht abgelehnt. Tabelle 31 stellt die einzelnen Ergebnisse für den Erfolgsfaktor der Informativen Inhalte überblicksartig dar.

5.2.2.4 Operationalisierung der Interaktiven Inhalte

Der vierte inhaltsorientierte Erfolgsfaktor der Interaktiven Inhalte repräsentiert in dieser Untersuchung, inwiefern Inhalte der Community- Manager zeitnah als Reaktion auf Anfragen der Nutzer gepostet werden und diesen somit das Gefühl geben, dass ihnen zugehört wird.[842] Zur Operationalisierung dieses Konstrukts wurden die bereits in den Studien von Jang et al. (2008), Kuo/Feng (2013) und Labrecque (2014) zur Messung vergleichbarer Konstrukte verwendeten Indikatoren herangezogen und auf den spezifischen Untersuchungskontext angepasst.[843]

So wurden auch zur Erfassung dieses Konstrukts sieben reflektive Indikatoren eingesetzt, von welchen nach eingehender Prüfung durch die Kriterien der ersten und zweiten Generation zur finalen Messung des Erfolgsfaktors vier Indikatoren beibehalten werden konnten. Für diese vier verbleibenden Indikatoren konnte im Hinblick auf die Gütekriterien der ersten Generation zunächst ein hohes Cronbachs Alpha von 0,963 erreicht werden. Zudem ergeben sich durchweg Item-to-Total-Korrelationen über 0,5. Auch im Rahmen der exploratorischen Faktorenanalyse konnten mit einem Kaiser-

---

842 Vgl. Abschnitt 3.2.5.2.
843 Vgl. Jang et al. (2008), S. 67; Kuo/Feng (2013), S. 955; Labrecque (2014), S. 138.

Meyer-Olkin-Kriterium von 0,877 und einer erklärten Varianz von 86,831% bei Extrahierung eines Faktors zufriedenstellende Werte erzielt werden. Ferner weisen alle Indikatoren hohe exploratorische Faktorladungen auf (Werte von 0,921 bis 0,939).

Interaktive Inhalte

Kriterien der ersten Generation

Indikatoren		Faktorladung (exploratorisch)	Item-to-Total-Korrelation
7.3	Adidas gibt Nutzern durch seine Interaktivität in der Community das Gefühl, dass ihnen zugehört wird.	0,921	0,900
7.4	Adidas interagiert in der Community intensiv mit den Nutzern.	0,928	0,906
7.5	Adidas gibt Nutzern in der Community schnell Feedback zu ihren Posts.	0,939	0,916
7.7	Insgesamt zeigt Adidas durch seine Inhalte in der Community ein hohes Maß an Interaktivität im Austausch mit den Nutzern.	0,939	0,915

Deskriptive Beurteilungskennzahl	Ergebnisse der exploratorischen Faktorenanalyse			
Cronbachs Alpha (≥ 0,7)	Extraktionsmethode	Kaiser-Meyer-Olkin-Kriterium (≥0,5)	Anzahl extrahierter Faktoren (=1)	Erklärte Varianz (≥ 50%)
0,963	Hauptachsen-Faktorenanalyse	0,877	1	86,831

Kriterien der zweiten Generation

Lokale Anpassungsmaße

Indikatoren		Indikatorreliabilität	Faktorladung (konfirmatorisch)
7.3	Adidas gibt Nutzern durch seine Interaktivität in der Community das Gefühl, dass ihnen zugehört wird.	**0,848**	0,921***
7.4	Adidas interagiert in der Community intensiv mit den Nutzern.	**0,859**	0,927***
7.5	Adidas gibt Nutzern in der Community schnell Feedback zu ihren Posts.	**0,884**	0,940***
7.7	Insgesamt zeigt Adidas durch seine Inhalte in der Community ein hohes Maß an Interaktivität im Austausch mit den Nutzern.	**0,882**	0,939***

Interaktive Inhalte — FR: 0,963 DEV: 0,868

***: Signifikant auf 0,1%-Niveau

Globale Anpassungsmaße

χ^2	df	χ^2/df	CFI	GFI	AGFI	TLI	SRMR	RMSEA
3,369	2,000	1,684	0,999	0,993	0,967	0,997	0,005	0,053

Tabelle 32: Reliabilitäts- und Validitätskriterien der ersten und zweiten Generation für den Erfolgsfaktor der Interaktiven Inhalte

Zudem können auch alle Gütekriterien der zweiten Generation als voll erfüllt angesehen werden. So überschreiten zunächst im Hinblick auf die lokalen Anpassungsmaße alle Indikatorreliabilitäten den geforderten Mindestwert von 0,4. Auch für die Faktorreliabilität und die durchschnittlich erfasste

Varianz ergeben sich zufriedenstellende Werte von 0,963 und 0,868. Letztlich ist auch die Einhaltung der Grenzwerte bezüglich der globalen Gütekriterien gegeben (Chi²/df = 1,684; CFI = 0,999; GFI = 0,993; AGFI = 0,967; TLI = 0,997; SRMR = 0,005; RMSEA = 0,053). Vor diesem Hintergrund wird das Messmodell dieser Untersuchung für den Erfolgsfaktor nicht abgelehnt. Tabelle 32 stellt die einzelnen Ergebnisse für den Erfolgsfaktor der Interaktiven Inhalte überblicksartig dar.

5.2.2.5 Operationalisierung der Glaubwürdigen Inhalte

Als fünfter inhaltsorientierter Erfolgsfaktor dieser Arbeit sollen nachfolgend die Glaubwürdigen Inhalte operationalisiert werden, welche im Einzelnen speziell repräsentieren, inwiefern die einzelnen Inhalte der Community- Manager seitens der Nutzer als überzeugend, verlässlich, ehrlich beziehungsweise authentisch wahrgenommen werden.[844] In diesem Zusammenhang stellten die bereits zur Messung vergleichbarer Konstrukte verwendeten Indikatoren von Chi (2011) und Tsai/Men (2013) die Basis zur Operationalisierung des Konstrukts in dieser Untersuchung dar.[845] Zusätzlich wurde eine Eigenentwicklung hinzugefügt, welche die Tests im Rahmen der Entwicklung des Erhebungsinstruments bestand und durch die Experteninterviews belegt werden konnte.[846]

So wurden zur Messung dieses Konstrukts ebenfalls sieben reflektive Indikatoren eingesetzt, von welchen nach eingehender Prüfung durch die Kriterien der ersten und zweiten Generation vier Indikatoren zur finalen Messung des Erfolgsfaktors verwendet wurden. Diese verbleibenden Indikatoren weisen im Hinblick auf die Gütekriterien der ersten Generation zunächst ein Cronbachs Alpha von 0,942 sowie durchgehend Item-to-Total-Korrelationen über dem Grenzwert von 0,5 auf.

Die exploratorische Faktorenanalyse ergibt ebenfalls einen hohen Grad an Konvergenzvalidität, da das Kaiser-Meyer-Olkin-Kriterium mit einem Wert von 0,858 überschritten ist und bei Extrahierung eines Faktors 80,665% der Varianz erklärt werden. Ferner weisen alle Indikatoren hohe exploratorische Faktorladungen auf (Werte von 0,795 bis 0,935). Darüber hinaus können auch die Gütekriterien der zweiten Generation vollständig erfüllt werden. So liegen zunächst im Hinblick auf die lokalen Anpassungsmaße alle Indikatorreliabilitäten über dem geforderten Mindestwert von 0,4.

Auch die Faktorreliabilität und die durchschnittlich erfasste Varianz zeigen zufriedenstellende Werte von 0,943 und 0,806. Letztlich stehen auch die globalen Gütekriterien im Einklang mit den geforderten Grenzwerten (Chi²/df = 1,625; CFI = 0,999; GFI = 0,994; AGFI = 0,968; TLI = 0,996; SRMR = 0,008; RMSEA = 0,050). Vor diesem Hintergrund soll das Messmodell dieser Untersu-

844 Vgl. Abschnitt 3.2.5.2.
845 Vgl. Chi (2011), S. 51; Tsai/Men (2013), S. 80.
846 Vgl. Abschnitt 5.1.2.

chung für den Erfolgsfaktor der Glaubwürdigen Inhalte nicht abgelehnt werden. Tabelle 33 stellt die einzelnen Ergebnisse für den Erfolgsfaktor überblicksartig dar.

Glaubwürdige Inhalte

Kriterien der ersten Generation

	Indikatoren	Faktorladung (exploratorisch)	Item-to-Total-Korrelation
8.1	Die Inhalte, die Adidas in der Community postet, sind überzeugend.	0,795	0,775
8.4	Die Inhalte, die Adidas in der Community postet, sind verlässlich.	0,935	0,894
8.5	Die Inhalte, die Adidas in der Community postet, entsprechen der Wahrheit.	0,928	0,888
8.7	Insgesamt postet Adidas in der Community glaubwürdige Inhalte.	0,927	0,889

Deskriptive Beurteilungskennzahl	Ergebnisse der exploratorischen Faktorenanalyse			
Cronbachs Alpha (≥ 0,7)	Extraktionsmethode	Kaiser-Meyer-Olkin-Kriterium (≥0,5)	Anzahl extrahierter Faktoren (=1)	Erklärte Varianz (≥ 50%)
0,942	Hauptachsen-Faktorenanalyse	0,858	1	80,665

Kriterien der zweiten Generation

Lokale Anpassungsmaße

	Indikatoren	Indikator-reliabilität	Faktorladung (konfirmatorisch)
8.1	Die Inhalte, die Adidas in der Community postet, sind überzeugend.	**0,629**	**0,793*****
8.4	Die Inhalte, die Adidas in der Community postet, sind verlässlich.	**0,876**	**0,936*****
8.5	Die Inhalte, die Adidas in der Community postet, entsprechen der Wahrheit.	**0,872**	**0,934*****
8.7	Insgesamt postet Adidas in der Community glaubwürdige Inhalte.	**0,848**	**0,921*****

Glaubwürdige Inhalte — **FR: 0,943 DEV: 0,806**

***: Signifikant auf 0,1%-Niveau

Globale Anpassungsmaße

χ^2	df	χ^2/df	CFI	GFI	AGFI	TLI	SRMR	RMSEA
3,250	2,000	1,625	0,999	0,994	0,968	0,996	0,008	0,050

Tabelle 33: Reliabilitäts- und Validitätskriterien der ersten und zweiten Generation für den Erfolgsfaktor der Glaubwürdigen Inhalte

5.2.3 Analyse der Diskriminanzvalidität der Messmodelle der Erfolgsfaktoren

Um eine erste Aussage zur Diskriminanzvalidität der Erfolgsfaktoren treffen zu können, wurde im Anschluss an die Untersuchung der Eignung der einzelnen Messmodelle weiterhin auch eine exploratorische Faktorenanalyse über alle verbliebenen Indikatoren durchgeführt. Dabei konnte die Faktorenstruktur belegt werden, welche aus der Entwicklung und Überprüfung der Messmodelle abgeleitet wurde. Das KMO-Kriterium überschreitet hierbei mit einem Wert von 0,916 deutlich den Grenzwert.[847] Dies kann somit als sehr gutes Ergebnis gewertet werden. Auch alle Indikatoren weisen Faktorladungen größer 0,4 bezüglich des jeweils zugehörigen Faktors auf. In Tabelle 34 ist das Ergebnis der Hauptachsen-Faktorenanalyse für alle Erfolgsfaktoren dargestellt, aus welchem auch jeweils die Ladungen der Indikatoren auf die anderen Faktoren zu entnehmen sind.

Indikator		Faktor 1	2	3	4	5	6	7	8
Social Networking	1.4	,035	-,028	**-,936**	,011	-,041	,000	-,011	-,011
	1.5	,064	,038	**-,824**	-,007	-,026	-,095	,045	,106
	1.6	,052	,104	**-,748**	-,088	,089	,061	-,008	,029
Soziale Normen	2.2	,013	**,880**	-,058	-,012	,002	-,008	,015	,044
	2.3	,042	**,953**	,030	,044	-,020	,001	,016	,033
	2.4	,034	**,959**	,064	-,007	-,015	,011	-,010	-,009
	2.5	,009	**,693**	-,035	-,042	-,059	-,049	,040	,137
	2.6	-,021	**,586**	-,306	-,028	,010	,120	-,079	,005
Meinungsführerschaft	3.1	-,008	,141	-,019	-,015	-,035	-,005	-,009	**,817**
	3.2	,028	,047	,038	-,052	-,004	,038	-,004	**,872**
	3.3	,096	-,043	-,169	-,016	-,066	,062	,031	**,605**
Unterhaltsame Inhalte	4.1	**,899**	,005	,011	,059	-,030	,088	-,021	-,006
	4.3	**,760**	-,026	-,117	,023	-,046	-,015	,094	,080
	4.5	**,886**	,044	,046	,023	-,055	-,011	-,053	,041
	4.7	**,824**	,002	-,056	-,105	,048	,003	,012	-,047
Lebhafte Inhalte	5.3	-,059	-,007	-,103	,088	-,158	,174	**,550**	,002
	5.4	,016	-,056	,038	,023	,030	-,011	**,864**	,100
	5.5	,090	,226	,084	-,193	,167	,023	**,468**	,059
	5.6	,099	,029	-,017	-,133	-,103	,017	**,636**	-,168
Informative Inhalte	6.2	,044	-,074	,053	-,075	-,030	**,585**	,103	,099
	6.5	,037	-,032	-,073	-,086	,015	**,831**	-,078	,098
	6.6	-,001	,088	,028	,063	-,055	**,880**	,002	-,039
	6.7	,051	,007	,024	-,043	-,010	**,821**	,065	-,043
Interaktive Inhalte	7.3	,012	,001	-,023	**-,856**	-,074	,055	-,009	-,008
	7.4	-,027	-,002	-,041	**-,906**	,007	,060	,012	-,005
	7.5	-,003	-,011	,033	**-,908**	-,046	,006	-,012	,070
	7.7	,034	-,001	-,021	**-,920**	-,042	-,041	,005	,002
Glaubwürdige Inhalte	8.1	,096	,039	-,007	-,077	**-,588**	,162	,112	-,007
	8.4	,012	,009	,013	-,017	**-,915**	-,005	,033	,017
	8.5	,053	-,042	,020	-,054	**-,874**	,032	-,037	,042
	8.7	,004	,075	-,010	-,054	**-,896**	-,025	-,007	,018

Extraktionsmethode: Hauptachsen-Faktorenanalyse
Rotationsmethode: Oblimin mit Kaiser-Normalisierung
Kaiser-Meyer-Olkin-Kriterium: 0,916
Kumulierte Varianz der Faktoren: 77,109%

Tabelle 34: Exploratorische Faktorenanalyse für alle Erfolgsfaktoren

Zusätzlich zu den Ergebnissen der exploratorischen Faktorenanalyse sollen die postulierte Faktorenstruktur und Diskriminanzvalidität auch anhand einer konfirmatorischen Faktorenanalyse weiter

[847] Vgl. Abschnitt 4.2.1.

überprüft werden. Diesbezüglich genügen alle Gütemaße den Anforderungen hinsichtlich ihrer Grenzwerte. In Abbildung 52 ist die konfirmatorische Faktorenanalyse für die acht Erfolgsfaktoren zusammenfassend abgebildet.

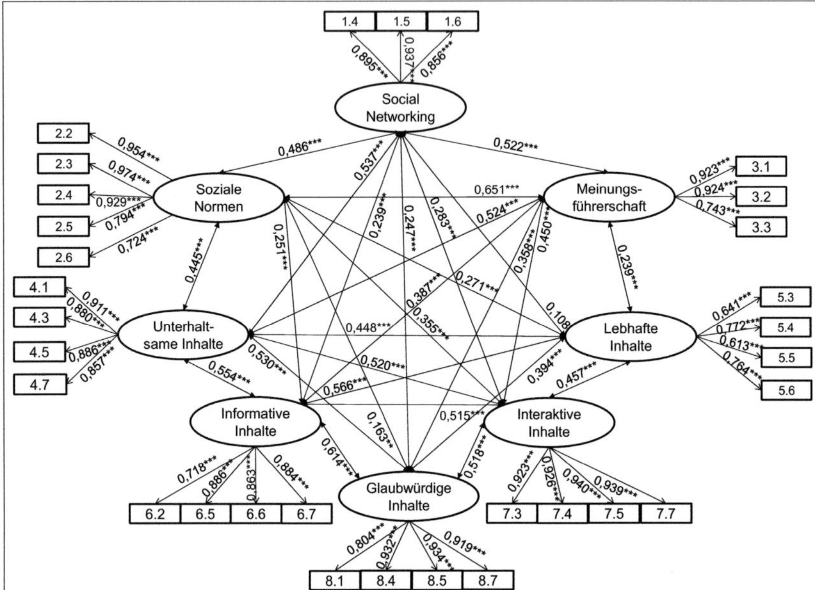

Globale Anpassungsmaße

χ^2 = 774,959	df = 406	χ^2/df = 1,909	CFI = 0,950	TLI = 0,943
GFI^ = 0,968	AGFI^ = 0,961	SRMR = 0,062	RMSEA = 0,061	

Signifikanzen:
*α ≤ 0,10; ** α ≤ 0,05; *** α ≤ 0,01

Abbildung 52: Konfirmatorische Faktorenanalyse für alle Erfolgsfaktoren

Das dritte und strengste Kriterium, welches zur Überprüfung der Diskriminanzvalidität herangezogen wird, ist das Fornell/Larcker-Kriterium.[848] Dadurch wird überprüft, ob die durchschnittlich erfasste Varianz eines Konstruktes höher ist als seine quadrierten Korrelationen mit den anderen Konstrukten.[849]

Auch hier zeigen die Ergebnisse, dass das Fornell/Larcker-Kriterium erfüllt ist und somit die acht Erfolgsfaktoren als diskriminanzvalide angesehen werden können. Die Ergebnisse der Überprüfung des Fornell/Larcker-Kriteriums werden in Tabelle 35 dargestellt.

848 Vgl. Abschnitt 4.2.1; Homburg/Giering (1996), S. 11; Weiber/Mühlhaus (2014), S. 165.

849 Vgl. Abschnitt 4.2.1.

	1	2	3	4	5	6	7	8
Social Networking (1)	**0,803**							
Soziale Normen (2)	0,236	**0,773**						
Meinungsführerschaft (3)	0,272	0,424	**0,750**					
Unterhaltsame Inhalte (4)	0,288	0,198	0,275	**0,781**				
Lebhafte Inhalte (5)	0,012	0,073	0,057	0,201	**0,492**			
Informative Inhalte (6)	0,057	0,063	0,150	0,307	0,320	**0,706**		
Interaktive Inhalte (7)	0,080	0,126	0,203	0,270	0,209	0,265	**0,868**	
Glaubwürdige Inhalte (8)	0,061	0,027	0,128	0,281	0,155	0,377	0,268	**0,806**
Fornell/Larcker-Kriterium	√	√	√	√	√	√	√	√

Tabelle 35: Fornell/Larcker-Kriterium für die Erfolgsfaktoren

5.2.4 Operationalisierung der Erfolgsgrößen

Im Folgenden wird nun die Operationalisierung der im Rahmen der Konzeptionalisierung und Modellentwicklung dieser Arbeit identifizierten Erfolgsgrößen erläutert. Abschnitt 5.2.4.1 beschäftigt sich hierbei mit der Operationalisierung des Nutzerengagements, während Abschnitt 5.2.4.2 die Operationalisierung des Markenvertrauens behandelt. In Abschnitt 5.2.4.3 wird schließlich noch die Operationalisierung der Kaufintention dargelegt.

5.2.4.1 Operationalisierung des Nutzerengagements

Das Nutzerengagement in der Social Media Brand Community stellt die erste zu operationalisierende Erfolgsgröße in dieser Arbeit dar und beschreibt, inwiefern sich die Nutzer zum einen durch das schlichte Lesen oder Beobachten von Beiträgen, aber auch zum anderen durch eigenständige Beiträge in Form von Likes, Comments, Posts und Shares etc. in der Community beteiligen und sich somit sowohl mit den Community- Managern als auch anderen Nutzern austauschen.[850] Zur Messung dieses Konstrukts wurde in dieser Untersuchung vornehmlich auf die Operationalisierungen von Vries/Gensler/Leeflang (2012) und Tsai/Men (2013) zurückgegriffen.[851] Diese wurden auf den spezifischen Kontext dieser Untersuchung angepasst und zu einer Messskala für diese Arbeit miteinander kombiniert.

So wurden auch zur Erfassung dieses Konstrukts insgesamt sieben reflektive Indikatoren eingesetzt, von welchen nach eingehender Prüfung durch die Kriterien der ersten und zweiten Generation drei Indikatoren zur finalen Messung der Erfolgsgröße beibehalten werden konnten. Für diese verbleibenden Indikatoren konnte im Hinblick auf die Gütekriterien der ersten Generation zunächst ein zufriedenstellendes Cronbachs Alpha von 0,777 erreicht werden. Die Item-to-Total-Korrelationen der

---

[850] Vgl. Abschnitt 3.2.5.3.

[851] Vgl. Vries/Gensler/Leeflang (2012), S. 86; Tsai/Men (2013), S. 81.

einzelnen Indikatoren überschreiten ebenfalls den geforderten Mindestwert von 0,5. Bei der exploratorischen Faktorenanalyse wird ein Faktor mit einer Varianzerklärung von 57,452% extrahiert, womit die Grenze von 50% wie gefordert überschritten wird. Zudem weisen die Indikatoren zufriedenstellende exploratorische Faktorladungen auf (Werte von 0,594 bis 0,961), während das KMO-Kriterium mit einem Wert von 0,637 ebenfalls über dem geforderten Mindestwert liegt.

Nutzerengagement

Kriterien der ersten Generation

Indikatoren		Faktorladung (exploratorisch)	Item-to-Total-Korrelation
9.3	Ich schaue mir gerne Videos in der Adidas Community auf Facebook an.	0,669	0,578
9.4	Ich like gerne Posts in der Adidas Community auf Facebook.	0,961	0,722
9.7	Ich poste selbst gerne in der Adidas Community auf Facebook (z.B. Text, Bilder, Videos etc.).	0,594	0,537

Deskriptive Beurteilungskennzahl	Ergebnisse der exploratorischen Faktorenanalyse			
Cronbachs Alpha (≥ 0,7)	Extraktionsmethode	Kaiser-Meyer-Olkin-Kriterium (≥0,5)	Anzahl extrahierter Faktoren (=1)	Erklärte Varianz (≥ 50%)
0,777	Hauptachsen-Faktorenanalyse	0,637	1	57,452

Kriterien der zweiten Generation

Lokale Anpassungsmaße

Indikatoren		Indikatorreliabilität	Faktorladung (konfirmatorisch)
9.3	Ich schaue mir gerne Videos in der Adidas Community auf Facebook an.	**0,446**	**0,668*****
9.4	Ich like gerne Posts in der Adidas Community auf Facebook.	**0,929**	**0,964*****
9.7	Ich poste selbst gerne in der Adidas Community auf Facebook (z.B. Text, Bilder, Videos etc.).	**0,352**	**0,593*****

FR: 0,795 DEV: 0,576 (Nutzerengagement)

***: Signifikant auf 0,1%-Niveau

Globale Anpassungsmaße

χ^2	df	χ^2/df	CFI	GFI	AGFI	TLI	SRMR	RMSEA
-	-	-	-	-	-	-	-	-

Tabelle 36: Reliabilitäts- und Validitätskriterien der ersten und zweiten Generation für die Erfolgsgröße des Nutzerengagements

Ferner konnten auch die Gütekriterien der zweiten Generation soweit anwendbar voll erfüllt werden. So liegen auch hier im Hinblick auf die lokalen Anpassungsmaße die Indikatorreliabilitäten bis auf eine Ausnahme (Indikator 9.7 mit 0,352) über dem geforderten Mindestwert von 0,4. Jedoch kann auch hier wie zuvor bei dem Erfolgsfaktor der Lebhaften Inhalte die genannte knappe Unterschreitung eines Indikators toleriert und der errechnete Wert als akzeptabel angesehen werden, da im Schrifttum sogar bereits eine Indikatorreliabilität über 0,2 oder 0,1 als ausreichend angesehen wird.[852]

Ferner zeigen auch die Faktorreliabilität und die durchschnittlich erfasste Varianz angemessene Werte von 0,795 und 0,576. Die globalen Anpassungsmaße ließen sich angesichts der genauen Modellidentifikation mit drei Indikatoren jedoch nicht ermitteln.[853] Zusammenfassend repräsentiert das Messmodell des Nutzerengagements dennoch sehr gut die Daten aus der Empirie und soll vor diesem Hintergrund nicht abgelehnt werden. Tabelle 36 stellt die einzelnen Ergebnisse für die Erfolgsgröße des Nutzerengagements überblicksartig dar.

5.2.4.2 Operationalisierung des Markenvertrauens

Die zweite Erfolgsgröße des Markenvertrauens in dieser Arbeit beschreibt, inwiefern die Nutzer der Community davon ausgehen, dass die jeweilige Marke ihr Wertversprechen hält und ihre entsprechende Funktion angemessen erfüllt.[854] Gemäß dieses Verständnisses wurde die Operationalisierung basierend auf den bestehenden Indikatoren von Kang (2011), Laroche et al. (2012) und Habibi/Laroche/Richard (2014b) vorgenommen.[855]

Auch zur Messung dieses Konstrukts wurden zunächst sieben reflektive Indikatoren verwendet, von welchen nach eingehender Prüfung durch die Kriterien der ersten und zweiten Generation sechs Indikatoren das finale Messmodell der Erfolgsgröße darstellten. Für diese sechs verbleibenden Indikatoren ergibt sich im Hinblick auf die Gütekriterien der ersten Generation zunächst ein hohes Cronbachs Alpha von 0,958. Zudem weisen diese Indikatoren durchgehend Item-to-Total-Korrelationen über dem Grenzwert von 0,5 auf.

Auch im Rahmen der exploratorischen Faktorenanalyse können sehr gute Ergebnisse erzielt werden, da das Kaiser-Meyer-Olkin-Kriterium mit einem Wert von 0,930 deutlich überschritten ist und bei Extrahierung eines Faktors 79,504% der Varianz erklärt werden. Ferner weisen alle Indikatoren hohe exploratorische Faktorladungen auf (Werte von 0,857 bis 0,938).

Darüber hinaus werden auch die Gütekriterien der zweiten Generation voll erfüllt. So liegen zunächst im Hinblick auf die lokalen Anpassungsmaße alle Indikatorreliabilitäten über dem geforderten Mindestwert von 0,4. Auch die Faktorreliabilität und die durchschnittlich erfasste Varianz zeigen zufriedenstellende Werte von 0,959 und 0,795.

---

852 Vgl. Balderjahn (1985), S. 257; Schmidthals (2007), S. 171; Popp (2011), S. 111.
853 Vgl. Backhaus et al. (2006), S. 366; Abschnitt 5.2.1.1.
854 Vgl. Abschnitt 3.2.5.3.
855 Vgl. Kang (2011), S. 77; Laroche et al. (2012), S. 1766; Habibi/Laroche/Richard (2014b), S. 160.

Letztlich stehen auch die globalen Gütekriterien im Einklang mit den geforderten Grenzwerten (Chi²/df = 2,753; CFI = 0,990; GFI = 0,969; AGFI = 0,927; TLI = 0,984; SRMR = 0,015; RMSEA = 0,084). Vor diesem Hintergrund wird das Messmodell dieser Untersuchung für die Erfolgsgröße nicht abgelehnt. Tabelle 37 stellt die einzelnen Ergebnisse für die Erfolgsgröße des Markenvertrauens überblicksartig dar.

Markenvertrauen

Kriterien der ersten Generation

Indikatoren		Faktorladung (exploratorisch)	Item-to-Total-Korrelation
10.1	Die Marke Adidas ist zuverlässig.	0,891	0,869
10.2	Die Marke Adidas hält, was sie verspricht.	0,938	0,913
10.3	Die Marke Adidas bietet mir, was ich von ihr erwarte.	0,867	0,846
10.4	Ich kann mich auf die Marke Adidas verlassen.	0,928	0,904
10.5	Die Marke Adidas enttäuscht mich nicht.	0,865	0,845
10.7	Insgesamt vertraue ich der Marke Adidas.	0,857	0,837

Deskriptive Beurteilungskennzahl	Ergebnisse der exploratorischen Faktorenanalyse			
Cronbachs Alpha (≥ 0,7)	Extraktionsmethode	Kaiser-Meyer-Olkin-Kriterium (≥0,5)	Anzahl extrahierter Faktoren (=1)	Erklärte Varianz (≥ 50%)
0,958	Hauptachsen-Faktorenanalyse	0,930	1	79,504

Kriterien der zweiten Generation

Lokale Anpassungsmaße

Indikatoren		Indikator-reliabilität	Faktorladung (konfirmatorisch)
10.1	Die Marke Adidas ist zuverlässig.	**0,796**	0,892***
10.2	Die Marke Adidas hält, was sie verspricht.	**0,876**	0,936***
10.3	Die Marke Adidas bietet mir, was ich von ihr erwarte.	**0,757**	0,870***
10.4	Ich kann mich auf die Marke Adidas verlassen.	**0,857**	0,926***
10.5	Die Marke Adidas enttäuscht mich nicht.	**0,757**	0,870***
10.7	Insgesamt vertraue ich der Marke Adidas.	**0,728**	0,853***

FR: 0,959 DEV: 0,795

Markenvertrauen

***: Signifikant auf 0,1%-Niveau

Globale Anpassungsmaße

χ^2	df	χ^2/df	CFI	GFI	AGFI	TLI	SRMR	RMSEA
24,777	9,000	2,753	0,990	0,969	0,927	0,984	0,015	0,084

Tabelle 37: Reliabilitäts- und Validitätskriterien der ersten und zweiten Generation für die Erfolgsgröße des Markenvertrauens

5.2.4.3 Operationalisierung der Kaufintention

Zur Operationalisierung der dritten Erfolgsgröße der Kaufintention, welche im Einzelnen als unmittelbares Interesse der Nutzer an der Marke beziehungsweise die Möglichkeit eines bevorstehenden Markenkaufs verstanden wird[856], wurden bereits zuvor von Algesheimer/Dholakia/Herrmann (2005), Gupta/Kim/Shin (2010), Kim/Ko (2012) und Hutter et al. (2013) verwendete Indikatoren herangezogen und entsprechend auf die spezifische Untersuchung angepasst.[857]

Dabei wurden zur Operationalisierung dieses Konstrukts sechs reflektive Indikatoren eingesetzt, von welchen nach eingehender Prüfung durch die Kriterien der ersten und zweiten Generation vier Indikatoren zur finalen Messung der Erfolgsgröße beibehalten werden konnten. Für diese verbleibenden Indikatoren konnte im Hinblick auf die Gütekriterien der ersten Generation zunächst ein hohes Cronbachs Alpha von 0,940 berechnet werden. Zudem überschreiten die Item-to-Total-Korrelationen der einzelnen Indikatoren ebenfalls den geforderten Mindestwert von 0,5.

Die exploratorische Faktorenanalyse verweist ebenfalls auf einen hohen Grad an Konvergenzvalidität, da das Kaiser-Meyer-Olkin-Kriterium mit einem Wert von 0,852 überschritten ist und bei Extrahierung eines Faktors 80,331% der Varianz erklärt werden. Ferner weisen auch hier alle Indikatoren hohe exploratorische Faktorladungen auf (Werte von 0,788 bis 0,953).

Letztlich können auch die Gütekriterien der zweiten Generation voll erfüllt werden. So liegen zunächst im Hinblick auf die lokalen Anpassungsmaße alle Indikatorreliabilitäten über dem geforderten Mindestwert von 0,4. Auch die Faktorreliabilität und die durchschnittlich erfasste Varianz zeigen zufriedenstellende Werte von 0,942 und 0,804.

Zudem können auch hinsichtlich der globalen Gütekriterien alle geforderten Grenzwerte eingehalten werden (Chi^2/df = 1,433; CFI = 0,999; GFI = 0,994; AGFI = 0,970; TLI = 0,997; SRMR = 0,008; RMSEA = 0,042). Vor diesem Hintergrund muss das Messmodell dieser Untersuchung für die Erfolgsgröße nicht abgelehnt werden. Tabelle 38 stellt die einzelnen Ergebnisse für die Erfolgsgröße der Kaufintention überblicksartig dar.

---

856 Vgl. Abschnitt 3.2.5.3.

857 Vgl. Algesheimer/Dholakia/Herrmann (2005), S. 33; Gupta/Kim/Shin (2010), S. 516; Kim/Ko (2012), S. 1484; Hutter et al. (2013), S. 347.

Kaufintention			
Kriterien der ersten Generation			
Indikatoren		**Faktorladung (exploratorisch)**	**Item-to-Total-Korrelation**
11.1	Ich würde mir gerne Produkte der Marke Adidas kaufen.	0,885	0,844
11.4	Ich werde nach Produkten der Marke Adidas suchen, um diese zu kaufen.	0,788	0,768
11.5	Meine Bereitschaft, Produkte der Marke Adidas zu kaufen, ist hoch.	0,949	0,902
11.6	Insgesamt ist die Wahrscheinlichkeit hoch, dass ich Produkte der Marke Adidas kaufen werde.	0,953	0,903

Deskriptive Beurteilungskennzahl	Ergebnisse der exploratorischen Faktorenanalyse			
Cronbachs Alpha (≥ 0,7)	**Extraktionsmethode**	**Kaiser-Meyer-Olkin-Kriterium (≥0,5)**	**Anzahl extrahierter Faktoren (=1)**	**Erklärte Varianz (≥ 50%)**
0,940	Hauptachsen-Faktorenanalyse	0,852	1	80,331

Kriterien der zweiten Generation			
Lokale Anpassungsmaße			
Indikatoren		**Indikatorreliabilität**	**Faktorladung (konfirmatorisch)**
11.1	Ich würde mir gerne Produkte der Marke Adidas kaufen.	**0,792**	**0,890*****
11.4	Ich werde nach Produkten der Marke Adidas suchen, um diese zu kaufen.	**0,624**	**0,790*****
11.5	Meine Bereitschaft, Produkte der Marke Adidas zu kaufen, ist hoch.	**0,891**	**0,944*****
11.6	Insgesamt ist die Wahrscheinlichkeit hoch, dass ich Produkte der Marke Adidas kaufen werde.	**0,908**	**0,953*****

FR: 0,942 DEV: 0,804 → Kaufintention

***: Signifikant auf 0,1%-Niveau

Globale Anpassungsmaße								
χ^2	**df**	**χ^2/df**	**CFI**	**GFI**	**AGFI**	**TLI**	**SRMR**	**RMSEA**
2,866	2,000	1,433	0,999	0,994	0,970	0,997	0,008	0,042

Tabelle 38: Reliabilitäts- und Validitätskriterien der ersten und zweiten Generation für die Erfolgsgröße der Kaufintention

5.2.5 Analyse der Diskriminanzvalidität der Messmodelle der Erfolgsgrößen

Nach der Überprüfung der Eignung der einzelnen Messmodelle der Erfolgsgrößen wurde in einem nächsten Schritt auch hierzu eine exploratorische Faktorenanalyse über alle verbliebenen Indikatoren durchgeführt. Dabei konnte die aus der Entwicklung und Überprüfung der Messmodelle abgeleitete Faktorenstruktur belegt werden. Das KMO-Kriterium liegt mit einem Wert von 0,923 weit oberhalb des Grenzwertes, was somit als sehr gutes Ergebnis gewertet werden kann.[858] Auch laden alle Indikatoren mit Werten größer 0,4 auf den jeweils zugehörigen Faktor am höchsten. Die nachfolgende Tabelle 39 zeigt das Ergebnis der Hauptachsen-Faktorenanalyse für die drei Erfolgsgrößen, aus der auch jeweils die Ladungen der Indikatoren auf die anderen Faktoren ersichtlich sind.

Indikator		**Faktor**		
		1	**2**	**3**
Nutzer-engagement	9.3	,227	,110	**,550**
	9.4	,058	,041	**,858**
	9.7	-,066	-,035	**,678**
Markenvertrauen	10.1	**,848**	,043	,043
	10.2	**,973**	-,043	-,020
	10.3	**,792**	,119	,003
	10.4	**,960**	-,044	-,011
	10.5	**,908**	-,090	,042
	10.7	**,743**	,181	,004
Kaufintention	11.1	,145	**,844**	-,102
	11.4	-,015	**,762**	,092
	11.5	-,058	**,959**	,058
	11.6	-,011	**,971**	-,026

Extraktionsmethode: Hauptachsen-Faktorenanalyse
Rotationsmethode: Oblimin mit Kaiser-Normalisierung
Kaiser-Meyer-Olkin-Kriterium: 0,923
Kumulierte Varianz der Faktoren: 75,658%

Tabelle 39: Exploratorische Faktorenanalyse für alle Erfolgsgrößen

Zusätzlich zur exploratorischen Faktorenanalyse wurde ebenfalls eine konfirmatorische Faktorenanalyse der Erfolgsgrößen zur Überprüfung der vermuteten Faktorenstruktur durchgeführt. Im Ergebnis waren hierbei zunächst alle errechneten Faktorladungen positiv und hoch signifikant. Ferner konnten auch bei den globalen Anpassungsmaßen alle Kriterien erfüllt werden. Die Modellierung des SMBC Management- Erfolgs in der Form drei einzelner Konstrukte konnte somit durch die konfirmatorische Faktorenanalyse belegt werden. Basierend auf diesen Ergebnissen wird die in Abbildung 53 dargestellte Modellstruktur nicht verworfen.

Darüber hinaus wird die Diskriminanzvalidität der einzelnen Messmodelle der Erfolgsgrößen weiter anhand des Fornell-Larcker-Kriteriums analysiert.[859] Wie aus Tabelle 40 und den darin fett markierten DEV-Werten ersichtlich wird, ist das Fornell/Larcker-Kriterium für die Messmodelle der Erfolgsgrößen dieser Arbeit ebenfalls erfüllt.

---

[858] Vgl. Abschnitt 4.2.1.

[859] Vgl. Fornell/Larcker (1981), S. 45 f.

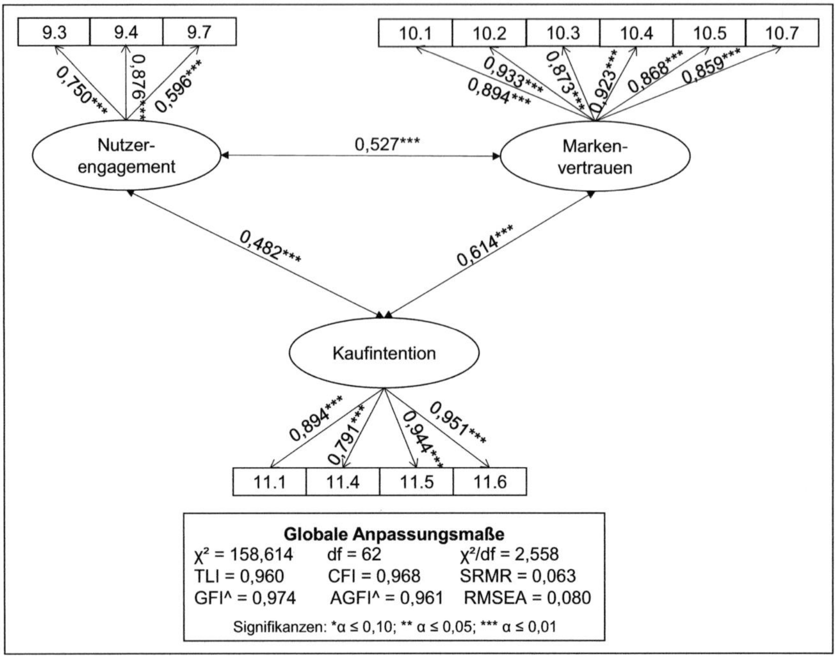

Abbildung 53: Konfirmatorische Faktorenanalyse für die Erfolgsgrößen

	1	2	3
Nutzerengagement (1)	**0,576**		
Markenvertrauen (2)	0,278	**0,795**	
Kaufintention (3)	0,232	0,377	**0,804**
Fornell/Larcker-Kriterium	√	√	√

Tabelle 40: Fornell/Larcker-Kriterium für die Erfolgsgrößen

5.3 Analyse der Wirkungsbeziehungen

Nach Abschluss der Operationalisierung der einzelnen Erfolgsfaktoren und -größen und der Prüfung der zugehörigen Messmodelle sollen in diesem Abschnitt die Wirkungsbeziehungen der Konstrukte untereinander im Fokus der Betrachtung stehen.[860] Dazu werden im Einzelnen die Beziehungen zwischen den Messmodellen der jeweils exogenen und endogenen Konstrukte untersucht. Abbildung 54 stellt das so resultierende finale Strukturgleichungsmodell dieser Untersuchung sowie die dazugehörigen globalen Anpassungsmaße im Überblick dar.

[860] Eine Zusammenfassung der Operationalisierung der Konstrukte inklusive der im Rahmen der Reliabilitäts- und Validitätsprüfung eliminierten Indikatoren befindet sich in Anhang 2. Zudem werden darin die für die Operationalisierung der jeweiligen Konstrukte verwendeten Quellen aus dem Schrifttum angegeben.

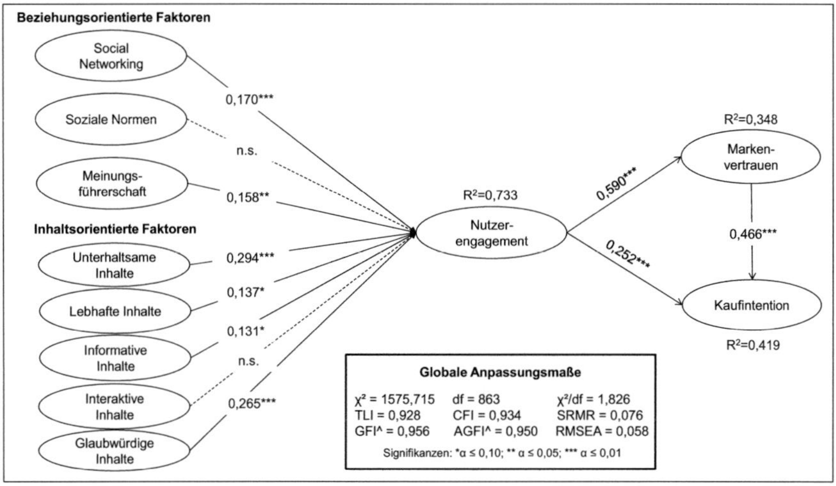

Abbildung 54: Strukturgleichungsmodell und globale Anpassungsmaße im Überblick

Das Modell ist identifiziert und kann zunächst hinsichtlich der globalen Anpassungsmaße eingeschätzt werden, um zu überprüfen, inwiefern das theoretische Modell durch die empirischen Daten widergespiegelt wird. Diesbezüglich kann zunächt konstatiert werden, dass alle Gütemaße die jeweiligen Grenzwerte erreichen oder diese wie gefordert über- beziehungsweise unterschreiten (Chi^2/df = 1,826; CFI = 0,934; GFI^ = 0,956; AGFI^ = 0,950; TLI = 0,928; SRMR = 0,076; RMSEA = 0,058).[861]

Die weiteren Ergebnisse des Modells zeigen, dass die postulierten Erfolgsfaktoren größtenteils einen positiven und signifikanten Einfluss auf das Nutzerengagement ausüben. Insbesondere Unterhaltsame Inhalte (0,294) und Glaubwürdige Inhalte (0,265) der Community- Manager beeinflussen das Nutzerengagement am stärksten, während auch das Social Networking (0,170) und die Meinungsführerschaft (0,158) der Nutzer sowie Lebhafte Inhalte (0,137) und Informative Inhalte (0,131) der Community- Manager einen positiven und signifikanten Einfluss auf das Nutzerengagement ausüben. Die Untersuchungshypothesen H1, H3, H4, H5, H6 und H8 müssen folglich nicht verworfen werden.

Lediglich bezüglich der Faktoren der Sozialen Normen und Interaktiven Inhalte der Community-Manager konnte keine signifikante Wirkung festgestellt werden, weswegen die Hypothesen H2 und H7 verworfen werden müssen. Hierzu kann zunächst die nicht signifikante Wirkungsbeziehung

---

[861] Vgl. zu den Gütemaßen und den entsprechenden Anforderungskriterien die Abschnitte 4.2.1 und 4.2.2.

zwischen dem Faktor der Sozialen Normen und dem Nutzerengagement wie folgt erklärt werden. Zum einen war es den Teilnehmern eventuell trotz der Versicherung im Fragebogen, dass die Auswertung der Untersuchung anonym erfolgte, unangenehm anzugeben, dass sie sich durch andere in ihrer Nutzung beeinflussen lassen. Zum anderen kann jedoch auch vermutet werden, dass die Sozialen Normen die Teilnehmer nur unbewusst beeinflussen und diese daher wahrheitsgemäß angegeben haben, dass diese ihrer Wahrnehmung nach keinen Einfluss auf sie haben.

Darüber hinaus ist es jedoch auch möglich, dass Soziale Normen beziehungsweise der Einfluss anderer für das Nutzerengagement der Umfrageteilnehmer tatsächlich keine Bedeutung besitzen. Dies könnte darin begründet liegen, dass die Teilnehmer derart überzeugte Markenfans sind, dass der Fokus ihrer Nutzung schlicht auf der Marke liegt, sie deswegen vornehmlich an den durch die Community- Manager zur Verfügung gestellten Inhalten zur Marke interessiert sind (inhaltsorientierte Erfolgsfaktoren) und ihnen dementsprechend vergleichsweise wenig an der Pflege von Beziehungen zu anderen Nutzern liegt, wie es z.B. durch das Befolgen der entsprechenden sozialen Normen angestrebt werden könnte. Hierfür würde auch sprechen, dass im Untersuchungsmodell dieser Arbeit hinsichtlich der Erfolgsfaktoren generell die höchsten Pfadkoeffizienten bezüglich der inhaltsorientierten Faktoren identifiziert werden konnten (Unterhaltsame und Glaubwürdige Inhalte), während die verbleibenden beziehungsorientierten Faktoren des Social Networkings und der Meinungsführerschaft vergleichsweise geringere Pfadkoeffizienten aufweisen.

Darüber hinaus kann der nicht signifikante Einfluss der Interaktiven Inhalte der Community- Manager dahingehend interpretiert werden, dass Nutzer zwar generell an einer Interaktion mit den Community- Managern interessiert sind und diese durchaus schnelle Antworten auf ihre Anfragen in den Communities wünschen, es jedoch den Anschein hat, dass die Nutzer nach Erhalt des jeweiligen Feedbacks zufrieden gestellt sind und sich daraus kein weiteres Nutzer-engagement hinsichtlich einer längeren reziproken Konversation in der Community ergibt.

Zur weiteren Beurteilung des Gesamtmodells stellt das Bestimmtheitsmaß R^2 ein wesentliches Kriterium für den Erklärungsgehalt eines Strukturgleichungsmodells dar. So ergibt sich durch die sechs signifikanten Erfolgsfaktoren für das Nutzerengagement ein R^2 von 0,733, welches im Methodenschrifttum als substanziell beziehungsweise bedeutungsvoll bezeichnet wird.[862] Darüber hinaus bietet die Prüfung der exogenen latenten Konstrukte auf Multikollinearität eine weitere Möglichkeit zur Beurteilung der Güte auf Strukturmodellebene. Diesbezüglich konnten im Rahmen der entsprechenden Regressionsanalysen, bei welchen jedes der acht exogenen Konstrukte je als endogene Va-

862 Vgl. Abschnitt 4.2.2.

riable der anderen sieben Konstrukte modelliert wurde, im Ergebnis die Grenzwerte bezüglich der Kollinearitätsmaße der Toleranz und des VIF eingehalten werden. So liegen alle Toleranzwerte deutlich über dem Schwellenwert von 0,2, während auch die VIF-Werte den Grenzwert von 10 nicht überschreiten.[863]

Hinsichtlich der weiteren Wirkungsbeziehungen im Modell zeigen die Ergebnisse ferner hochsignifikante und positive Einflüsse des Nutzerengagements auf das Markenvertrauen (0,590) und die Kaufintention (0,252) der Nutzer, wodurch die Hypothesen H9 und H10 dieser Untersuchung nicht verworfen werden müssen. Dabei kann zunächst angemerkt werden, dass das Nutzerengagement einen deutlich höheren Einfluss auf das Markenvertrauen als auf die Kaufintention ausübt. Zusätzlich ist auch ein positiver und hochsignifikanter Einfluss des Markenvertrauens auf die Kaufintention (0,466) zu erkennen, aufgrund welchem die Hypothese H11 dieser Untersuchung nicht verworfen werden muss. Dabei kann gleichzeitig anhand der genannten Effektstärken festgehalten werden, dass der indirekte Effekt des Nutzerengagements auf die Kaufintention über das Markenvertrauen stärker ist als der direkte Effekt und somit das Markenvertrauen die Beziehung zwischen Nutzerengagement und Kaufintention teilweise mediiert.[864] Aufgrund dieses Resultats muss auch Hypothese H12 dieser Untersuchung nicht verworfen werden.

Darüber hinaus zeigen die Ergebnisse auch bezüglich der Bestimmtheitsmaße R^2 für das Markenvertrauen und die Kaufintention zufriedenstellende Werte von 0,348 und 0,419[865], welche weiterhin für einen hohen Erklärungsgehalt des Strukturgleichungsmodells sprechen. Insgesamt kann das Strukturgleichungsmodell dieser Arbeit auf Basis der zuvor erläuterten Ergebnisse also nicht zurückgewiesen werden.

---

863 Vgl. Abschnitt 4.2.2.
864 Vgl. Abschnitt 4.1.2.
865 Vgl. Abschnitt 4.2.2.

6. Zusammenfassung und Implikationen der Untersuchung

Das letzte Kapitel dieser Arbeit fasst die wesentlichen Ergebnisse der Untersuchung zusammen und leitet daraus Implikationen für Forschung und Praxis ab. Im Einzelnen werden hierbei in Abschnitt 6.1 zunächst die im vorigen Kapitel detailliert dargestellten Ergebnisse noch einmal aggregiert betrachtet. Abschnitt 6.2 beschäftigt sich abschließend mit den daraus ableitbaren Implikationen für die Forschung, während Abschnitt 6.3 mit den entsprechenden Implikationen für die Praxis den Abschluss dieser Arbeit bildet. Abbildung 55 ordnet das letzte Kapitel in die Gesamtuntersuchung ein.

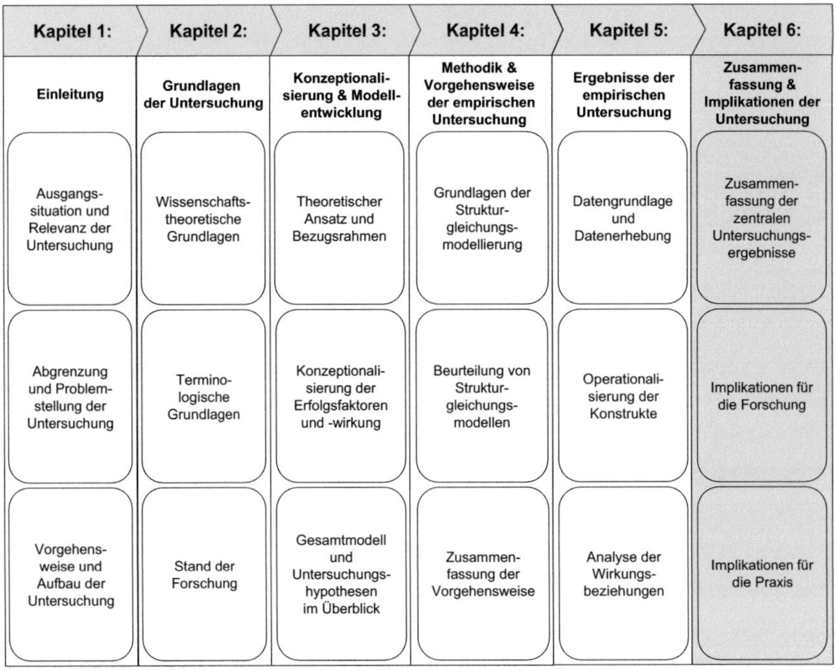

Abbildung 55: Einordnung von Kapitel 6 in die Gesamtuntersuchung

6.1 Zusammenfassung der zentralen Untersuchungsergebnisse

Der Ausgangspunkt dieser Untersuchung lag in der Feststellung, dass vor dem Hintergrund des informations- und kommunikationstechnologieinduzierten Wandels und der damit verbundenen fortschreitenden Digitalisierung das Zusammenspiel von sozialen Medien und Markengemeinschaften Unternehmen und deren Markenkommunikation neue Möglichkeiten im Internet eröffnet. Insbesondere wurde dabei auf die Bedeutung von Markengemeinschaften in sozialen Medien beziehungsweise Social Media Brand Communities abgestellt.[866]

Angesichts dieser Bedeutung wird das damit verbundene Social Media Brand Community- Management für Unternehmen auch im wissenschaftlichen Schrifttum vermehrt betrachtet. Jedoch ergab eine umfangreiche Analyse der bisher existierenden relevanten Studien einen Mangel an komplexen Erfolgsfaktorenmodellen, welche eine umfassende und integrierte Betrachtung von sowohl beziehungs- als auch inhaltsorientierten Faktoren sowie Erfolgsgrößen vornehmen.[867] Diese Arbeit widmet sich dem damit verbundenen Forschungsbedarf.

Als Basis zur Konzeptionalisierung eines entsprechenden Untersuchungsmodells konnte zunächst die Uses & Gratifications Theory identifiziert werden.[868] Die resultierende monotheoretische Konzeptionalisierung bildete die Grundlage für den heuristischen Bezugsrahmen, welcher zusätzlich durch die Erkenntnisse aus der Analyse des Schrifttums sowie den Nutzerinterviews und der qualitativen Inhaltsanalyse erweitert wurde.[869]

Auf der Grundlage dieses heuristischen Bezugsrahmens wurden zunächst die verschiedenen beziehungs- und inhaltsorientierten Erfolgsfaktoren sowie die Erfolgsgrößen im Social Media Brand Community- Management konzeptionalisiert und operationalisiert.[870] Dabei wurden zum einen Effekte des Social Networkings, der Sozialen Normen und der Meinungsführerschaft (beziehungsorientierte Erfolgsfaktoren) auf das Nutzerengagement in Social Media Brand Communities unterstellt. Zum anderen wurden Unterhaltsame, Lebhafte, Informative, Interaktive und Glaubwürdige Inhalte der Community- Manager (inhaltsorientierte Erfolgsfaktoren) als Einflussfaktoren des Nutzerengagements modelliert. Darüber hinaus wurden Wirkungsbeziehungen zwischen dem Nutzerengagement und dem Markenvertrauen sowie der Kaufintention der Nutzer postuliert, während ferner noch die Wirkung des Markenvertrauens auf die Kaufintention beziehungsweise die mediierende Wirkung der Kaufintention in der Beziehung zwischen Nutzerengagement und Markenvertrauen der Nutzer untersucht wurden.[871] Zur empirischen Überprüfung der formulierten Untersuchungshypothesen wurde der Ansatz der kovarianzbasierten Strukturgleichungsmodellierung gewählt.[872]

866 Vgl. Abschnitt 1.1.
867 Vgl. Abschnitt 2.3.
868 Vgl. Abschnitt 3.1.
869 Vgl. Abschnitt 3.1.3.
870 Vgl. die Abschnitte 3.2 und 5.2.
871 Vgl. Abschnitt 3.2.5.
872 Vgl. Abschnitt 4.1.1.

Im Hinblick auf die Operationalisierung beziehungsweise Entwicklung des Fragebogens wurden zunächst durch eine Analyse des Schrifttums bereits bestehende Skalen zu den Konstrukten des Untersuchungsmodells identifiziert, miteinander kombiniert, auf den spezifischen Untersuchungskontext angepasst und durch Eigenentwicklungen ergänzt.[873] Ferner wurden die so entstandenen ursprünglichen Messkalen für diese Untersuchung einem iterativen Prüfungsprozess unterzogen, welcher Experteninterviews, Think-Aloud- Tests, Item-Sorting- Tests sowie einen Pretest beinhaltete. Dies sollte der Verbesserung der Verständlichkeit der Messskalen sowie der Überprüfung von Reliabilität und Validität der Indikatoren vor der Haupterhebung dienen.[874]

Im Rahmen dieser Erhebung wurden zur empirischen Überprüfung des Untersuchungsmodells Nutzer der Social Media Brand Communities von Sportmarken auf Facebook befragt. Insgesamt konnten diesbezüglich 247 verwertbare Rückläufer generiert und in den Auswertungsprozess miteinbezogen werden. Im Hinblick auf diese Stichprobe wurden weitere Tests durchgeführt, um einen potenziellen Common Method Bias und Non-Response Bias auszuschließen.[875] Insgesamt konnte so eine reliable und valide Messung der operationalisierten Erfolgsfaktoren und -größen dieser Untersuchung belegt werden.[876]

Ferner konnten unter Anwendung der Strukturgleichungsmodellierung größtenteils signifikante positive Pfadkoeffizienten für die postulierten Wirkungsbeziehungen des Untersuchungsmodells nachgewiesen werden. Die globalen Anpassungsmaße belegen zusätzlich die hohe Güte des Strukturgleichungsmodells dieser Untersuchung.[877] Tabelle 41 stellt die Ergebnisse der empirischen Überprüfung des Hypothesensystems im Einzelnen dar.

Nr.	Untersuchungshypothese	Ergebnis
H_1	Je ausgeprägter das Social Networking der Nutzer, desto höher ist das Nutzerengagement in der Social Media Brand Community.	Nicht verworfen
H_2	Je ausgeprägter die Wahrnehmung Sozialer Normen durch die Nutzer, desto höher ist das Nutzerengagement in der Social Media Brand Community.	Verworfen
H_3	Je ausgeprägter die Meinungsführerschaft der Nutzer, desto höher ist das Nutzerengagement in der Social Media Brand Community.	Nicht verworfen

873 Vgl. Abschnitt 5.2.
874 Vgl. Abschnitt 5.1.2.
875 Vgl. die Abschnitte 5.1.1 und 5.1.4.2.
876 Vgl. Abschnitt 5.2.
877 Vgl. Abschnitt 5.3.

Nr.	Untersuchungshypothese	Ergebnis
H_4	Je höher der Grad an Unterhaltsamen Inhalten der Community-Manager, desto höher ist das Nutzerengagement in der Social Media Brand Community.	Nicht verworfen
H_5	Je höher der Grad an Lebhaften Inhalten der Community- Manager, desto höher ist das Nutzerengagement in der Social Media Brand Community.	Nicht verworfen
H_6	Je höher der Grad an Informativen Inhalten der Community- Manager, desto höher ist das Nutzerengagement in der Social Media Brand Community.	Nicht verworfen
H_7	Je höher der Grad an Interaktiven Inhalten der Community- Manager, desto höher ist das Nutzerengagement in der Social Media Brand Community.	Verworfen
H_8	Je höher der Grad an Glaubwürdigen Inhalten der Community-Manager, desto höher ist das Nutzerengagement in der Social Media Brand Community.	Nicht verworfen
H_9	Je höher das Nutzerengagement in der Social Media Brand Community, desto größer ist das Markenvertrauen der Nutzer.	Nicht verworfen
H_{10}	Je höher das Nutzerengagement in der Social Media Brand Community, desto höher ist die Kaufintention der Nutzer.	Nicht verworfen
H_{11}	Je größer das Markenvertrauen der Nutzer, desto höher ist ihre Kaufintention.	Nicht verworfen
H_{12}	Das Markenvertrauen der Nutzer mediiert die positive Wirkungsbeziehung zwischen dem Nutzerengagement und der Kaufintention der Nutzer.	Nicht verworfen

Tabelle 41: Ergebnisse der empirischen Überprüfung des Hypothesensystems

6.2 Implikationen für die Forschung

Diese Arbeit zielt explizit darauf ab, eine umfassende und integrierte Betrachtung von beziehungs- und inhaltsorientierten Erfolgsfaktoren sowie Erfolgsgrößen im Social Media Brand Community-Management vorzunehmen. Die Konzeptionalisierung der jeweiligen Konstrukte und die damit verbundenen Wirkungsbeziehungen resultieren in einem komplexen und facettenreichen Untersuchungsmodell, welches in dieser Form noch nicht im relevanten Schrifttum empirisch überprüft worden ist.

Die vorgenommene Konzeptionalisierung und Operationalisierung sowie das postulierte Hypothesensystem konnten durch die Reliabilität und Validität der Resultate der empirischen Erhebung größtenteils belegt werden.[878] So können anhand der Ergebnisse dieser Untersuchung für die wissenschaftliche Forschung einige wichtige Implikationen abgeleitet werden.

So kann zunächst konstatiert werden, dass in dieser Arbeit, im Gegensatz zum Großteil des bisherigen relevanten Social Media Brand Community- Schrifttums, die zur Generierung adäquater empirischer Resultate empfehlenswertere homogene Vorgehensweise hinsichtlich einer spezifischen Industrie der zu untersuchenden Social Media Brand Communities gewählt wurde.[879] Angesichts der damit verbundenen reliablen und validen Ergebnisse der empirischen Untersuchung kann diese Vorgehensweise folglich auch für zukünftige vergleichbare Studien empfohlen werden.

Darüber hinaus wurden bislang in den einzelnen Studien des relevanten Schrifttums generell nur wenige Erfolgsfaktoren des Social Media Brand Community- Managements gleichzeitig betrachtet und nachgewiesen. Während hierbei die meisten Studien nur entweder beziehungs- oder inhaltsorientierte Erfolgsfaktoren untersuchen, mangelt es im bisherigen Schrifttum an einer umfassenden integrierten Betrachtung von sowohl beziehungs- als auch inhaltsorientierten Erfolgsfaktoren und somit einer gleichzeitigen Berücksichtigung beider Perspektiven. Ferner differenzieren von den wenigen Arbeiten, welche beide Kategorien zusammen betrachten, nur Jahn/Kunz (2012) explizit zwischen beziehungs- und inhaltsorientierten Erfolgsfaktoren. Darüber hinaus erfolgte auch die gleichzeitige Betrachtung mehrerer relevanter Erfolgsgrößen innerhalb einzelner Untersuchungsmodelle bislang im relevanten Schrifttum nur eingeschränkt. So ergab die Aufbereitung des Forschungsstands, dass in den analysierten heterogenen Studien im Durchschnitt nur ca. drei Erfolgsfaktoren und drei Erfolgsgrößen und in den betrachteten homogenen Studien sogar nur ca. zwei Erfolgsfaktoren und zwei Erfolgsgrößen empirisch nachgewiesen werden konnten. Zudem muss konstatiert werden, dass die erwähnten Studien bisher oftmals ohne theoretische Fundierung durchgeführt wurden.[880]

So lässt sich insgesamt festhalten, dass die Analyse des Schrifttums einen Mangel an Arbeiten erkennen lässt, welche eine umfassende und integrierte Betrachtung von verschiedenen beziehungs- und inhaltsorientierten Erfolgsfaktoren sowie relevanten Erfolgsgrößen vornehmen und entsprechende Untersuchungsmodelle theoretisch fundiert herleiten. Im Einzelnen wurde diesbezüglich bislang im relevanten Schrifttum zunächst die erste Forschungsfrage dieser Untersuchung nach der Konzeptionalisierung und Operationalisierung von sowohl beziehungs- als auch inhaltsorientierten Erfolgsfaktoren des Social Media Brand Community- Managements nicht hinlänglich beantwortet.

---

[878] Vgl. Kapitel 5 und Abschnitt 6.1.
[879] Vgl. hierzu die entsprechenden Ausführungen in den Abschnitten 1.2. und 2.3.1.
[880] Vgl. Abschnitt 2.3.

Ferner findet sich im relevanten Schrifttum auch zur Beantwortung der zweiten Forschungsfrage dieser Untersuchung nach der Konzeptionalisierung und Operationalisierung des Erfolgs im Social Media Brand Community- Management sowie der Wirkung der zuvor genannten Faktoren auf diesen Erfolg keine umfassende Bestimmung relevanter Erfolgsgrößen.[881]

Diese Untersuchung arbeitet die zuvor erläuterten Defizite im bisherigen relevanten Schrifttum wie folgt auf. Zunächst leistet diese Arbeit rein quantitativ einen wichtigen Beitrag zur Erforschung von Erfolgsfaktoren und -größen im Social Media Brand Community- Management, da sowohl drei beziehungsorientierte als auch fünf inhaltsorientierte Erfolgsfaktoren und drei Erfolgsgrößen in das Untersuchungsmodell dieser Arbeit integriert werden. Somit nimmt diese umfassende wissenschaftliche Studie ferner eine integrierte Betrachtung vor, indem sie beide Perspektiven auf beziehungs- und inhaltsorientierte Erfolgsfaktoren des Social Media Brand Community- Managements berücksichtigt und deckt so ein breites Spektrum an relevanten Erfolgsfaktoren und deren Wirkungsbeziehungen zu wesentlichen Erfolgsgrößen ab. Die resultierenden postulierten Hypothesen müssen ferner auf Basis der empirischen Datenerhebung, bis auf zwei Ausnahmen, nicht verworfen werden. Somit können in dieser Untersuchung durch sechs signifikante Erfolgsfaktoren und drei Erfolgsgrößen eine im Vergleich zum bisherigen Schrifttum insgesamt wesentlich höhere Anzahl von Konstrukten und deren Wirkungsbeziehungen empirisch nachgewiesen werden.

Dementsprechend wurde durch diese Studie zunächst die erste Forschungsfrage der Untersuchung nach der Konzeptionalisierung und Operationalisierung der beziehungs- und inhaltsorientierten Erfolgsfaktoren des Social Media Brand Community- Managements umfassend beantwortet. Außerdem kann festgehalten werden, dass auch die zweite Forschungsfrage dieser Untersuchung nach der Konzeptionalisierung und Operationalisierung des Erfolgs im Social Media Brand Community-Management sowie der Wirkung der zuvor genannten Faktoren auf diesen Erfolg in zufriedenstellendem Maße beantwortet werden konnte.[882]

Da die empirische Hauptuntersuchung dieser Arbeit ferner einem konfirmatorischen Ansatz folgt und somit zum Ziel hatte, Theorie durch empirische Resultate zu bestätigen[883], kann daher von der Eignung der Uses & Gratifications Theory für den Social Media Brand Community- Kontext sowie für die damit verbundene spezifische Erforschung von Erfolgsfaktoren und -größen ausgegangen werden. Dementsprechend trägt diese Arbeit zur etablierten Uses & Gratifications- Forschung zu zahlreichen verschiedenen Medien bei und erweitert diese um das spezifische Medium der Social

[881] Vgl. die Abschnitte 1.2 und 2.3.
[882] Vgl. Abschnitt 1.2.
[883] Vgl. die Abschnitte 2.1.1 und 2.1.2.

Media Brand Community. Auch sprechen in diesem Zusammenhang die zufriedenstellenden Ergebnisse der empirischen Untersuchung für die zuvor getroffene Entscheidung für eine monotheoretische Fundierung des Untersuchungsmodells.

Im Einzelnen kommt hierbei basierend auf den Ergebnissen dieser Studie den inhaltsorientierten Faktoren beziehungsweise den seitens der Community- Manager bereitgestellten Inhalten relativ betrachtet eine größere Bedeutung für die Beeinflussung des Nutzerengagements zu, da hier bei bestimmten Inhaltskategorien stärkere Effekte festgestellt werden konnten als bei den beziehungsorientierten Faktoren. Diese Erkenntnis erscheint zwar zunächst vor dem Hintergrund von Social Media nicht eingängig, da hierin der Austausch zwischen Nutzern essenziell ist, wohl aber im Kontext der darin existierenden Brand Communities, da hierin per definitionem die Marke im Mittelpunkt steht und somit das gesteigerte Interesse der Nutzer an Inhalten der Vertreter der Marke in der Community nachvollziehbar erscheint.[884]

Hierbei bleibt weiterhin festzuhalten, dass vor allem Unterhaltsamen und Glaubwürdigen Inhalten der Community- Manager basierend auf den Ergebnissen dieser Studie eine besondere Bedeutung für das Nutzerengagement zukommt. Somit kann zunächst hinsichtlich des im Marketing- Schrifttum etablierten Spannungsfeldes zwischen Emotionalität und Rationalität bezüglich der Beeinflussung menschlicher Handlungs- und Verhaltensweisen folgendes konstatiert werden.[885] Angesichts des größten Einflusses der unterhaltsamen Inhalte scheint eine emotionale Komponente für das Nutzerengagement in den untersuchten Social Media Brand Communities von größerer Bedeutung zu sein als rationale Überlegungen der Nutzer, welche z.B. im Falle eines hohen Einflusses der informativen Inhalte als bedeutsamer anzusehen gewesen wären. In Übereinstimmung mit diesem Ergebnis führen beispielsweise auch Hsu et al. (2015) in Bezug auf Social Media und Brand Communities im Allgemeinen aus: „Perceived entertainment has been regarded as an important factor for attracting consumers to use and browse SNSs as well as to consume, create and contribute to brand-related content in virtual communities […].“[886]

Darüber hinaus scheinen auch speziell glaubwürdige Inhalte der Community- Manager aufgrund des heutzutage sehr hohen Informiertheitsgrads und der generell kritischen Einstellung von Konsumenten gegenüber Unternehmen und deren Marken zunehmend wichtiger für die Nutzer von Social Media Brand Communities zu werden.

---

[884] Vgl. Abschnitt 2.2.2.
[885] Vgl. Abschnitt 3.2.1.3.
[886] Hsu et al. (2015), S. 486.

Zudem ergeben sich auch bezüglich der endogenen Konstrukte des Untersuchungsmodells aus dem Nachweis der Wirkungsbeziehungen des Nutzerengagements zu Markenvertrauen und Kaufintention der Nutzer weitere Implikationen für die Forschung. Während die genannten Wirkungsbeziehungen zunächst für die spezifische Social Media Brand Community- Forschung von Bedeutung sind, belegen diese ferner auch konventionelle Customer Engagement Frameworks, innerhalb welcher vergleichbare Wirkungbeziehungen bereits früher in Bezug auf traditionelle Online Brand Communities oder Marketing generell postuliert wurden.[887]

Ferner können auch vom methodischen Standpunkt aus betrachtet basierend auf dieser Arbeit einige wichtige Implikationen für die Forschung abgeleitet werden. So kann der zum Einsatz gekommene Mixed Methods- Ansatz, innerhalb welchem die Entwicklung des Untersuchungsmodells auf Basis von Theorie und Schrifttum durch Nutzerinterviews und eine qualitative Inhaltsanalyse ergänzt wurde, angesichts der zuvor geschilderten Ergebnisse durchaus als adäquat für den spezifischen Untersuchungsgegenstand angesehen werden. Dementsprechend sollten auch in zukünftigen vergleichbaren Studien verschiedene methodische Ansätze miteinander kombiniert werden, um den Schwächen eines bestimmten Verfahrens durch die Stärken eines anderen entgegenzuwirken und somit einen möglichst hohen Erkenntnisgewinn für die Untersuchung zu erzielen.[888]

Darüber hinaus liefert auch die Operationalisierung des Untersuchungsmodells neue Erkenntnisse zur Messung wesentlicher Konstrukte im Social Media Brand Community- Management. Dabei basiert die Operationalisierung auf einer Kombination aus mehreren etablierten und zusammengesetzten Skalen sowie einigen eigens entwickelten Indikatoren.[889] In zukünftigen Studien können die resultierenden Skalen als Grundlage genommen und gegebenenfalls weiter verbessert werden.

Trotz der theoretischen Fundierung und der methodisch sehr umfangreichen und anspruchsvollen Vorgehensweise dieser Untersuchung bleiben dennoch auch einige Limitationen zu konstatieren, aus welchen sich jedoch weitere Empfehlungen für die zukünftige Forschung ergeben. So konnte zwar zunächst durch die zur Konzeptionalisierung verwendete Uses & Gratifications Theory eine breite Auswahl von Erfolgsfaktoren abgeleitet und nachgewiesen werden. Jedoch könnte die Uses & Gratifications Theory zukünftig auch weiterhin mit alternativen Theorien innerhalb eines multitheoretischen Bezugsrahmens kombiniert werden, um ein noch umfassenderes Verständnis beziehungs- und inhaltsorientierter Erfolgsfaktoren zu erzielen.

---

[887] Vgl. van Doorn et al. (2010), S. 256; Brodie et al. (2013), S. 6.
[888] Vgl. Abschnitt 2.1.2.
[889] Vgl. Abschnitt 5.2.

Auch sollten die in dieser Untersuchung nicht signifikant wirkenden Erfolgsfaktoren der Sozialen Normen und der Interaktiven Inhalte der Community- Manager weiterführend untersucht werden, da bezüglich ihrer Bedeutung im Schrifttum auch bereits gegensätzliche Ergebnisse existieren.[890]

Darüber hinaus bezieht sich diese Studie zu Erfolgsfaktoren und -wirkung des Social Media Brand Community- Managements nur auf einen bestimmten Zeitpunkt. Dementsprechend wären Längsschnitt- und Replikationsstudien, welche diese Untersuchung als Grundlage nehmen wünschenswert, da somit ein wichtiger Beitrag zur Generalisierung der Ergebnisse dieser Untersuchung geleistet werden könnte. Dies erscheint speziell im Kontext von Social Media sinnvoll, da sich diesbezüglich Nutzerbedürfnisse und -anforderungen sowohl hinsichtlich der spezifischen Social Media- Anwendungen als auch der darin existierenden Brand Communities schnell wandeln können.

Da für diese Studie ferner nur deutschsprachige Community- Nutzer befragt wurden, sollten zukünftige Studien die Ergebnisse dieser Arbeit auch im Hinblick auf andere Nationalitäten von Nutzern untersuchen, da kulturelle Unterschiede potenziell eine andere Bedeutung der untersuchten Erfolgsfaktoren bedingen.

Auch aus dem speziellen Fokus dieser Studie auf Facebook Brand Communities der Sportartikelindustrie ergeben sich weitere Empfehlungen für die zukünftige Forschung. Da die Ergebnisse dieser Arbeit aufgrund des genannten Fokus nicht notwendigerweise repräsentativ für andere Industrien sein müssen, wäre es sinnvoll, die Resultate dieser Untersuchung im Hinblick auf andere Industrien zu verifizieren. Zudem wäre es auch möglich, die Ergebnisse dieser Arbeit anhand der Untersuchung von Brand Communities in anderen Social Networks oder auch anderen Social Media- Anwendungen wie z.B. der Filesharing Platform Instagram zu untersuchen, da diese Studie nur auf das spezifische Social Network Facebook beschränkt war.

Schließlich sind auch Erweiterungen des Untersuchungmodells im Rahmen zukünftiger Studien denkbar. So könnten zunächst Determinanten der in dieser Arbeit untersuchten Erfolgsfaktoren in das Untersuchungsmodell integriert werden. Zudem könnten neben zusätzlich denkbaren Erfolgsfaktoren auch situative Faktoren beziehungsweise Moderatoren in die Untersuchung mitaufgenommen werden. Ferner könnte das Untersuchungsmodell auch um weitere endogene Konstrukte beziehungsweise Erfolgsgrößen wie z.B. die Markenloyalität der Community- Nutzer ergänzt werden. Insgesamt kann diese Untersuchung also als umfassende empirische Arbeit mit einer integrierten Betrachtung von verschiedenen sowohl beziehungs- als auch inhaltsorientierten Erfolgsfaktoren so-

[890] Vgl. Chen et al. (2013), S. 8; Labrecque (2014), S. 139.

wie relevanten Erfolgsgrößen als Ausgangsbasis für die weiterführende Social Media Brand Community- Forschung dienen. Abbildung 56 veranschaulicht eine potenzielle Erweiterung des Untersuchungsmodells.

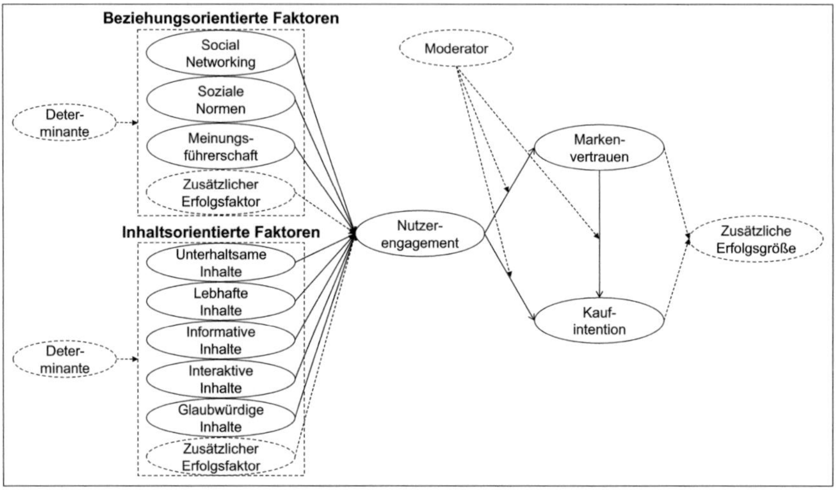

Abbildung 56: Potenzielle Erweiterung des Untersuchungsmodells

6.3 Implikationen für die Praxis

Auch wenn das vornehmlich konfirmatorisch-deskriptive und -explikative Forschungsdesign dieser Untersuchung nicht schwerpunktmäßig die Ableitung von Handlungsempfehlungen für die Unternehmenspraxis fokussiert, so können aus der Interpretation der empirischen Ergebnisse dennoch bestimmte Erkenntnisse für die jeweiligen Akteure des Social Media Brand Community- Managements gewonnen werden.

Obwohl das Management von Brand Communities auf Social Media- Plattformen wie z.B. Facebook in den letzten Jahren stark an Bedeutung gewonnen hat, ist es häufig schwierig für Unternehmen einen genauen Return on Investment (RoI) ihrer entsprechenden Bemühungen zu bestimmen. Die zentralen Fragen für die Manager der Unternehmen lauten dabei, welche Komponenten oder Größen für sie einen Erfolg im Social Media Brand Community- Management konstituieren, ob und inwiefern diese sich beeinflussen lassen, und wenn ja, durch welche Faktoren oder Maßnahmen.[891]

[891] Vgl. Abschnitt 1.2.

Die Überprüfung des umfassenden Untersuchungsmodells dieser Arbeit bietet einige Anhaltspunkte zur Beantwortung dieser Fragen. So konnte zunächst gezeigt werden, dass die zentrale Erfolgsgröße des Nutzerengagements in Social Media Brand Communities durch verschiedene Faktoren bestimmt wird. Im Einzelnen konnten diesbezüglich zwei relevante beziehungsorientierte Erfolgsfaktoren sowie vier inhaltsorientierte Erfolgsfaktoren empirisch nachgewiesen werden. Dabei ergab sich zunächst im Hinblick auf die beziehungsorientierten Erfolgsfaktoren eine relativ betrachtet höhere Bedeutung des Social Networkings im Vergleich zur Meinungsführerschaft.[892]

Dies erscheint nachvollziehbar, da in dieser Arbeit speziell Brand Communities in dem Social Network Facebook untersucht wurden und somit bereits aus der Bezeichnung dieser spezifischen Social Media- Anwendung hervorgeht, dass Nutzer aufgrund der Kernfunktion der Anwendung, also ihres Networking- Charakters, davon Gebrauch machen und deswegen auch weitere darin vorhandene Angebote nutzen. Dies gilt insbesondere auch für die darin durch Unternehmen betriebenen Brand Communities, da Nutzer in diesen laut Definition andere Markenfans kennenlernen[893], und somit ebenfalls eine Art Networking mit Gleichgesinnten betreiben wollen.

Um also das wünschenswerte Nutzerengagement in der Community erreichen zu können, sollten die Community- Manager stets durch entsprechende Posts an das Gemeinschaftsgefühl der Nutzer appellieren und diesen auch aktiv in der Community die Möglichkeit bieten, Networking miteinander zu betreiben. Dies impliziert auch, dass nicht jeder kritische, seitens des Unternehmens nicht gewünschte Nutzerpost direkt wieder von der Community- Seite gelöscht werden sollte, sofern er dem Networking der Nutzer dient und keine unangemessenen Inhalte enthält. Darüber hinaus können seitens der Unternehmen auch Offline- Events zur Marke veranstaltet und in der Community kommuniziert werden, um so das Networking der Nutzer untereinander zu unterstützen.

Ferner kann hinsichtlich des vergleichsweise geringeren Einflusses der Meinungsführerschaft konstatiert werden, dass dies vermutlich darin begründet liegt, dass wie in Social Media generell auch speziell der Prozentsatz von Social Media Brand Community- Nutzern, welche tatsächlich aktiv und regelmäßig Inhalte beitragen, relativ gering ist.[894] Da diese Influencer in Social Media jedoch als sehr wichtig für die anbietenden Unternehmen und deren Marken gelten, sollte durch die Community- Manager großen Wert darauf gelegt werden, dass diese genügend Freiraum in den Communities haben, um ihre Meinung zur Marke gegenüber anderen kundzutun. Hierzu gehört es erneut, die Posts der Nutzer so wenig wie möglich zu reglementieren, aber auch die Nutzer aktiv dazu aufzu-

---

[892] Vgl. Abschnitt 5.3.
[893] Vgl. Abschnitt 2.2.2.
[894] Vgl. Hilker (2016).

fordern, ihre Meinung mit anderen Nutzern zu teilen, z.B. im Zusammenhang mit Posts zu Produkten in der Community.

Darüber hinaus kann seitens der Unternehmen auch mit bekannten Influencern in Social Media aus den jeweils relevanten Industrien Kontakt aufgenommen werden. Während diese Influencer zwar zumeist eigene Social Media- Auftritte betreiben, innerhalb welcher gegen Bezahlung Produktplatzierungen vorgenommen werden, können Unternehmen mit diesen Influencern auch Verhandlungen bezüglich eines Engagements innerhalb ihrer Social Media Brand Communities führen.

Darüber hinaus ergab sich in dieser Untersuchung hinsichtlich des Einflusses der inhaltsorientierten Erfolgsfaktoren diese Reihenfolge: Unterhaltsame Inhalte, Glaubwürdige Inhalte, Lebhafte Inhalte und Informative Inhalte der Community- Manager.[895]

Aus dieser Reihenfolge kann zunächst geschlossen werden, dass es Nutzern offenbar am wichtigsten ist, sich durch die Nutzung der Communities und die damit verbundene Unterhaltung vom Alltag ablenken zu können. Dieses Bedürfnis erscheint nachvollziehbar angesichts des heutzutage fordernden und stressigen Alltagslebens. Die Community- Manager sollten dementsprechend vornehmlich dem Bedürfnis der Nutzer nach Unterhaltung, z.B. in Form von Posts bezüglich Stories zur Marke, lustigen Werbungen und außergewöhnlichen Aktionen wie Flashmobs etc., gerecht werden.

Zudem scheinen auch speziell glaubwürdige Inhalte aufgrund des hohen Informiertheitsgrads und der generell kritischen Einstellung von Konsumenten gegenüber Unternehmen und deren Marken von großer Bedeutung für die Nutzer zu sein. Dementsprechend sollten die Community- Manager sehr vorsichtig mit Übertreibungen oder nicht einzuhaltenden Wertversprechen bezüglich der jeweiligen Produkte oder Dienstleistungen sein, da diese seitens der Community schnell durchschaut werden und somit ein kontinuierliches Nutzerengagement ausbleiben könnte.

Auch bezüglich Lebhafter und Informativer Inhalte der Community- Manager, welche ungefähr die gleiche Effektstärke im Untersuchungsmodell dieser Arbeit aufweisen, können Implikationen für die Praxis abgeleitet werden. Da Nutzer von Social Media Brand Communities sich durch ihren vorherigen Umgang mit Social Media bereits ihrer technischen Funktionalitäten bewusst und den Konsum und das eigene Beitragen von lebhaften Elementen gewöhnt sind, erscheint es eingängig, dass diese auch von den Community- Managern erwarten, dass sie die technischen Möglichkeiten in vollem Umfang ausnutzen und demgemäß viele lebhafte Elemente in die Community in Form von

---

[895] Vgl. Abschnitt 5.3.

Fotos/Bildern, Videos, Links, Livestreams etc. miteinfließen lassen. Werden die Community- Manager also diesem Bedürfnis der Nutzer nach lebhaften Inhalten gerecht und stimulieren die verschiedenen Sinne der Nutzer, so bringt dies die Nutzer wiederum dazu, selbst Gebrauch von diesen Möglichkeiten zu machen und führt so zu dem gewünschten Nutzerengagement.

Auch bezüglich des vergleichsweise schwächsten, aber dennoch vorhandenen signifikanten positiven Einflusses der Informativen Inhalte der Community- Manager leuchtet es ein, dass die Nutzer einer Brand Community über die spezifische Marke informiert werden wollen, welche im Mittelpunkt der entsprechenden Community steht. Dennoch sollten die Community- Manager mit rein funktional orientierten, nüchternen Posts zu Markeninformationen angesichts der zuvor erläuterten bedeutungsvolleren Inhaltskategorien eher zurückhaltend sein und vielmehr dann gezielt Informationen zur Verfügung stellen, wenn diese seitens der Nutzer explizit nachgefragt werden.

Zusammenfassend kann konstatiert werden, dass das Social Media Brand Community- Management für Unternehmen eine vielschichtige und facettenreiche Herausforderung darstellt. Für die zuständigen Manager der Unternehmen ist es daher wichtig, einen holistischen Ansatz zu verfolgen und so alle in dieser Untersuchung nachgewiesenen Erfolgsfaktoren im Ganzen zu betrachten und dementsprechend kombiniert zu berücksichtigen. So sollten gemäß der Ergebnisse zwar Schwerpunkte auf unterhaltsame und glaubwürdige Inhalte gelegt werden, jedoch sollten auch die verbleibenden Erfolgsfaktoren wie zuvor erläutert Berücksichtigung erfahren, um so die damit verbundenen Nutzerbedürfnisse angemessen zu befriedigen und ein entsprechendes Nutzerengagement in den Communities zu erreichen.

Auch sollten die nicht signifikant wirkenden Erfolgsfaktoren nicht generell seitens der Community- Manager vernachlässigt werden, da die Ergebnisse dieser Arbeit ausschließlich die Meinungen und Einschätzungen der Teilnehmer dieser Untersuchung repräsentieren und nicht im Hinblick auf jede Social Media Brand Community verallgemeinerbar sind. So können soziale Normen bei Nutzern anderer Communities potenziell durchaus eine Rolle spielen, weswegen z.B. durch die Integration des Facebook- Buttons ‚Freunden diese Seite vorschlagen' in die Community durchaus weitere Nutzer, wenn auch nicht unbedingt ein aktives Nutzerengagement, generiert werden können.[896] Ferner erscheinen auch eine hohe Responsiveness beziehungsweise ein zeitnahes Feedback in Form der interaktiven Inhalte der Community- Manager weiterhin wichtig für den Erfolg von Social Media Brand Communities, auch wenn dadurch zwar kein erneutes Nutzerengagement in den Communi-

[896] Vgl. z.B. Adidas (2017).

ties generiert wird, dies eventuell aber dennoch zur Zufriedenheit der Nutzer beitragen und eventuelle Austritte aus der Community verhindern kann.

Darüber hinaus kann das potenziell über den beschriebenen ganzheitlichen Ansatz erreichte Nutzerengagement schließlich seine positive Wirkung auf die weiteren in dieser Studie nachgewiesenen Erfolgsgrößen des Vertrauens der Nutzer in die Marke und deren Kaufintention entfalten. Während diesbezüglich die Ergebnisse einen stärkeren Einfluss des Nutzerengagements auf das Markenvertrauen als auf die Kaufintention indizieren, so hängt dieses Resultat ferner damit zusammen, dass auch das Markenvertrauen eine Wirkung auf die Kaufintention ausübt. Hierbei mediiert das Markenvertrauen im Einzelnen zwar nicht vollständig, aber teilweise die Wirkungsbeziehung zwischen dem Nutzerengagement und der Kaufintention.[897] Diese Ergebnisse können wie folgt erklärt werden.

Zunächst kann der stärkere Effekt auf das Markenvertrauen darin begründet liegen, dass die Nutzer höchstwahrscheinlich Vertrauen durch den Austausch mit anderen Nutzern und den Community-Managern innerhalb ihres Engagements in den jeweiligen Communities aufbauen. Hierbei mag speziell der Austausch mit anderen Nutzern noch wichtiger für die Vertrauensbildung sein, da Nutzer zumeist nicht erwarten werden, dass andere Nutzer etwas bezüglich der Marke beschönigen. Auch wenn die Community- Manager diese Kommunikation nicht direkt kontrollieren können, so sollten sie auch hier wieder den Austausch zwischen Nutzern dementsprechend aktiv fördern, indem sie beispielsweise durch eigene Posts dazu aufrufen. Zudem sollten die Community- Manager selbst offen in ihrer Kommunikation gegenüber den Nutzern sein, insbesondere in ihren Antworten auf Anfragen der Nutzer, da wie die Ergebnisse dieser Arbeit zeigen, der positive Einfluss des Nutzerengagements auf das Markenvertrauen sich entsprechend lohnen kann. In diesem Zusammenhang ist ferner die teilweise Mediation der Beziehung zwischen dem Nutzerengagement und der Kaufintention durch das Markenvertrauen von weiterem Interesse. Zwar konnte auch ein schwächerer direkter Effekt des Nutzerengagements auf die Kaufintention festgestellt werden, welcher z.B. durch Fotos oder Videos zur Marke oder auch Tipps zu Rabatten oder Sonderangeboten in bestimmten Shops verursacht werden kann, mit welchen die Nutzer innerhalb ihres Engagements in der Community konfrontiert werden. Jedoch scheint es noch wichtiger für die Nutzer zu sein, zuerst Vertrauen zur Marke aufzubauen, bevor diese ernsthaft in Erwägung ziehen, die Marke zu kaufen.

Dies erscheint plausibel, da auch wenn bereits ein generelles Nutzerinteresse an der Marke z.B. aufgrund des Aussehens der Produkte besteht, die Nutzer die Produkte höchstwahrscheinlich nicht kau-

[897] Vgl. Abschnitt 5.3.

fen würden, wenn ihr Engagement in der Community nicht zu ihrem Markenvertrauen beitragen, sondern eventuell sogar ihr Misstrauen wecken würde. Daher sollten die Community- Manager zwar weiterhin auch versuchen, auf direktem Wege das Kaufinteresse der Nutzer zu wecken, jedoch sollte der Fokus darauf liegen, zunächst das Vertrauen der Nutzer in die Marke zu stärken, welches sich dann langfristig auszahlen und schließlich auch zur Kaufintention der Nutzer führen kann.

Somit kann im Hinblick auf den zuvor erwähnten RoI des Social Media Brand Community- Managements abschließend festgehalten werden, dass anhand der nachgewiesenen Erfolgsgrößen in dieser Untersuchung durchaus auch in der Praxis messbare Kennzahlen entwickelt werden können, anhand welcher wiederum überprüft werden kann, ob die durchgeführten Maßnahmen beziehungsweise die bereitgestellten Inhalte die gewünschte Wirkung bei den Nutzern zeigen. Ein Beispiel wäre hierzu die Überprüfung der Kaufintention in der Praxis durch die Zahl der Aufrufe der Verlinkung in der Community zum Online Shop des entsprechenden Unternehmens.[898]

Abgesehen davon besteht das Investment aufgrund der Kostenfreiheit des Betriebs von Social Media Brand Communities ohnehin nur in Personalkosten[899], welche aufgrund der Bedeutung von Social Media im Allgemeinen für die Gesellschaft auch zukünftig in Kauf genommen werden sollten, um als Unternehmen beziehungsweise Marke relevant für die Konsumenten zu bleiben. Dabei sollte die Social Media- Strategie eines Unternehmens im Verlauf der Zeit dynamisch angepasst werden, da in diesem schnelllebigen Feld, in welchem immer wieder neue Plattformen entstehen, konstant neu überprüft werden muss, auf welcher spezifischen Plattform sich die Zielgruppe vorrangig aufhält, um somit ein effektives und effizientes Social Media Brand Community- Management betreiben zu können. Wenn Nutzer also im Einzelnen z.B. der Meinung sind, dass andere Social Media-Anwendungen besser dazu geeignet sind, ihnen die gewünschte Unterhaltung oder Information zu bieten, sollten Unternehmen demgemäß ihre Social Media- Strategie anpassen und ihre Brand Communities auf denjenigen Plattformen betreiben, welche zum jeweiligen Zeitpunkt angesagt sind.

Während zuvor Implikationen für Praktiker in Form der Community- Manager der einzelnen Marken erläutert wurden, ergeben sich aus dieser Studie ferner auch Implikationen für die Betreiber von Social Media- Anwendungen. Im Einzelnen kann hierzu konstatiert werden, dass je mehr diese Betreiber die Community- Manager dabei unterstützen, die notwendigen Aktivitäten umzusetzen beziehungsweise die richtigen Inhalte für die Nutzer gemäß der Ergebnisse dieser Studie anzubieten, z.B. indem sie wie Facebook durch Livestreams mehr kreative Möglichkeiten zur Bereitstellung

---

898 Vgl. z.B. Adidas (2017).
899 Vgl. Facebook (2017b).

lebhafter Inhalte anbieten, desto mehr können auch die Betreiber von Social Media von einem gesteigerten Nutzerengagement profitieren. Dies ist der Fall, da Nutzer durch ein erhöhtes Engagement in den Communities auch verstärkt den in Social Media platzierten Werbeanzeigen ausgesetzt sind, was im Falle einer positiven Reaktion der Nutzer durch einen Klick auf diese Anzeigen zu erhöhten Werbeeinnahmen für die Social Media- Betreiber führen kann.

Neben der Bedeutung für privatwirtschaftliche Unternehmen sind Social Media Brand Communities jedoch auch für staatliche Institutionen und die öffentliche Verwaltung relevant. Dies ist der Fall, da viele Akteure der öffentlichen Verwaltung wie z.B. Städte aber auch Regierungsbehörden wie die Europäische Kommission z.B. Facebook- Seiten oder Twitter- Konten und somit Communities für deren Marken im weiteren Sinne betreiben. Vor diesem Hintergrund spielt das Branding beziehungsweise Markenmanagement via Brand Communities in Social Media auch für die öffentliche Hand eine signifikante Rolle.

Angesichts der aktuell angespannten Situation, innerhalb welcher Kritik und Zweifel an der Europäischen Union (EU) geäußert werden und sogar Austritte stattfinden, kann die Notwendigkeit eines solchen Markenmanagements angemessen am Beispiel der Marke EU verdeutlicht werden. Dementsprechend stellt sich auch in diesem Kontext die Frage nach den relevanten Erfolgsfaktoren und -größen im Social Media Brand Community- Management, welche diese Arbeit zu beantworten versucht. Hierbei erscheinen die in dieser Studie untersuchten Erfolgsfaktoren durchaus auf die Communities öffentlicher Institutionen übertragbar, auch wenn sich die relative Bedeutung der Faktoren in diesem Kontext durchaus von dem privatwirtschaftlicher Unternehmen und deren Marken unterscheiden kann. So ist es beispielsweise anzunehmen, dass im Gegensatz zu den Ergebnissen dieser Untersuchung zu Marken aus der Privatwirtschaft, den informativen Inhalten im Kontext der öffentlichen Verwaltung eine größere Bedeutung zukommt als unterhaltsamen Inhalten, da hier schlicht ein noch größeres Informationsbedürfnis der Nutzer existiert.

Generell kann jedoch neben der relativen Bedeutung der einzelnen Faktoren auf Basis der Ergebnisse der Untersuchung auch für die öffentliche Verwaltung festgehalten werden, dass es sich bei dem Management von Marken in Social Media um eine facettenreiche Aufgabe handelt, die ein holistisches Vorgehen notwendig macht.

Ferner erscheint, wie auch für privatwirtschaftliche Marken, das Nutzerengagement als Erfolgsgröße für öffentliche Institutionen relevant, da auch hier durch einen engen Austausch zwischen Nutzern und den Verantwortlichen der Community versucht werden kann, das Vertrauen der Nutzer in die jeweilige Institution, wie z.B. die der EU, als weitere relevante Erfolgsgröße des Community-

Managements zu stärken. Nur die in dieser Arbeit als weitere Erfolgsgröße konzeptionalisierte Kaufintention lässt sich nicht direkt auf den Kontext der öffentlichen Verwaltung übertragen, wohingegen ein Pendant hierzu eventuell in einer positiven Einstellung zur jeweiligen Institution zu finden wäre.

Insgesamt lässt sich im Hinblick auf die aus der Untersuchung gewonnenen Erkenntnisse noch einmal die generelle große Bedeutung des Social Media Brand Community- Managements für die Praxis, also sowohl die Privatwirtschaft als auch die öffentliche Verwaltung, in Form einer letzten Implikation zusammenfassen. Hierzu kann abschließend ein Zitat aus dem Film ‚The Social Network', welcher die Entstehung von Facebook behandelt, angeführt werden: „We lived on farms, then we lived in cities, and now we're going to live on the Internet!"[900]

---

[900] Fincher (2010).

Anhang

Anhang 1: Auszug des Online-Fragebogens am Beispiel von Adidas

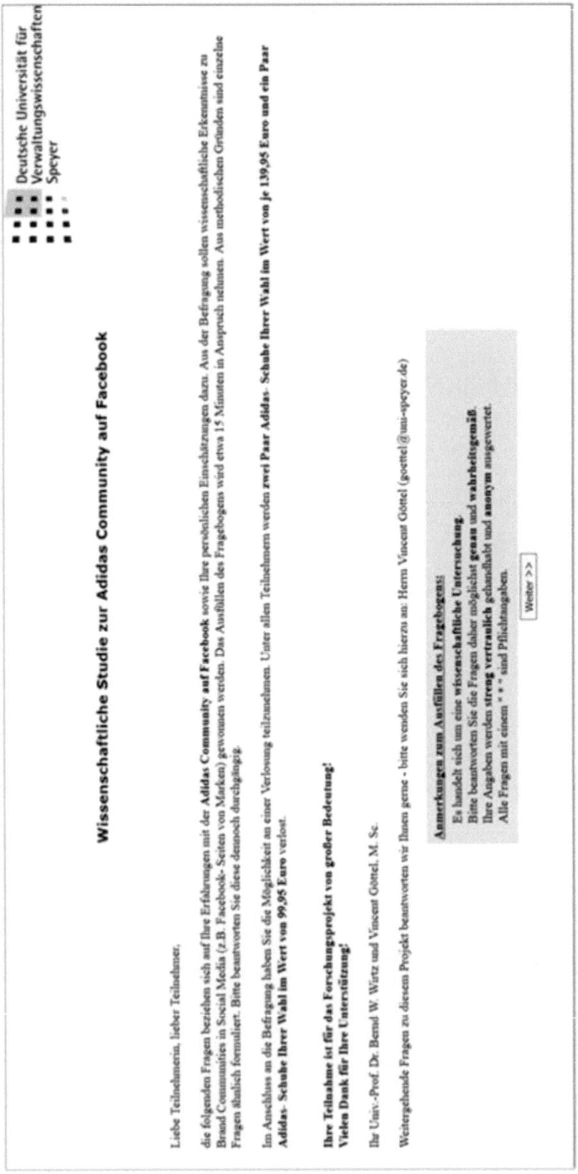

Abbildung 57: Startseite zur Umfrage

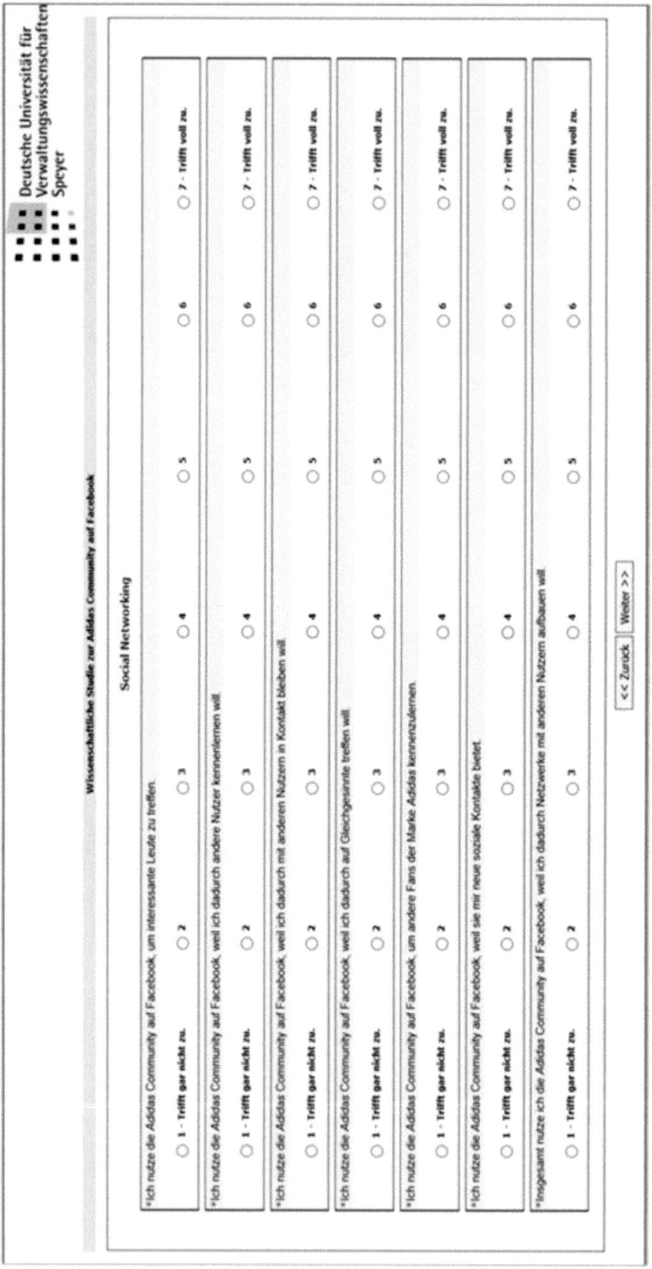

Abbildung 58: Erste Umfrageseite

Anhang 2: Zusammenfassung der Operationalisierung der Konstrukte

Indikatoren		Quellen
Social Networking		
1.1	Ich nutze die Adidas Community auf Facebook, um interessante Leute zu treffen.	In Anlehnung an Chu (2011)
1.2	Ich nutze die Adidas Community auf Facebook, weil ich dadurch andere Nutzer kennenlernen will.	In Anlehnung an Gummerus et al. (2012)
1.3	Ich nutze die Adidas Community auf Facebook, weil ich dadurch mit anderen Nutzern in Kontakt bleiben will.	In Anlehnung an Chu (2011); Gummerus et al. (2012)
1.4	Ich nutze die Adidas Community auf Facebook, weil ich dadurch auf Gleichgesinnte treffen will.	In Anlehnung an Tsai/Men (2013)
1.5	Ich nutze die Adidas Community auf Facebook, um andere Fans der Marke Adidas kennenzulernen.	In Anlehnung an Tsai/Men (2013)
1.6	Ich nutze die Adidas Community auf Facebook, weil sie mir neue soziale Kontakte bietet.	Eigenentwicklung
1.7	Insgesamt nutze ich die Adidas Community auf Facebook, weil ich dadurch Netzwerke mit anderen Nutzern aufbauen will.	Eigenentwicklung
Soziale Normen		
2.1	Ich nutze die Adidas Community auf Facebook, weil Freunde von mir die Community auch nutzen.	In Anlehnung an Chen et al. (2013)
2.2	Ich nutze die Adidas Community auf Facebook, weil Personen, die ich schätze, denken, dass ich die Community nutzen sollte.	In Anlehnung an Sledgianowski/Kulviwat (2009)
2.3	Ich nutze die Adidas Community auf Facebook, weil für mich wichtige Personen denken, dass ich die Community nutzen sollte.	In Anlehnung an Venkatesh et al. (2003); Sledgianowski/Kulviwat (2009)
2.4	Ich nutze die Adidas Community auf Facebook, weil Personen, die Einfluss auf mein Verhalten haben, denken, dass ich die Community nutzen sollte.	In Anlehnung an Venkatesh et al. (2003)

Indikatoren		Quellen
2.5	Ich nutze die Adidas Community auf Facebook, weil ich einen Erwartungsdruck spüre, daran teilzunehmen.	In Anlehnung an Chu (2011)
2.6	Ich nutze die Adidas Community auf Facebook, weil Personen, die ich kenne, die Community auch nutzen.	In Anlehnung an Sledgianowski/Kulviwat (2009)
2.7	Insgesamt nutze ich die Adidas Community auf Facebook, weil so viele andere Personen die Community ebenfalls nutzen.	Eigenentwicklung
Meinungsführerschaft		
3.1	Ich nutze die Adidas Community auf Facebook, da sich andere Nutzer aufgrund meiner Meinung für Produkte der Marke Adidas entscheiden.	In Anlehnung an Demiray/Burnaz (2014)
3.2	Ich nutze die Adidas Community auf Facebook, um andere Nutzer davon zu überzeugen, die Produkte der Marke Adidas zu kaufen, die mir gefallen.	In Anlehnung an Demiray/Burnaz (2014)
3.3	Ich nutze die Adidas Community auf Facebook, um anderen Nutzern meine Meinung zu Produkten der Marke Adidas mitzuteilen.	In Anlehnung an Demiray/Burnaz (2014)
3.4	Ich nutze die Adidas Community auf Facebook, weil ich anderen Nutzern gerne hilfreiche Tipps zur Marke Adidas gebe.	In Anlehnung an Gummerus et al. (2012)
3.5	Ich nutze die Adidas Community auf Facebook, weil ich mein Wissen über die Marke Adidas gerne mit anderen Nutzern teile.	In Anlehnung an Gummerus et al. (2012)
3.6	Ich nutze die Adidas Community auf Facebook, weil ich anderen Nutzern vor einem Kauf der Marke Adidas gerne einen guten Rat gebe.	In Anlehnung an Gummerus et al. (2012)
3.7	Insgesamt nutze ich die Adidas Community auf Facebook, weil ich gerne meine Meinung zur Marke Adidas äußere.	Eigenentwicklung

	Indikatoren	Quellen
	Unterhaltsame Inhalte	
4.1	Die Inhalte, die Adidas in der Community postet, bereiten mir Spaß.	In Anlehnung an Jahn/Kunz (2012)
4.2	Die Inhalte, die Adidas in der Community postet, sind lustig.	In Anlehnung an Jahn/Kunz (2012)
4.3	Die Inhalte, die Adidas in der Community postet, sind spannend.	In Anlehnung an Jahn/Kunz (2012), Hsu et al. (2015)
4.4	Die Inhalte, die Adidas in der Community postet, sind amüsant.	In Anlehnung an Hsu et al. (2015)
4.5	Die Inhalte, die Adidas in der Community postet, bereiten mir Vergnügen.	In Anlehnung an Chen et al. (2013)
4.6	Die Inhalte, die Adidas in der Community postet, helfen mir vom Alltag abzuschalten.	In Anlehnung an Chen et al. (2013)
4.7	Insgesamt postet Adidas in der Community unterhaltsame Inhalte.	Eigenentwicklung
	Lebhafte Inhalte	
5.1	Die Inhalte, die Adidas in der Community postet, bestehen aus mehr als reinem Text.	In Anlehnung an Vries/Gensler/Leeflang (2012)
5.2	Die Inhalte, die Adidas in der Community postet, bestehen aus Fotos/Bildern.	In Anlehnung an Vries/Gensler/Leeflang (2012); Cvijikj/Michahelles (2013)
5.3	Die Inhalte, die Adidas in der Community postet, beziehen Links mit ein.	In Anlehnung an Vries/Gensler/Leeflang (2012)

Indikatoren		Quellen
5.4	Die Inhalte, die Adidas in der Community postet, schließen Videos mit ein.	In Anlehnung an Vries/Gensler/Leeflang (2012); Cvijikj/Michahelles (2013)
5.5	Die Inhalte, die Adidas in der Community postet, schließen Livestreams mit ein.	Eigenentwicklung
5.6	Insgesamt postet Adidas in der Community lebhafte Inhalte (z.B. Fotos/Bilder, Videos, Links, Livestreams).	Eigenentwicklung
Informative Inhalte		
6.1	Die Inhalte, die Adidas in der Community postet, liefern relevante Informationen zur Marke.	In Anlehnung an Chi (2011); Hsu et al. (2015)
6.2	Die Inhalte, die Adidas in der Community postet, bieten aktuelle Informationen zur Marke.	In Anlehnung an Chi (2011); Hsu et al. (2015)
6.3	Die Inhalte, die Adidas in der Community postet, stellen genaue Informationen zur Marke bereit.	In Anlehnung an Hsu et al. (2015)
6.4	Die Inhalte, die Adidas in der Community postet, sind eine praktische Informationsquelle bezüglich der Marke.	In Anlehnung an Chi (2011)
6.5	Die Inhalte, die Adidas in der Community postet, erlauben mir mein Wissen über die Marke zu steigern.	In Anlehnung an Kuo/Feng (2013)
6.6	Die Inhalte, die Adidas in der Community postet, bieten mir neue Informationen zur Marke.	In Anlehnung an Almeida et al. (2013)
6.7	Insgesamt postet Adidas in der Community informative Inhalte.	Eigenentwicklung

Indikatoren		Quellen
Interaktive Inhalte		
7.1	Adidas reagiert in der Community zeitnah auf Posts von Nutzern.	In Anlehnung an Kuo/Feng (2013); Labrecque (2014)
7.2	Adidas antwortet in der Community schnell und effizient auf Fragen von Nutzern.	In Anlehnung an Labrecque (2014)
7.3	Adidas gibt Nutzern durch seine Interaktivität in der Community das Gefühl, dass ihnen zugehört wird.	In Anlehnung an Labrecque (2014)
7.4	Adidas interagiert in der Community intensiv mit den Nutzern.	In Anlehnung an Kuo/Feng (2013)
7.5	Adidas gibt Nutzern in der Community schnell Feedback zu ihren Posts.	In Anlehnung an Kuo/Feng (2013)
7.6	Die Schnelligkeit mit der Adidas in der Community auf Nutzeranfragen reagiert, ist angemessen.	In Anlehnung an Jang et al. (2008)
7.7	Insgesamt zeigt Adidas durch seine Inhalte in der Community ein hohes Maß an Interaktivität im Austausch mit den Nutzern.	Eigenentwicklung in Anlehnung an Jang et al. (2008)
Glaubwürdige Inhalte		
8.1	Die Inhalte, die Adidas in der Community postet, sind überzeugend.	In Anlehnung an Tsai/Men (2013)
8.2	Die Inhalte, die Adidas in der Community postet, sind glaubhaft.	In Anlehnung an Tsai/Men (2013)
8.3	Die Inhalte, die Adidas in der Community postet, sind authentisch.	In Anlehnung an Chi (2011)

Indikatoren		Quellen
8.4	Die Inhalte, die Adidas in der Community postet, sind verlässlich.	In Anlehnung an Chi (2011)
8.5	Die Inhalte, die Adidas in der Community postet, entsprechen der Wahrheit.	In Anlehnung an Chi (2011)
8.6	Die Inhalte, die Adidas in der Community postet, sind ehrlich.	In Anlehnung an Chi (2011)
8.7	Insgesamt postet Adidas in der Community glaubwürdige Inhalte.	Eigenentwicklung
Nutzerengagement		
9.1	Ich lese gerne Posts in der Adidas Community auf Facebook.	In Anlehnung an Tsai/Men (2013)
9.2	Ich betrachte gerne Fotos/Bilder in der Adidas Community auf Facebook.	In Anlehnung an Tsai/Men (2013)
9.3	Ich schaue mir gerne Videos in der Adidas Community auf Facebook an.	In Anlehnung an Tsai/Men (2013)
9.4	Ich like gerne Posts in der Adidas Community auf Facebook.	In Anlehnung an Vries/Gensler/Leeflang (2012)
9.5	Ich kommentiere gerne Posts in der Adidas Community auf Facebook.	In Anlehnung an Vries/Gensler/Leeflang (2012); Tsai/Men (2013)
9.6	Ich teile gerne Posts der Adidas Community auf Facebook mit meinen Freunden.	In Anlehnung an Tsai/Men (2013)
9.7	Ich poste selbst gerne in der Adidas Community auf Facebook (z.B. Text, Bilder, Videos etc.).	In Anlehnung an Tsai/Men (2013)

Indikatoren		Quellen
Markenvertrauen		
10.1	Die Marke Adidas ist zuverlässig.	In Anlehnung an Kang (2011)
10.2	Die Marke Adidas hält, was sie verspricht.	In Anlehnung an Kang (2011)
10.3	Die Marke Adidas bietet mir, was ich von ihr erwarte.	In Anlehnung an Laroche et al. (2012)
10.4	Ich kann mich auf die Marke Adidas verlassen.	In Anlehnung an Laroche et al. (2012)
10.5	Die Marke Adidas enttäuscht mich nicht.	In Anlehnung an Laroche et al. (2012)
10.6	Die Marke Adidas ist vertrauenswürdig.	In Anlehnung an Habibi/Laroche/Richard (2014b)
10.7	Insgesamt vertraue ich der Marke Adidas.	In Anlehnung an Habibi/Laroche/Richard (2014b)
Kaufintention		
11.1	Ich würde mir gerne Produkte der Marke Adidas kaufen.	In Anlehnung an Kim/Ko (2012)
11.2	Ich plane Produkte der Marke Adidas zu kaufen.	In Anlehnung an Hutter et al. (2013)
11.3	Ich beabsichtige, in naher Zukunft Produkte der Marke Adidas zu kaufen.	In Anlehnung an Algesheimer/Dholakia/Herrmann (2005)

Indikatoren		Quellen
11.4	Ich werde nach Produkten der Marke Adidas suchen, um diese zu kaufen.	In Anlehnung an Algesheimer/Dholakia/Herrmann (2005)
11.5	Meine Bereitschaft, Produkte der Marke Adidas zu kaufen, ist hoch.	In Anlehnung an Gupta/Kim/Shin (2010)
11.6	Insgesamt ist die Wahrscheinlichkeit hoch, dass ich Produkte der Marke Adidas kaufen werde.	In Anlehnung an Gupta/Kim/Shin (2010)

Literaturverzeichnis

Aaker, D.A. (1991), Managing brand equity- Capitalizing on the value of a brand name, Toronto, New York 1991.

Adidas (2017), Facebook Page, https://www.facebook.com/adidas/, Abruf: 06.06.2017.

Airs, M./Ang, L. (2012), Avoiding Ads On Facebook Brand Pages: An Empirical Study Into Brand Page Content And Homophily, In: Australian and New Zealand Marketing Academy Conference, ANZMAC 2012: Conference proceedings: Sharing the cup of knowledge, Adelaide 2012, S. 1–7.

Albert, H. (1974), Zur Theorie der Konsumnachfrage, In: Eberlein, G./Kroeber-Riel, W./Leinfellner, W. (Hrsg.): Forschungslogik der Sozialwissenschaften, Düsseldorf 1974, S. 227–283.

Algesheimer, R./Dholakia, U.M./Herrmann, A. (2005), The Social Influence of Brand Community- Evidence from European Car Clubs, In: Journal of Marketing, 69. Jg., Nr. 3, 2005, S. 19–34.

allfacebook.de (2016), Offizielle Facebook Nutzerzahlen für Deutschland (Stand: Februar 2016), https://allfacebook.de/zahlen_fakten/erstmals-ganz-offiziell-facebook-nutzerzahlen-fuer-deutschland, Abruf: 29.05.2017.

Almeida, S.O.d./Mazzon, J.A./Dholakia, U./Müller Neto, H. (2013), Participant diversity and expressive freedom in firm-managed and customer-managed brand communities, In: Brazilian Administration Review, 10. Jg., Nr. 2, 2013, S. 195–218.

American Marketing Association (2016), Dictionary, Stichwort: Brand, https://www.ama.org/resources/Pages/Dictionary.aspx?dLetter=B, Abruf: 31.05.2017.

Anderson, J.C./Gerbing, D.W. (1982), Some Methods for Respecifying Measurement Models to Obtain Unidimensional Construct Measurement, In: Journal of Marketing Research, 19. Jg., Nr. 4, 1982, S. 453.

Anderson, J.C./Gerbing, D.W. (1984), The effect of sampling error on convergence, improper solutions, and goodness-of-fit indices for maximum likelihood confirmatory factor analysis, In: Psychometrika, 49. Jg., Nr. 2, 1984, S. 155–173.

Anderson, J.C./Gerbing, D.W. (1988), Structural equation modeling in practice- A review and recommended two-step approach, In: Psychological bulletin, 103. Jg., Nr. 3, 1988, S. 411–423.

Anderson, J.C./Gerbing, D.W. (1991), Predicting the performance of measures in a confirmatory factor analysis with a pretest assessment of their substantive validities, In: Journal of Applied Psychology, 76. Jg., Nr. 5, 1991, S. 732–740.

Anderson, P.F. (1983), Marketing, Scientific Progress, and Scientific Method, In: Journal of Marketing, 47. Jg., Nr. 4, 1983, S. 18-31.

Ang, L. (2011), Community relationship management and social media, In: Journal of Database Marketing & Customer Strategy Management, 18. Jg., Nr. 1, 2011, S. 31–38.

Arbuckle, J.L. (2012), IBM® SPSS® Amos™ 21 User's Guide, Chicago 2012.

Armstrong, J./Overton, T. (1977), Estimating nonresponse bias in mail surveys, In: Journal of Marketing Research, 14. Jg., Nr. 3, 1977, 396-402.

Ashforth, B.E./Mael, F. (1989), Social Identity Theory and the Organization, In: Academy of Management Review, 14. Jg., Nr. 1, 1989, S. 20–39.

Backhaus, K./Erichson, B./Plinke, W./Weiber, R. (2006), Multivariate Analysemethoden- Eine anwendungsorientierte Einführung, 11. Auflage, Berlin [u.a.] 2006.

Backhaus, K./Erichson, B./Plinke, W./Weiber, R. (2011), Multivariate Analysemethoden- Eine anwendungsorientierte Einführung, 13. Auflage, Berlin [u.a.] 2011.

Backhaus, K./Erichson, B./Weiber, R. (2015), Fortgeschrittene Multivariate Analysemethoden- Eine anwendungsorientierte Einführung, 3. Auflage, Berlin, Heidelberg 2015.

Backhaus, K./Voeth, M. (2010), Industriegütermarketing, 9. Auflage, München 2010.

Bagozzi, R.P. (1984), A Prospectus for Theory Construction in Marketing, In: Journal of Marketing, 48. Jg., Nr. 1, 1984, S. 11-29.

Bagozzi, R.P./Phillips, L.W. (1982), Representing and Testing Organizational Theories- A Holistic Construal, In: Administrative Science Quarterly, 27. Jg., Nr. 3, 1982, S. 459-489.

Bagozzi, R.P./Yi, Y. (2012), Specification, evaluation, and interpretation of structural equation models, In: Journal of the Academy of Marketing Science, 40. Jg., Nr. 1, 2012, S. 8–34.

Bagozzi, R.P./Yi, Y./Phillips, L.W. (1991), Assessing Construct Validity in Organizational Research, In: Administrative Science Quarterly, 36. Jg., Nr. 3, 1991, S. 421-458.

Bain & Company (2016), Social Media Works for B2B Sales, Too, https://hbr.org/2016/01/social-media-works-for-b2b-sales-too#, Abruf: 29.05.2017.

Balderjahn, I. (1985), Strukturen sozialen Konsumbewußtseins: Reanalyse und Versuch einer Bestimmung, In: Marketing Zeitschrift für Forschung und Praxis, 7. Jg., Nr. 4, 1985, S. 253–262.

Baran, S.J./Davis, D.K. (2012), Mass communication theory- Foundations, ferment, and future, 6. Auflage, Belmont [u.a.] 2012.

Baron, R.M./Kenny, D.A. (1986), The moderator–mediator variable distinction in social psychological research- Conceptual, strategic, and statistical considerations, In: Journal of Personality and Social Psychology, 51. Jg., Nr. 6, 1986, S. 1173–1182.

Bauer, H.H./Sauer, N.E. (2004), Die Erfolgsfaktorenforschung als schwarzes Loch?- Vollständige Fassung der Stellungnahme zum Beitrag von Alexander Nicolai und Alfred Kieser, DBW 62. Jg (2002), S. 579 – 596, Universität Mannheim, Fakultät für Betriebswirtschaftslehre, Lehrstuhl für ABWL und Marketing II, http://www.dialog-erfolgsfaktorenforschung.de/DBW_Replik_zu_Nicolai-Kieser_lang.pdf, Abruf: 06.06.2017.

Bauer, T./Fertig, M./Schmidt, C.M. (2009), Empirische Wirtschaftsforschung- Eine Einführung, Berlin, Heidelberg 2009.

Baumgarth, C. (2010), Status quo und Besonderheiten der B-to-B-Markenführung, In: Baumgarth, C. (Hrsg.): B-to-B-Markenführung- Grundlagen - Konzepte - Best Practice, 1. Auflage, Wiesbaden 2010, S. 37–62.

Bausback, N. (2007), Positionierung von Business-to-Business-Marken, 1. Auflage, Wiesbaden 2007.

BCG (2012), The Millennial Consumer- Debunking Stereotypes, The Boston Consulting Group's Center for Consumer and Customer Insight, https://www.bcg.com/documents/file103894.pdf, Abruf: 29.05.2017.

Becker, D.R. (2005), Ressourcen-Fit bei M&A-Transaktionen- Konzeptionalisierung, Operationalisierung und Erfolgswirkung auf Basis des Resource-Based View, 1. Aufl., Wiesbaden 2005.

Beckmann, S.C./Langer, R. (2009), Netnographie, In: Buber, R./Holzmüller, H.H. (Hrsg.): Qualitative Marktforschung- Konzepte - Methoden - Analysen, Wiesbaden 2009, S. 219–228.

Bentler, P.M. (1990), Comparative fit indexes in structural models, In: Psychological bulletin, 107. Jg., Nr. 2, 1990, S. 238–246.

Berekoven, L./Eckert, W./Ellenrieder, P. (2009), Marktforschung- Methodische Grundlagen und praktische Anwendung, 12. Auflage, Wiesbaden 2009.

Bibliographisches Institut GmbH (2017), Duden, Stichwort: sozial, http://www.duden.de/rechtschreibung/sozial, Abruf: 31.05.2017.

Blanchflower, T.M./Watchravesringkan, K.T. (2014), Exploring the impact of social networking sites on brand equity, In: DeLong, D./Edmiston, D. (Hrsg.): Once Retro Now Novel Again- 2014 Annual Spring Conference Proceedings, Marketing Management Association Spring Conference, Chicago 2014, S. 20–24.

Bliemel, F./Eggert, A./Fassott, G./Henseler, J. (2005), Die PLS-Pfadmodellierung: Mehr als eine Alternative zur Kovarianzstrukturanalyse, In: Bliemel, F./Eggert, A./Fassott, G./Henseler, J. (Hrsg.): Handbuch PLS-Pfadmodellierung- Methoden, Anwendung, Praxisbeispiele, Stuttgart 2005, S. 9–15.

Blumler, J.G./McQuail, D. (1969), Television in politics: Its uses and influence, Chicago 1969.

Böhn, A./Seidler, A. (2008), Mediengeschichte- Eine Einführung, Tübingen 2008.

Bohnen, A. (1975), Individualismus und Gesellschaftstheorie, Tübingen 1975.

Bollen, K.A./Curran, P.J. (2006), Latent curve models- A structural equation perspective, Hoboken 2006.

Bourdieu, P. (1983), Ökonomisches Kapital, kulturelles Kapital, soziales Kapital, In: Kreckel, R. (Hrsg.): Soziale Ungleichheiten, Göttingen 1983, S. 183–198.

Bowden, J.L.-H. (2009), The Process of Customer Engagement- A Conceptual Framework, In: The Journal of Marketing Theory and Practice, 17. Jg., Nr. 1, 2009, S. 63–74.

Brodie, R.J./Hollebeek, L.D./Juric, B./Ilic, A. (2011), Customer Engagement- Conceptual Domain, Fundamental Propositions, and Implications for Research, In: Journal of Service Research, 14. Jg., Nr. 3, 2011, S. 252–271.

Brodie, R.J./Ilic, A./Juric, B./Hollebeek, L. (2013), Consumer engagement in a virtual brand community- An exploratory analysis, In: Journal of Business Research, 66. Jg., Nr. 1, 2013, S. 105–114.

Browne, K.A./Cudeck, J.S. (1993), Alternative ways of assessing equation model fit, In: Bollen, K.A./Long, J. (Hrsg.): Testing structural equation models, Newbury Park [u.a.] 1993, S. 136–162.

Bühner, M. (2011), Einführung in die Test- und Fragebogenkonstruktion, München 2011.

Bunker, M.P./Rajendran, K.N./Corbin, S.B. (2013), The Antecedents of Satisfaction for Facebook „Likers“ and their Effect on Word-of-Mouth, In: The Marketing Management Journal, 23. Jg., Nr. 2, 2013, S. 21–34.

Burkart, R. (2002), Kommunikationswissenschaft- Grundlagen und Problemfelder; Umrisse einer interdisziplinären Sozialwissenschaft, 4. Auflage, Wien [u.a.] 2002.

Burmann, C. (2002), Strategische Flexibilität und Strategiewechsel als Determinanten des Unternehmenswertes, 1. Auflage, Wiesbaden 2002.

Busch, J. (2008), No New Miracles, Same Old Tricks, In: Theoria, 74. Jg., Nr. 2, 2008, S. 102–114.

Byrne, B.M. (2010), Structural equation modeling with AMOS- Basic concepts, applications, and programming, 2. Auflage, New York 2010.

Carnap, R. (1958), BEOBACHTUNGSSPRACHE UND THEORETISCHE SPRACHE, In: Dialectica, 12. Jg., Nr. 3-4, 1958, S. 236–248.

Carnap, R. (1960), Theoretische Begriffe der Wissenschaft - Eine logische und methodologische Untersuchung, In: Zeitschrift für philosophische Forschung, 14. Jg., Nr. 2, 1960, S. 209–233.

Carnap, R. (1966), Philosophical foundations of physics: an introduction to the philosophy of science, New York 1966.

Causey, R.L. (1979), Theory and Observation, In: Asquith, P.D./Kyburg, H.E. (Hrsg.): Current research in philosophy of science- Proceedings of the P.S.A. Critical Research Problems Conference, East Lansing 1979, S. 187–206.

Chakravartty, A. (2015), Scientific Realism, In: Zalta, E.N. (Hrsg.): The Stanford Encyclopedia of Philosophy, http://plato.stanford.edu/archives/fall2015/entries/scientific-realism/ , Abruf: 29.05.2017.

Chan, T.K.H./Zheng, X./Cheung, C.M.K./Lee, M.K.O./Lee, Z.W.Y. (2014), Antecedents and consequences of customer engagement in online brand communities, In: Journal of Marketing Analytics, 2. Jg., Nr. 2, 2014, S. 81–97.

Chang, S.-J./van Witteloostuijn, A./Eden, L. (2010), From the Editors- Common method variance in international business research, In: Journal of International Business Studies, 41. Jg., Nr. 2, 2010, S. 178–184.

Chaudhuri, A./Holbrook, M.B. (2001), The Chain of Effects from Brand Trust and Brand Affect to Brand Performance- The Role of Brand Loyalty, In: Journal of Marketing, 65. Jg., Nr. 2, 2001, S. 81–93.

Chen, G.M. (2011), Tweet this- A uses and gratifications perspective on how active Twitter use gratifies a need to connect with others, In: Computers in Human Behavior, 27. Jg., Nr. 2, 2011, S. 755–762.

Chen, H./Papazafeiropoulou, A./Duan, Y./Chen, T.-K. (2013), The Antecedents And Outcomes Of Brand Experience On The Social Networking Site, In: ECIS 2013 Completed Research, Nr. 10, 2013, S. 1–13.

Chi, H.-H. (2011), Interactive Digital Advertising vs. Virtual Brand Community, In: Journal of Interactive Advertising, 12. Jg., Nr. 1, 2011, S. 44–61.

Chin, W.W. (1998), The partial least squares approach for structural equation modeling, In: Marcoulides, G.A. (Hrsg.): Modern methods for business research, New York 1998, S. 295–336.

Chin, W.W./Newsted, P.R. (1999), Structural equation modeling analysis with small samples using partial least squares, In: Hoyle, R.H. (Hrsg.): Statistical strategies for small sample research, Thousand Oaks 1999, S. 307–341.

Chow, W.S./Shi, S. (2015), Investigating Customers‘ Satisfaction with Brand Pages in Social Networking Sites, In: Journal of Computer Information Systems, 55. Jg., Nr. 2, 2015, S. 48–58.

Chu, S.-C. (2011), Viral Advertising in Social Media: Participation in Facebook Groups and Responses among College-Aged Users, In: Journal of Interactive Advertising, 12. Jg., Nr. 1, 2011, S. 30–43.

Chua, A.Y./Goh, D.H.-L./Lee, C.S. (2012), Mobile content contribution and retrieval- An exploratory study using the uses and gratifications paradigm, In: Information Processing & Management, 48. Jg., Nr. 1, 2012, S. 13–22.

Churchill, G.A. (1979), A Paradigm for Developing Better Measures of Marketing Constructs, In: Journal of Marketing Research, 16. Jg., Nr. 1, 1979, S. 64-73.

Coca-Cola (2014a), Besucherbeiträge, https://www.facebook.com/coca-cola/posts_to_page/, Abruf: 08.10.2014.

Coca-Cola (2014b), Facebook Page, https://www.facebook.com/coca-cola/?fref=ts, Abruf: 08.10.2014.

Coca-Cola (2014c), Über Coca-Cola, Seiteninfo, https://www.facebook.com/coca-cola/info/?tab=page_info, Abruf: 08.10.2014.

Coltman, T./Devinney, T.M./Midgley, D.F./Venaik, S. (2008), Formative versus reflective measurement models- Two applications of formative measurement, In: Journal of Business Research, 61. Jg., Nr. 12, 2008, S. 1250–1262.

Constantinides, E./Fountain, S.J. (2008), Web 2.0- Conceptual foundations and marketing issues, In: Journal of Direct, Data and Digital Marketing Practice, 9. Jg., Nr. 3, 2008, S. 231–244.

Cova, B./Pace, S. (2006), Brand community of convenience products- New forms of customer empowerment – the case “my Nutella The Community”, In: European Journal of Marketing, 40. Jg., Nr. 9/10, 2006, S. 1087–1105.

Creswell, J.W./Plano Clark, V.L. (2011), Designing and conducting mixed methods research, 2. Auflage, Los Angeles 2011.

Cronbach, L.J. (1951), Coefficient alpha and the internal structure of tests, In: Psychometrika, 16. Jg., Nr. 3, 1951, S. 297–334.

Cropanzano, R./Mitchell, M.S. (2005), Social Exchange Theory- An Interdisciplinary Review, In: Journal of Management, 31. Jg., Nr. 6, 2005, S. 874–900.

Cudic, J. (2011), Produkthaltbarkeit im strategischen Marketing: eine empirische Analyse, Köln 2011.

Cvijikj, I.P. (2012), Evaluation Framework for Social Media Brand Presence, Zürich 2012.

Cvijikj, I.P./Michahelles, F. (2013), Online engagement factors on Facebook brand pages, In: Social Network Analysis and Mining, 2013, S. 1–19.

Davis, D.F./Golicic, S.L./Boerstler, C.N. (2011), Benefits and challenges of conducting multiple methods research in marketing, In: Journal of the Academy of Marketing Science, 39. Jg., Nr. 3, 2011, S. 467–479.

Defren, T. (2009), Desinvestitions-Management- Erfolgsfaktoren in der Verhandlungsphase eines Sell-Offs, Wiesbaden 2009.

Delicious (2017), Homepage, https://del.icio.us/, Abruf: 27.05.2017.

Demiray, M./Burnaz, S. (2014), The Role of Peer Influence on Brand Community Commitment: A SEM Model for Brand Communities in a Social Networking Site, In: AMA Summer Educators' Proceedings, 2014, S. 34–41.

DeVellis, R.F. (2012), Scale development- Theory and applications, 3. Auflage, Thousand Oaks 2012.

Diamantopoulos, A./Siguaw, J.A. (2006), Formative Versus Reflective Indicators in Organizational Measure Development- A Comparison and Empirical Illustration, In: British Journal of Management, 17. Jg., Nr. 4, 2006, S. 263–282.

Dittmar, J.F. (2011), Grundlagen der Medienwissenschaft, 2. Auflage, Berlin 2011.

Dunning, J.H. (1980), Toward an Eclectic Theory of International Production- Some Empirical Tests, In: Journal of International Business Studies, 11. Jg., Nr. 1, 1980, S. 9–31.

Edwards, J.R./Bagozzi, R.P. (2000), On the Nature and Direction of Relationships Between Constructs and Measures, In: Psychological Methods, 5. Jg., Nr. 2, 2000, S. 155–174.

Enderle, M./Wirtz, B.W. (2008), Wissen Web 2.0- Weitreichende Veränderungen, In: absatzwirtschaft – Zeitschrift für Marketing, 51. Jg., Nr. 1, 2008, S. 36–39.

Engelkenmeier, U. (2012), Strategische Markenkommunikation – zielgerichtet zum Erfolg., In: Georgy, U./Schade, F. (Hrsg.): Praxishandbuch Bibliotheks- und Informationsmarketing, Berlin 2012, S. 393–418.

Esch, F.-R./Langner, T. (2005), Branding als Grundlage zum Markenaufbau, In: Esch, F.-R. (Hrsg.): Moderne Markenführung- Grundlagen - Innovative Ansätze - Praktische Umsetzungen, 4. Auflage, Wiesbaden 2005, S. 573–586.

Europäische Kommission (2017), Europäische Kommission - Vertretung in Deutschland – Facebook Page, https://www.facebook.com/eu.kommission?fref=ts, Abruf: 29.05.2017.

Evans, L. (2010), Social media marketing- Strategies for engaging in Facebook, Twitter & other social media, Indianapolis 2010.

Facebook (2017a), Homepage, https://www.facebook.com/, Abruf: 27.05.2017.

Facebook (2017b), Seite erstellen, https://www.facebook.com/pages/create/?ref_type=logout_gear, Abruf: 29.05.2017.

Fahrmeir, L./Künstler, R./Pigeot, I./Tutz, G. (2011), Statistik- Der Weg zur Datenanalyse, 7. Auflage, Heidelberg 2011.

Fan Page List (2014), Top Brands on Facebook, http://fanpagelist.com/category/brands/, Abruf: 08.10.2014.

Fan Page List (2017), Top Brands on Facebook, http://fanpagelist.com/category/brands/view/list/sort/fans/page2, Abruf: 29.05.2017.

Faßler, M. (1997), Was ist Kommunikation?, Stuttgart 1997.

Fassott, G. (2006), Operationalisierung latenter Variablen in Strukturgleichungsmodellen- Eine Standortbestimmung, In: Schmalenbachs Zeitschrift für betriebswirtschaftliche Forschung, 58. Jg., Nr. 1, 2006, S. 67–88.

Fincher, D. (2010), The Social Network, Sony Pictures, USA 2010.

Flora, D.B./Curran, P.J. (2004), An empirical evaluation of alternative methods of estimation for confirmatory factor analysis with ordinal data, In: Psychological Methods, 9. Jg., Nr. 4, 2004, S. 466–491.

Focus Online (2012), Wie Facebook die Welt eroberte- Von den Anfängen bis zum Börsengang, http://www.focus.de/digital/internet/facebook/tid-24930/die-geschichte-des-sozialen-netzwerks-facebooks-eroberung-der-welt_aid_708653.html, Abruf: 29.05.2017.

Fornell, C. (1982), A second generation of multivariate analysis: An overview, In: Fornell, C. (Hrsg.): A second generation of multivariate analysis: Classification of methods and implications for marketing research, 1. Auflage, New York 1982, S. 1–21.

Fornell, C./Larcker, D.F. (1981), Evaluating Structural Equation Models with Unobservable Variables and Measurement Error, In: Journal of Marketing Research, 18. Jg., Nr. 1, 1981, S. 39–50.

Foscht, T./Angerer, T./Swoboda, B. (2009), Mixed Methods, In: Buber, R./Holzmüller, H.H. (Hrsg.): Qualitative Marktforschung, 2. Auflage, Wiesbaden 2009, S. 247–259.

Fournier, S./Avery, J. (2011), The uninvited brand, In: Business Horizons, 54. Jg., Nr. 3, 2011, S. 193–207.

Freiling, J. (2001), Ressourcenorientierte Reorganisationen- Problemanalyse und Change Management auf der Basis des Resource-based View, Wiesbaden 2001.

Fritz, W. (1984), Warentest und Konsumgüter-Marketing- Forschungskonzeption und Ergebnisse einer empirischen Untersuchung, Wiesbaden 1984.

Fritz, W. (1995), Marketing□Management und Unternehmenserfolg □ Grundlagen und Ergebnisse einer empirischen Untersuchung, 2. Auflage, Stuttgart 1995.

Fritz, W. (2004), Die Erfolgsfaktorenforschung - ein Misserfolg?: Kritische Anmerkungen zum Beitrag von Alexander Nicolai und Alfred Kieser "Trotz eklatanter Erfolglosigkeit: die Erfolgsfaktorenforschung weiter auf Erfolgskurs"; DBW, 62. Jg. (2002), S. 579 - 596, In: Die Betriebswirtschaft: DBW, 64. Jg., Nr. 5, 2004, S. 623–625.

Frost Arnold, G. (2010), The No□Miracles Argument for Realism- Inference to an Unacceptable Explanation*, In: Philosophy of Science, 77. Jg., Nr. 1, 2010, S. 35–58.

Gamboa, A.M./Gonçalves, H.M. (2014), Customer loyalty through social networks- Lessons from Zara on Facebook, In: Business Horizons, 57. Jg., Nr. 6, 2014, S. 709–717.

Geißler, C. (2009), Kompetenzbasiertes Markenmanagement in Verlagsunternehmen- Ein explorativer Ansatz, 1. Auflage, Wiesbaden 2009.

Gerbing, D.W./Anderson, J.C. (1988), An Updated Paradigm for Scale Development Incorporating Unidimensionality and Its Assessment, In: Journal of Marketing Research, 25. Jg., Nr. 2, 1988, S. 186.

Giere, J. (2007), Marketingflexibilität- Eine empirische Analyse ihrer Konzeptionalisierung, Operationalisierung und Erfolgswirkung, Wiesbaden 2007.

Giere, J./Wirtz, B.W./Schilke, O. (2006), Mehrdimensionale Konstrukte- Konzeptionelle Grundlagen und Möglichkeiten ihrer Analyse mithilfe von Strukturgleichungsmodellen, In: Die Betriebswirtschaft, 66. Jg., Nr. 6, 2006, S. 678–695.

Gödde, D. (2010), Integration von Goodwill-Bilanzierung und wertorientierter Unternehmenssteuerung- Empirische Analyse der Einflussfaktoren und Performance-Auswirkungen, Wiesbaden 2010.

Goh, K.-Y./Heng, C.-S./Lin, Z. (2013), Social Media Brand Community and Consumer Behavior- Quantifying the Relative Impact of User- and Marketer-Generated Content, In: Information Systems Research, 24. Jg., Nr. 1, 2013, S. 88–107.

Göttgens, O. (1996), Erfolgsfaktoren in stagnierenden und schrumpfenden Märkten- Instrumente einer erfolgreichen Unternehmenspolitik, Wiesbaden 1996.

Götz, O./Liehr-Gobbers, K. (2004), Analyse von Strukturgleichungsmodellen mit Hilfe der Partial Least Squares(PLS) Methode, In: Die Betriebswirtschaft, 64. Jg., Nr. 4, 2004, S. 714–738.

Greene, K./Krcmar, M. (2005), Predicting exposure to and liking of media violence- A uses and gratifications approach, In: Communication Studies, 56. Jg., Nr. 1, 2005, S. 71–93.

Groves, R.M. (2004), Survey errors and survey costs, Hoboken 2004.

Groves, R.M./Fowler Jr., F.J./Couper, M.P./Lepkowski, J.M./Singer, E./Tourangeau, R. (2009), Survey methodology, 2. Auflage, Hoboken 2009.

Gruber, M. (2000), Der Wandel von Erfolgsfaktoren mittelständischer Unternehmen, Wiesbaden 2000.

Gummerus, J./Liljander, V./Weman, E./Pihlström, M. (2012), Customer engagement in a Facebook brand community, In: Management Research Review, 35. Jg., Nr. 9, 2012, S. 857–877.

Gupta, S./Kim, H.-W./Shin, S.-J. (2010), Converting virtual community members into online buyers, In: Cyberpsychology, behavior and social networking, 13. Jg., Nr. 5, 2010, S. 513–520.

Güse, K. (2012), Kundenbindung Ist Pflicht, In: Freese, W./Höflich, M./Scholz, R. (Hrsg.): Praxishandbuch Corporate Magazines, Wiesbaden 2012, S. 258–263.

Habibi, M.R./Laroche, M./Richard, M.-O. (2014a), Brand communities based in social media-How unique are they? Evidence from two exemplary brand communities, In: International Journal of Information Management, 34. Jg., Nr. 2, 2014, S. 123–132.

Habibi, M.R./Laroche, M./Richard, M.-O. (2014b), The roles of brand community and community engagement in building brand trust on social media, In: Computers in Human Behavior, 37. Jg., 2014, S. 152–161.

Habibi, M.R./Laroche, M./Richard, M.-O. (2016), Testing an extended model of consumer behavior in the context of social media-based brand communities, In: Computers in Human Behavior, 62. Jg., 2016, S. 292–302.

Haenlein, M./Kaplan, A.M. (2004), A beginner's guide to partial least squares analysis, In: UNDERSTANDING STATISTICS, 3. Jg., Nr. 4, 2004, S. 283–297.

Hair, J.F./Black, W.C./Babin, B.J./Anderson, R.E. (2010), Multivariate data analysis- A Global Perspective, 7. Auflage, London 2010.

Hair, J.F./Ringle, C.M./Sarstedt, M. (2011), PLS-SEM- Indeed a Silver Bullet, In: The Journal of Marketing Theory and Practice, 19. Jg., Nr. 2, 2011, S. 139–152.

Hair, J.F./Sarstedt, M./Ringle, C.M./Mena, J.A. (2012), An assessment of the use of partial least squares structural equation modeling in marketing research, In: Journal of the Academy of Marketing Science, 40. Jg., Nr. 3, 2012, S. 414–433.

Haridakis, P.M./Rubin, A.M. (2005), Third-Person Effects in the Aftermath of Terrorism, In: Mass Communication and Society, 8. Jg., Nr. 1, 2005, S. 39–59.

Hattula, M. (2009), Kontextabhängige Konzeptualisierung der Markenpersönlichkeit- Eine empirische Analyse am Beispiel des deutschen Automobilmarktes, Wiesbaden 2009.

Heding, T./Knudtzen, C.F./Bjerre, M. (2009), Brand management- Research, theory and practice, London, New York 2009.

Hempel, C.G./Oppenheim, P. (1948), Studies in the Logic of Explanation, In: Philosophy of Science, 15. Jg., Nr. 2, 1948, S. 135–175.

Herrmann, A./Huber, F./Kressmann, F. (2006), Varianz- und kovarianzbasierte Strukturgleichungsmodelle: ein Leitfaden zu deren Spezifikation, Schätzung und Beurteilung, In: Schmalenbachs Zeitschrift für betriebswirtschaftliche Forschung, 58. Jg., Nr. 1, 2006, S. 34–66.

Herzog, H. (1944), Motivations and gratifications of daily serial listeners, In: Lazarsfeld, P.F./Stanton, F.N. (Hrsg.): Radio Research, 1942-1943, New York 1944.

Hettler, U. (2010), Social Media Marketing- Marketing mit Blogs, sozialen Netzwerken und wieteren Anwendungen des Web 2.0, München 2010.

Hicks, A./Comp, S./Horovitz, J./Hovarter, M./Miki, M./Bevan, J.L. (2012), Why people use Yelp.com- An exploration of uses and gratifications, In: Computers in Human Behavior, 28. Jg., Nr. 6, 2012, S. 2274–2279.

Hilker, C. (2016), Wie aktiv sind Social-Media-Nutzer?, http://socialmedia-fuer-unternehmer.de/wie-aktiv-sind-social-media-nutzer/, Abruf: 06.06.2017.

Ho, C.-W. (2015), Identify with community or company?- An investigation on the consumer behavior in Facebook brand community, In: Telematics and Informatics, 32. Jg., Nr. 4, 2015, S. 930–939.

Homburg, C. (1998), Kundennähe von Industriegüterunternehmen- Konzeption - Erfolgsauswirkungen - Determinanten, 2. Auflage, Wiesbaden 1998.

Homburg, C./Baumgartner, H. (1995), Beurteilung von Kausalmodellen: Bestandsaufnahme und Anwendungsempfehlungen, In: Marketing ZfP, 17. Jg., Nr. 3, 1995, S. 162–176.

Homburg, C./Giering, A. (1996), Konzeptualisierung und Operationalisierung Komplexer Konstrukte - Ein Leitfaden für die Marketing Forschung, In: Marketing ZfP, 18. Jg., Nr. 1, 1996, S. 5–24.

Homburg, C./Klarmann, M. (2006), Die Kausalanalyse in der empirischen betriebswirtschaftlichen Forschung – Problemfelder und Anwendungsempfehlungen, In: Die Betriebswirtschaft (DBW), 66. Jg., Nr. 6, 2006, S. 727–748.

Homburg, C./Klarmann, M./Reimann, M./Schilke, O. (2012), What Drives Key Informant Accuracy?, In: Journal of Marketing Research, 49. Jg., Nr. 4, 2012, S. 594–608.

Homburg, C./Koschate, N. (2007), Kundenzufriedenheit und Kundenbindung, In: Albers, S. (Hrsg.): Handbuch Produktmanagement- Strategieentwicklung - Produktplanung – Organisation - Kontrolle, 3. Auflage, Wiesbaden 2007, S. 843–867.

Homburg, C./Krohmer, H. (2004), Die Fliegenpatsche als Instrument des wissenschaftlichen Dialogs- Replik zum Beitrag von Alexander Nicolai und Alfred Kieser "Trotz eklatanter Erfolglosigkeit: Die Erfolgsfaktorenforschung weiter auf Erfolgskurs"; DBW, 62. Jg. (2002), S. 579 - 596, In: Die Betriebswirtschaft: DBW, 64. Jg., Nr. 5, 2004, S. 626–630.

Homburg, C./Schilke, O./Reimann, M. (2009), Triangulation von Umfragedaten in der Marketing- und Managementforschung: Inhaltsanalyse und Anwendungshinweise, In: Die Betriebswirtschaft: DBW, 69. Jg., Nr. 2, 2009, S. 175-195.

Hooper, D./Coughlan, J./Mullen, M.R. (2008), Structural equation modelling: Guidelines for determining model fit, In: The Electronic Journal of Business Research Methods, 6. Jg., Nr. 1, 2008, S. 53–60.

Hoyle, R.H. (2000), Confirmatory Factor Analysis, In: Tinsley, H.E.A./Brown, S.D. (Hrsg.): Handbook of applied multivariate statistics and mathematical modeling, San Diego 2000, S. 465–497.

Hsu, L.-C./Wang, K.-Y./Chih, W.-H./Lin, K.-Y. (2015), Investigating the ripple effect in virtual communities- An example of Facebook Fan Pages, In: Computers in Human Behavior, 51. Jg., 2015, S. 483–494.

Hu, L./Bentler, P.M. (1999), Cutoff criteria for fit indexes in covariance structure analysis- Conventional criteria versus new alternatives, In: Structural Equation Modeling: A Multidisciplinary Journal, 6. Jg., Nr. 1, 1999, S. 1–55.

Hu, T./Poston, R.S./Kettinger, W.J. (2011), Nonadopters of Online Social Network Services: Is It Easy to Have Fun Yet?, In: Communications of the Association for Information Systems, 29. Jg., Nr. 25, 2011, S. 441–458.

Huber, F./Lenzen, M./Vizethum, S./Weißhaar, I. (2013), Erlebnis-Shopping Concept Stores- Eine empirische Analyse des Einkaufserlebnisses durch Lifestyle und Atmosphäre, Köln 2013.

Hudson, S./Roth, M.S./Madden, T.J./Hudson, R. (2015), The effects of social media on emotions, brand relationship quality, and word of mouth- An empirical study of music festival attendees, In: Tourism Management, 47. Jg., 2015, S. 68–76.

Hunt, S.D. (1990), Truth in Marketing Theory and Research, In: Journal of Marketing, 54. Jg., Nr. 3, 1990, S. 1-15.

Hunt, S.D. (2010), Marketing theory- Foundations, controversy, strategy, resource-advantage theory, Armonk 2010.

Hurrle, B./Kieser, A. (2005), Sind Key Informants verlässliche Datenlieferanten?, In: Die Betriebswirtschaft (DBW), 65. Jg., Nr. 6, 2005, S. 584–602.

Hutter, K./Hautz, J./Dennhardt, S./Füller, J. (2013), The impact of user interactions in social media on brand awareness and purchase intention- The case of MINI on Facebook, In: Journal of Product & Brand Management, 22. Jg., Nr. 5/6, 2013, S. 342–351.

IBM (2011), From social media to Social CRM- What customers want, The first in a two-part series, IBM Global Business Services, https://public.dhe.ibm.com/common/ ssi/ecm/gb/en/gb e03391usen/GBE03391USEN.PDF, Abruf: 29.05.2017.

Instagram (2017), Homepage, https://www.instagram.com/?hl=de, Abruf: 27.05.2017.

Interbrand (2015), Best German Brands 2015, http://www.bestgermanbrands.com/en/, Abruf: 29.05.2017.

Ismail, S./Latif, R.A. (2013), Authenticity Issues of Social Media: Credibility, Quality and Reality, In: World Academy of Science, Engineering and Technology, 74. Jg., 2013, S. 254–261.

Jahn, B. (2014), Kunden-Engagement auf Marken-Fanpages- Chancen, Erfolgsfaktoren und Herausforderungen für das Kundenbeziehungsmanagement, München 2014.

Jahn, B./Kunz, W. (2012), How to transform consumers into fans of your brand, In: Journal of Service Management, 23. Jg., Nr. 3, 2012, S. 344–361.

Jang, H./Olfman, L./Ko, I./Koh, J./Kim, K. (2008), The Influence of On-Line Brand Community Characteristics on Community Commitment and Brand Loyalty, In: International Journal of Electronic Commerce, 12. Jg., Nr. 3, 2008, S. 57–80.

Jarvis, C.B./MacKenzie, S.B./Podsakoff, P.M. (2003), A critical review of construct indicators and measurement model misspecification in marketing and consumer research, In: Journal of Consumer Research, 30. Jg., Nr. 2, 2003, S. 199–218.

Jöreskog, K.G. (1970), A General Method for Analysis of Covariance Structures, In: Biometrika, 57. Jg., Nr. 2, 1970, S. 239–251.

Kaiser, H.F./Rice, J. (1974), Little Jiffy, Mark IV, In: Journal of Educational and Psychological Measurement, 34. Jg., Nr. 1, 1974, S. 111–117.

Kamps, U./Wübbenhorst, K. (2017a), Gabler Wirtschaftslexikon, Stichwort: Grundgesamtheit, http://wirtschaftslexikon.gabler.de/Definition/grundgesamtheit.html, Abruf: 29.05.2017.

Kamps, U./Wübbenhorst, K. (2017b), Gabler Wirtschaftslexikon, Stichwort: Stichprobe, http://wirtschaftslexikon.gabler.de/Definition/stichprobe.html, Abruf: 29.05.2017.

Kang, J. (2011), Social media marketing in the hospitality industry- The role of benefits in increasing brand community participation and the impact of participation on consumer trust and commitment toward hotel and restaurant brands, Ames 2011.

Kang, J./Tang, L./Fiore, A.M. (2015), Restaurant brand pages on Facebook, In: International Journal of Contemporary Hospitality Management, 27. Jg., Nr. 7, 2015, S. 1662–1684.

Kang, M. (2010), Measuring Social Media Credibility: A Study on a Measure of Blog Credibility, Syracuse University, Institute for Public Relations, 2010 New York.

Kanuk, L./Berenson, C. (1975), Mail Surveys and Response Rates: A Literature Review, In: Journal of Marketing Research, 12. Jg., Nr. 4, 1975, S. 440–453.

Kaplan, A.M./Haenlein, M. (2010), Users of the world, unite!- The challenges and opportunities of Social Media, In: Business Horizons, 53. Jg., Nr. 1, 2010, S. 59–68.

Karmasin, M./Ribing, R. (2010), Die Gestaltung wissenschaftlicher Arbeiten- Ein Leitfaden für Seminararbeiten, Bachelor-, Master- und Magisterarbeiten sowie Dissertationen, 5. Auflage, Wien 2010.

Katz, E./Blumler, J.G./Gurevitch, M. (1973), Uses and Gratifications Research, In: Public Opinion Quarterly, 37. Jg., Nr. 4, 1973, S. 509–523.

Katz, E./Blumler, J.G./Gurevitch, M. (1974), Utilization of mass communication by the individual, In: Blumler, J.G./Katz, E. (Hrsg.): The Uses of Mass Communications: Current Perspectives on Gratifications Research, Beverly Hills 1974, S. 19–32.

Katz, E./Gurevitch, M./Haas, H. (1973), On the use of the mass media for important things, In: American Sociological Review, 38. Jg., Nr. 2, 1973, S. 164–181.

Khang, H./Ki, E.-J./Ye, L. (2012), Social Media Research in Advertising, Communication, Marketing, and Public Relations, 1997-2010, In: Journalism & Mass Communication Quarterly, 89. Jg., Nr. 2, 2012, S. 279–298.

Kim, A.J./Johnson, K.K. (2016), Power of consumers using social media- Examining the influences of brand-related user-generated content on Facebook, In: Computers in Human Behavior, 58. Jg., 2016, S. 98–108.

Kim, A.J./Ko, E. (2012), Do social media marketing activities enhance customer equity?- An empirical study of luxury fashion brand, In: Journal of Business Research, 65. Jg., Nr. 10, 2012, S. 1480–1486.

Kim, E./Sung, Y./Kang, H. (2014), Brand followers' retweeting behavior on Twitter- How brand relationships influence brand electronic word-of-mouth, In: Computers in Human Behavior, 37. Jg., 2014, S. 18–25.

Kishiya, K. (2014), Brand Communities in Social Networking Services: Two Types of Interaction and Self-Construals, In: AMA Winter Educators' Proceedings, 2014, S. 44–48.

Klarmann, M. (2008), Methodische Problemfelder der Erfolgsfaktorenforschung- Bestandsaufnahme und empirische Analysen, 1. Auflage, Wiesbaden 2008.

Kleine-Kalmer, B. (2016), Brand Page Attachment- An Empirical Study on Facebook Users' Attachment to Brand Pages, 1. Auflage, Wiesbaden 2016.

Kline, P. (2000), The handbook of psychological testing, 2. Auflage, London 2000.

Kline, R.B. (2011), Principles and practice of structural equation modeling, 3. Auflage, New York 2011.

Kotler, P./Armstrong, G./Wong, V./Saunders, J. (2011), Grundlagen des Marketing, 5. Auflage, München [u.a.] 2011.

Kotler, P./Keller, K.L./Bliemel, F. (2007), Marketing-Management- Strategien für wertschaffendes Handeln, 12. Auflage, München [u.a.] 2007.

Kozinets, R.V. (1998), On Netnography: Initial Reflections on Consumer Research Investigations of Cyberculture, In: Advances in Consumer Research, 25. Jg., Nr. 1, 1998, S. 366–371.

Krol, B. (2010), Standortfaktoren und Standorterfolg im Electronic Retailing- Konzeptualisierung, Operationalisierung und Erfolgswirkungen von virtuellen Standorten elektronischer Einzelhandelsunternehmen, Wiesbaden 2010.

Kubicek, H. (1977), Heuristische Bezugsrahmen und heuristisch angelegte Forschungsdesigns als Elemente einer Konstruktionsstrategie empirischer Forschung, In: Köhler, R. (Hrsg.): Empirische und handlungstheoretische Forschungskonzeptionen in der Betriebswirtschaftslehre, Stuttgart 1977, S. 3–36.

Kuo, Y.-F./Feng, L.-H. (2013), Relationships among community interaction characteristics, perceived benefits, community commitment, and oppositional brand loyalty in online brand communities, In: International Journal of Information Management, 33. Jg., Nr. 6, 2013, S. 948–962.

Kwon, E.S./Kim, E./Sung, Y./Yoo, C.Y. (2015), Brand followers- Consumer motivation and attitude towards brand communications on Twitter, In: International Journal of Advertising, 33. Jg., Nr. 4, 2015, S. 657-680.

Labrecque, L.I. (2014), Fostering Consumer–Brand Relationships in Social Media Environments- The Role of Parasocial Interaction, In: Journal of Interactive Marketing, 28. Jg., Nr. 2, 2014, S. 134–148.

Laroche, M./Habibi, M.R./Richard, M.-O. (2013), To be or not to be in social media- How brand loyalty is affected by social media?, In: International Journal of Information Management, 33. Jg., Nr. 1, 2013, S. 76–82.

Laroche, M./Habibi, M.R./Richard, M.-O./Sankaranarayanan, R. (2012), The effects of social media based brand communities on brand community markers, value creation practices, brand trust and brand loyalty, In: Computers in Human Behavior, 28. Jg., Nr. 5, 2012, S. 1755–1767.

Larose, R./Mastro, D./Eastin, M.S. (2001), Understanding Internet Usage- A Social-Cognitive Approach to Uses and Gratifications, In: Social Science Computer Review, 19. Jg., Nr. 4, 2001, S. 395–413.

Lauth, H.-J./Pickel, G./Pickel, S. (2015), Methoden der vergleichenden Politikwissenschaft- Eine Einführung, 2. Auflage, Wiesbaden 2015.

Le Roux, I./Maree, T. (2016), Motivation, engagement, attitudes and buying intent of female Facebook users, In: Acta Commercii - Independent Research Journal in the Management Sciences, 16. Jg., Nr. 1, 2016, S. 1–11.

Lee, D./Kim, H.S./Kim, J.K. (2011), The impact of online brand community type on consumer's community engagement behaviors: consumer-created vs. marketer-created online brand community in online social-networking web sites, In: Cyberpsychology, behavior and social networking, 14. Jg., 1-2, 2011, S. 59–63.

Lee, S./Cho, M. (2011), Social media use in a mobile broadband environment: Examination of determinants of Twitter and Facebook use, In: International Journal of Mobile Marketing, 6. Jg., Nr. 2, 2011, S. 71–87.

Lehner, F. (1995), Die Erfolgsfaktoren-Analyse in der betrieblichen Informationsverarbeitung: Anspruch und Wirklichkeit, In: Journal of business economics: JBE, 65. Jg., Nr. 4, 1995, S. 385–409.

Leung, L. (2001), College Student Motives for Chatting on ICQ, In: New Media & Society, 3. Jg., Nr. 4, 2001, S. 483–500.

Leung, L. (2013), Generational differences in content generation in social media- The roles of the gratifications sought and of narcissism, In: Computers in Human Behavior, 29. Jg., Nr. 3, 2013, S. 997–1006.

Leung, L./Wei, R. (2000), More Than Just Talk on the Move- Uses and Gratifications of the Cellular Phone, In: Journalism & Mass Communication Quarterly, 77. Jg., Nr. 2, 2000, S. 308–320.

Levine, R./Locke, C./Searls, D./Weinberger, D. (2011), The cluetrain manifesto, New York 2011.

Li, T./Berens, G./Maertelaere, M. de (2013), Corporate Twitter Channels- The Impact of Engagement and Informedness on Corporate Reputation, In: International Journal of Electronic Commerce, 18. Jg., Nr. 2, 2013, S. 97–126.

Lin, K.-Y./Lu, H.-P. (2011), Intention to continue using Facebook fan pages from the perspective of social capital theory, In: Cyberpsychology, behavior and social networking, 14. Jg., Nr. 10, 2011, S. 565–570.

Lindner, J.R./Murphy, T.H./Briers, G.E. (2001), Handling Nonresponse In Social Science Research, In: Journal of Agricultural Education, 42. Jg., Nr. 4, 2001, S. 43–53.

Luo, N./Zhang, M./Liu, W. (2015), The effects of value co-creation practices on building harmonious brand community and achieving brand loyalty on social media in China, In: Computers in Human Behavior, 48. Jg., 2015, S. 492–499.

Lyons, T.D. (2003), Explaining the Success of a Scientific Theory, In: Philosophy of Science, 70. Jg., Nr. 5, 2003, S. 891–901.

Lyu, J.W. (2012), The Role of Sense of Community in Online Brand Social Networking Sites, Knoxville 2012.

Maletzke, G. (1998), Kommunikationswissenschaft im Überblick- Grundlagen, Probleme, Perspektiven, Opladen [u.a.] 1998.

Maloney, P. (2007), Absatzmittlergerichtetes, identitätsbasiertes Markenmanagement, 1. Auflage, Wiesbaden 2007.

Mann, H.B./Whitney, D.R. (1947), On a Test of Whether one of Two Random Variables is Stochastically Larger than the Other, In: The Annals of Mathematical Statistics, 18. Jg., Nr. 1, 1947, S. 50–60.

Mayring, P. (1994), Qualitative Inhaltsanalyse, In: Boehm, A./Mengel, A./Muhr, T. (Hrsg.): Texte verstehen: Konzepte, Methoden, Werkzeuge, Konstanz 1994, S. 159–175.

Mayring, P. (2000), Qualitative Inhaltsanalyse, In: Forum Qualitative Sozialforschung, 1. Jg., Nr. 2, 2000, S. 1–10.

Mayring, P. (2010a), Qualitative Inhaltsanalyse, In: Mey, G./Mruck, K. (Hrsg.): Handbuch Qualitative Forschung in der Psychologie, Wiesbaden 2010, S. 601–613.

Mayring, P. (2010b), Qualitative Inhaltsanalyse- Grundlagen und Techniken, 11. Auflage, Weinheim 2010.

Mayring, P./Brunner, E. (2009), Qualitative Inhaltsanalyse, In: Buber, R./Holzmüller, H.H. (Hrsg.): Qualitative Marktforschung- Konzepte - Methoden - Analysen, Wiesbaden 2009, S. 669–680.

McAlexander, J.H./Schouten, J.W./Koenig, H.F. (2002), Building Brand Community, In: Journal of Marketing, 66. Jg., Nr. 1, 2002, S. 38–54.

McFarlin, D.B./Sweeney, P.D. (1992), DISTRIBUTIVE AND PROCEDURAL JUSTICE AS PREDICTORS OF SATISFACTION WITH PERSONAL AND ORGANIZATIONAL OUTCOMES, In: Academy of Management Journal, 35. Jg., Nr. 3, 1992, S. 626–637.

McGartland Rubio, D./Berg-Weger, M./Tebb, S.S./Lee, E.S./Rauch, S. (2003), Objectifying content validity- Conducting a content validity study in social work research, In: Social Work Research, 27. Jg., Nr. 2, 2003, S. 94–104.

McKinsey (2012), Demystifying social media, http://www.mckinsey.com/business-functions/marketing-and-sales/our-insights/demystifying-social-media, Abruf: 29.05.2017.

McQuail, D. (2010), Mass communication theory: an introduction, London 2010.

McQuail, D./Blumler, J.G./Brown, J. (1972), The television audience a revised perspective, In: McQuail, D. (Hrsg.): Sociology of mass communication, Harmondsworth 1972, S. 135–165.

Meffert, H./Burmann, C./Kirchgeorg, M. (2015), Marketing- Grundlagen marktorientierter Unternehmensführung; Konzepte - Instrumente - Praxisbeispiele, 12. Auflage, Wiesbaden 2015.

Meffert, H./Burmann, C./Koers, M. (2002), Stellenwert und Gegenstand des Markenmanagement, In: Meffert, H./Burmann, C./Koers, M. (Hrsg.): Markenmanagement- Grundfragen der identitätsorientierten Markenführung, Wiesbaden 2002, S. 3–15.

Michaelidou, N./Siamagka, N.T./Christodoulides, G. (2011), Usage, barriers and measurement of social media marketing- An exploratory investigation of small and medium B2B brands, In: Industrial Marketing Management, 40. Jg., Nr. 7, 2011, S. 1153–1159.

Möhring, W./Schlütz, D. (2010), Die Befragung in der Medien- und Kommunikationswissenschaft- Eine praxisorientierte Einführung, 2. Auflage, Wiesbaden 2010.

Morgan, R.M./Hunt, S.D. (1994), The Commitment-Trust Theory of Relationship Marketing, In: Journal of Marketing, 58. Jg., Nr. 3, 1994, S. 20-38.

Mory, L. (2014), Soziale Verantwortung nach innen- Dimensionen, Wirkungsbeziehungen und Erfolgsgrößen einer internen CSR, Wiesbaden 2014.

Mosavi, S.A./Kenarehfard, M. (2013), THE IMPACT OF VALUE CREATION PRACTICES ON BRAND TRUST AND LOYALTY IN A SAMSUNG GALAXY ONLINE BRAND COMMUNITY IN IRAN, In: International Journal of Mobile Marketing, 8. Jg., Nr. 2, 2013, S. 75–84.

Muk, A. (2013), What factors influence millennials to like brand pages?, In: Journal of Marketing Analytics, 1. Jg., Nr. 3, 2013, S. 127–137.

Muk, A./Chung, C./Kim, J. (2014), A Cross-National Study of the Influence of Individualism and Collectivism on Liking Brand Pages, In: Journal of International Consumer Marketing, 26. Jg., Nr. 2, 2014, S. 122–137.

Müller, T. (2008), Vertriebswegswahl junger, innovativer Unternehmen- Einflussfaktoren und Erfolgsauswirkungen, Wiesbaden 2008.

Muñiz, A.M./O'Guinn, T.C. (2001), Brand Community, In: Journal of Consumer Research, 27. Jg., Nr. 4, 2001, S. 412–432.

Muñiz, J.A.M./Schau, H.J. (2007), Vigilante Marketing and Consumer-Created Communications, In: Journal of Advertising, 36. Jg., Nr. 3, 2007, S. 35–50.

Munnukka, J./Karjaluoto, H./Tikkanen, A. (2015), Are Facebook brand community members truly loyal to the brand?, In: Computers in Human Behavior, 51. Jg., 2015, S. 429–439.

Naylor, R.W./Lamberton, C.P./West, P.M. (2012), Beyond the "Like" Button- The Impact of Mere Virtual Presence on Brand Evaluations and Purchase Intentions in Social Media Settings, In: Journal of Marketing, 76. Jg., Nr. 6, 2012, S. 105–120.

Nicolai, A./Kieser, A. (2002), Trotz eklatanter Erfolglosigkeit: Die Erfolgsfaktorenforschung wieter auf Erfolgskurs, In: Die Betriebswirtschaft: DBW, 62. Jg., Nr. 6, 2002.

Nisar, T.M./Whitehead, C. (2016), Brand interactions and social media- Enhancing user loyalty through social networking sites, In: Computers in Human Behavior, 62. Jg., 2016, S. 743–753.

Nunnally, J.C. (1978), Psychometric theory, 2. Auflage, New York 1978.

O'Connor, A.J. (2013), The Power of Popularity- An Empirical Study of the Relationship Between Social Media Fan Counts and Brand Company Stock Prices, In: Social Science Computer Review, 31. Jg., Nr. 2, 2013, S. 229–235.

Ortmann, B. (1999), Erfolgsfaktoren von SB-Warenhäusern, München 1999.

Palmgreen, P./Rayburn, J.D. (1985), An expectancy-value approach to media gratification, In: Rosengren, K.E./Wenner, L.A./Palmgreen, P. (Hrsg.): Media gratifications research: current perspectives, Beverly Hills 1985, S. 61–72.

Palmgreen, P./Wenner, L.A./Rosengren, K.E. (1985), Uses and gratifications research: the past ten years, In: Rosengren, K.E./Wenner, L.A./Palmgreen, P. (Hrsg.): Media gratifications research: current perspectives, Beverly Hills 1985, S. 11–37.

Park, C.S. (2013), Does Twitter motivate involvement in politics?- Tweeting, opinion leadership, and political engagement, In: Computers in Human Behavior, 29. Jg., Nr. 4, 2013, S. 1641–1648.

Park, H. (2011), The Role of Social Network Websites in Consumer-Brand Relationship, Knoxville 2011.

Park, H./Kim, Y.-K. (2014), The role of social network websites in the consumer–brand relationship, In: Journal of Retailing and Consumer Services, 21. Jg., Nr. 4, 2014, S. 460–467.

Park, N./Kee, K.F./Valenzuela, S. (2009), Being Immersed in Social Networking Environment- Facebook Groups, Uses and Gratifications, and Social Outcomes, In: CyberPsychology & Behavior, 12. Jg., Nr. 6, 2009, S. 729–733.

Pentina, I./Zhang, L./Basmanova, O. (2013), Antecedents and consequences of trust in a social media brand- A cross-cultural study of Twitter, In: Computers in Human Behavior, 29. Jg., Nr. 4, 2013, S. 1546–1555.

Pepels, W. (2012), Handbuch des Marketing, München 2012.

Piehler, R. (2014), E-Government - Post-Akzeptanz und Servicequalität- Eine empirische Analyse am Beispiel kommunaler E-Government-Portale, Lohmar, Köln 2014.

Pistoia, A. (2014), Qualität der elektronischen Wertpapieranlageberatung, Lohmar, Köln 2014.

Plangger, K. (2012), The power of popularity- How the size of a virtual community adds to firm value, In: Journal of Public Affairs, 12. Jg., Nr. 2, 2012, S. 145–153.

Podsakoff, P.M./MacKenzie, S.B./Lee, J.-Y./Podsakoff, N.P. (2003), Common method biases in behavioral research: a critical review of the literature and recommended remedies, In: The Journal of Applied Psychology, 88. Jg., Nr. 5, 2003, S. 879–903.

Podsakoff, P.M./Organ, D.W. (1986), Self-Reports in Organizational Research- Problems and Prospects, In: Journal of Management, 12. Jg., Nr. 4, 1986, S. 531–544.

Pongsakornrungsilp, S./Schroeder, J.E. (2011), Understanding value co-creation in a co-consuming brand community, In: Marketing Theory, 11. Jg., Nr. 3, 2011, S. 303–324.

Popp, B. (2011), Markenerfolg durch Brand Communities- Eine Analyse der Wirkung psychologischer Variablen auf ökonomische Erfolgsindikatoren, Wiesbaden 2011.

Popper, K.R. (1962), Conjectures and Refutations- The Growth of Scientific Knowledge, New York, London 1962.

Popper, K.R. (1973), Objektive Erkenntnis, Hamburg 1973.

Pöyry, E./Parvinen, P./Malmivaara, T. (2013), Can we get from liking to buying?- Behavioral differences in hedonic and utilitarian Facebook usage, In: Electronic Commerce Research and Applications, 12. Jg., Nr. 4, 2013, S. 224–235.

Pronschinske, M./Groza, M.D./Walker, M. (2012), Attracting Facebook 'Fans': The Importance of Authenticity and Engagement as a Social Networking Strategy for Professional Sport Teams, In: Sport Marketing Quarterly, 21. Jg., 2012, S. 221–231.

Pross, H. (1972), Medienforschung- Film, Funk, Presse, Fernsehen, Darmstadt 1972.

Pürer, H. (2003), Publizistik- und Kommunikationswissenschaft- Ein Handbuch, Konstanz 2003.

Putnam, H. (1975), What is mathematical truth?, In: Putnam, H. (Hrsg.): Mathematics, Matter and Method: Philosophical Papers, Cambridge 1975, S. 60–78.

Qin, L./Kim, Y./Hsu, J./Tan, X. (2011), The Effects of Social Influence on User Acceptance of Online Social Networks, In: International Journal of Human-Computer Interaction, 27. Jg., Nr. 9, 2011, S. 885–899.

Raacke, J./Bonds-Raacke, J. (2008), MySpace and Facebook: applying the uses and gratifications theory to exploring friend-networking sites, In: Cyberpsychology & behavior: the impact of the Internet, multimedia and virtual reality on behavior and society, 11. Jg., Nr. 2, 2008, S. 169–174.

Rambusch, R.V. (2012), Interne Kundenzufriedenheit mit dem Controllerbereich- Eine empirische Studie, Wiesbaden 2012.

Rapp, A./Beitelspacher, L.S./Grewal, D./Hughes, D.E. (2013), Understanding social media effects across seller, retailer, and consumer interactions, In: Journal of the Academy of Marketing Science, 41. Jg., Nr. 5, 2013, S. 547–566.

Rishika, R./Kumar, A./Janakiraman, R./Bezawada, R. (2013), The Effect of Customers' Social Media Participation on Customer Visit Frequency and Profitability- An Empirical Investigation, In: Information Systems Research, 24. Jg., Nr. 1, 2013, S. 108–127.

Rockart, J.F. (1979), Chief Executives Define Their Own Data Needs, In: Harvard Business Review, March 1979, https://hbr.org/1979/03/chief-executives-define-their-own-data-needs, Abruf: 30.05.2017.

Rogers, E.M. (2003), Diffusion of innovations, 5. Auflage, New York [u.a.] 2003.

Rossiter, J.R. (2002), The C-OAR-SE procedure for scale development in marketing, In: International Journal of Research in Marketing, 19. Jg., Nr. 4, 2002, S. 305–335.

Rößl, D. (1990), Die Entwicklung eines Bezugsrahmens und seine Stellung im Forschungsprozess., In: Journal für Betriebswirtschaft, 40. Jg., Nr. 2, 1990, S. 99–110.

Rost, J. (2002), Zeitgeist und Moden Empirischer Analysemethoden, In: van Deth, J.W. (Hrsg.): Von Generation zu Generation, Mannheim 2002, S. 21–30.

Rouibah, K. (2008), Social usage of instant messaging by individuals outside the workplace in Kuwait, In: Info Technology & People, 21. Jg., Nr. 1, 2008, S. 34–68.

Rubin, A.M. (1981), An examination of television viewing motivations, In: Communication Research, 8. Jg., Nr. 2, 1981, S. 141–165.

Rubin, A.M. (1994), Uses, gratification and media effects research, In: Bryant, J./Zillman, D. (Hrsg.): Media effects: Advances in theory and research, Hillsdale 1994, S. 281–301.

Rubin, A.M./Step, M.M. (2000), Impact of Motivation, Attraction, and Parasocial Interaction on Talk Radio listening, In: Journal of Broadcasting & Electronic Media, 44. Jg., Nr. 4, 2000, S. 635–654.

Rubin, H.J./Rubin, I. (2012), Qualitative interviewing- The art of hearing data, 3. Auflage, Thousand Oaks 2012.

Ruiz-Mafe, C./Martí-Parreño, J./Sanz-Blas, S. (2014), Key drivers of consumer loyalty to Facebook fan pages, In: Online Information Review, 38. Jg., Nr. 3, 2014, S. 362–380.

Rutschmann, M./Belz, C. (2014), Reales Marketing- Kunden zum Kauf führen; Kaufprozess, Kaufhandlung, Erfolg, Stuttgart 2014.

Ruxton, G.D. (2006), The unequal variance t-test is an underused alternative to Student's t-test and the Mann-Whitney U test, In: Behavioral Ecology, 17. Jg., Nr. 4, 2006, S. 688–690.

Salkind, N.J. (2010), Encyclopedia of research design, Thousand Oaks 2010.

Samsung Mobile (2014), Facebook Page, https://www.facebook.com/SamsungMobile/?fref=ts, Abruf: 08.10.2014.

Sankey, H. (2004), Scientific Realism: An Elaboration and a Defence, In: Carrier, M./Roggenhofer, J./Küppers, G./Blanchard, P. (Hrsg.): Knowledge and the World: Challenges Beyond the Science Wars, Berlin, Heidelberg 2004, S. 55–79.

Schanz, G. (1977), Grundlagen der verhaltenstheoretischen Betriebswirtschaftslehre, 1. Auflage, Tübingen 1977.

Schau, H.J./Muñiz, A.M./Arnould, E.J. (2009), How Brand Community Practices Create Value, In: Journal of Marketing, 73. Jg., Nr. 5, 2009, S. 30–51.

Schivinski, B./Dabrowski, D. (2014), The effect of social media communication on consumer perceptions of brands, In: Journal of Marketing Communications, 2014, S. 1–26.

Schmalen, C./Kunert, M./Weindlmaier, H. (2006), Erfolgsfaktorenforschung: theoretische Grundlagen, methodische Vorgehensweise und Anwendungserfahrungen in Projekten für die Ernährungsindustrie, In: Bahrs, E./Ander, S. (Hrsg.): Unternehmen im Agrarbereich vor neuen Herausforderungen- 45. Jahrestagung der Gesellschaft für Wirtschafts- und Sozialwissenschaften des Landbaues e. V. vom 05. bis 07. Oktober 2005 in Göttingen, 1. Auflage, Münster 2006, S. 351–362.

Schmidthals, J. (2007), Technologiekooperationen in radikalen Innovationsvorhaben, 1. Auflage, Wiesbaden 2007.

Schnell, R./Hill, P.B./Esser, E. (2011), Methoden der empirischen Sozialforschung, 9. Auflage, München 2011.

Schramm, W.L. (1954), The process and effects of mass communication, Urbana 1954.

Schröder, H. (1994), Erfolgsfaktorenforschung im Handel: Stand der Forschung und kritische Würdigung der Ergebnisse, In: Marketing: ZFP: journal of research and management, 16. Jg., Nr. 2, 1994, S. 89–105.

Scott, M. (2011), Savvy-Consumer Definition, https://michaelscott09011536dissertation.wordpress.com/2011/03/29/savvy-consumer-definition/, Abruf: 01.06.2017.

Shi, S. (2014), Investigating Trust and Commitment on Brand Pages in Social Networking Sites: The Antecedents and Outcomes, Hongkong 2014.

Shin, D.-H. (2013), User experience in social commerce- In friends we trust, In: Behaviour & Information Technology, 32. Jg., Nr. 1, 2013, S. 52–67.

Simon, C./Brexendorf, T.O./Fassnacht, M. (2016), The impact of external social and internal personal forces on consumers' brand community engagement on Facebook, In: Journal of Product & Brand Management, 25. Jg., Nr. 5, 2016, S. 409–423.

Sledgianowski, D./Kulviwat, S. (2009), USING SOCIAL NETWORK SITES: THE EFFECTS OF PLAYFULNESS, CRITICAL MASS AND TRUST IN A HEDONIC CONTEXT, In: Journal of Computer Information Systems, 49. Jg., Nr. 4, 2009, S. 74–83.

Smock, A.D./Ellison, N.B./Lampe, C./Wohn, D.Y. (2011), Facebook as a toolkit- A uses and gratification approach to unbundling feature use, In: Computers in Human Behavior, 27. Jg., Nr. 6, 2011, S. 2322–2329.

Snapchat (2017), Homepage, https://www.snapchat.com/l/de-de/, Abruf: 27.05.2017.

Social Media Examiner (2014), 2014 Social Media Marketing Industry Report- How Marketers Are Using Social Media to Grow Their Businesses, https://www.socialmediaexaminer.com/SocialMediaMarketingIndustryReport2014.pdf, Abruf: 29.05.2017.

Social Media Examiner (2015), 2015 Social Media Marketing Industry Report- How Marketers Are Using Social Media to Grow Their Businesses, http://www.socialmediaexaminer.com/SocialMediaMarketingIndustryReport2015.pdf, Abruf: 06.06.2017.

Solem, B.A.A. (2016), Influences of customer participation and customer brand engagement on brand loyalty, In: Journal of Consumer Marketing, 33. Jg., Nr. 5, 2016, S. 332–342.

Spector, P.E. (2006), Method Variance in Organizational Research- Truth or Urban Legend?, In: Organizational Research Methods, 9. Jg., Nr. 2, 2006, S. 221–232.

Spiegel Online (2014), Neues Ranking: Mercedes-Benz ist wertvollste deutsche Marke, http://www.spiegel.de/wirtschaft/unternehmen/ranking-deutscher-marken-interbrand-sieht-mercedes-benz-auf-rang-eins-a-974265.html, Abruf: 29.05.2017.

Stafford, T.F./Stafford, M.R./Schkade, L.L. (2004), Determining Uses and Gratifications for the Internet, In: Decision Sciences, 35. Jg., Nr. 2, 2004, S. 259–288.

Statista (2014), Anteil der Nutzer von Facebook in Deutschland nach Altersgruppen im Jahr 2014, https://de.statista.com/statistik/daten/studie/321195/umfrage/anteil-der-nutzer-von-facebook-in-deutschland-nach-altersgruppen/, Abruf: 06.06.2017.

Statista (2017), Most famous social network sites worldwide as of April 2017, ranked by number of active users (in millions), https://www.statista.com/statistics/272014/global-social-networks-ranked-by-number-of-users/, Abruf: 06.06.2017.

Steiger, J.H. (1990), Structural Model Evaluation and Modification: An Interval Estimation Approach, In: Multivariate behavioral research, 25. Jg., Nr. 2, 1990, S. 173–180.

Steinmann, S./Mau, G./Schramm-Klein, H. (2015), Brand Communication Success in Online Consumption Communities- An Experimental Analysis of the Effects of Communication Style and Brand Pictorial Representation, In: Psychology & Marketing, 32. Jg., Nr. 3, 2015, S. 356–371.

Stock, R. (2003), Teams an der Schnittstelle zwischen Anbieter- und Kunden-Unternehmen- Eine integrative Betrachtung, 1. Auflage, Wiesbaden 2003.

Sung, Y./Kim, Y./Kwon, O./Moon, J. (2010), An Explorative Study of Korean Consumer Participation in Virtual Brand Communities in Social Network Sites, In: Journal of Global Marketing, 23. Jg., Nr. 5, 2010, S. 430–445.

Tajfel, H. (1974), Social identity and intergroup behaviour, In: Social Science Information, 13. Jg., Nr. 2, 1974, S. 65–93.

Tajfel, H. (1978), Social categorization, social identity and social comparison, In: Tajfel, H. (Hrsg.): Differentiation between social groups- Studies in the social psychology of intergroup relations, London, New York 1978, S. 61–76.

Tajfel, H./Turner, J.C. (1986), The social identity theory of intergroup behavior, In: Worchel, S./Austin, W.G. (Hrsg.): Psychology of intergroup relations, 2. Auflage, Chicago 1986, S. 7–24.

Taylor, D.G./Lewin, J.E./Strutton, D. (2011), Friends, Fans, and Followers- Do Ads Work on Social Networks?, In: Journal of Advertising Research, 51. Jg., Nr. 1, 2011, S. 258–275.

Theobald, A. (2007), Zur Gestaltung von Online-Fragebögen, In: Welker, M./Wenzel, O. (Hrsg.): Online-Forschung 2007: Grundlagen und Fallstudien, Köln 2007, S. 103–118.

Thommen, J.-P./Woll, A. (2017), Gabler Wirtschaftslexikon, Stichwort: Realwissenschaft, http://wirtschaftslexikon.gabler.de/Definition/realwissenschaft.html, Abruf: 29.05.2017.

Tonnies, F. (1887), Gemeinschaft und Gesellschaft- ABHANDLUNG DES COMMUNISMUS UND DES SOCIALISMUS ALS EMPIRISCHER CULTURFORMEN, Leipzig 1887.

Töpfer, A. (2009), Erfolgreich forschen- Ein Leitfaden für Bachelor-, Master-Studierende und Doktoranden, Berlin 2009.

Trusheim, A. (2012), Facebook Fanpages- Erfolgsfaktoren und Praxisimplikationen, München 2012.

Tsai, W.-H.S./Men, L.R. (2013), Motivations and Antecedents of Consumer Engagement With Brand Pages on Social Networking Sites, In: Journal of Interactive Advertising, 13. Jg., Nr. 2, 2013, S. 76–87.

Tschepke, F. (2003), Wissenschaftlicher Realismus, Göttingen 2003.

Tucker, L.R./Lewis, C. (1973), A reliability coefficient for maximum likelihood factor analysis, In: Psychometrika, 38. Jg., Nr. 1, 1973, S. 1–10.

Tumblr (2017), Homepage, https://www.tumblr.com/, Abruf: 27.05.2017.

Turri, A.M./Smith, K.H./Kemp, E. (2013), Developing affective brand commitment through social media, In: Journal of electronic commerce research, 14. Jg., Nr. 3, 2013, S. 201–214.

Twitter (2017), Homepage, https://twitter.com/?lang=de, Abruf: 27.05.2017.

Um, N.-H. (2016), Predictors of the effectiveness of celebrity endorsement on Facebook, In: Social Behavior and Personality, 44. Jg., Nr. 11, 2016, S. 1839–1850.

Unterreitmeier, A./Schwinghammer, F. (2004), Die Operationalisierung von Unternehmenskultur – Validierung eines Messinstruments, In: Schriften zur Empirischen Forschung und Quantitativen Unternehmensplanung, Ludwig-Maximilians-Universität München, Jg. 6, Nr. 18, 2004, S. 1-74, http://www.imm.bwl.uni-muenchen.de/forschung/schriftenefo/ap_efoplan_18.pdf, Abruf: 06.06.2017.

Uski, S./Lampinen, A. (2016), Social norms and self-presentation on social network sites- Profile work in action, In: New Media & Society, 18. Jg., Nr. 3, 2016, S. 447–464.

Van Dick, R. (2004), Commitment und Identifikation mit Organisationen, Göttingen [u.a.] 2004.

Van Doorn, J./Lemon, K.N./Mittal, V./Nass, S./Pick, D./Pirner, P./Verhoef, P.C. (2010), Customer Engagement Behavior- Theoretical Foundations and Research Directions, In: Journal of Service Research, 13. Jg., Nr. 3, 2010, S. 253–266.

Van Riel, A.C./Pahud de Mortanges, C./Streukens, S. (2005), Marketing antecedents of industrial brand equity- An empirical investigation in specialty chemicals, In: Industrial Marketing Management, 34. Jg., Nr. 8, 2005, S. 841–847.

Venkatesh, V./Morris, M.G./Davis, G.B./Davis, F.D. (2003), User acceptance of information technology: toward a unified view, In: MIS Quarterly, 27. Jg., Nr. 3, 2003, S. 425–478.

Vernuccio, M./Pagani, M./Barbarossa, C./Pastore, A. (2015), Antecedents of brand love in online network-based communities. A social identity perspective, In: Journal of Product & Brand Management, 24. Jg., Nr. 7, 2015, S. 706–719.

Vries, L. de/Gensler, S./Leeflang, P.S. (2012), Popularity of Brand Posts on Brand Fan Pages- An Investigation of the Effects of Social Media Marketing, In: Journal of Interactive Marketing, 26. Jg., Nr. 2, 2012, S. 83–91.

Wang, Z./Tchernev, J.M./Solloway, T. (2012), A dynamic longitudinal examination of social media use, needs, and gratifications among college students, In: Computers in Human Behavior, 28. Jg., Nr. 5, 2012, S. 1829–1839.

Weeks, B.E./Ardèvol-Abreu, A./Gil de Zúñiga, H. (2015), Online Influence?- Social Media Use, Opinion Leadership, and Political Persuasion, In: International Journal of Public Opinion Research, edv050, 2015, S. 1-26.

Weiber, R./Mühlhaus, D. (2014), Strukturgleichungsmodellierung, Berlin, Heidelberg 2014.

West, R.L./Turner, L.H. (2014), Introducing communication theory- Analysis and application, 5. Auflage, New York 2014.

West, S.G./Finch, J.F./Curran, P.J. (1995), Structural equation models with nonnormal variables: Problems and remedies, In: Hoyle, R.H. (Hrsg.): Structural equation modeling- Concepts, issues, and applications, Thousand Oaks [u.a.] 1995, S. 56–75.

WhatsApp (2017), Homepage, https://www.whatsapp.com, Abruf: 27.05.2017.

Wheaton, B./Muthen, B./Alwin, D.F./Summers, G.F. (1977), Assessing Reliability and Stability in Panel Models, In: Sociological Methodology, 8. Jg., 1977, S. 84-136.

Wikipedia (2017), Homepage, https://de.wikipedia.org/wiki/Wikipedia:Hauptseite, Abruf: 27.05.2017.

Wilcox, G.B./Kim, K.K. (2012), MULTIVARIATE TIME SERIES USE FOR THE MEASUREMENT OF SOCIAL MEDIA EFFECTS, In: Marketing Management Journal, 22. Jg., Nr. 2, 2012, S. 90–101.

Wirtz, B.W. (2016a), Electronic Business, 5. Auflage, Wiesbaden 2016.

Wirtz, B.W. (2016b), Medien- und Internetmanagement, 9. Auflage, Wiesbaden 2016.

Wirtz, B.W./Klein-Bölting, U. (2007), Wissen Markenwertmanagement- Vernachlässigte Funktion, In: absatzwirtschaft - Zeitschrift für Marketing, 50. Jg., Nr. 4, 2007, S. 46–49.

Wirtz, B.W./Nitzsche, P.T./Ullrich, S. (2014), User integration in social media- An empirical analysis, In: International Journal of Electronic Business, 11. Jg., Nr. 1, 2014, S. 63–84.

Wirtz, B.W./Piehler, R./Ullrich, S. (2013), DETERMINANTS OF SOCIAL MEDIA WEBSITE ATTRACTIVENESS, In: Journal of Electronic Commerce Research, 14. Jg., Nr. 1, 2013, S. 11–33.

Wirtz, B.W./Storm van's Gravesande, B. (2004), Markenführungsstrategien im Electronic Business, In: Bruhn, M. (Hrsg.): Handbuch Markenführung- Kompendium zum erfolgreichen Markenmanagement. Strategien — Instrumente — Erfahrungen, 2. Auflage, Wiesbaden 2004, S. 1049–1070.

Wold, H. (1966), Nonlinear estimation by partial least squares procedures, In: David, F.N. (Hrsg.): Research papers in statistics, New York 1966, S. 411–444.

Wu, J.-H./Wang, S.-C./Tsai, H.-H. (2010), Falling in love with online games- The uses and gratifications perspective, In: Computers in Human Behavior, 26. Jg., Nr. 6, 2010, S. 1862–1871.

Wulf, K.D./Odekerken-Schroder, G. (2001), A Critical Review of Theories Underlying Relationship Marketing in the Context of Explaining Consumer Relationships, In: Journal for the Theory of Social Behaviour, 31. Jg., Nr. 1, 2001, S. 73–101.

Xia, L. (2013), Effects of Companies' Responses to Consumer Criticism in Social Media, In: International Journal of Electronic Commerce, 17. Jg., Nr. 4, 2013, S. 73–100.

Xie, K./Lee, Y.-J. (2015), Social Media and Brand Purchase- Quantifying the Effects of Exposures to Earned and Owned Social Media Activities in a Two-Stage Decision Making Model, In: Journal of Management Information Systems, 32. Jg., Nr. 2, 2015, S. 204–238.

Yelp (2017), Homepage, https://www.yelp.com/sf, Abruf: 27.05.2017.

Youtube (2017), Homepage, https://www.youtube.com/, Abruf: 27.05.2017.

Zailskaite-Jakste, L./Kuvykaite, R. (2012), Consumer Engagement in Social Media by Building the Brand, In: Mokryš, M./Lieskovský, A. (Hrsg.): EIIC 2012- Proceedings in Electronic International Interdisciplinary Conference, Band 1, Žilina 2012, S. 194–202.

Zhang, J./Shabbir, R./Chatchai Pitsaphol, W.H. (2015), MANAGING CONSUMER COMMITMENT THROUGH ONLINE BRAND COMMUNITIES: EMPIRICAL EVIDENCE FROM CHINA, In: European Scientific Journal, 11. Jg., Nr. 1, 2015, S. 138–145.

Zhang, K.Z./Benyoucef, M./Zhao, S.J. (2015), Consumer participation and gender differences on companies' microblogs- A brand attachment process perspective, In: Computers in Human Behavior, 44. Jg., 2015, S. 357–368.

Zhang, M./Jansen, B.J./Chowdhury, A. (2011), Business engagement on Twitter- A path analysis, In: Electronic Markets, 21. Jg., Nr. 3, 2011, S. 161–175.

Zheng, X./Cheung, C.M.K./Lee, M.K./Liang, L. (2015), Building brand loyalty through user engagement in online brand communities in social networking sites, In: Information Technology & People, 28. Jg., Nr. 1, 2015, S. 90–106.

Zinnbauer, M./Eberl, M. (2004), Die Überprüfung von Spezifikation und Güte von Strukturgleichungsmodellen: Verfahren und Anwendung, In: Schriften zur Empirischen Forschung und Quantitativen Unternehmensplanung, Ludwig-Maximilians-Universität München, 6. Jg., Nr. 21, 2004, S. 1-27, https://pdfs.semanticscholar.org/4899/745b0f93bb5412f3aaf090ab1a35ea1f f3cf.pdf, Abruf: 06.06.2017.

MARKETING UND MEDIEN

Herausgegeben von Prof. Dr. Thorsten Hennig-Thurau, Münster

Band 6
Paul Marx
Providing Actionable Recommendations – A Movie Recommendation Algorithm with Explanation Capability
Lohmar – Köln 2013 • 240 S. • € 56,- (D) • ISBN 978-3-8441-0215-4

Band 7
Torsten Heitjans
Der Markenwert von Spielfilmen
Lohmar – Köln 2015 • 248 S. • € 56,- (D) • ISBN 978-3-8441-0391-5

Band 8
Julia Vogel
Internet Kills the Physical Store!? – Der Einfluss einer Multikanalstrategie auf den Unternehmenserfolg im Vergleich zur internetbasierten oder stationären Einkanalstrategie: Empirische Überprüfung eines Kontingenzmodells
Lohmar – Köln 2015 • 252 S. • € 57,- (D) • ISBN 978-3-8441-0426-4

Band 9
Maria Bartschat
Der Wert verschiedener Word of Mouth-Arten für die Informationssuche von Konsumenten
Lohmar – Köln 2017 • 196 S. • € 56,- (D) • ISBN 978-3-8441-0519-3

Band 10
Jan Flemming
Good Social Media Marketing – Erfolgsdeterminanten für B2C-Unternehmen
Lohmar – Köln 2017 • 256 S. • € 62,- (D) • ISBN 978-3-8441-0529-2

Band 11
Vincent Göttel
Brand Community Management in Social Media – Eine empirische Analyse zu Erfolgsfaktoren und -wirkung
Siegburg – Köln 2018 • 364 S. • € 72,- (D) • ISBN 978-3-8441-0545-2